高职高专机电类
工学结合模式教材

UG NX 7.5基础与实例教程

蒋建强 张义平 主编

清华大学出版社
北京

内容简介

本书系统地介绍了Unigraphics(简称UG)最新版本UG NX 7.5的基本功能、使用方法和技巧。本书共分为8章，通过对典型实例绘制过程的详细讲解，使读者能够迅速掌握UG NX 7.5的使用方法。内容包括UG NX 7.5的基本操作、草图、曲线造型、三维造型、工程图生成、装配造型、数控加工等。本书结构严谨，条理清晰，重点突出。

本书可作为CAD、CAM、CAE专业课程教材，特别适用于UG软件的初、中级用户，各高等院校机械、模具、机电及相关专业的师生教学、培训和自学使用，也可以作为社会培训教程以及初学者的入门教材。

图书在版编目（CIP）数据

UG NX 7.5基础与实例教程/蒋建强，张义平主编．—北京：清华大学出版社，2011.12

（高职高专机电类工学结合模式教材）

ISBN 978-7-302-27082-9

Ⅰ．①U…　Ⅱ．①蒋…②张…　Ⅲ．①计算机辅助设计—应用软件，UG NX 7.5—高等职业教育—教材　Ⅳ．①TP391.72

中国版本图书馆CIP数据核字(2011)第207777号

责任编辑：贺志洪
责任校对：李　梅
责任印制：杨　艳

出版发行：清华大学出版社
http://www.tup.com.cn
地　　址：北京清华大学学研大厦A座
邮　　编：100084
社　总　机：010-62770175
邮　　购：010-62786544
投稿与读者服务：010-62776969，c-service@tup.tsinghua.edu.cn
质量反馈：010-62772015，zhiliang@tup.tsinghua.edu.cn
印 装 者：北京国马印刷厂
经　　销：全国新华书店
开　　本：185×260　**印　张**：14.75　**字　数**：375千字
版　　次：2011年12月第1版　**印　次**：2011年12月第1次印刷
印　　数：1～3000
定　　价：32.00元

产品编号：043744-01

前言

Unigraphics(简称 UG)软件原来是美国 UGS 公司推出的五大主要产品之一,目前 UG 软件的新东家 SIEMENS 公司推出了最新版本的 UG NX 7.5,由于其功能强大、易学易用和技术创新,使其成为领先的、主流的三维 CAD 解决方案。UG NX 具有强大的建模能力、虚拟装配能力及灵活的工程图设计能力,其理念是帮助工程师设计优良的产品,使设计师更关注产品的创新而非 CAD 软件。无论是资深的企业中坚,还是刚跨出校门的从业人员,都应将 UG 软件的熟练应用作为自身的必备素质加以提高。其新版木 UG NX 7.5 的功能更加强大,设计也更加方便快捷。

本书详细介绍了 UG NX 7.5 的草图绘制方法、特征命令操作、零件建模思路、零件设计、装配设计以及工程图设计等方面的内容,并注重实际应用与技巧训练相结合,主要内容包括 UG NX 7.5 的基本操作、草图、曲线造型、三维造型、工程图生成、装配造型、数控加工等,通过典型实例操作和重点知识讲解相结合的方式,对 UG NX 7.5 基础、常用的功能进行讲解。在讲解中力求紧扣操作、语言简洁、形象直观,避免冗长的解释说明,省略对不常用功能的讲解,使读者能够快速了解 UG NX 7.5 的使用方法和操作步骤。

本书结构严谨、内容丰富、语言规范,实例侧重于实际设计,实用性强。本书主要针对使用 UG NX 7.5 中文版进行机械设计和应用的广大初、中级用户,可以作为用户设计实战的指导用书,同时也可作为立志学习 UG、用其进行产品设计和加工的用户的培训教程,以及大专院校计算机辅助设计课程的高级教材。

本书由苏州经贸职业技术学院教授、高级工程师蒋建强和苏州市职业大学教授张义平担任主编,苏州经贸职业技术学院讲师郭秀华、王强,南京机电职业技术学院谢天,大连海洋大学职业技术学院胡文静担任副主编,其中第 1、2 章由蒋建强编写,第 3、4 章由张义平编写,第 5 章由谢天编写,第 6 章由王强编写,第 7 章由郭秀华编写,第 8 章由胡文静编写。参加部分章节编写的还有何建秋、万昌烨、蔡梦瘳、杜玉湘、胡明清、曹承栋、吴子安、魏娜、王利锋、马立、董虎胜、蒋璐、赵艳、赵明等老师。在此,感谢他们的大力协助和支持。

由于编写时间仓促,编写人员的水平有限,因此在编写过程中难免有不足之处,望广大用户不吝赐教,对书中的不足之处给予指正。

编　者

2011 年 11 月

目录

CONTENTS

CHAPTER 1

UG NX 7.5基础知识

UG NX 7.5 是 Unigraphics Solutions(简称 UGS)公司提供的 CAD/CAE/CAM 集成系统的最新版本。它在 UG NX 7.0 的基础上做了许多改进,为当今世界最先进的计算机辅助设计、分析和制作软件之一。此软件集建模、制图、加工、结构分析、运动分析和装配等功能于一体,广泛应用于航天、航空、汽车、造船等领域,显著地提高了相关工业的生产率。本章主要介绍 UG NX 7.5 软件的基础知识,包括 UG NX 7.5 的主要功能模块、操作界面及一些基本操作等。

1.1 UG NX 7.5 软件简介

UG 软件作为 UGS 公司的旗舰产品,是当今最流行的 CAD/CAE/CAM 一体化软件,为用户提供了最先进的集成技术和一流实践经验的解决方案,能够把任何产品的构思付诸实践。UG NX 7.5 不仅具有 UG 以前版本的强大功能,而且用户界面更加灵活,并由多个应用模块组成,使用这些模块,可以实现工程设计、绘图、装配、辅助制造和分析一体化。随着版本的更新和功能的补充,使其向专业化和智能化不断迈进,例如机械布管、电器布线、航空钣金、车辆设计等。

SIEMENS PLM SOFTWARE 发布 UG NX 7.5 软件,简称 NX 7.5,它全面提升产品的开发效率,通过将精确描述 PLM 引入产品开发,利用集成了 CAD、CAE 和 CAM 的功能来解决生产方案。NX 7.5 可重新定义产品开发中的生产效率,充分利用 PLM 精确描述技术框架的优势,改进了整个产品开发流程中的决策过程。

1. 软件特点

NX 7.5 解决方案全面提升产品的开发效率。NX 7.5 为工程师们提供了理想的工作环境,不仅帮助他们成功地完成任务,以直观的方式提供信息,而且能够验证决策以全面提升产品开发效率。

(1) 设计开发效率。NX 7.5 以其独特的三维精确描述(HD3D)技术及强大的全新设计工具实现了 CAD 效率的革新,它们能够提升开发效率,加速设计过程,降低成本并改进决策。

(2) 仿真分析效率。NX 7.5 通过在建模、模拟、自动化与测试关联性方面整合一流的几何工具和强大的分析技术,实现了模拟与设计的同步、更迅速的设计分析迭代、更出色的产品优化和更快捷的交互速度,重新定义了 CAE 生产效率。

(3) 加工制造效率。NX 7.5 以全新工具提升生产效率,包括推出两套新的加工解决方案(为用户提供了特定的编程任务环境),为零件制造赋予了全新的意义。NX 涡轮叶片加工(Turbomachinery Milling)用于编程加工形状复杂的叶盘和叶轮,在确保一流品质的同时还可将加工时间缩短一半。数控测量编程(CMM Inspection Programming)可帮助用户自动利用直观的产品与制造信息(PMI)模型数据。

2. NX GC 工具箱

(1) NX GC 工具箱旨在满足中国用户对 NX 的特殊需求,包含标准化的 GB 环境。

(2) NX GC 工具箱含有数据创建标准辅助工具,标准检查工具,制图、注释、尺寸标注工具和齿轮设计工具等。

(3) 使用 NX GC 工具箱可使用户在进行产品设计时大大提高标准化程度和工作效率。

3. 工业设计和造型

NX 7.5 提供了一整套灵活的造型、编辑及分析工具,构成集成在完整的数字化产品开发解决方案中的重要一环。

(1) 工业设计。可以对食品及饮料行业产品进行包装设计,NX 提供了理想的工具集应对食品及饮料等行业的包装设计。

(2) 机械设计。NX 机械设计工具提供超强的能力和全面的功能,更加灵活,更具效率,更具协同开发能力。

(3) 机电系统设计。NX 利用集成机械、电气和电子组件的解决方案来简化和加速机电系统设计,提供更为流畅和强大的机电系统设计解决方案。

(4) 机械仿真。NX 提供了业内最广泛的多学科领域仿真解决方案,通过全面高效的前后处理和解算器,充分发挥在模型准备、解析及后处理方面的强大功能。

(5) 机电仿真。NX 能够进行针对机电产品所有主要故障模式的仿真解决方案:温度、振动以及粉尘或湿度。

(6) 工装模具和夹具设计。NX 工装模具应用程序使设计效率延伸到制造,与产品模型建立动态关联,以准确地制造工装模具、注塑模、冲模及工件夹具。

(7) 机械加工。NX CAM 为机床编程提供了完整的解决方案,能够让最先进的机床实现最高产量。

(8) 工程流程管理。NX 工程流程管理提供了产品工程和流程知识的单一来源,并与 CAD、CAM 和 CAE 实现无缝集成。

4. NX 7.5 新增功能

NX 7.5 新增了许多功能,这些功能使我们操作起来更快捷、更方便。下面就草图中的几个新增功能做一简单介绍。

(1) 直接草图。在建模环境中提供了“直接草图”工具栏。使用此工具栏上的命令可以在平面上创建草图,而无须进入草图任务环境,这使得创建和编辑草图变得更快且更容易。使用此工具栏上的命令创建点或曲线时，会创建一个草图并使其处于活动状态。和 NX 7.0 版本一样，新建立的草图仍然在部件导航器中显示为一个独立的特征。指定的第一个点可定义草图平面、方位及原点。这个点的位置可以在屏幕的任意位置，也可以在点、曲线、平面、曲面、边、指定的基准 CSYS 上。

(2)"自动标注尺寸"和"连续自动标注尺寸"。使用"自动标注尺寸"命令可在所选曲线和点上根据一组规则创建尺寸标注。在建模中，使用此命令可通过移除所选曲线的所有自由度来创建完全约束的草图；在制图中，使用此命令可对图纸中所选草图曲线进行完全的尺寸标注。可按任意顺序应用以下规则：在直线上创建水平和竖直尺寸标注；创建参考轴的尺寸标注；创建对称尺寸标注；创建长度尺寸标注；创建相邻角度。

使用"连续自动标注尺寸"命令可以在每次操作后自动标注草图曲线的尺寸。此命令使用自动标注尺寸规则完全约束活动的草图，包括父项基准坐标系的定位尺寸。在建模中，使用此命令可确保用户始终使用完全约束的草图，该草图将在可预见的情况下更新。在制图中，使用此命令可自动为图纸中创建的所有曲线创建尺寸标注。"连续自动标注尺寸"命令可以创建自动标注尺寸类型的草图尺寸标注。

自动标注尺寸完全约束草图。拖动草图曲线时，尺寸标注会更新。它们会从草图中移除自由度，但不会永久锁定值。如果添加一个与自动标注尺寸冲突的约束，则会删除自动标注尺寸。可将自动标注尺寸转换成驱动标注尺寸。

(3) 设为对称。使用"设为对称"命令，可以在草图中约束两个点或曲线相对于中心线对称。可以在同一类型的两个对象之间施加对称约束，比如两个圆、两个圆弧或者两条直线等。也可以使不同类型的点对称。例如，使直线的端点和圆弧的中心相对于某条直线对称。

(4) 阵列曲线。使用"阵列曲线"命令可以对与草图平面平行的边、曲线或点设置阵列。阵列的类型包括线性阵列和圆形阵列。双击其中一条需设置阵列的曲线时，在弹出的"阵列曲线"对话框中，可以修改其相应的参数值。

(5) 倒斜角。使用"倒斜角"命令可斜接两条草图线之间的尖角。倒斜角的类型包括对称、非对称、偏置和角度，也可以按住鼠标左键并在曲线上拖动来创建倒斜角，这些功能可以提高作图效率和节省时间。

1.2 工作环境与工具栏定制

工作环境和基本操作是学习 UG NX 7.5 的基础，只有了解和掌握了 UG NX 7.5 的工作界面及文件操作方法，才能更好地运用 UG NX 7.5。

1.2.1 软件界面

UG NX 7.5 的主工作区如图 1-1 所示，其中包括标题栏、菜单栏、工具栏、工作区、坐标系、快捷菜单栏、资源导航器和提示栏 8 个部分。

1.2.2 工具栏

UG NX 7.5 根据实际使用的需要将常用工具组合为不同的工具栏，进入不同的模块就会显示相关的工具栏。同时，用户也可以自定义工具栏的显示/隐藏状态。在工具栏区域的任何

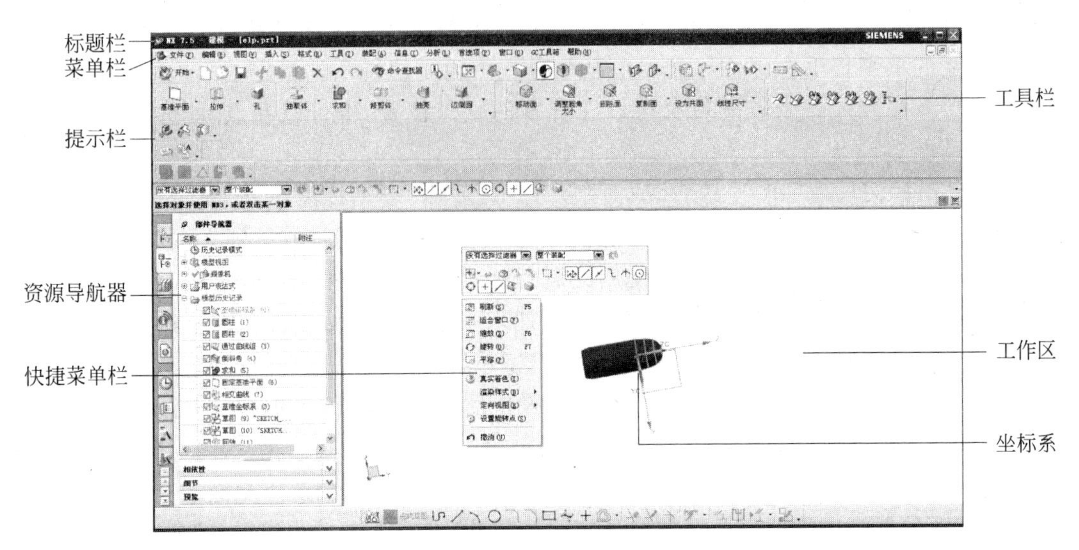

图 1-1 UG NX 7.5 软件界面

位置右击，弹出如图 1-2 所示的“工具栏”设置快捷菜单。

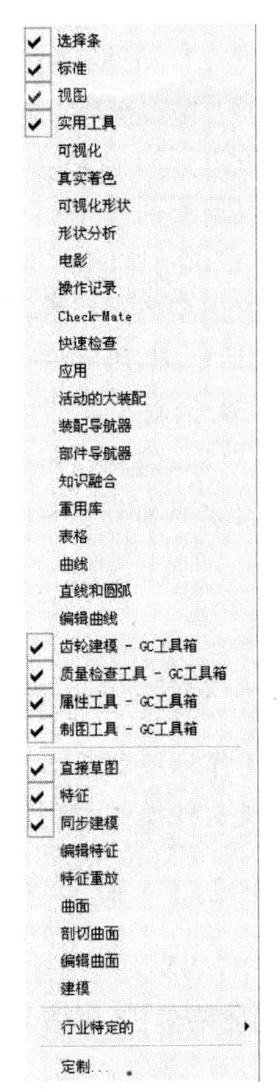

图 1-2 “工具栏”设置快捷菜单

用户可以根据自己工作的需要，设置界面中显示的工具栏，以方便操作。设置时，只需在相应功能的工具栏选项上单击，使其前面出现一个对钩即可。要取消设置，不想让某个工具栏出现在界面上时，只要再次单击该选项，去掉前面的对钩即可。每个工具栏上的按钮和菜单栏上相同命令前的按钮一致。用户可以通过菜单栏中的命令执行操作，也可以通过工具栏上的按钮执行操作。但有些特殊命令的按钮只能在菜单栏中找到。

用户可以通过工具栏最右上方的按钮来激活添加或删除按钮，可以通过选择添加或删除该工具栏内的图标，如图 1-3 所示。常用工具栏有以下几种。

1. “标准”工具栏

“标准”工具栏包含文件系统的基本操作命令，如图 1-4 所示。

2. “视图”工具栏

“视图”工具栏用来对图形窗口中的物体进行显示操作，如图 1-5 所示。

3. “可视化”工具栏

“可视化”工具栏用于设置图形窗口中物体的显示效果，如图 1-6 所示。

4. “可视化形状”工具栏

“可视化形状”工具栏用于设置动画的效果，也可以用于对设计出来的物体进行渲染和美术加工，产生逼真的效果，如图 1-7 所示。

图 1-3　工具栏设置方式

图 1-4　“标准”工具栏

图 1-5　“视图”工具栏

图 1-6　“可视化”工具栏

图 1-7　“可视化形状”工具栏

5. “应用”工具栏

“应用”工具栏用于各个模块的相互切换，如图 1-8 所示。

图 1-8　“应用”工具栏

6. “曲线”工具栏

“曲线”工具栏提供了建立各种形状曲线的工具，如图 1-9 所示。

图 1-9 “曲线”工具栏

7. “直线和圆弧”工具栏

“直线和圆弧”工具栏提供了绘制各种直线和圆弧的工具，如图 1-10 所示。

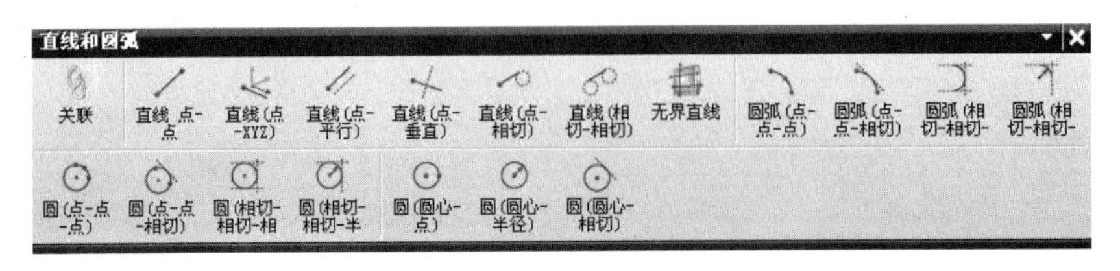

图 1-10 “直线和圆弧”工具栏

8. “编辑曲线”工具栏

“编辑曲线”工具栏提供修改曲线形状与参数的各种工具，如图 1-11 所示。

9. “选择条”工具栏

“选择条”工具栏提供选择对象和捕捉点的各种工具，如图 1-12 所示。

图 1-11 “编辑曲线”工具栏

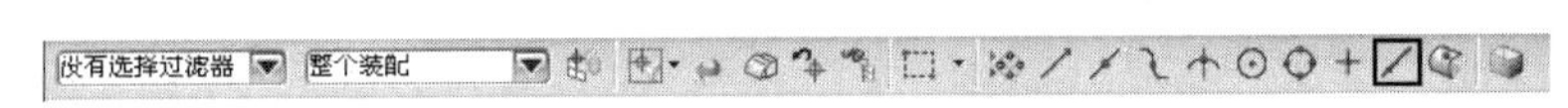

图 1-12 “选择条”工具栏

10. “特征”工具栏

“特征”工具栏提供建立参数化特征实体模型的大部分工具，主要用于建立规则和不太复杂的模型，也提供对模型进行进一步细化和局部修改的实体形状特征建立工具，以及建立一些形状规则但较复杂的实体特征，如图 1-13 所示。

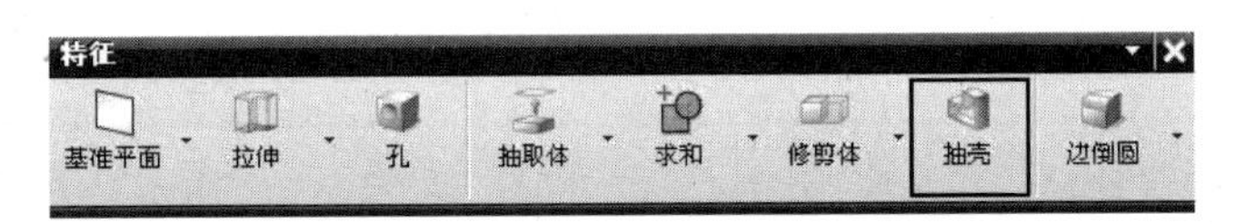

图 1-13 “特征”工具栏

11. “特征重放”工具栏

“特征重放”工具栏如图 1-14 所示。

12. “编辑特征”工具栏

“编辑特征”工具栏提供了用于修改特征形状、位置及显示状态等的工具，如图 1-15 所示。

13. “曲面”工具栏

“曲面”工具栏提供了构建各种曲面的工具，如图 1-16 所示。

图 1-14　“特征重放”工具栏

图 1-15　“编辑特征”工具栏

图 1-16　“曲面”工具栏

14. “编辑曲面”工具栏

“编辑曲面”工具栏提供了用于修改曲面形状及参数的各种工具，如图 1-17 所示。

图 1-17　“编辑曲面”工具栏

15. “电影”工具栏

“电影”工具栏提供了构建各种“电影”的工具，包括录制电影、暂停电影录制、停止电影录制和电影录制设置菜单，如图 1-18 所示。

16. “中面”工具栏

“中面”工具栏提供了按面对的中面、用户定义中面、偏置曲面、修剪的片体、修剪和延伸与缝合工具，如图 1-19 所示。

图 1-18　“电影”工具栏

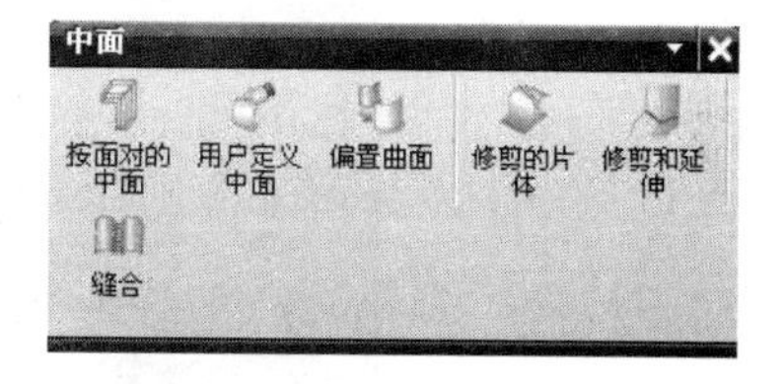

图 1-19　“中面”工具栏

17. “形状分析”工具栏

“形状分析”工具栏提供了模型形状、曲线的分析工具，如图 1-20 所示。

图 1-20　“形状分析”工具栏

18. “人体建模”工具栏

“人体建模”工具栏提供了人体、可触及区域、舒适度设置和预测姿势等各种工具，如图 1-21 所示。

图 1-21 “人体建模”工具栏

1.3 UG NX 7.5 文件管理

本节将介绍在 UG NX 7.5 中新建文件、打开文件、保存文件、关闭文件和导入/导出文件等文件管理。

1. 新建文件

通过桌面快捷方式或 Windows 程序中的执行文件启动 UG NX 7.5，启动后的界面如图 1-22 所示。单击“文件”→“新建”命令或者工具栏上的图标，系统弹出“新建”对话框，如图 1-23 所示。进行必要设置后，单击“确定”按钮建立新文件。

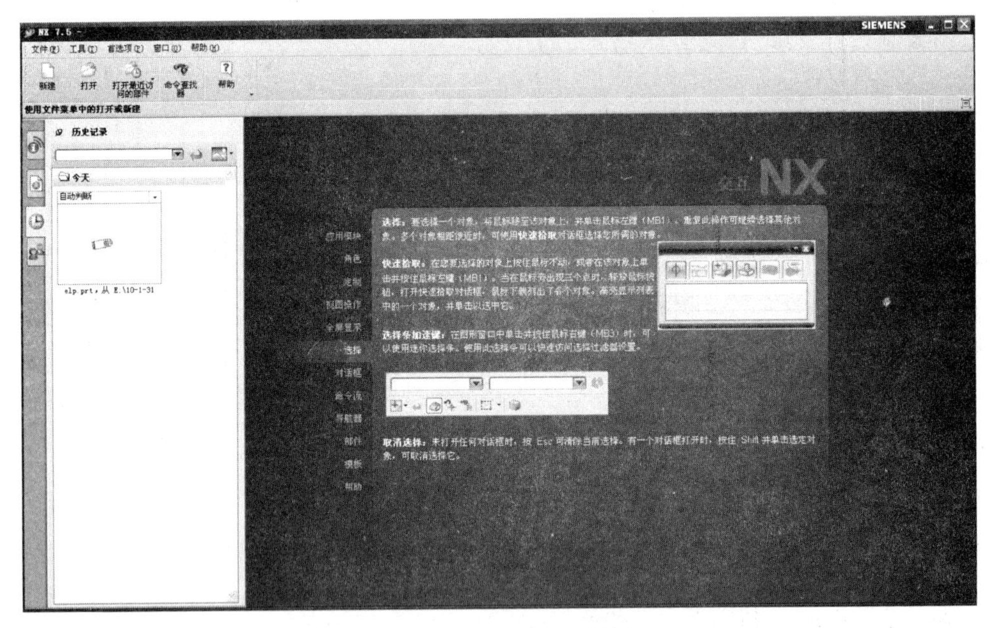

图 1-22 UG NX 7.5 界面

2. 打开文件

单击“文件”→“打开”命令或者工具栏上的图标，系统弹出“打开”对话框，如图 1-24 所示。在该对话框中可以打开已经存在的 UG NX 7.5 文件或者是 UG NX 7.5 支持的其他格式的文件。

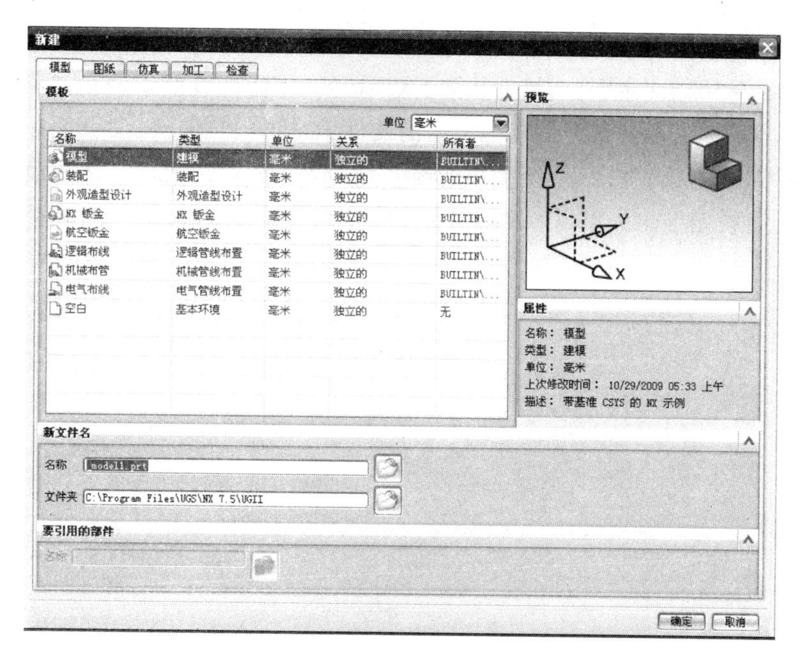

图 1-23 “新建”对话框

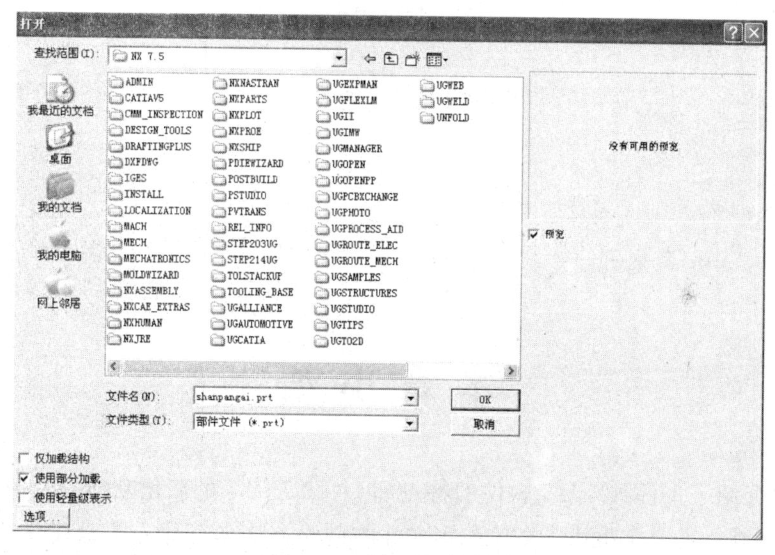

图 1-24 “打开”对话框

3. 保存文件

在对新建或者打开的文件进行修改后，单击“文件”→“保存”命令或者工具栏上的“保存”图标，可以保存文件。

单击“文件”→“另存为”命令，可以对当前文件设定新的文件名和地址并保存。

4. 关闭文件

单击“文件”→“关闭”命令，系统弹出“关闭”命令，如图 1-25 所示。选择相应选项后，系统关闭文件。

5. 导入/导出文件

单击"文件"→"导入"命令，系统弹出"导入"命令，如图 1-26 所示。在该菜单中选择相应选项，可以导入 UG NX 7.5 支持的其他类型的文件。

单击"文件"→"导出"命令，系统弹出"导出"命令，如图 1-27 所示。在该菜单中选择相应选项，可以将现有模型导出为 UG NX 7.5 支持的其他类型的文件，其中还包括直接导出为图片格式。

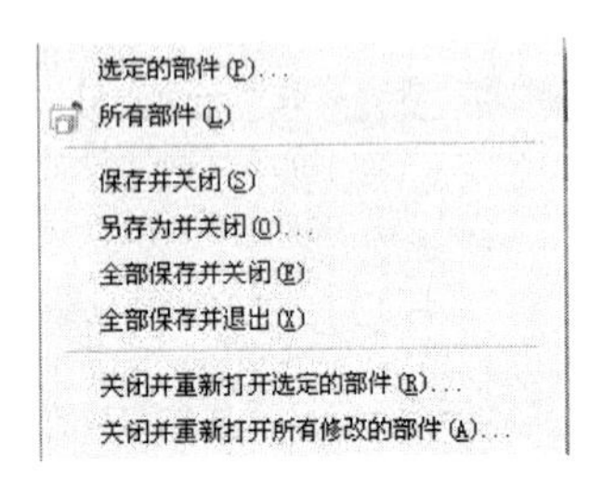

图 1-25 "关闭"命令

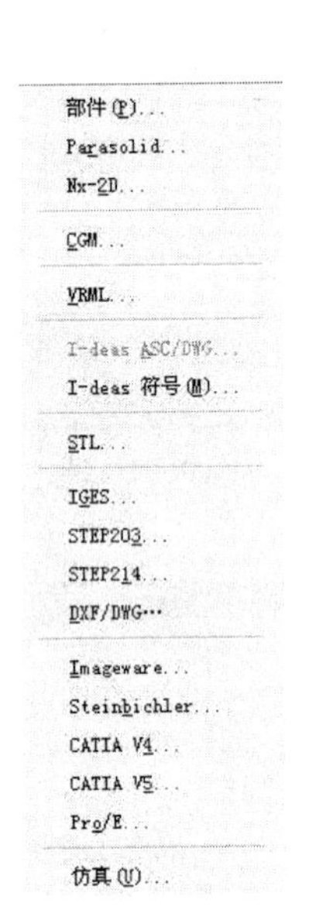

图 1-26 "导入"命令

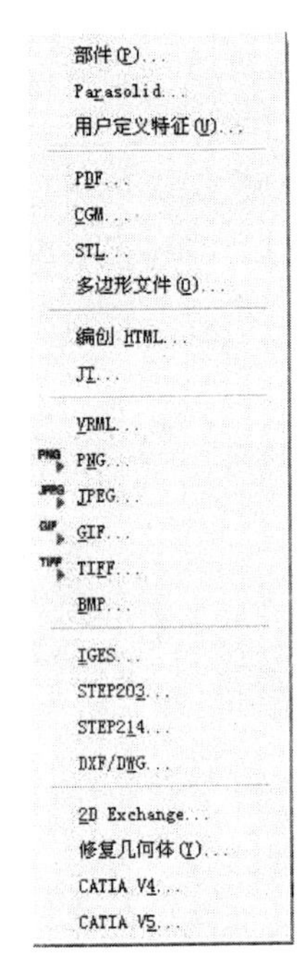

图 1-27 "导出"命令

本章小结

本章主要介绍了 UG NX 7.5 软件的特点和 UG NX 7.5 的新增功能，在使用 UG NX 7.5 的过程中，用户首先需要掌握 UG NX 7.5 文件的创建方法和打开方法。在此基础上，本章进一步介绍了 UG NX 7.5 的用户界面，包括标题栏、菜单栏、工具栏、坐标系、工作区、提示栏、资源导航器和快捷菜单栏。

通过本章的学习，读者对于为什么要学习 UG NX 7.5、UG NX 7.5 能做什么应做到心中有数，UG NX 7.5 的主要功能模块和各自的功能是什么、工作界面、文件管理及工具栏的定制等，读者在学习本章知识时，应重点掌握 UG NX 7.5 的文件管理和工具栏定制，了解其工作界面和基本操作。

习　　题

1. 试述 UG NX 7.5 软件有哪些特点。

2. UG NX 7.5 的主操作界面由哪些要素构成？注意资源板中的部件导航器和装配导航器有哪些用处？

3. 在 UG NX 7.5 系统中保存文件，可采用哪几种形式？有何区别？

4. 试述在 UG NX 7.5 系统中工具栏如何定制。

5. 熟悉 UG NX 7.5 菜单栏下拉菜单各选项的使用。

6. 提示栏和状态栏的作用是什么？

7. 工作坐标系的功能是什么？熟练掌握各种定位操作。

8. 如何将 CAD 文件导入 UG NX 7.5 软件中，练习利用其“导入”文件功能将 CAD 中的文件导入 UG NX 7.5 中。

CHAPTER 2

UG NX 7.5基本操作

UG NX 7.5 菜单中的命令基本上都可以在工具栏中找到，但有些命令不常用。本节主要介绍几种常用的基本操作。

2.1 对象操作

UG NX 7.5 建模过程中的点、线、面、图层、实体等被称为对象，三维实体的创建、编辑操作过程实质上也可以被看成是对对象的操作过程。本节将介绍对象的操作过程。

2.1.1 观察对象

观察对象一般有以下几种途径。

1. 通过快捷菜单

在工作区通过右击可以弹出如图 2-1 所示的快捷菜单，部分菜单命令功能说明如下。

(1) 刷新：用于更新窗口显示，包括更新 WCS 显示、更新由线段逼近的曲线和边缘显示，更新草图和相对定位尺寸/自由度指示符、基准平面和平面显示等。

(2) 适合窗口：用于拟合视图，即调整视图中心和比例，使整合部件拟合在视图的边界内，也可以通过组合键 Ctrl+F 来实现。

(3) 缩放：用于实时缩放视图。该命令可以通过同时按住鼠标中键(对于3 键鼠标而言)不放，再拖动鼠标实现；将鼠标置于图形界面中，滚动鼠标滚轮就可以对视图进行缩放，或者在按下鼠标滚轮的同时按下 Ctrl 键，然后上下移动鼠标也可以对视图进行缩放。

(4) 旋转：用于旋转视图。该命令可以通过按住鼠标中键(对于 3 键鼠标而言)不放，再拖动鼠标实现。

(5) 平移：用于移动视图，该命令可以通过同时按住鼠标右键和中键(对于 3 键鼠标而言)不放，再拖动鼠标实现；或者在按下鼠标滚轮的同时按下 Shift 键，然后向各个方向移动鼠标也可以对视图进行移动。

(6) 渲染样式：用于更换视图的显示模式，给出的命令中包含线框、着色、局部着色、面分析、艺术外观等 8 种对象的显示模式。

(7) 定向视图：用于改变对象观察点的位置。子菜单中包括用户自定义视角共 9 个视图命令。

(8) 设置旋转点：可以用鼠标在工作区选择合适的旋转点，再通过旋转命令观察对象。

2. 通过“视图”工具栏

“视图”工具栏如图 2-2 所示，上面每个图标按钮的功能与对应的快捷菜单相同。

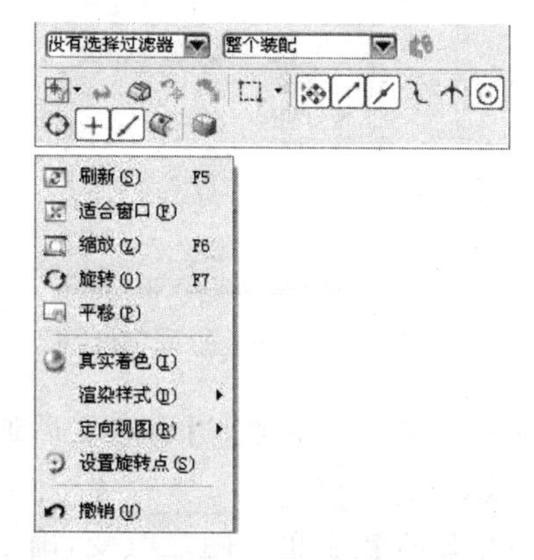

图 2-1 快捷菜单

图 2-2 “视图”工具栏

3. 通过视图下拉菜单

执行“视图”菜单命令，系统会弹出如图 2-3 所示的子菜单，其中许多功能可以从不同角度观察对象模型。

2.1.2 选择对象

在 UG NX 7.5 的建模过程中，对象可以通过多种方式来选择，以方便快速选择目标体，执行菜单栏中“编辑”→“选择”命令后，系统会弹出如图 2-4 所示的“选择”子菜单。以下介绍部分子菜单功能。

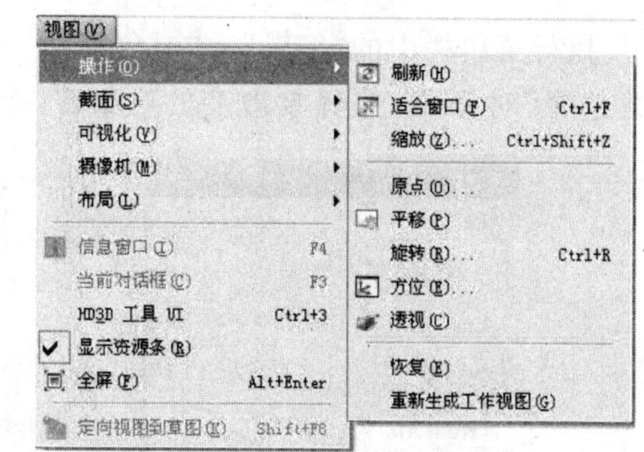

图 2-3 “视图”下拉菜单

(1) 最高选择优先级-特征：它的选择范围较为特定，仅允许特征被选择，像一般的线、面是不允许选择的。

(2) 最高选择优先级-组件：多用于装配环境下对各组件的选择。

(3) 全不选：系统释放所有已经选择的对象。

当绘图工作区有大量可视化对象供选择时，系统会弹出如图 2-5 所示的“快速拾取”对话框来依次遍历可选择对象，数字表示重叠对象的顺序，各框中的数字与工作区中的对象一一对应，当数字框中的数字高亮显示时，对应的对象也会在工作区中高亮显示。以下介绍两种常用的选择方法。

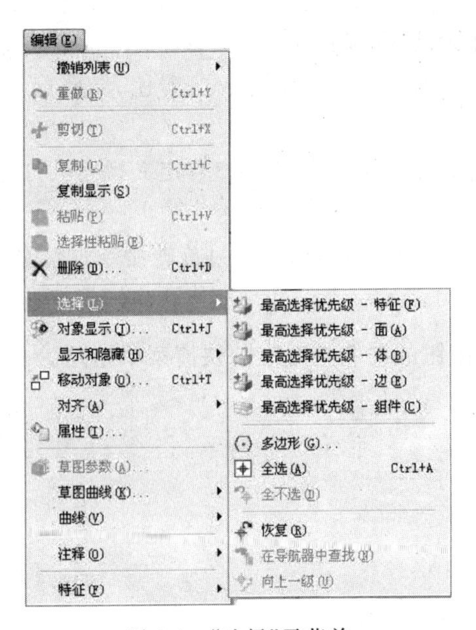

图 2-4 “选择”子菜单

图 2-5 “快速拾取”对话框

① 通过键盘：通过键盘上的“→”键等移动高亮显示区来选择对象，当确定之后通过按 Enter 键或以单击确认。

② 移动鼠标：在“快速拾取”对话框中移动鼠标，高亮显示数字也会随之改变，确定对象后单击确认即可。

如果要放弃选择，单击对话框中的“关闭”按钮或按下 Esc 键即可。

2.1.3 改变对象的显示方式

执行菜单栏中的“编辑”→“对象显示”命令，或按下组合键 Ctrl+J，弹出如图 2-6 所示的“类选择”对话框，选择要改变的对象后，弹出如图 2-7 所示的“编辑对象显示”对话框，可编辑

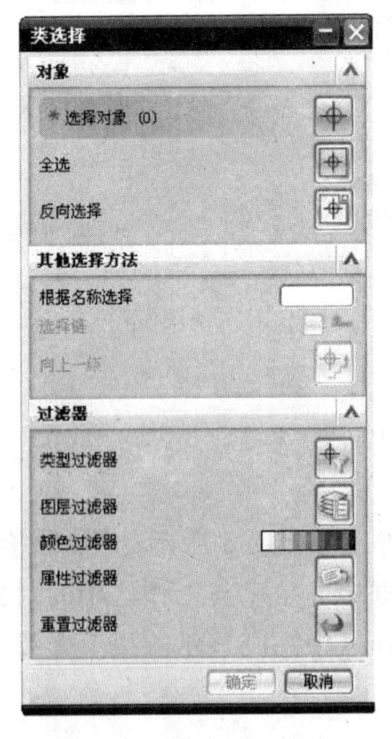

图 2-6 “类选择”对话框

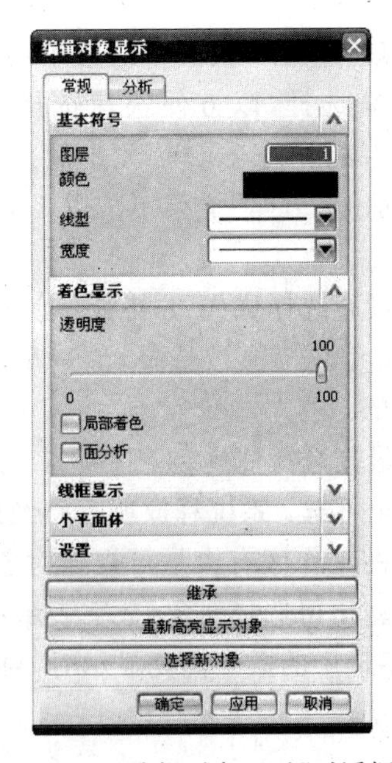

图 2-7 “编辑对象显示”对话框

所选择对象的图层、颜色、网格数、透明度或者着色状态等参数，完成后单击“确定”按钮即可完成编辑并退出对话框，单击“应用”按钮则不用退出对话框，接着进行其他操作。

“编辑对象显示”对话框中的相关命令说明如下。

(1) 图层：用于指定选择对象放置的层，系统规定的层为1～256层。

(2) 颜色：用于改变所选对象的颜色，可以调出如图2-8所示的“颜色”对话框。

(3) 线型：用于修改所选对象的线型(不包括文本)。

(4) 宽度：用于修改所选对象的线宽。

(5) 透明度：用于控制选择对象被着色后光线的穿透度。

(6) 继承：弹出对话框要求选择需要从哪个对象上继承设置，并应用到之后的所选对象上。

(7) 重新高亮显示对象：重新高亮显示所选对象。

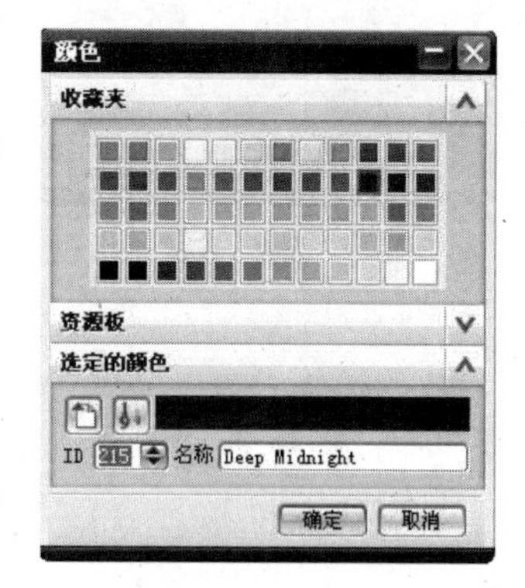

图2-8　“颜色”对话框

2.1.4　隐藏对象

当工作区域内图形太多，以致不便操作时，需要将暂时不需要的对象隐藏，如模型中的草图、基准面、曲线、尺寸、坐标、平面等，“编辑”→“显示和隐藏”菜单下的子菜单提供了显示、隐藏和取消隐藏功能命令，如图2-9所示。其部分功能说明如下。

(1) 显示和隐藏：单击该命令，弹出如图2-10所示的“显示和隐藏”对话框，可以选择要显示或隐藏的对象。

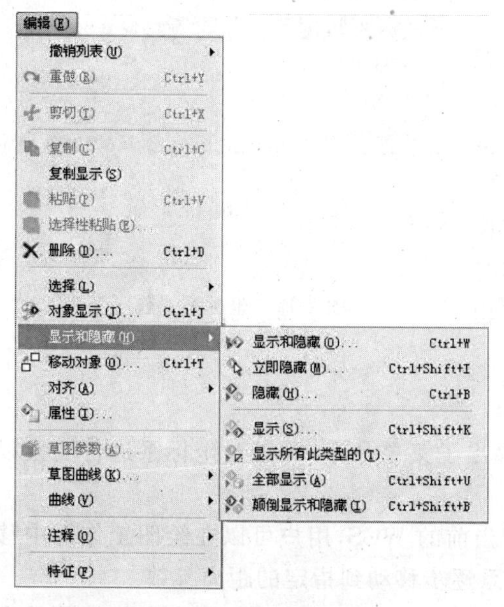

图2-9　“显示和隐藏”子菜单

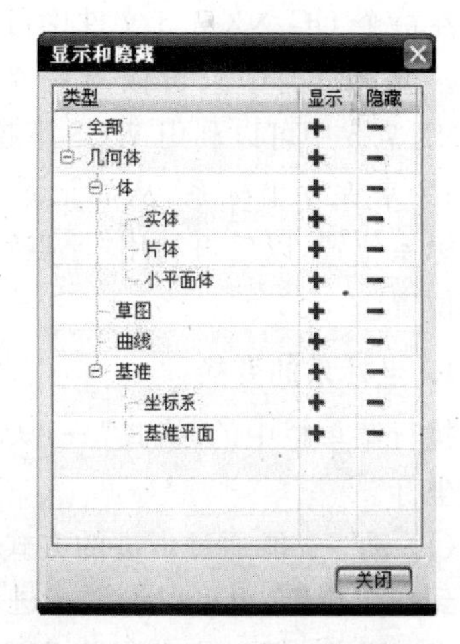

图2-10　“显示和隐藏”对话框

(2) 隐藏：可以通过按组合键Ctrl+B实现，提供“类选择”对话框，也可以通过类型选择需要隐藏的对象或是直接选取。

(3) 显示：将所选的隐藏对象重新显示出来，单击该命令后将会弹出一个类型选择对话框，此时工作区中将显示所有已经隐藏的对象，用户在其中选择需要重新显示的对象即可。

(4) 显示所有此类型的：将重新显示某类型的所有隐藏对象，并提供了5种过滤方式，按如图2-11所示的“选择方法”对话框中的“类型”、“图层”、“其他”、“重置”和“颜色”5个按钮或选项来确定对象类别。

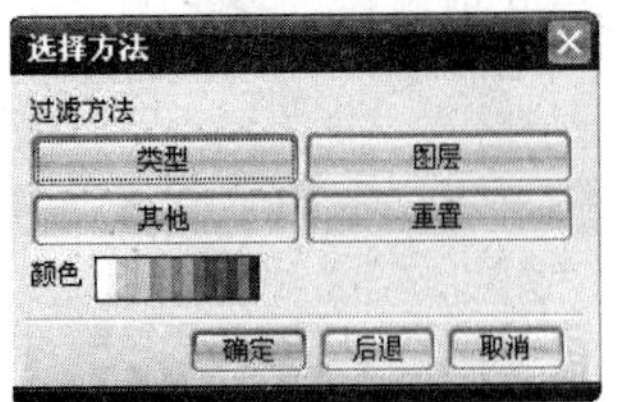

图2-11 “选择方法”对话框

(5) 全部显示：也可以通过按组合键Shift＋Ctrl＋U实现，将重新显示所有在可选层上的隐藏对象。

(6) 颠倒显示和隐藏：用于反转当前所有对象的显示或隐藏状态，即显示的全部对象将会隐藏，而隐藏的将会全部显示。

2.2 坐标系操作

UG NX 7.5系统中共包括3种坐标系，分别是绝对坐标系(Absolute Coordinate System，ACS)、工作坐标系(Work Coordinate System，WCS)和机械坐标系(Machine Coordinate System，MCS)。它们都符合右手定则。

ACS：系统默认的坐标系，其原点位置永远不变，在用户新建文件时就产生了。

WCS：UG系统提供给用户的坐标系，用户可以根据需要任意移动它的位置，也可以设置属于自己的WCS坐标系。

MCS：一般用于模具设计、加工、配线等向导操作中。

UG NX 7.5中关于坐标系的操作功能如图2-12所示。

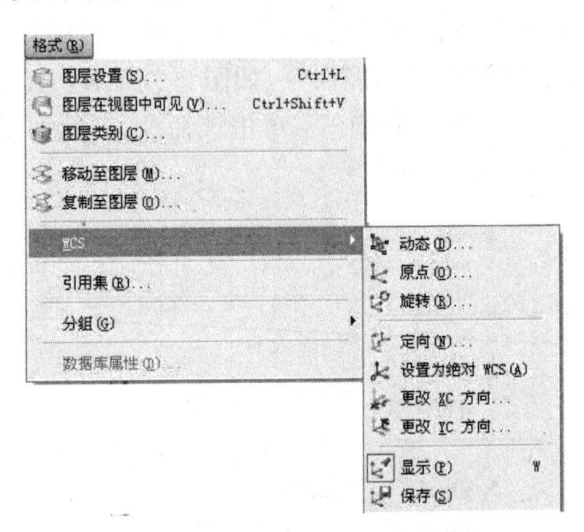

图2-12 坐标系操作子菜单

在一个UG NX 7.5文件中可以存在多个坐标系。但它们当中只可以有一个工作坐标系。UG NX 7.5中可以利用WCS下拉菜单中的“保存”命令来保存坐标系，从而记录下每次操作时的坐标系位置，以后再利用“原点”命令移动到相应的位置。

1. 坐标系的变换

执行菜单栏中的“格式”→WCS命令后，弹出子菜单命令，用于对坐标系进行变换以产生新的坐标。

(1) 动态：能通过步进的方式移动或旋转当前的WCS，用户可以在绘图工作区中移动坐标系到指定位置，也可以设置步进参数使坐标系逐步移动到指定的距离参数。

(2) 原点：通过定义当前WCS的原点来移动坐标系的位置。但该命令仅仅移动坐标系的位置，而不会改变坐标轴的方向。

(3) 旋转：将会弹出如图2-13所示的“旋转WCS绕...”对话框，通过当前的WCS绕其某一坐标轴旋转一定角度来定义一个新的WCS。

用户通过对话框可以选择坐标系绕哪个轴旋转，同时指定从一个轴转向另一个轴，在“角度”文本框中输入需要旋转的角度。角度可以为负值。

2. 坐标系的定义

执行格式→WCS →“定向”命令后，弹出如图 2-14 所示的 CSYS 对话框，可在类型下拉复选框中选择相应的类型，以下介绍其相关功能。

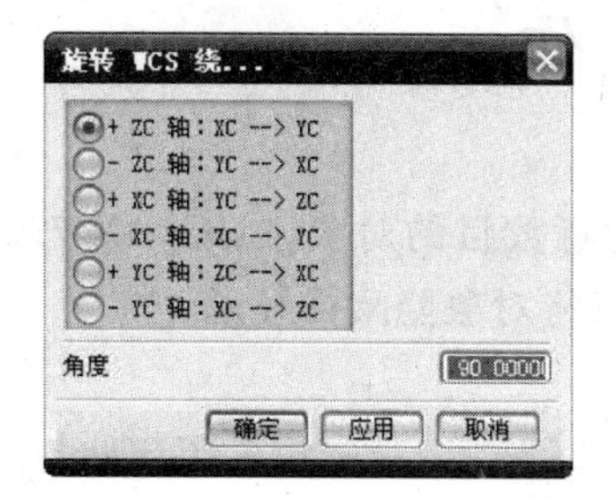

图 2-13 “旋转 WCS 绕...”对话框

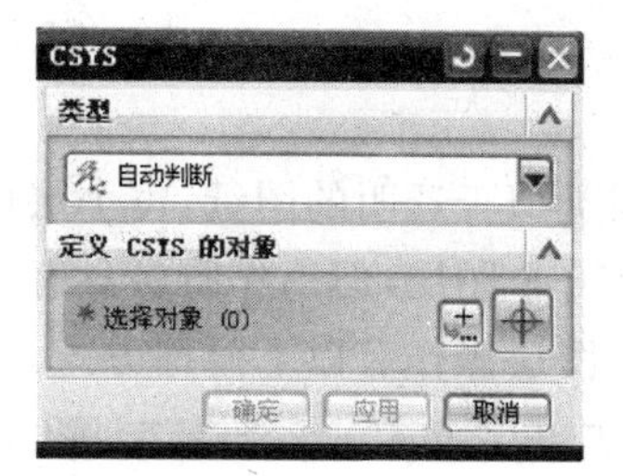

图 2-14 CSYS 对话框

(1) 自动判断：通过选择的对象或输入 X、Y、Z 坐标轴方向的偏置值来定义一个坐标系。

(2) 原点、X 轴、Y 轴：利用点创建功能先后指定 3 个点来定义一个坐标系。这 3 个点分别是原点、X 轴上的点和 Y 轴上的点，第一点为原点，第一点和第二点的方向为 X 轴的正向，第一点与第三点的方向为 Y 轴方向，再由 X 轴到 Y 轴按右手定则来定 Z 轴的正向。

(3) X 轴矢量和 Y 轴矢量：利用矢量创建的功能选择或定义两个矢量来创建坐标系。

(4) X 轴、Y 轴、原点：先利用点创建功能指定一个点为原点，而后利用矢量创建功能创建两矢量坐标，从而定义坐标系。

(5) Z 轴、X 轴的点：先利用矢量创建功能选择或定义一个矢量，再利用点创建功能指定一个点来定义一个坐标系。其中，X 轴正向为沿点和定义矢量的垂线指向定义点的方向，Y 轴则由 Z 轴、X 轴依据右手定则导出。

(6) 对象的 CSYS：由选择的平面曲线、平面或实体的坐标系来定义一个新的坐标系，XOY 平面为选择对象所在的平面。

(7) 点、垂直于曲线：利用所选曲线的切线和一个指定点的方法创建一个坐标系。曲线的切线方向即为 Z 轴矢量，X 轴方向为沿点到切线的垂线指向点的方向，Y 轴正向由自 Z 轴至 X 轴矢量按右手定则来确定，切点即为原点。

(8) 平面和矢量：通过先后选择一个平面和一个矢量来定义一个坐标系。其中 X 轴为平面的法向矢量，Y 轴为指定矢量在平面上的投影，原点为指定矢量与平面的交点。

(9) 三平面：通过先后选择三个平面来定义一个坐标系。三个平面的交点为原点，第一个平面的法向矢量为 X 轴，Y 轴、Z 轴以此类推。

(10) 绝对 CSYS：在绝对坐标系的(0,0,0)点处定义一个新的坐标系。X 轴和 Y 轴是绝对坐标系的 X 轴和 Y 轴，原点为绝对坐标系的原点。

(11) 当前的 CSYS：用当前视图定义一个新的坐标系，X 轴平行于视图的底部，Y 轴平行于视图的侧边，原点为图形屏幕的中点。

(12) 偏置 CSYS：通过输入 X、Y、Z 坐标轴方向相对于选择坐标系的偏距或转角来定义一个新的坐标系。

3. 坐标系的保存和显示

执行菜单栏中的“格式”→WCS→“显示”命令后，系统会显示或隐藏当前的工作坐标按钮。

执行菜单栏中的“格式”→WCS→“保存”命令后，系统会保存当前设置的工作坐标系，以便在以后的工作中调用。

2.3 图层操作

图层类似于透明的图纸，每个层可放置各种类型、任意数目的对象。UG NX 7.5 为用户提供了 256 个图层，但工作图层只有一个。通过图层可以将对象隐藏或显示。

进行图层操作有以下两种方式。

(1) 单击菜单栏中的“格式”菜单，其下拉菜单如图 2-15 所示，其中包含了 5 种与图层相关的命令。

(2) 通过图层操作的“实用工具”工具栏来进行操作，如图 2-16 所示。

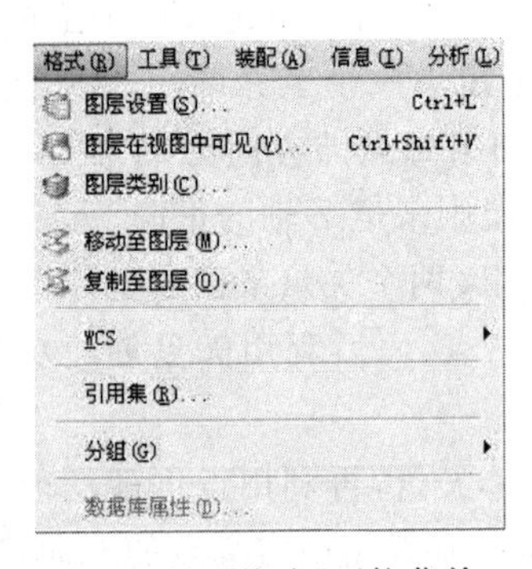

图 2-15 “格式”下拉菜单

图 2-16 “实用工具”工具栏

1. 图层的设置

单击菜单栏中的“格式”→“图层设置”命令，或单击“实用工具”工具栏中的“图层设置”图标按钮，弹出如图 2-17 所示的“图层设置”对话框。图层有“可选”、“作为工作层”、“不可见”和“只可见”4 种状态。

(1) 可选：设置后的图层成为可选状态，通常用于将只可见的图层转换为可选状态。

(2) 作为工作层：使图层成为工作层，当前所有创建的特征都会放在工作层上。

(3) 不可见：设置后图层中的特征不可见。当前的工作图层不可设置为不可见状态。

(4) 只可见：使图层只可见，但不能选择和编辑。需要注意的是，工作图层是可选的，所有新创建的对象都在工作图层上，任何时候都必须有一个工作图层。

2. 图层的可见性

用于控制某一视图中图层的可见与不可见，此功能在多视图布局中用来对模型进行观察和分析。

单击菜单栏中的“格式”→“在视图中可见”命令，弹出如图 2-18 所示的“图层在视图中可见”对话框。选择要进行图层可见性控制的视图，单击“确定”按钮，弹出如图 2-19 所示的“图层在视图中可见”对话框。选择需要设置的图层，可以将其设置为可见或不可见的状态。

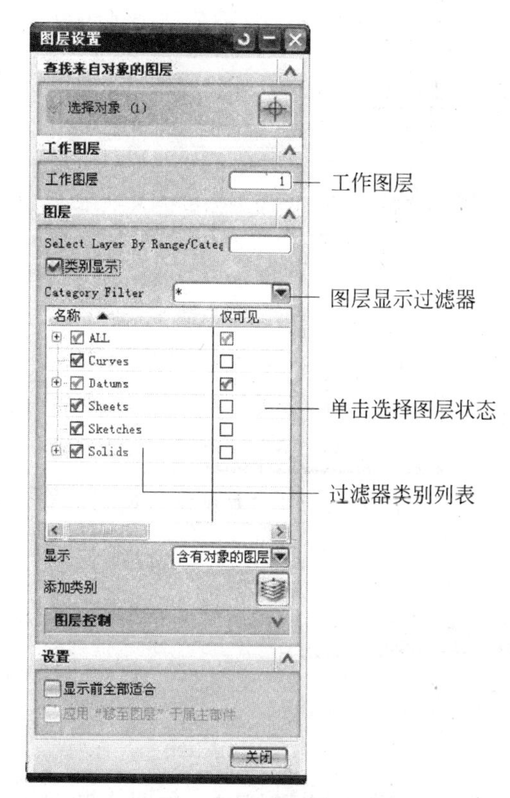

图 2-17 “图层设置”对话框

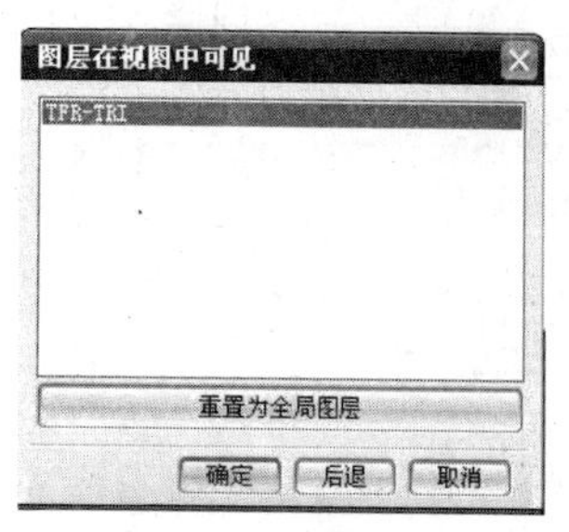

图 2-18 “图层在视图中可见”对话框 1

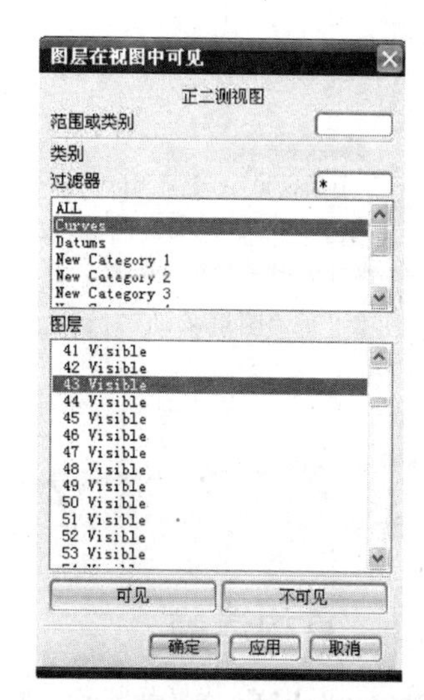

图 2-19 “图层在视图中可见”对话框 2

3. 移动至图层

移动至图层是指将对象从一个图层移动到另一个图层，其操作步骤如下。

(1) 单击菜单栏中的“格式” →“移动至图层”命令，弹出“类选择”对话框。选择要移动的对象，单击“确定”按钮。

(2) 系统弹出如图 2-20 所示的“图层移动”对话框，在“目标图层或类别”文本框中输入移动的目标图层名称，或在“图层”列表框中选择一个目标图层。单击“确定”按钮，完成图层的移动。

4. 复制至图层

将对象复制一个副本到另一个图层上，其操作步骤如下。

(1) 单击菜单栏中的“格式” →“复制至图层”命令，弹出“类选择”对话框。选择要移动的对象，单击“确定”按钮。

(2) 系统弹出如图 2-21 所示的“图层复制”对话框，在“目标图层或类别”文本框中输入移动的目标图层名称，或在“图层”列表框中选择一个目标图层。单击“确定”按钮，完成图层的复制。

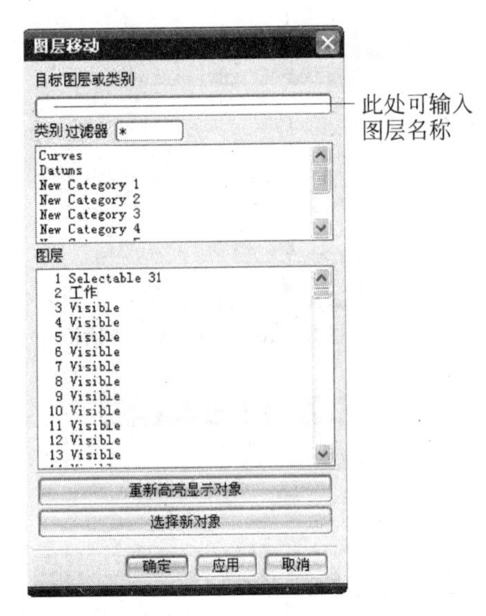

图 2-20 “图层移动”对话框

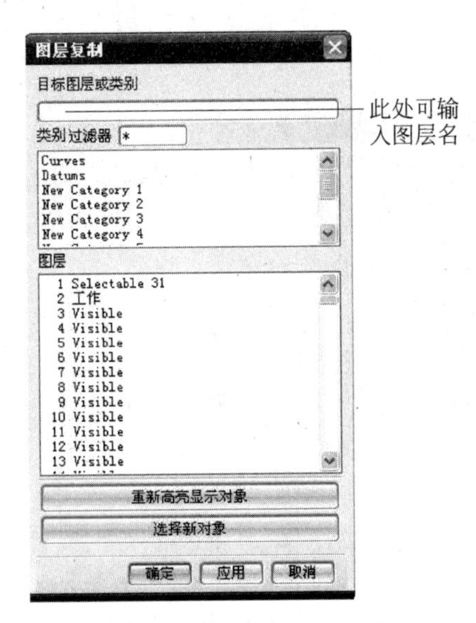

图 2-21 “图层复制”对话框

2.4 常用工具

2.4.1 点构造器

单击菜单栏中的“插入”→“基准/点(D)”→“点”命令，弹出“点”对话框，如图 2-22 所示。UG NX 7.5 中提供了 13 种点的构建方式，如图 2-23 所示。

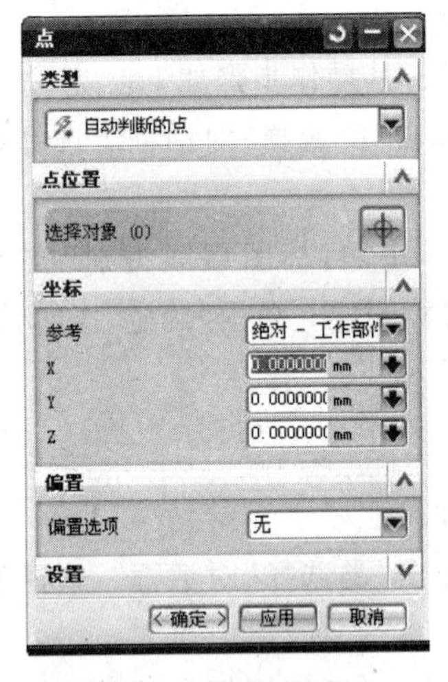

图 2-22 “点”对话框

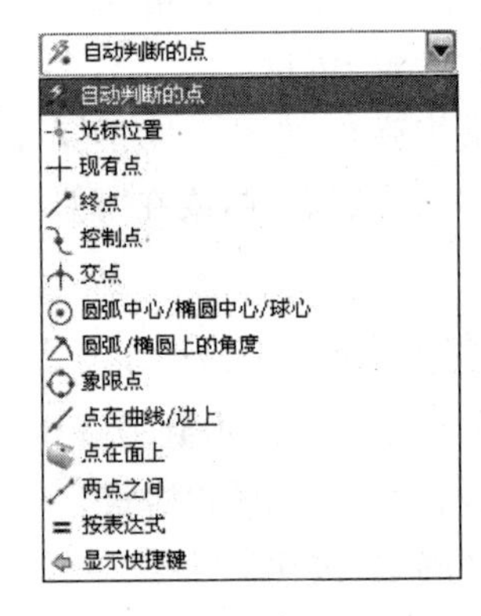

图 2-23 “点类型”子菜单

① 自动判断的点：根据用户选择的不同对象，自动判断选择一种适合当前的方式创建点。

② 光标位置：在光标位置处创建点，该点位于当前工作坐标的 XC-YC 平面上。

③ 现有点：通过一个已存在的点来创建点。

④ 终点：在已有的直线、弧、二次曲线以及其他曲线(边)的终点上创建点，且点的位置在与所选位置最靠近的终点处。

⑤ 控制点：在几何特征的控制点上创建点。直线和圆弧的控制点包含了端点、中点，圆的控制点是其圆心，椭圆的控制点是其中心。当可能存在多个控制点时，会创建与所选点最近的控制点。

⑥ 交点：在两相交特征(线与线、线与面、线与基准面)间创建点。

⑦ 圆弧中心/椭圆中心/球心：在圆弧、椭圆、圆或椭圆边界或球的中心创建点。

⑧ 圆弧/椭圆上的角度：在沿一个圆弧或一个椭圆的角度位置创建一个点。

⑨ 象限点：在弧或圆的象限点上创建点，象限点创建在离所选点最近的象限点处。

⑩ 点在曲线/边上：在曲线(边)的某一位置创建一个点，点在曲线(边)上的位置由“U 向参数”决定。在“坐标”面板中显示了点的各坐标值。

⑪ 点在面上：在面上创建点，点在面上的位置由“U 向参数”和“V 向参数”决定，如图 2-24 所示。

⑫ 两点之间：新创建的点在选择的两点连线上，点在该方向的位置由两点距离的百分比控制。

⑬ 按表达式：根据给出的表达式创建点。单击“创建表达式”按钮，弹出如图 2-25 所示的“表达式”对话框。

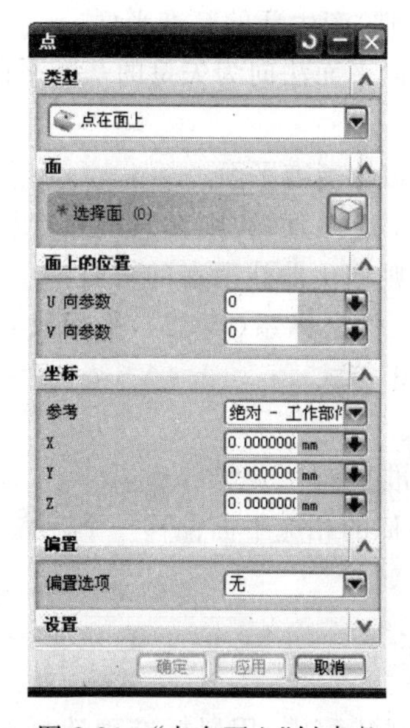

图 2-24 “点在面上”创建点

图 2-25 “表达式”对话框

2.4.2 平面

单击菜单栏中的“插入”→“基准点”→“基准平面”命令，弹出如图 2-26 所示的“基准平面”对话框。UG NX 7.5 提供了 15 种创建基准平面的方式。

(1) 自动判断：系统根据所选择的对象，自动采用相应的方式创建基准平面。例如，选择一个点，则产生一个经过参照点与工作坐标系的 XC-YC 平面平行的基准平面，此时继续选择一条直线，变成“曲线和点”的创建方式；如果选择点后再选一个参照平面，则产生一个经过该点、且与所选平面平行的基准平面。

(2) 成一角度：首先选择一个平面参考对象(基准平面、平面对象)，然后选择一个线性对象作为旋转基准轴(线性曲线、线性边或基准轴等)并设置旋转角度，从而产生一个新的基准平面。

(3) 按某一距离：将所选择平面在法向上偏移设置的距离值，从而产生新的基准平面。还可以根据需要设置偏置的数量及基准平面间的间距。

(4) 二等分：新基准平面产生在所选两个平面的对称平面上。

(5) 曲线和点：曲线和点的"子类型"下拉列表框中又包括6种创建方式，分别介绍如下。

① Curvesand Point(sub-infer)"曲线和点(自动判断)"：根据用户指定直线上的点，基准平面穿过点并垂直于直线。

② One Point(一点)：经过选择的点并垂直于该点所属的对象，从而产生一个新的基准平面。

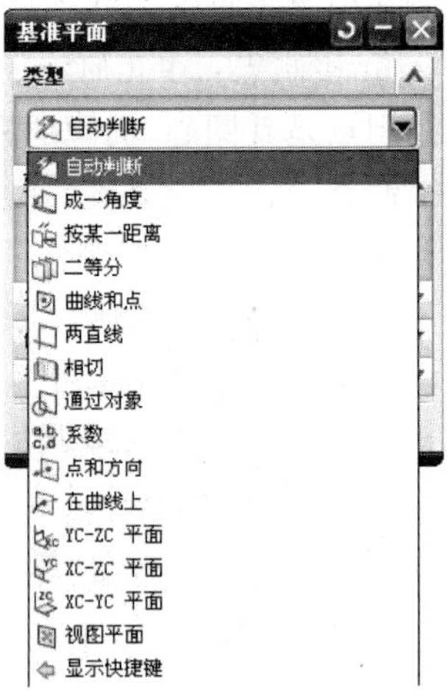

图 2-26 "基准平面"对话框

③ 两点：第一个点确定创建基准平面的位置，第一点至第二点的连线为平面的矢量。

④ 三点：创建后的基准平面同时经过3个点。

⑤ PointandCurve/Axis(点和曲线/轴)：过点和直线(边、轴)产生新的基准平面。

⑥ PointandPlane/Face(点和平面/面)：在该点产生一个以平面法向为矢量的基准平面。

(6) 两直线：通过选择两条现有的直线来创建一个平面。

(7) 相切：创建与其他曲线或面在指定点、曲线或面上相切的基准平面。

(8) 通过对象：根据所选的对象来产生新的基准平面。若选择直线，则在其端点产生一个与该直线垂直的平面：若选择一段弧或平面上的样条曲线，则产生曲线所在的平面。

(9) 系数：通过指定系数a、b、c和d来定义平面。对于工作坐标系(WCS)，平面决定于等式a·XC+b·YC−c·ZC=d；对于绝对坐标系，平面决定于等式a·c+b·Y+c·Z=d。

(10) 点和方向：以指定的矢量经过指定点产生基准平面。

(11) 在曲线上：在所选曲线上的某一点产生一个新的基准平面。

(12) YC-ZC/XC-ZC/XC-YC平面：将工作坐标或绝对坐标的相应平面偏移一个距离。

(13) 视图平面：创建的基准平面始终在视图下面。

2.4.3 类选择器

在UG NX 7.5建模中，经常需要选择对象，特别是在大型装配中，用鼠标准确选择对象往往很难做到，使用类选择器可以快速、准确地选择对象。单击"选择条"工具栏中的"类选择"按钮，弹出如图2-27所示的"类选择"对话框。

UG NX 7.5中提供了类型过滤器、图层过滤器、颜色过滤器、属性过滤器4种过滤器。通过过滤器选择对象时，只有符合条件的元素才能成为可选元素。

1. 类型过滤器

在"选择条"工具栏的"类型过滤器"下拉列表框中，当选择"没有选择过滤器"选项时所有类型的元素均为可选；当选择"曲线"选项时只有曲线可选，其他所有元素都被禁止选择。也可以单击"类选择"对话框中的 (类型过滤器)按钮，弹出如图2-28所示的"根据类型选择"对话框，操作方法与上面类似。

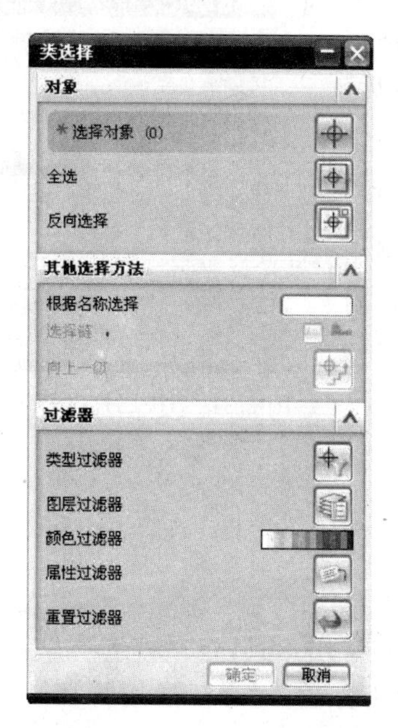

图 2-27　“类选择”对话框

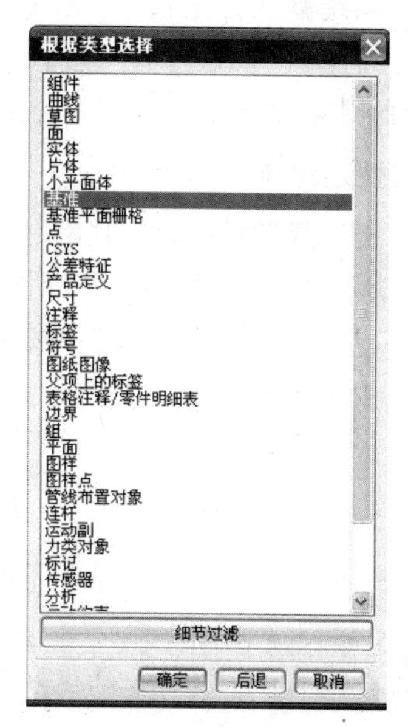

图 2-28　“根据类型选择”对话框

2. 图层过滤器

单击“选择条”工具栏中的“图层过滤器”下拉列表框，设置在选择对象时包括或排除的图层。也可以单击“类选择”对话框中的“图层过滤器”按钮，弹出如图 2-29 所示的“根据图层选择”对话框。

3. 颜色过滤器

单击“选择条”工具栏中的“寸”(颜色过滤器)按钮，弹出如图 2-30 所示的“颜色”对话框，

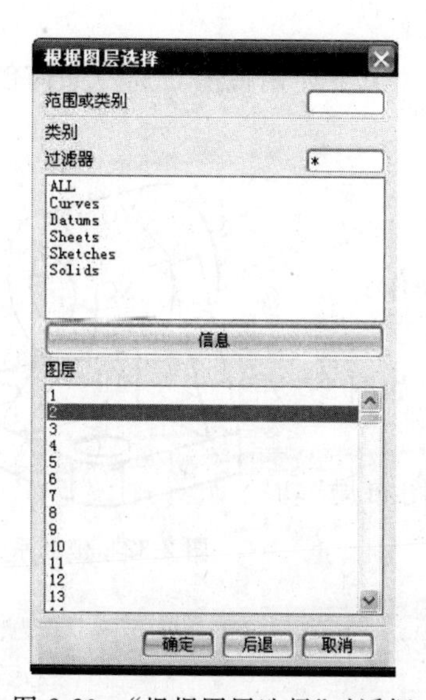

图 2-29　“根据图层选择”对话框

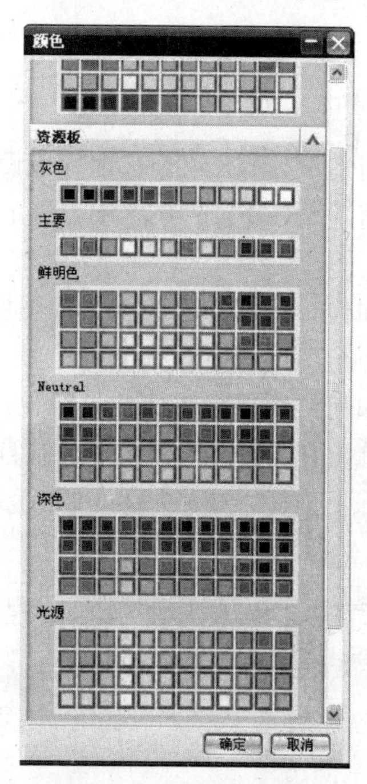

图 2-30　“颜色”对话框

可以选择某一种颜色进行过滤。单击“全选”按钮时，选择所有的颜色（系统默认为全选）。也可以单击“类选择”对话框中的“颜色过滤器”按钮，同样弹出“颜色”对话框。设定后，颜色相同的对象被选择。

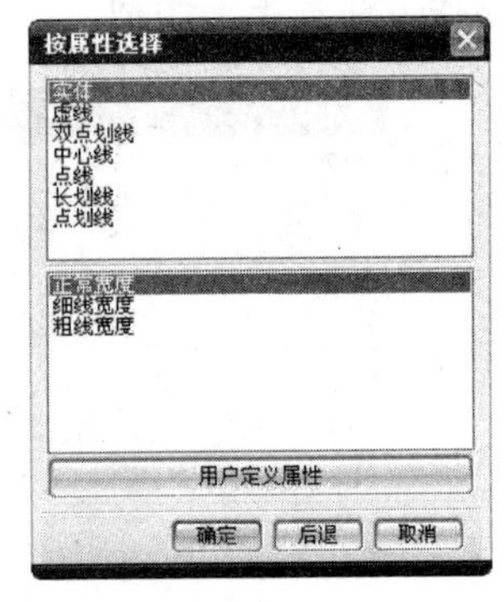

图 2-31 “按属性选择”对话框

4. 属性过滤器

单击“类选择”对话框中的“网”（属性过滤器）按钮，弹出如图 2-31 所示的“按属性选择”对话框，可以设置其他类型对象的属性。单击“用户定义属性”按钮，在弹出的“属性过滤器”对话框中可以进行自定义设置。

本 章 小 结

本章主要介绍了 UG NX 7.5 软件的基本操作方法和常用工具，包括首选项设置、视图布局、点构造器、矢量、选择功能、坐标系等。熟练掌握其使用方法，对今后运用特征建模将有很大的帮助。

UG NX 7.5 的基本操作工具是用户在使用 UG 过程中最经常用到的工具，也是 UG 的一些通用工具，因此掌握这些基本操作工具的含义及其操作方法十分必要。

除了介绍一些基本概念外，还重点介绍了 UG NX 7.5 的一些通用工具，这些通用工具在后续的操作中经常出现，如果能够熟练运用这些通用工具，将会给其他的操作带来方便，同时也会提高自己的工作效率。

习 题

1. 简述 UG NX 7.5 基本环境设置的一般步骤。

2. 简述 UG NX 7.5 图层设置的操作步骤。在什么情况下使用视图布局？如何创建布局视图？

3. 如何替换布局中的某个视图？

4. 一个图层状态有哪 4 种？

5. 如何使用鼠标快捷地进行视图平移、旋转、缩放操作？

6. 练习在 UG NX 7.5 中定制自己的工作环境风格。

7. 练习坐标系变换。利用坐标系变换功能，构造出如图 2-32 所示新的坐标系。

8. 观察视图和视图布局。利用“截面视图”和“视图布局”功能，选择一个模型图，创建各种视图。

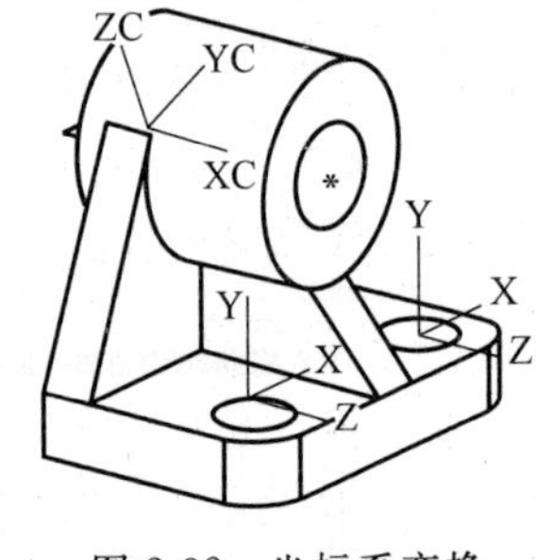

图 2-32 坐标系变换

UG NX 7.5草图

创建草图是指在用户指定的平面上创建点、线等二维图形的过程。草图功能是 UG 特征建模的一个重要方法，比较适用于创建截面较复杂的特征建模。一般情况下，用户的三维建模都是从创建草图开始的，即先利用草图功能创建出特征的大概形状，再利用草图的几何和尺寸约束功能，精确设置草图的形状和尺寸。绘制草图完成后即可利用拉伸、回转或扫掠等功能，创建与草图关联的实体特征。用户可以对草图的几何约束和尺寸约束进行修改，从而快速更新模型。

本章主要介绍在 UG NX 7.5 中创建草图的方法，其中包括约束和定位、操作、管理和编辑草图，最后举例说明创建草图的步骤。

3.1 UG NX 7.5 草图基本参数

1. 基本参数预设置

为了更准确有效地创建草图，需要对草图文本高度、原点、尺寸和默认前缀等基本参数进行编辑设置。

执行菜单栏中“首选项”→“草图”命令，打开“草图首选项”对话框，该对话框包括“草图样式”、“会话设置”和“部件设置”3 个选项卡，分别如图 3-1 至图 3-3 所示。

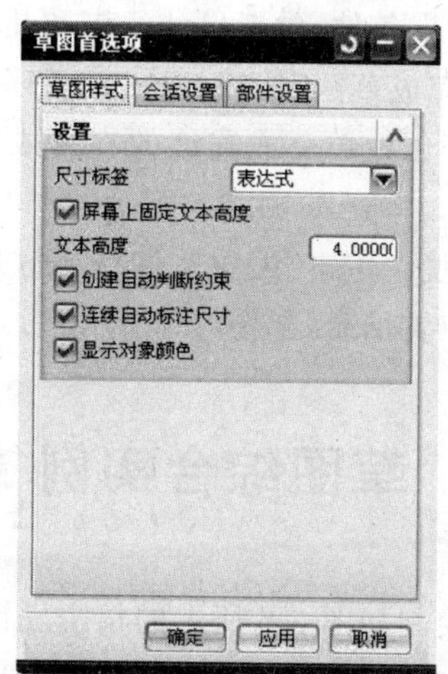

图 3-1 “草图样式”选项卡

2. 草图创建

单击菜单栏中“插入”→“草图”命令，或单击“特征”工具栏中的“草图”按钮，打开如图 3-4 所示的“创建草图”对话框。该对话框包括“类型”、“草图平面”、“草图方向”、“草图原点”和“设置”5 个选项卡。其中草图平面是用于草图创建、约束和定位、编辑等操作的平面，是创建草图的基础。

当需要参数化地控制曲线或通过建立标准几个特征无法满足设计需要时，通常需创建草图。草图创建过程根据需要来确定，下面介绍其一般的操作步骤。

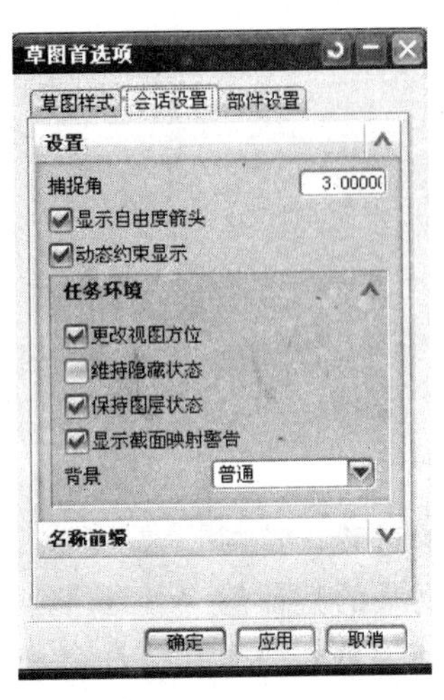

图 3-2 “会话设置”选项卡

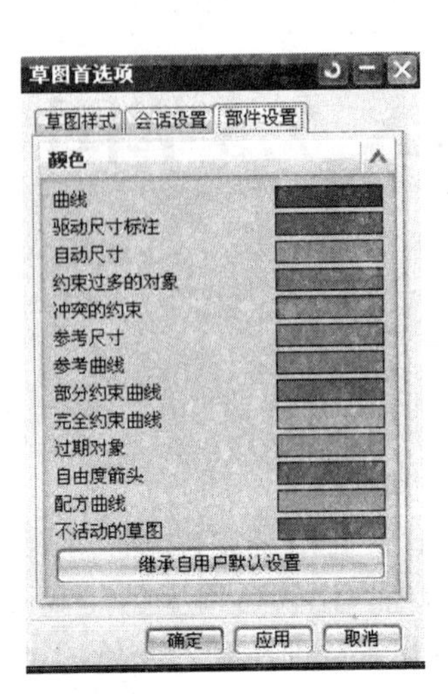

图 3-3 “部件设置”选项卡

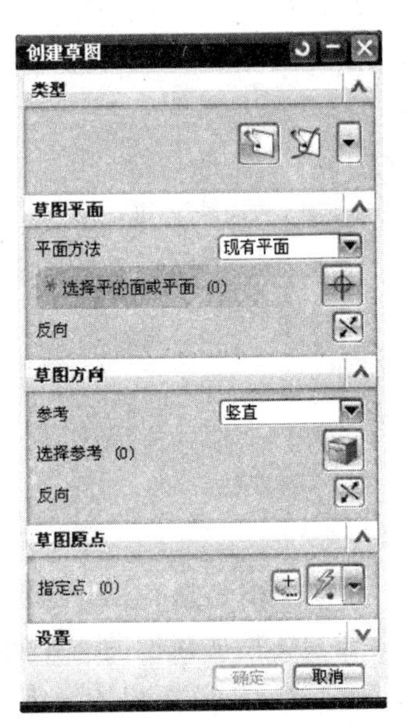

图 3-4 “创建草图”对话框

(1) 设置工作图层，即草图所在的图层。如果在进入草图工作界面前未进行工作图层设置，则一旦进行草图工作界面，一般很难进行工作图层的设置。可在退出草图界面后，通过“移动到图层”功能将草图对象移到指定的图层。

(2) 检查或修改草图参数预设置。

(3) 进入草图界面。执行菜单栏“插入”→“草图”命令，进入草图工作界面。在“草图生成器”工具栏的“草图名”文本框中，系统会自动命名该草图名，便于管理用户也可以将系统自动命名编辑修改为其他名称。

(4) 设置草图附着平面。利用“草图”对话框，指定草图附着平面。指定草图平面后，一般情况下，系统将自动转到草图的附着平面，用户也可以根据需要重新定义草图的视图方向。

(5) 创建草图对象。

(6) 添加约束条件，包括尺寸约束和几何约束。

(7) 单击“完成草图”按钮，退出草图环境。

该选项用于创建单一或连续的直线或圆弧。基本参数和草图工作平面设置完成后，单击如图 3-4 所示“创建草图”对话框中的“确定”按钮，进入草图环境。单击“配置文件”按钮，弹出“轮廓”对话框，同时在绘图区显示光标位置信息，如图 3-5 所示。

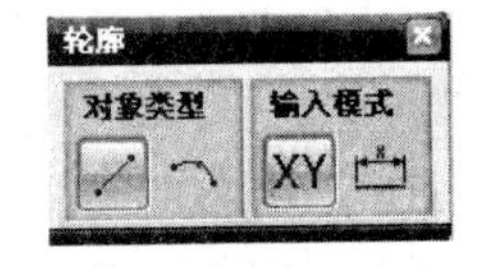

图 3-5 “轮廓”对话框

3.2 草图综合实例 1——精密虎钳固定座草图

本实例将绘制如图 3-6 所示的精密虎钳固定座草图，利用该实例介绍直线、圆和圆弧的绘制方法，并介绍曲线的变换、镜像、快速裁剪和快速延伸等操作。精密虎钳固定座草图的绘制步骤如下。

1. 建立新部件文件

单击菜单栏中“文件”→“新建”命令或单击“标准”工具栏的“新建”图标按钮，打开“新建”对话框，选择目录新文件“_model1. prt”，然后选择“确定”按钮，进入“建模”应用模块。

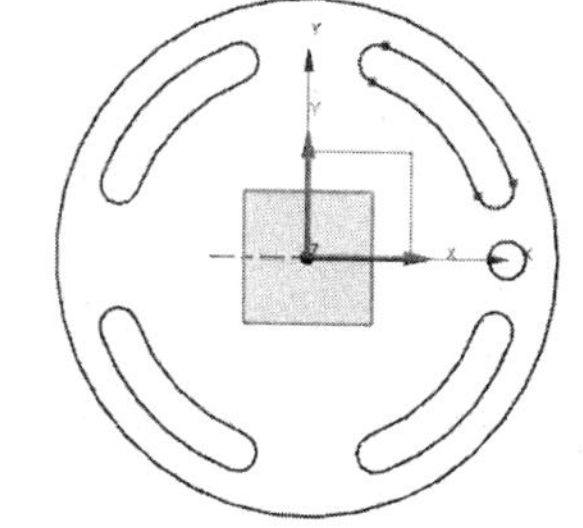

图 3-6　精密虎钳固定座草图

2. 建立草图平面

单击菜单栏中“插入”→“草图”图标按钮，在弹出的“草图”工具栏中，选择“草图平面”后，再单击“确定”按钮，建立草图平面，再选择“视图”→“定向视图到草图”命令，使工作平面正对着绘图者。

3. 绘制圆

单击“草图曲线”工具栏的“圆”图标按钮，此时图形窗口左上角弹出如图 3-7 所示的工具栏，确认“中心和半径确定圆”图标按钮和“坐标模式”图标按钮为选中状态（背景为黄色），此时光标附近显示如图 3-8 所示的“参数输入”对话框，要求输入圆心的坐标，在 XC 文本框中输入 0 后按 Enter 键，然后在 YC 文本框输入 0 后按 Enter 键，最后在出现的“直径”文本框中输入 200 后按 Enter 键，则绘制圆心坐标为(0,0)，直径为 200mm 的圆。

此时仍然处于绘制圆的状态，利用上述同样的方法绘制圆心坐标为(80,0)，直径为 15mm 的圆。完成后按 Esc 键或单击鼠标中键（带有滚轮的鼠标按滚轮就相当于按中键）结束绘制圆的操作，得到的图形如图 3-9 所示。

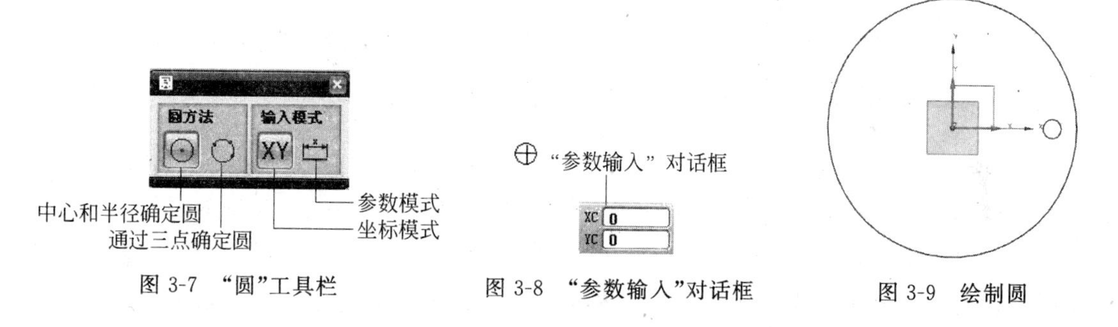

图 3-7　“圆”工具栏　　图 3-8　“参数输入”对话框　　图 3-9　绘制圆

在如图 3-7 所示的工具栏中选择“通过三点确定圆”图标按钮，则通过指定圆周上的 3 个点的坐标绘制。

4. 环形阵列小圆

在“特征”工具栏中选择“阵列曲线”，出现“阵列曲线”对话框，在对话框的“要阵列的对象”中选择上述绘制的直径为 15mm 的小圆，布局中选择“圆形”阵列命令，旋转中心选择“大圆的圆心”，数量为 2，跨角为 20，如图 3-10 所示，最后选择“确定”按钮，圆形阵列后的图形如图 3-11 所示。

再选择第 1 个圆，在工具栏中选择“阵列曲线”，在对话框的“要阵列的对象”中选择上述绘制的直径为 15mm 的小圆，布局中选择“圆形”阵列命令，旋转中心选择“大圆的圆心”，数量为 2，跨角为 70，如图 3-12 所示，最后选择“确定”按钮，圆形阵列后的图形如图 3-13 所示。

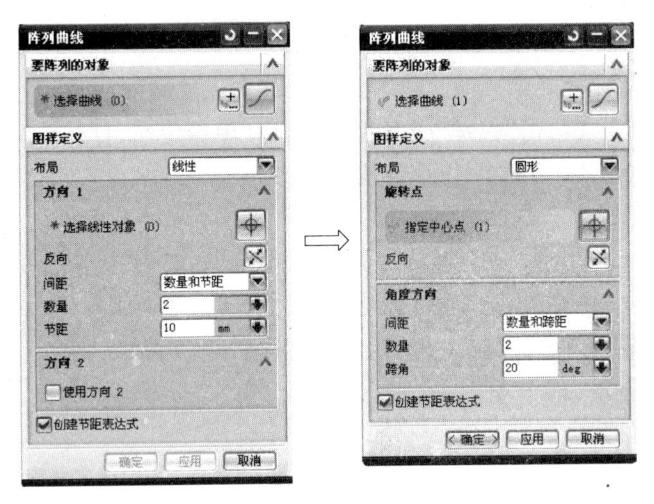

图 3-10 “阵列曲线 1”对话框

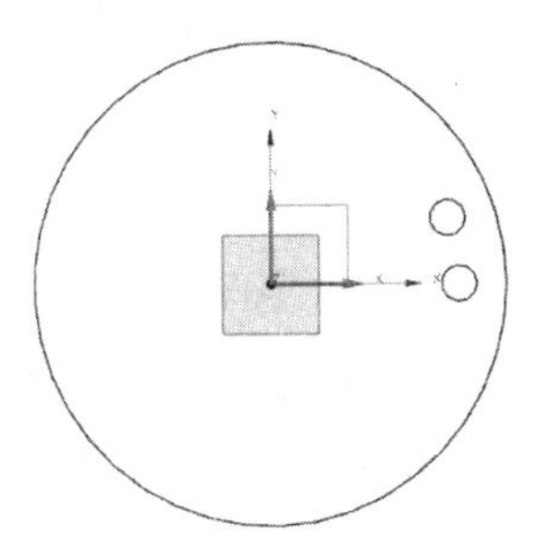

图 3-11 阵列 20°后的图形

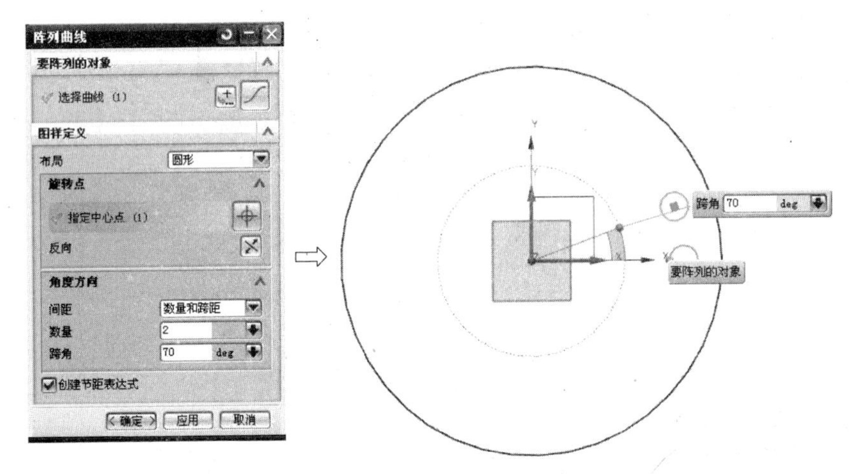

图 3-12 “阵列曲线 2”对话框

5. 绘制直线

单击“草图曲线”工具栏的“直线”图标按钮，捕捉大圆的圆心为第一点[或者在光标附近的“参数输入”对话框中输入点的坐标(0,0)]，然后分别捕捉阵列得到的小圆的圆心为第二点，绘制如图 3-14 所示的两条直线。

6. 延伸直线

单击“草图曲线”工具栏的“快速延伸”图标按钮，系统弹出如图 3-15 所示的“快速延伸”

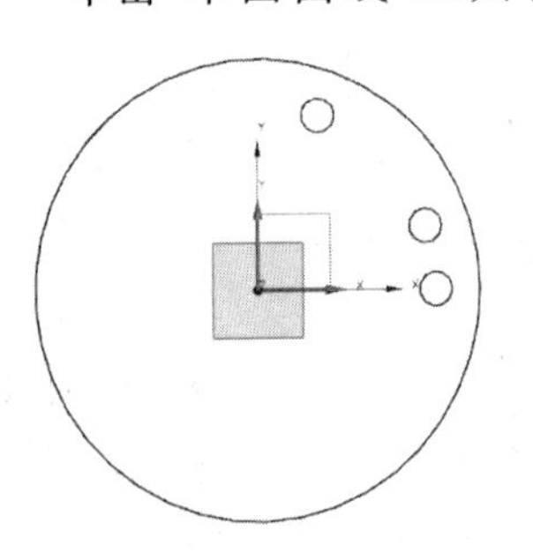

图 3-13 阵列 70°后的图形

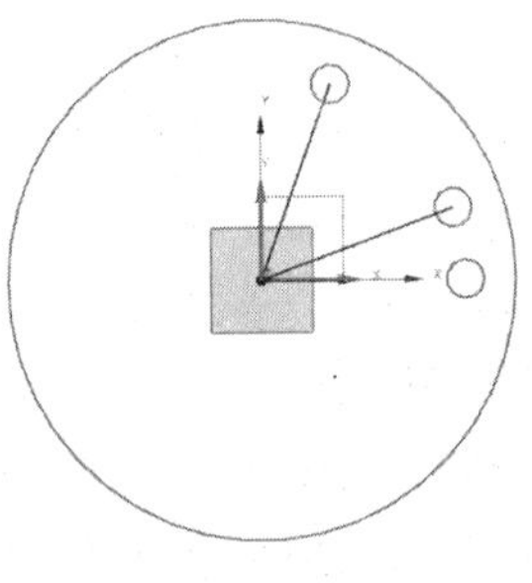

图 3-14 绘制直线

图 3-15 “快速延伸”对话框

对话框，分别选择“边界曲线”和“要延伸的曲线”，再将光标置于其中一条直线上靠近小圆的位置，等该直线高亮显示且出现延伸预览时单击，则将该直线延伸至与小圆的圆弧相交。利用同样的方法将另一条直线延伸，得到的图形如图 3-16 所示。

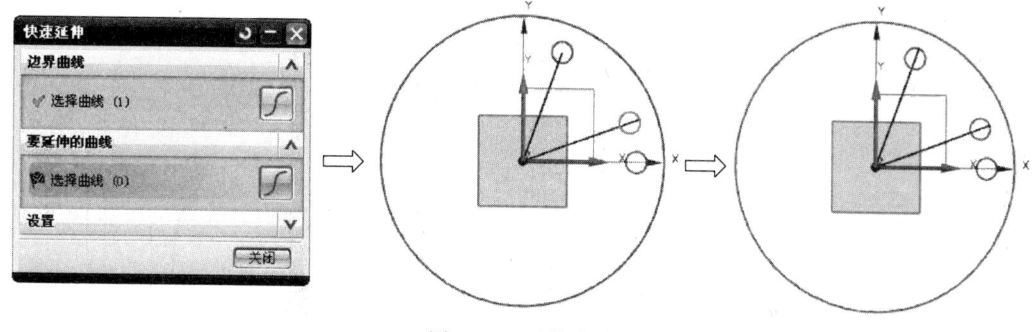

图 3-16　延伸直线

7. 绘制圆弧

单击“草图曲线”工具栏的“弧”图标按钮，在弹出的如图 3-17 所示的工具栏中单击“中心和端点定圆弧”图标按钮，捕捉大圆的圆心为弧的圆心，然后捕捉图形中下方的直线与小圆内侧的交点为第一点，捕捉上方的直线与小圆内侧的交点为第二点，得到的圆弧如图 3-18 所示。利用上述同样的方法，绘制如图 3-19 所示的第二段圆弧。

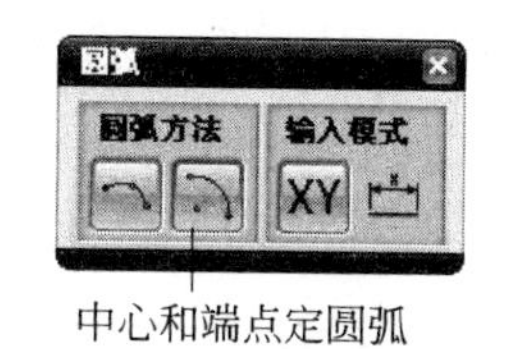

图 3-17　中心和端点决定的弧

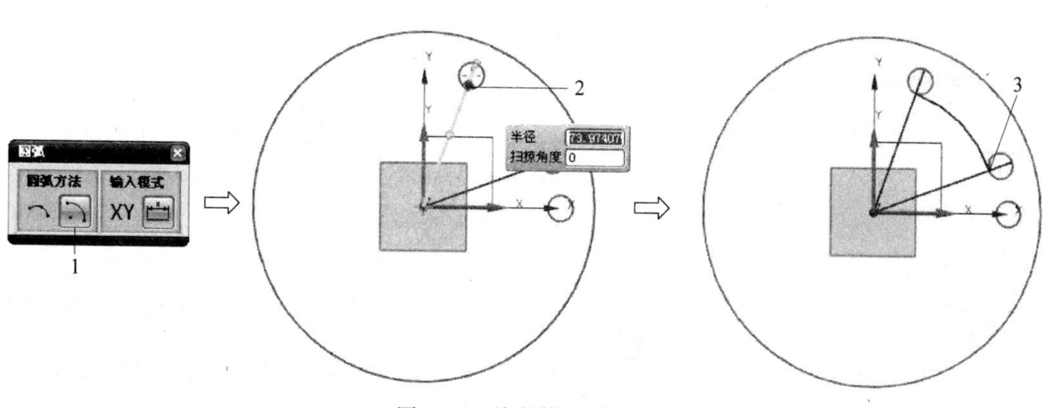

图 3-18　绘制第一段圆弧

8. 裁剪曲线

单击“草图曲线”工具栏的“快速修剪”图标按钮，系统弹出如图 3-20 所示的“快速修剪”对话框，分别选择“边界曲线”和“要修剪的曲线”，再将光标置于其中一个小圆在上一步绘制的两段圆弧之间的圆弧上，等该部分圆弧高亮显示后单击，则将该部分圆弧裁剪掉。利用上述同样的方法将另一个小圆的圆弧进行裁剪，得到如图 3-21 所示的图形。

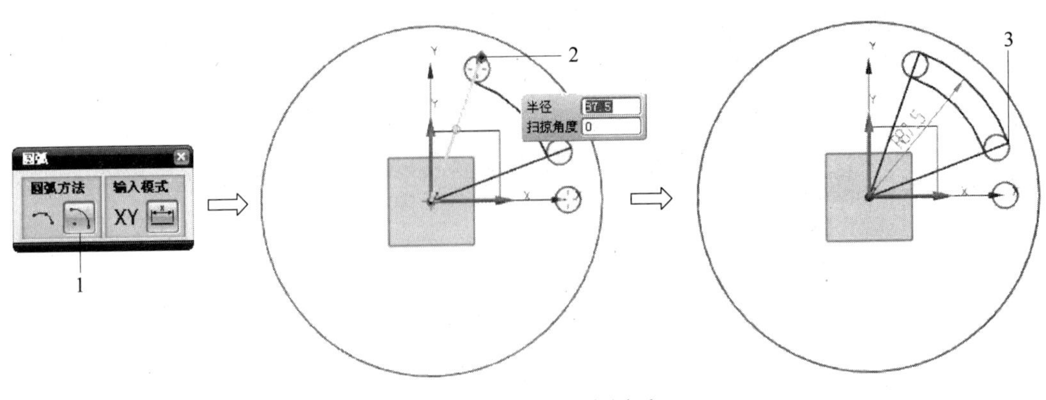

图 3-19　绘制第二段圆弧

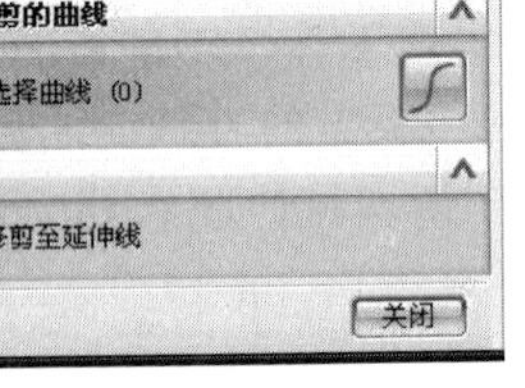

图 3-20　“快速修剪”对话框

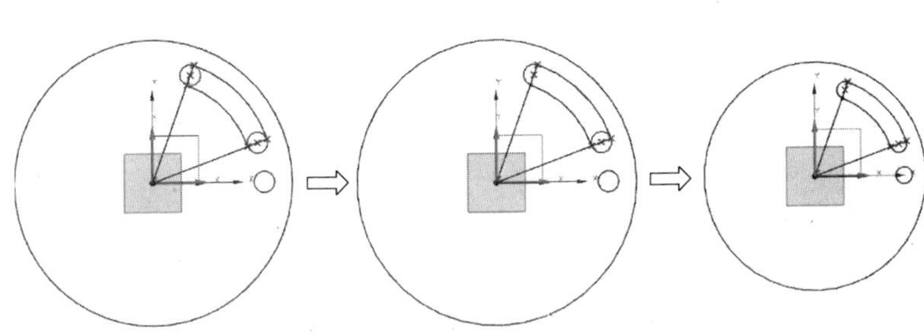

图 3-21　裁剪圆弧

9. 删除直线

单击“标准”工具栏的“删除”图标按钮，系统弹出“类选择”对话框，单击“选择对象”按钮，选择第 5 步绘制的两条直线，单击“类选择”对话框的“确定”按钮删除直线，得到的图形如图 3-22 所示。

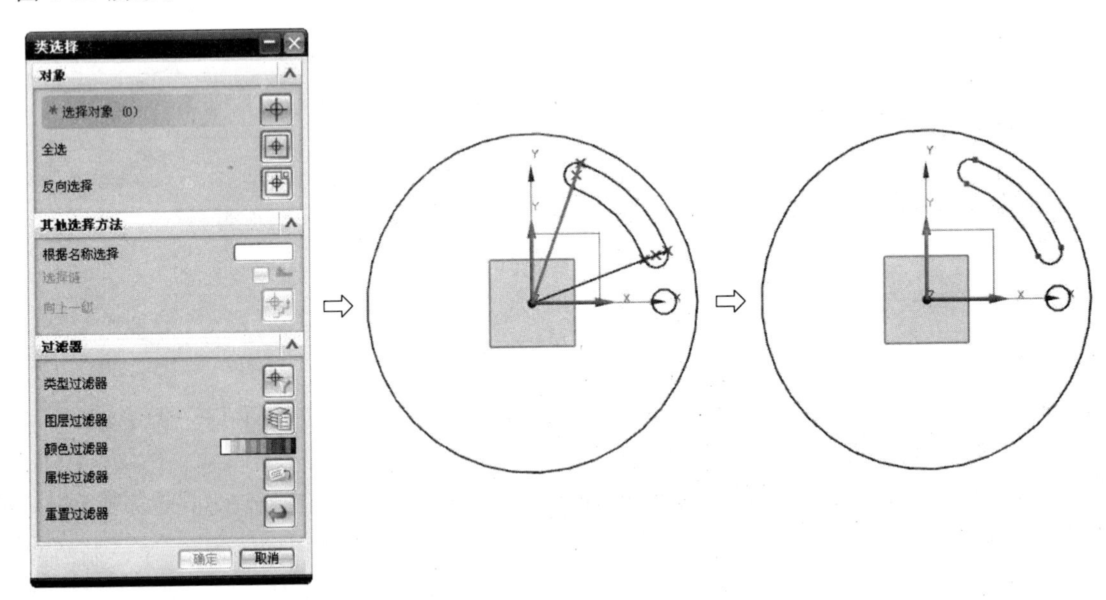

图 3-22　删除直线

选择两条直线后按 Delete 键也可以删除该直线。

10. 镜像曲线

单击“草图操作”工具栏的“镜像”图标按钮，打开如图 3-23 所示的“镜像曲线”对话框，首先选择“镜像”曲线，再确认 “镜像中心线”图标按钮为选中状态，选择草图中的 Y 轴线为镜像中心线，然后单击“镜像几何体”图标按钮，选择如图 3-22 所示绘制的封闭曲线，单击“确定”按钮，得到如图 3-24 所示的图形。使用同样的方法，以 X 轴线为镜像中心线，将曲线进行如图 3-25 所示的镜像。

图 3-23 “镜像曲线”对话框

11. 环形阵列小圆

在“编辑曲线”工具栏上选择“阵列曲线”命令，出现“阵列曲线”对话框，在对话框中选择要阵列的草图中的小圆，指定“阵列旋转中心”，再在“角度方向”中的数量为 4，跨角为 360，获得精密虎钳固定座草图如图 3-26 所示。

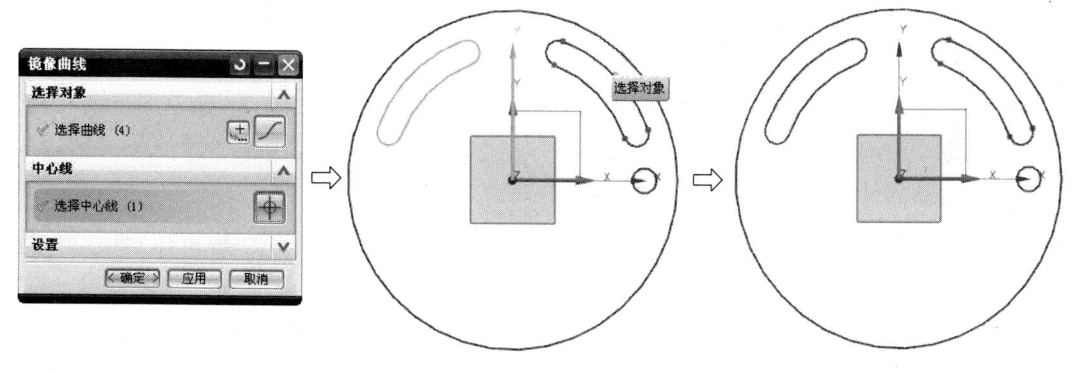

图 3-24 水平方向镜像曲线

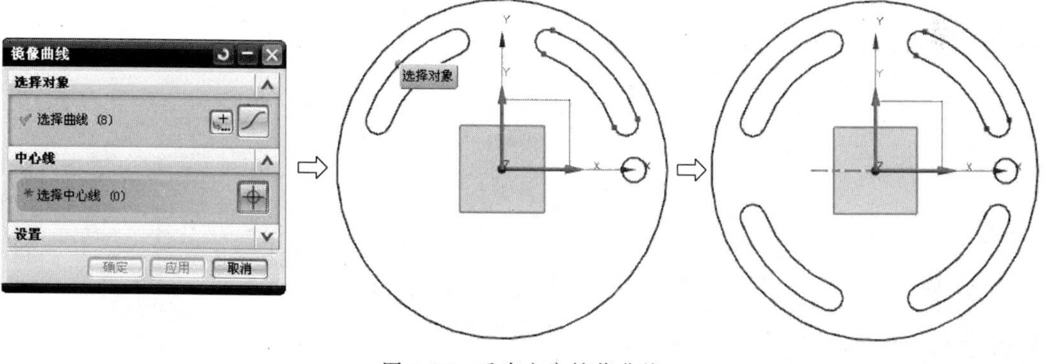

图 3-25 垂直方向镜像曲线

12. 保存文件

单击“直接草图”工具栏的“完成草图”图标按钮，结束草图绘制，然后选择“文件”下拉菜单中的“保存”命令保存文件。

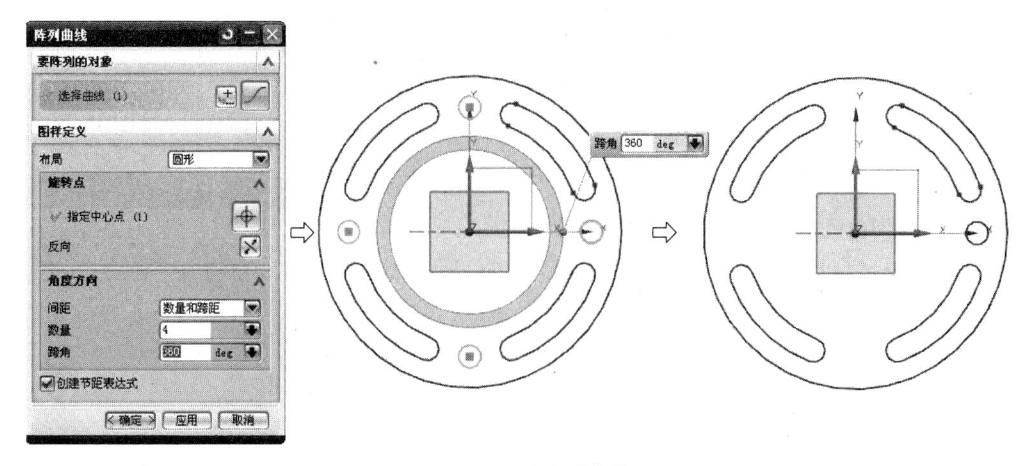

图 3-26 环形阵列参数

3.3 草图综合实例 2——支座主视草图

绘制如图 3-27 所示的支座主视草图。其目标为通过图形绘制的练习,熟悉图形的创建过程。支座主视草图的绘制操作步骤如下。

1. 建立新部件文件

单击菜单栏中"文件"→"新建"命令或单击"标准"工具栏的"新建"图标按钮,打开"新建"对话框,选择目录新文件"_model1. prt",然后单击"确定"按钮,进入"建模"应用模块。再选择"首选项"→"背景"命令,把背景设置成白色。

2. 建立草图平面

单击菜单栏中"插入"→"草图"按钮,在弹出的"草图"工具栏中,选择"草图平面"后,再单击"确定"按钮,建立草图平面。再选择"视图"→"定向视图到草图"命令,如图 3-28 所示,使绘图的工作平面正对着绘图者。

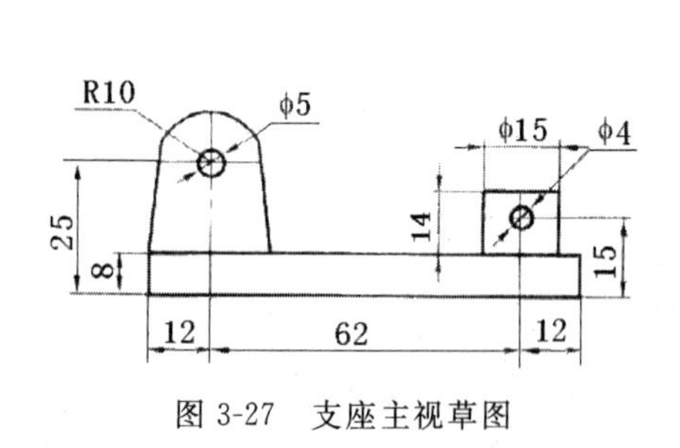

图 3-27 支座主视草图

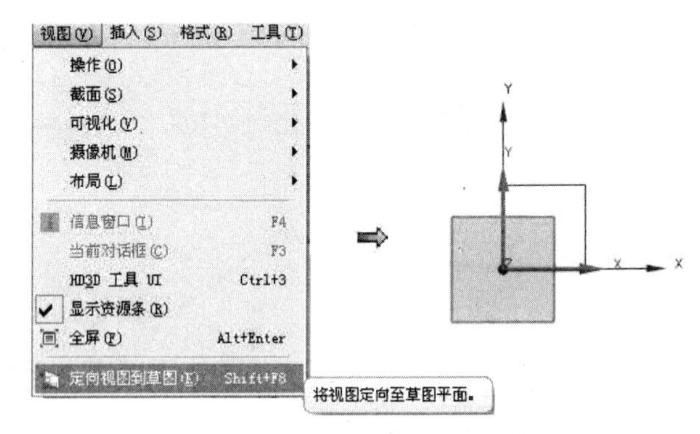

图 3-28 "定向视图到草图"命令

3. 绘制矩形

在"草图曲线"工具栏中单击"矩形"图标按钮,系统弹出"矩形" 对话框,在该对话框中,系统默认是"二点绘矩形", 在坐标栏中先输入(0,0),再输入(86,8),也就是矩形的长为"86",宽为“8”，最后单击“确定”按钮，绘制矩形如图 3-29 所示。

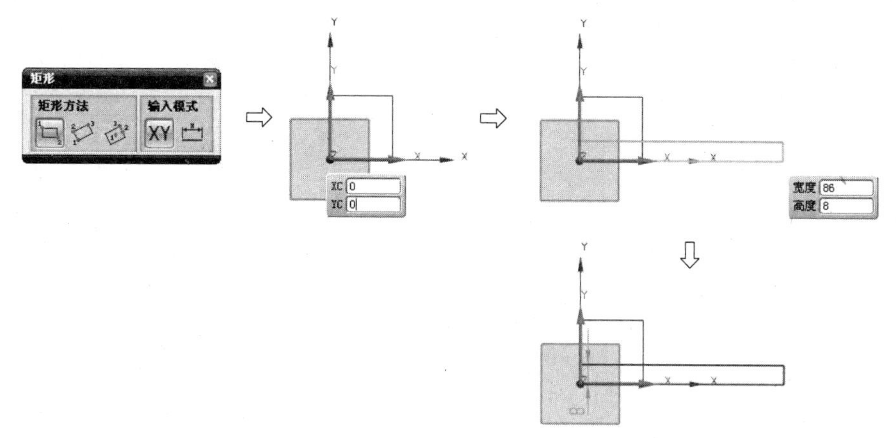

图 3-29　绘制矩形

4. 绘制垂直中心线

在“草图曲线”工具栏中单击“直线”图标按钮，系统提示输入直线的第一个端点，分别在坐标栏中输入(12，－4)，系统再提示输入直线的第二个端点，分别在坐标栏中输入(12,39)后，单击“确定”按钮，绘制完直线后，选择直线后右击，在弹出的快捷菜单中选择“编辑显示”命令，把直线转换成“中心线”，绘制第一条垂直中心线如图 3-30 所示。

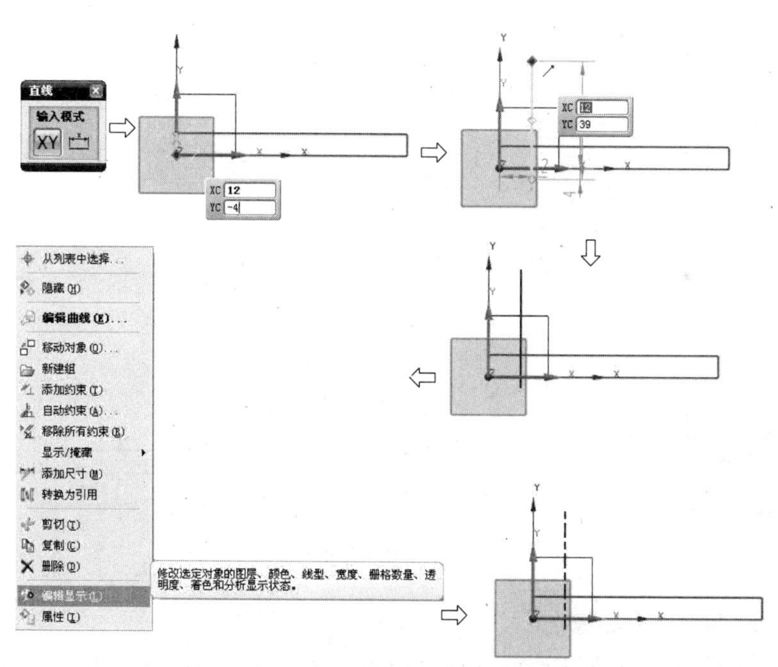

图 3-30　绘制第一条垂直中心线

系统提示输入直线的第一个端点，分别在坐标栏中输入(74，－4)，系统再提示输入直线的第二个端点，分别在坐标栏中输入(74,26)后，再把直线转换成“中心线”，单击“确定”按钮；绘制第二条垂直中心线如图 3-31 所示。

5. 绘制第一条水平中心线

在“草图曲线”工具栏中单击“直线”图标按钮，系统提示输入直线的第一个端点，分别在坐

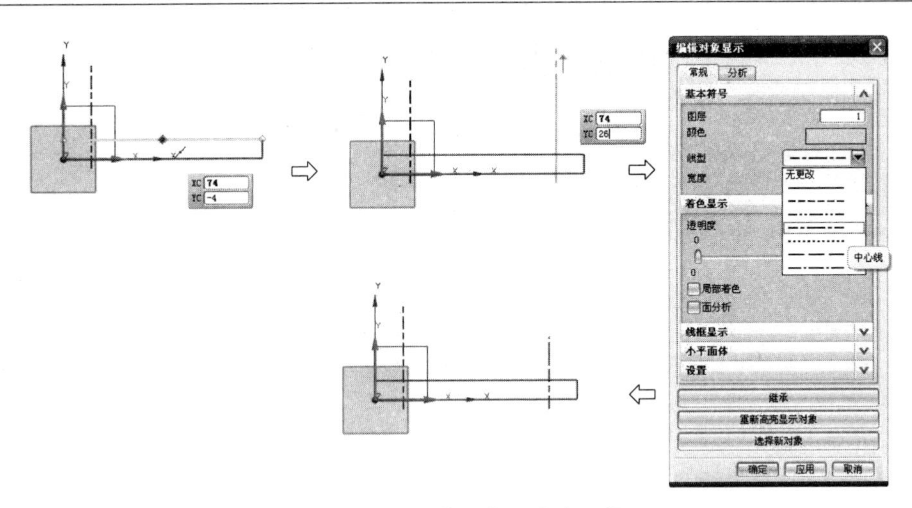

图 3-31　绘制第二条垂直中心线

标栏中输入(0,25),如图 3-32 所示,系统再提示输入直线的第二个端点,分别在坐标栏中输入(26,25),如图 3-33 所示,绘制完直线后,选择直线后右击,在弹出的快捷菜单中选择“编辑显示”命令,把直线转换成“中心线”, 如图 3-34 所示,单击“确定”按钮,绘制完成后的第一条水平中心线如图 3-35 所示。

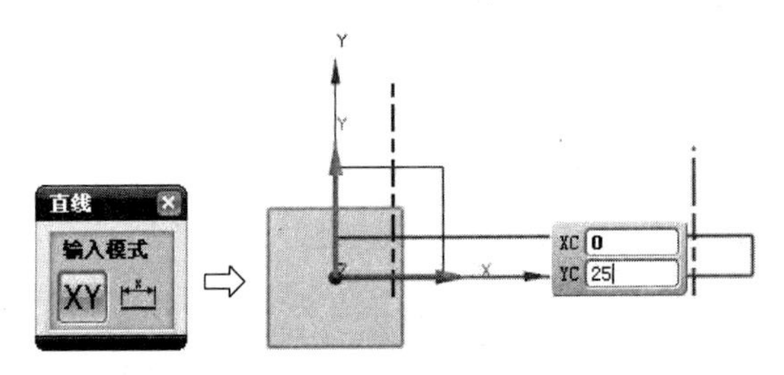

图 3-32　输入第一个端点坐标 1

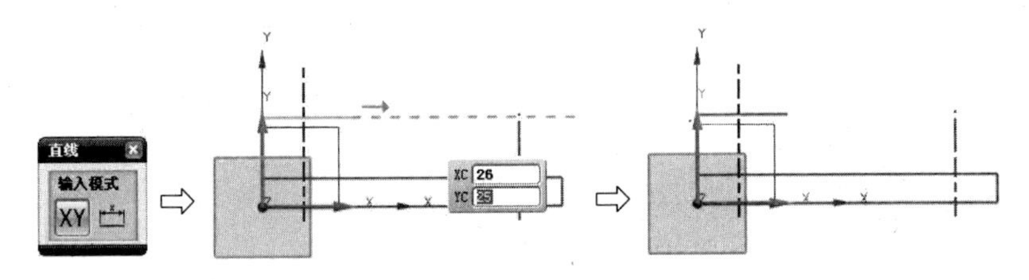

图 3-33　输入第二个端点坐标 1

6. 绘制第二条水平中心线

在“草图曲线”工具栏中单击“直线”图标按钮,系统提示输入直线的第一个端点,分别在坐标栏中输入(64,15),如图 3-36 所示;系统再提示输入直线的第二个端点,分别在坐标栏中输入(86,15),如图 3-37 所示;再把直线转换成“中心线”,如图 3-38 所示,单击“确定”按钮;绘制第二条水平中心线如图 3-39 所示。

7. 绘制 R10 的圆

在“草图曲线”工具栏中单击“绘圆”图标按钮,系统提示输入圆心点,捕捉两条中心线的交点,在坐标栏中输入 10 后,单击“确定”按钮,如图 3-40 所示。

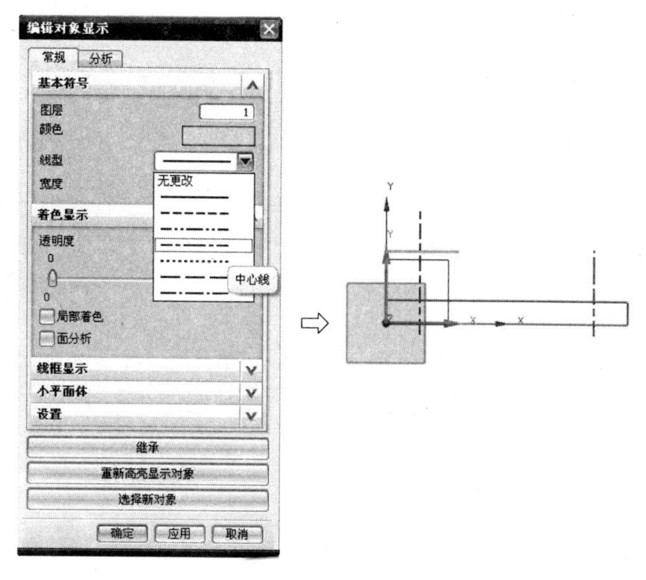

图 3-34 修改直线的线型 1

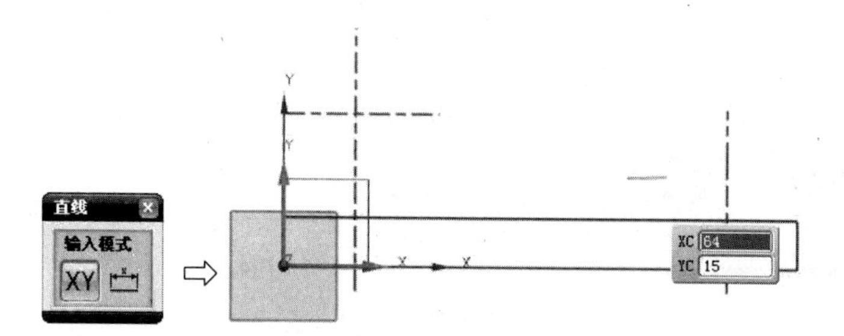

图 3-35 绘制第一条水平中心线

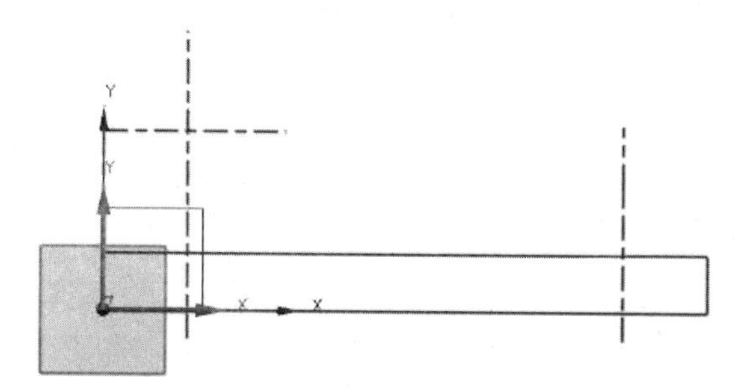

图 3-36 输入第一个端点坐标 2

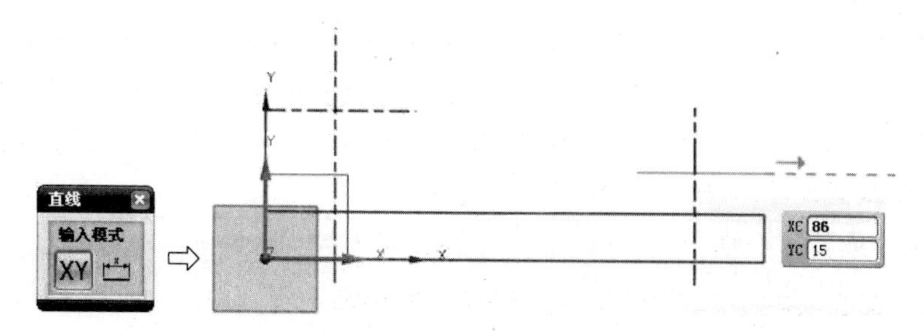

图 3-37 输入第二个端点坐标 2

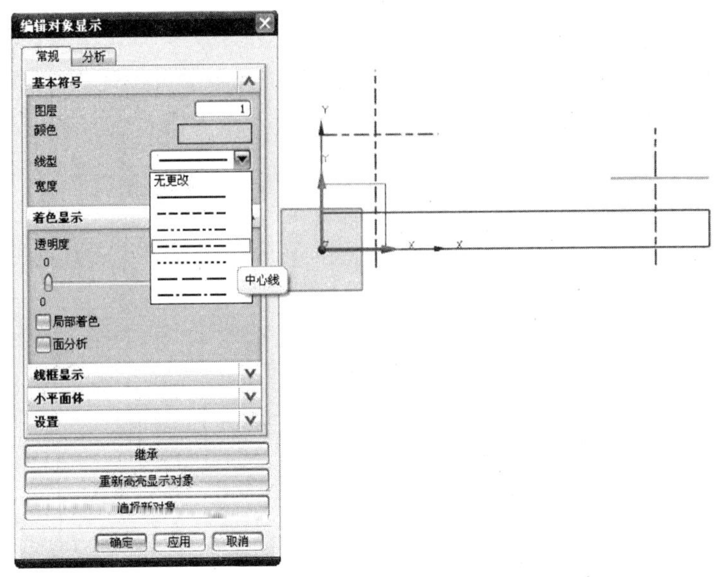

图 3-38　修改直线的线型 2

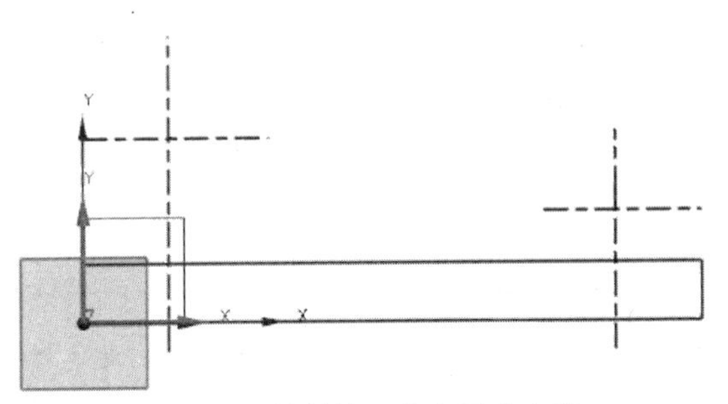

图 3-39　绘制第二条水平中心线

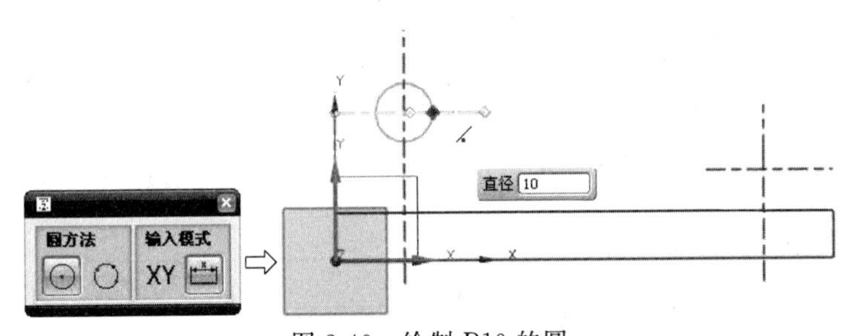

图 3-40　绘制 R10 的圆

绘制 R2 的圆，系统提示输入圆心点，捕捉另外两条中心线的交点，在半径坐标栏中输入 2 后，单击"确定"按钮，如图 3-41 所示。

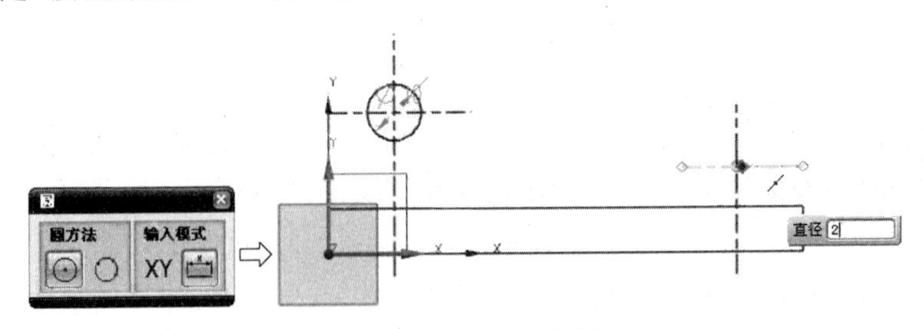

图 3-41　绘制 R2 的圆

8. 绘制切线

在“草图曲线”工具栏中单击“直线”图标按钮，系统提示输入直线的第一个端点，捕捉矩形左上角的交点，系统再提示输入直线的第二个端点，单击工具栏中的“切线”图标按钮，再捕捉R10的圆，如图3-42所示。

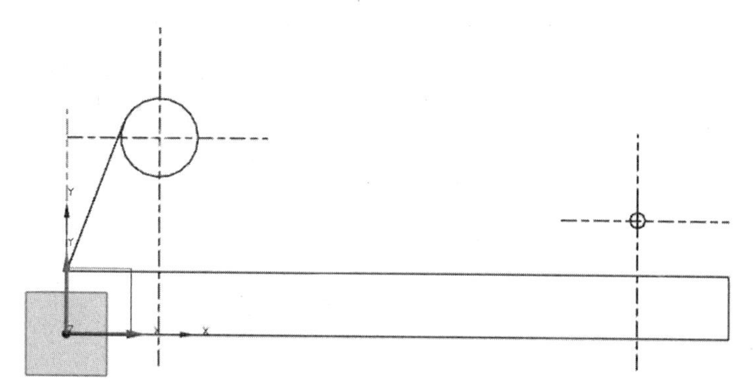

图3-42 绘制第一条切线

绘制第二条切线，在“草图曲线”工具栏中单击“直线”图标按钮，系统提示输入直线的第一个端点，在坐标栏中输入(24,8)后，系统再提示输入直线的第二个端点，单击工具栏中的“切线”图标按钮，再捕捉R10的圆，如图3-43所示。

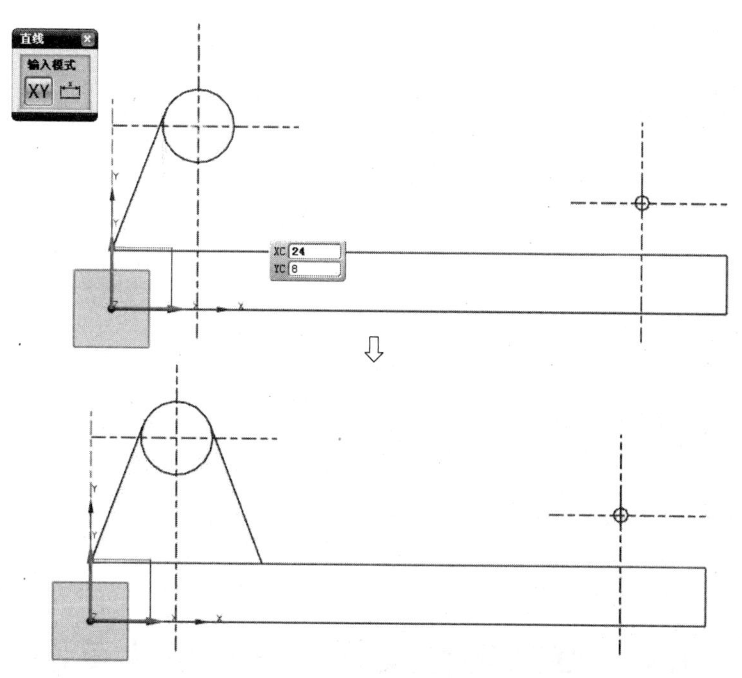

图3-43 绘制第二条切线

9. 绘制矩形

选择第三种(按矩形中心)

图3-44 “矩形”对话框

在“草图曲线”工具栏中单击“矩形”图标按钮，系统弹出“矩形”对话框，在该对话框中，有三种方法绘制矩形，一种是用二点，另一种是按三点，还有一种是从中心点来绘制矩形，系统默认是“二点绘矩形”，在此选择第三种，按矩形中心点，如图3-44所示，在坐标栏中先输入矩形的宽度为 15，再输入矩形的高度为 14，也就是矩形的长为“86”，宽为“8”，最后单击“确定”按钮，绘制矩形如图 3-45 所示。

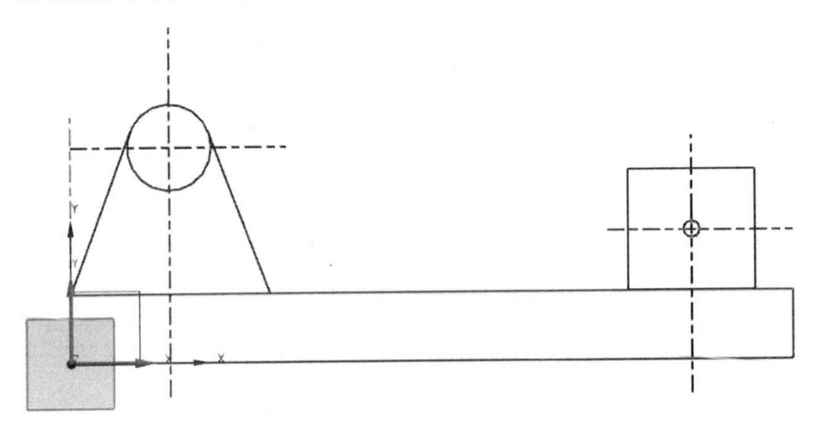

图 3-45　绘制矩形

10. 绘制 R2.5 的小圆

在“草图曲线”工具栏中单击“圆”图标按钮，系统提示输入圆心点，捕捉两条中心线的交点，在坐标栏中输入半径 R2.5 后，单击“确定”按钮，如图 3-46 所示。

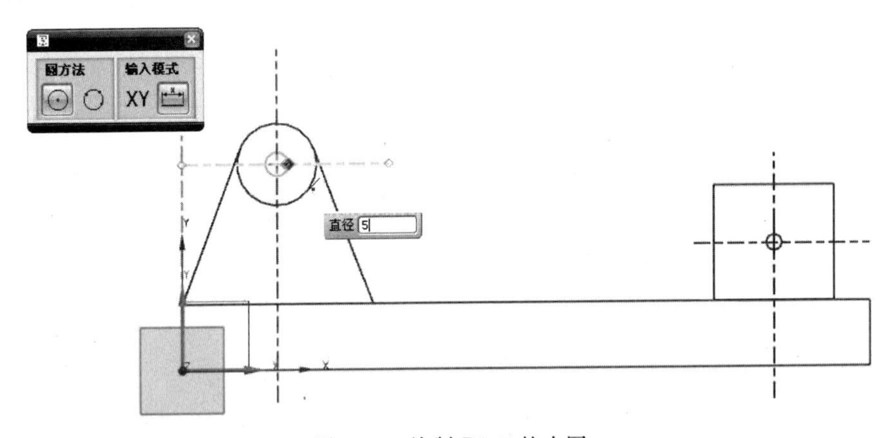

图 3-46　绘制 R2.5 的小圆

11. 标注尺寸

标注完尺寸后，如图 3-27 所示。

3.4　草图综合实例 3——填片草图

绘制如图 3-47 所示的填片草图。其目标是通过图形绘制的练习，熟悉矩形、多边形和圆的创建过程。填片草图的绘制步骤如下。

1. 建立新部件文件

单击菜单栏中“文件”→“新建”命令或单击“标准”工具栏的“新建”图标按钮，打开“新建”对话框，选择目录新文件“_model1. prt”，然后单击“确定”按钮，进入“建模”应用模块。再选择

"首选项"→"背景"命令，把背景设置成白色。

2. 建立草图平面

单击菜单栏中"插入"→"草图"按钮，在弹出的"草图"工具栏中，选择"草图平面"后，再单击"确定"按钮，建立草图平面。再选择"视图"→"定向视图到草图"命令，如图 3-48 所示，使绘图的工作平面正对着绘图者。

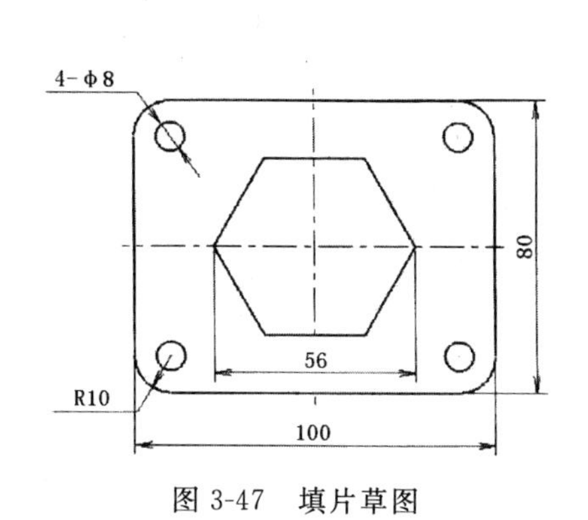

图 3-47　填片草图

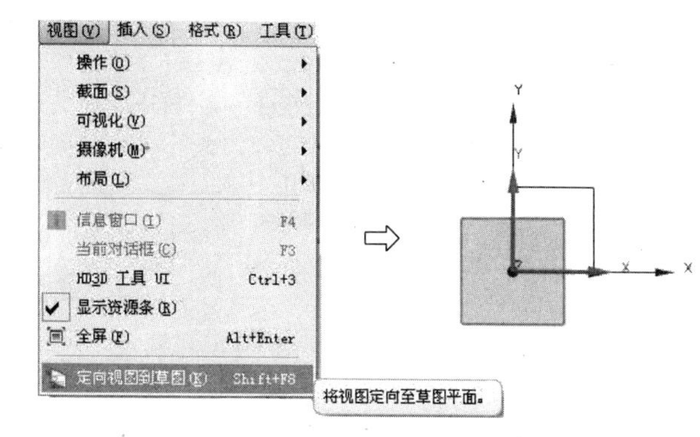

图 3-48　"定向视图到草图"命令

3. 绘制矩形

在"草图曲线"工具栏中单击"矩形"图标按钮，系统弹出"矩形" 对话框，在该对话框中，选择"中心点绘矩形"，首先在坐标栏中输入(0,0)，如图 3-49 所示，再输入宽度为 100，也就是矩形的长度为"100"，宽度为 80，角度为 0，绘制矩形如图 3-50 所示。

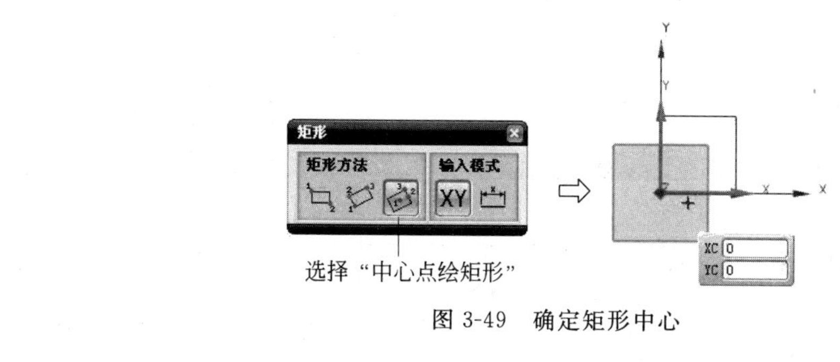

图 3-49　确定矩形中心

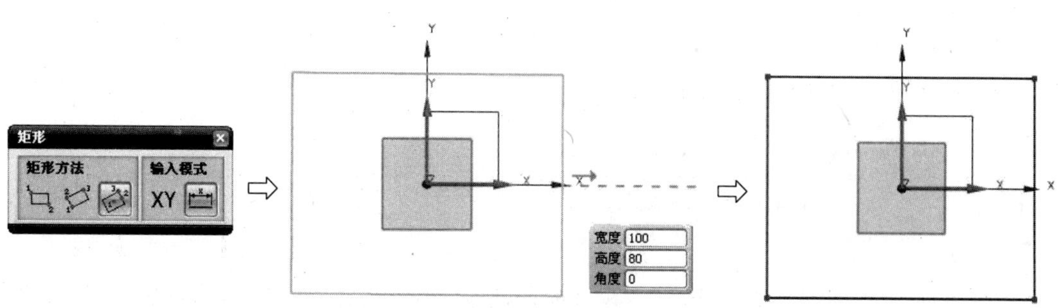

图 3-50　绘制矩形

4. 绘制水平中心线

在"草图曲线"工具栏中单击"直线"图标按钮，系统提示输入直线的第一个端点，分别在坐标栏中输入(−53,0),如图 3-51 所示,系统再提示输入直线的第二个端点,分别在坐标栏中输入(53,0),如图 3-52 所示,绘制完直线后,选择直线后右击,在弹出的快捷菜单中选择“编辑显示”命令,把直线转换成“中心线”,如图 3-53 所示,单击“确定”按钮,绘制完成后的水平中心线如图 3-54 所示。

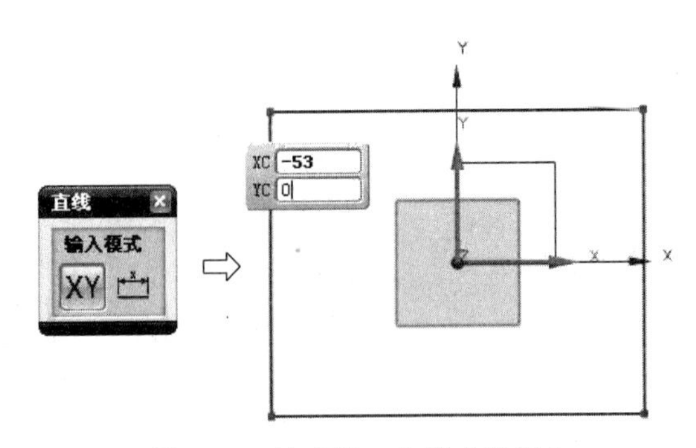

图 3-51　输入第一个端点坐标 1

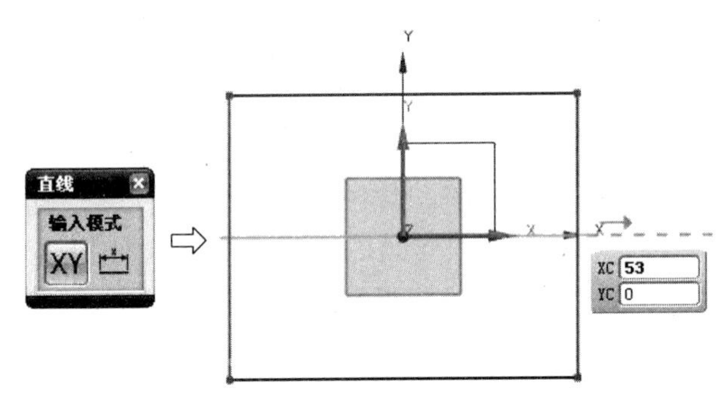

图 3-52　输入第二个端点坐标 1

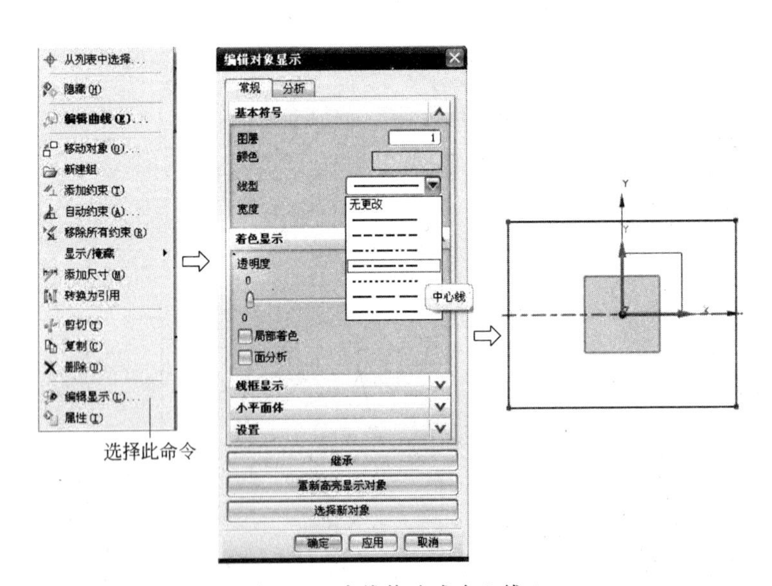

图 3-53　直线修改成中心线 1

5. 绘制垂直中心线

在“草图曲线”工具栏中单击“直线”图标按钮,系统提示输入直线的第一个端点,分别在坐标栏中输入(0,43)，如图 3-55 所示，系统再提示输入直线的第二个端点，分别在坐标栏中输入(0,−43)，如图 3-56 所示，绘制完直线后，选择直线后右击，在弹出的快捷菜单中选择“编辑显示”命令，把直线转换成“中心线”，如图 3-57 所示，单击“确定”按钮，绘制完成后的垂直中心线如图 3-58 所示。

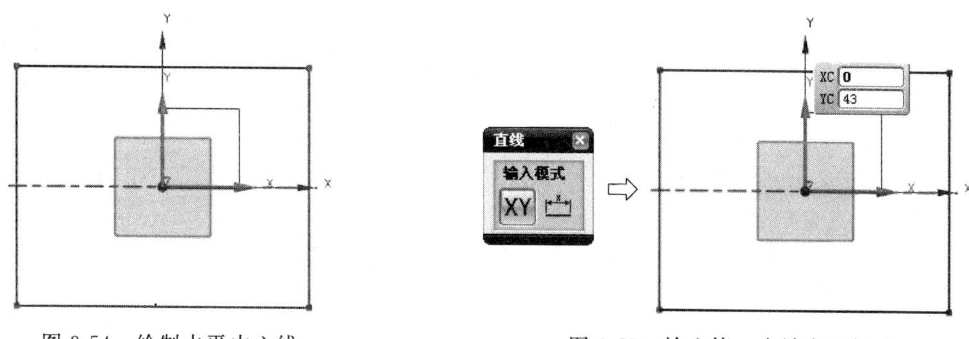

图 3-54　绘制水平中心线　　图 3-55　输入第一个端点坐标 2

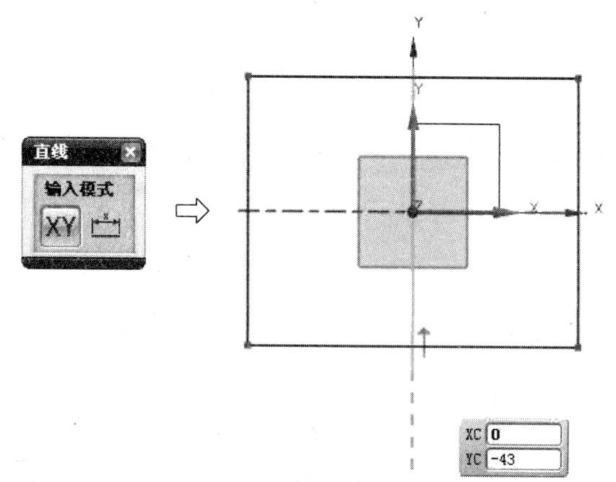

图 3-56　输入第二个端点坐标 2

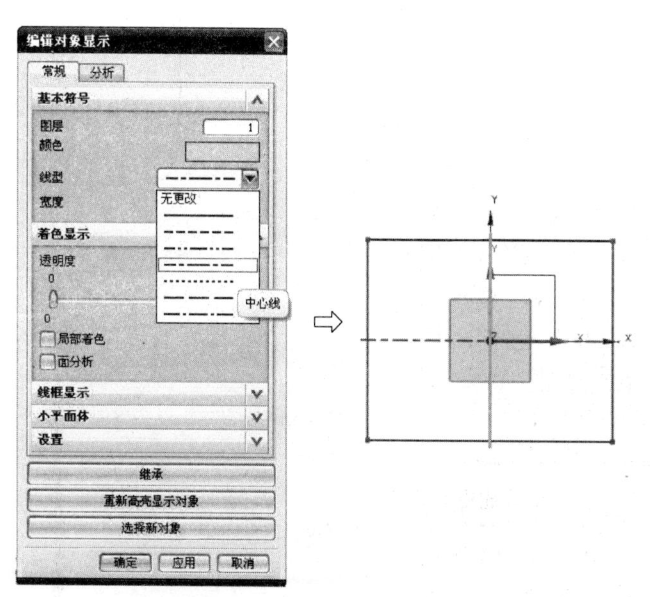

图 3-57　直线修改成中心线 2

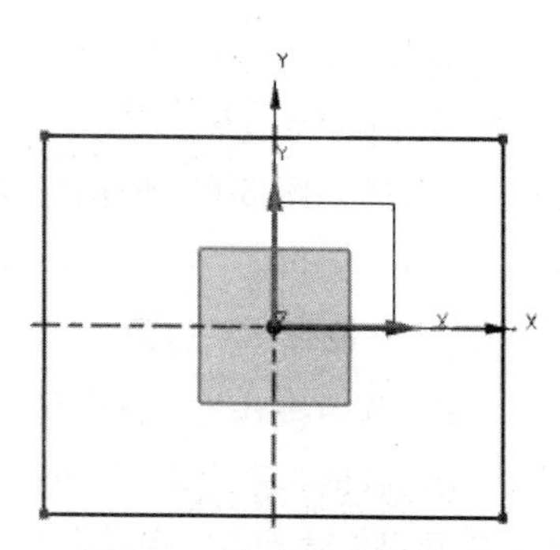

图 3-58　绘制垂直中心线

6. 矩形倒圆角

在“草图曲线”工具栏中单击“倒圆角”图标按钮，系统弹出“圆角”对话框，在对话框中分别进行如图3-59所示的设置，选择“修剪”方式倒圆角，再输入圆角半径为10，分别对矩形的4个角进行倒圆角，如图3-60所示。

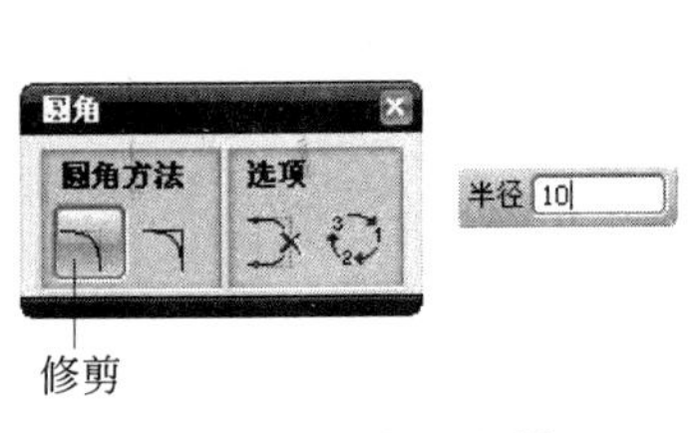

图3-59 “圆角”对话框

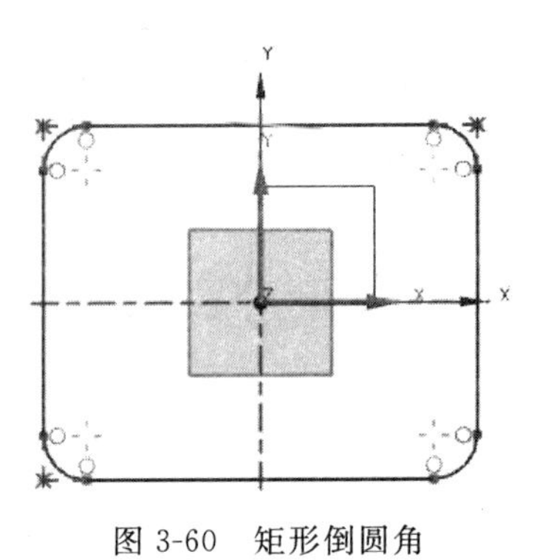

图3-60 矩形倒圆角

7. 绘制R4的圆

在“草图曲线”工具栏中单击“圆”图标按钮，在弹出的“圆”对话框中选择“圆心和直径定圆”方式，系统提示输入圆心点，捕捉所倒圆弧的中心为圆心，在直径栏中输入4后，单击“确定”按钮，如图3-61所示。

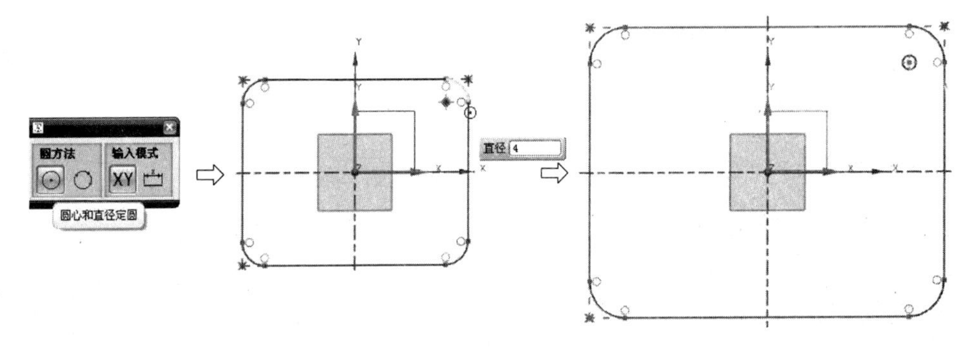

图3-61 绘制R4的圆

8. 垂直镜像R4的圆

单击“草图操作”工具栏的“镜像”图标按钮，打开如图3-62所示的“镜像曲线”对话框，首先选择“镜像曲线”，再确认“镜像中心线”图标按钮为选中状态，选择草图中的Y轴线为镜像中心线，然后单击“镜像几何体”图标按钮，选择如图3-63所示绘制R4的圆，单击“确定”按钮，得到如图3-64所示垂直镜像R4的圆图形。

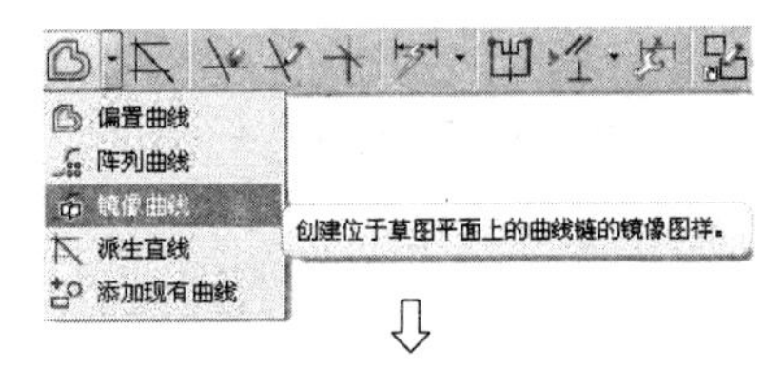

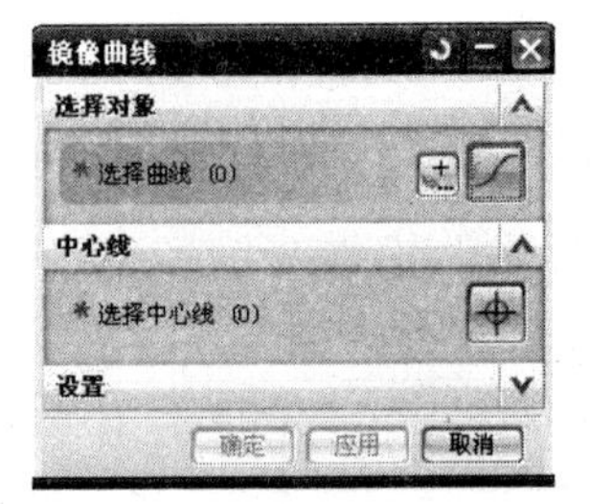

图3-62 “镜像曲线”对话框1

9. 水平镜像R4的圆

单击“草图操作”工具栏的“镜像”图标按钮，打开如图3-65所示的“镜像曲线”对话框，首先选择“镜像曲线”，再确认“镜像中心线”图标按钮为选中状态，选择草

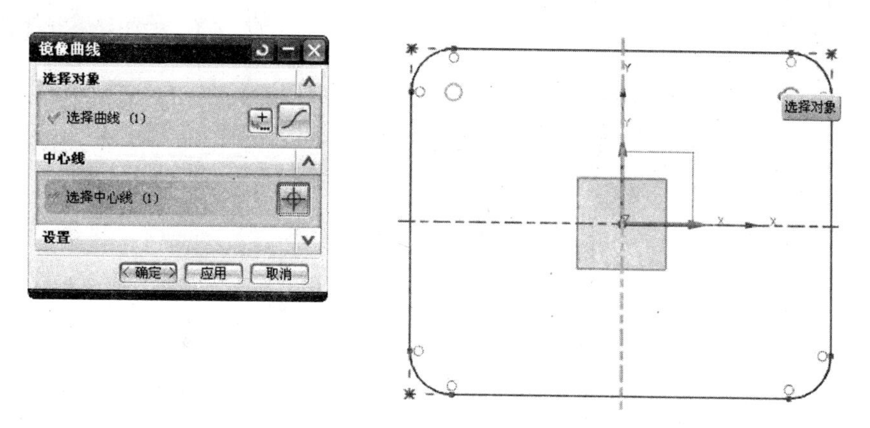

图 3-63　选择镜像轴 1

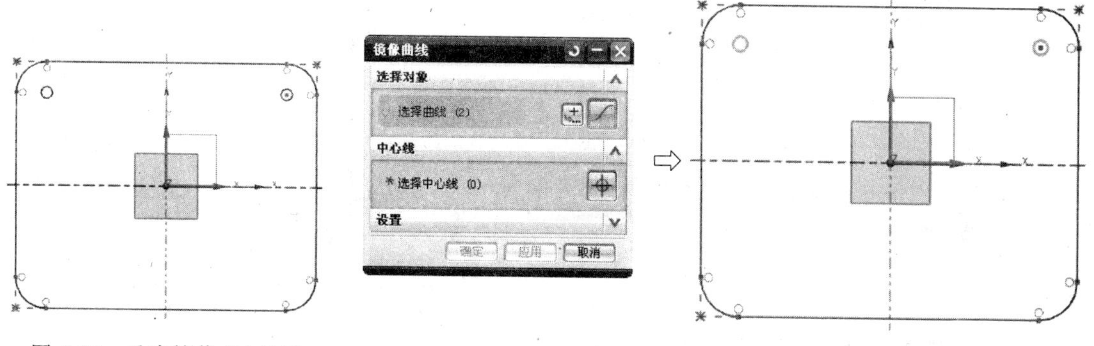

图 3-64　垂直镜像 R4 的圆

图 3-65　“镜像曲线”对话框 2

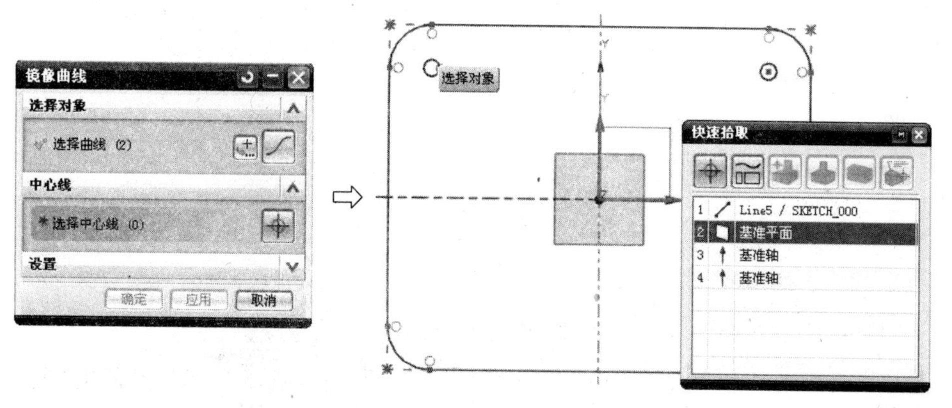

图 3-66　选择镜像轴 2

图中的 X 轴线为镜像中心线，然后单击“镜像几何体”图标按钮，选择如图 3-66 所示中的两个圆，单击“确定”按钮，得到如图 3-67 所示水平镜像 R4 的圆图形。

10. 绘制正六边形

单击“草图操作”工具栏的“多边形”图标按钮，打开如图 3-68 所示的“多边形”对话框，在对话框中进行如图 3-69 所示设置，在坐标栏中选择“多边形”的中心坐标为(0,0)，边数为 6，大小(外接圆，半径为 28)，单击“确定”按钮，得到如图 3-70 所示的多边形图形。

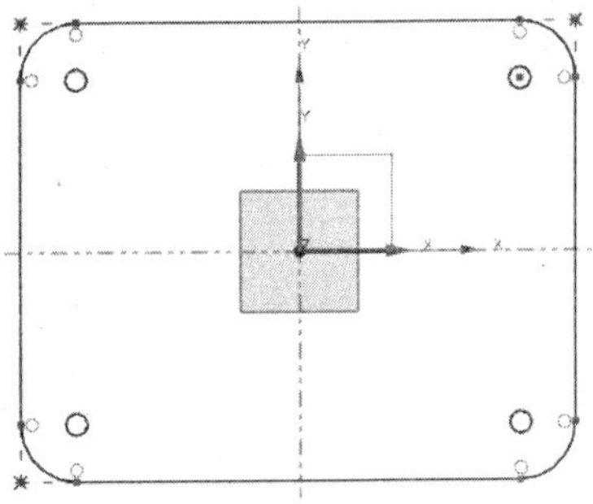

图 3-67　水平镜像 R4 的圆

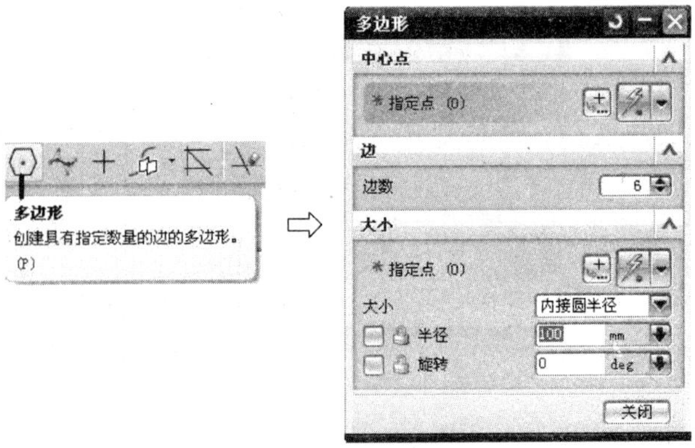

图 3-68　“多边形”对话框

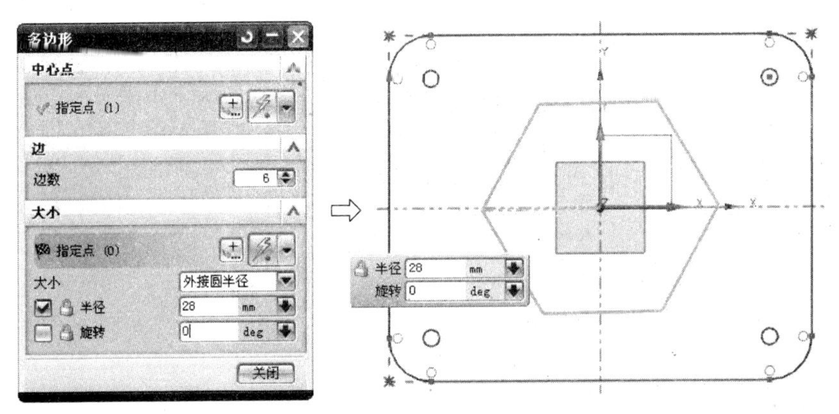

图 3-69　设置正六边形参数

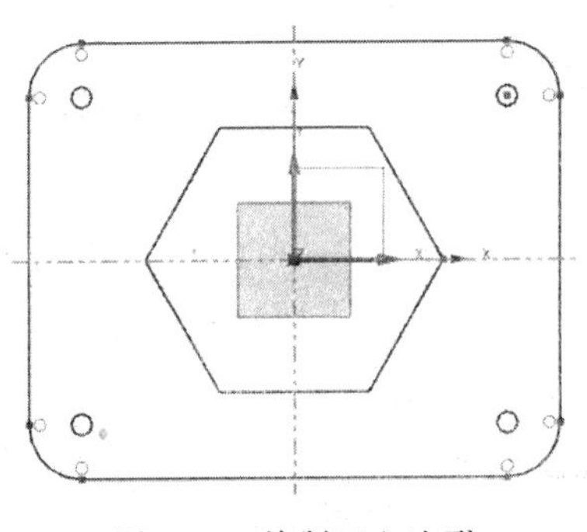

图 3-70　绘制正六边形

11. 标注尺寸

标注完尺寸后，如图 3-47 所示。

3.5　草图综合实例 4——扳手草图

绘制如图 3-71 所示的扳手草图，其目标是通过扳手草图绘制的练习，熟悉复杂图形的创建过程。扳手草图的绘制步骤如下。

1. 建立新部件文件

单击菜单栏中“文件”→“新建”命令或单击“标准”工具栏的“新建”图标按钮，打开“新建”对话框，选择目录新文件“_model1.prt”，然后单击“确定”按钮，进入“建模”应用模块。再选择“首选项”→“背景”命令，把背景设置成白色。

2. 建立草图平面

单击菜单栏中“插入”→“草图”按钮，在弹出的“草图”工具栏中，选择“草图平面”，再单击“确定”按钮，建立草图平面。再选择“视图”→“定向视图到草图”命令，如图 3-72 所示，使绘图的工作平面正对着绘图者。

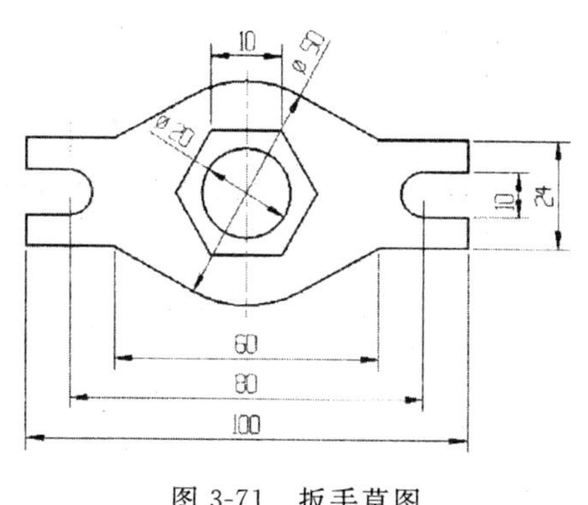

图 3-71　扳手草图

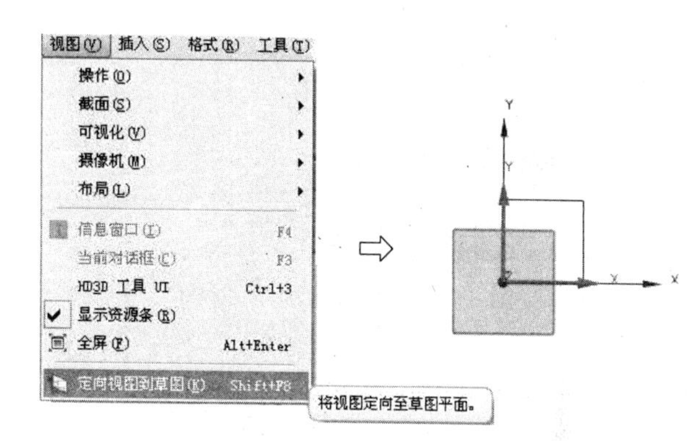

图 3-72　“定向视图到草图”命令

3. 绘制水平中心线

在“草图曲线”工具栏中单击“直线”图标按钮，系统提示输入直线的第一个端点，分别在坐标栏中输入(－53,0)，如图 3-73 所示，系统再提示输入直线的第二个端点，分别在坐标栏中输入(53,0)后，如图 3-74 所示，绘制完直线后，选择直线后右击，在弹出的快捷菜单中选择“编辑显示”命令，把直线转换成“中心线”，如图 3-75 所示，单击“确定”按钮，绘制完成后的水平中心线如图 3-76 所示。

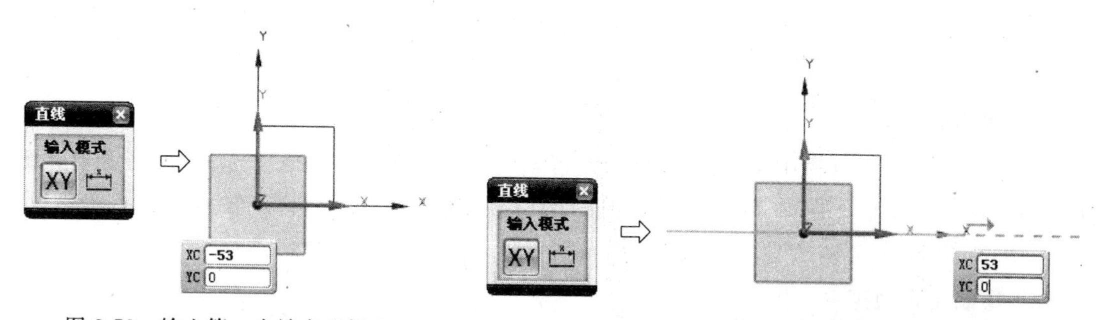

图 3-73　输入第一个端点坐标 1　　图 3-74　输入第二个端点坐标 1

4. 绘制垂直中心线

在“草图曲线”工具栏中单击“直线”图标按钮，系统提示输入直线的第一个端点，分别在坐标栏中输入(0,28)，如图 3-77 所示，系统再提示输入直线的第二个端点，分别在坐标栏中输入(0,－28)，如图 3-78 所示，绘制完直线后，选择直线后右击，在弹出的快捷菜单中选择“编辑显

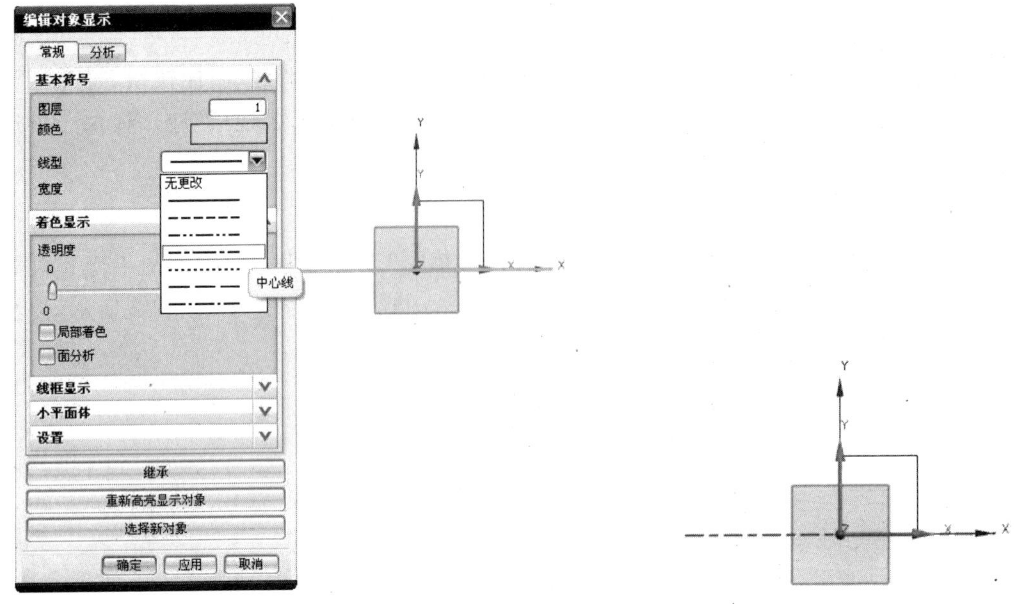

图 3-75　直线修改成中心线 1

图 3-76　绘制水平中心线

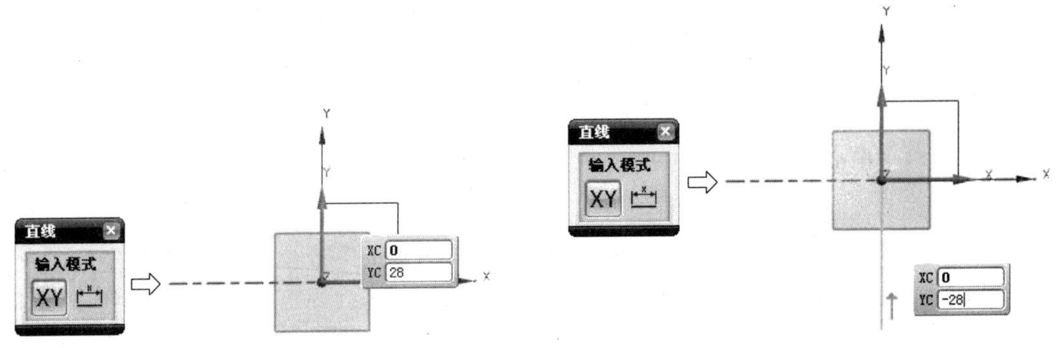

图 3-77　输入第一个端点坐标 2

图 3-78　输入第二个端点坐标 2

示”命令，把直线转换成“中心线”，如图 3-79 所示，单击“确定”按钮，绘制完成后的垂直中心线如图 3-80 所示。

5. 绘制圆

在“草图曲线”工具栏中单击“圆”图标按钮，在弹出的“圆”对话框中选择“圆心和直径定圆”方式，系统提示输入圆心点，捕捉所倒圆弧的中心为圆心，在直径栏中输入 20 后，单击“确定”按钮，如图 3-81 所示。

6. 绘制正六边形

单击“草图操作”工具栏的“多边形”图标按钮，打开如图 3-82 所示的“多边形”对话框，在对话框中进行如图 3-83 所示设置，在坐标栏中选择“多边形”的中心坐标为(0,0)，边数为 6，大小(边长)长度为 10，单击“确定”按钮，得到如图 3-84 所示的多边形图形。

7. 绘制圆

在“草图曲线”工具栏中单击“圆”图标按钮，在弹出的“圆”对话框中选择“圆心和直径定圆”方式，系统提示输入圆心点，捕捉所倒圆弧的中心为圆心，在直径栏中输入 50 后，单击“确

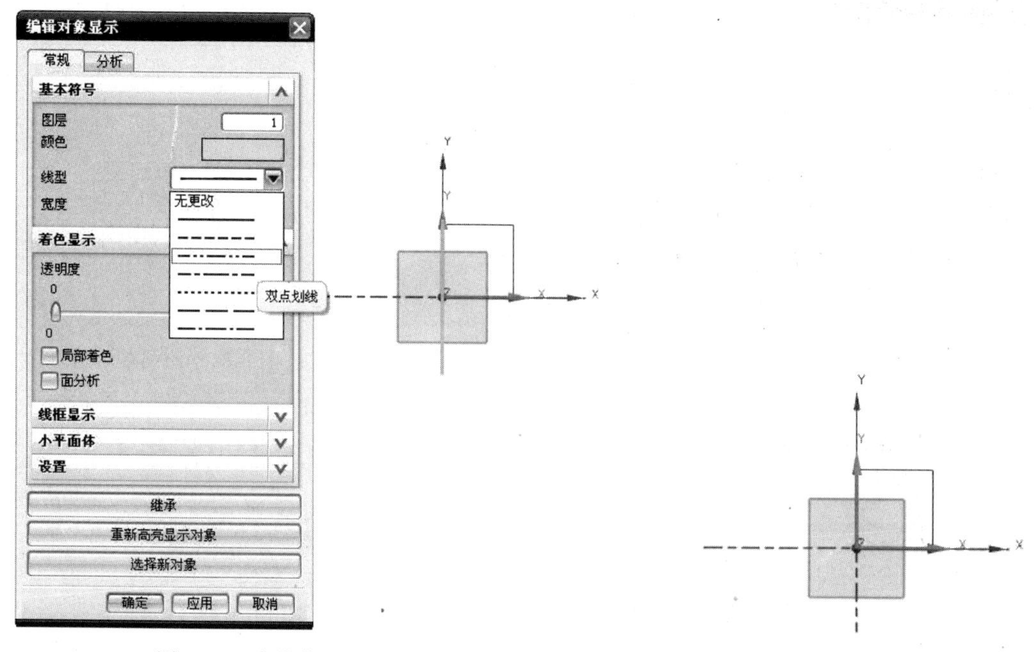

图 3-79　直线修改成中心线 2　　　　图 3-80　绘制垂直中心线

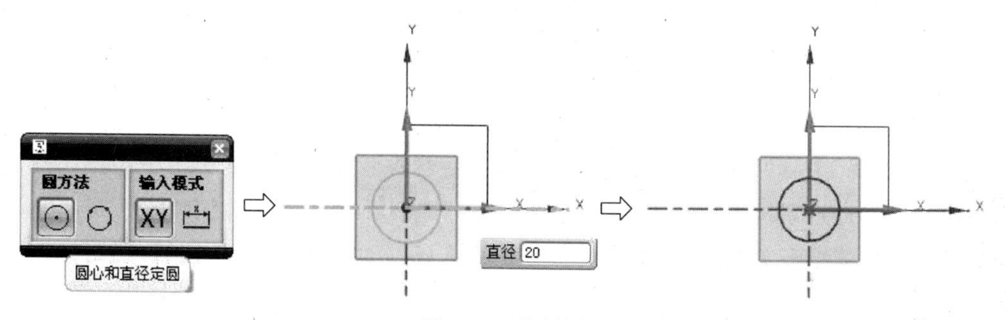

图 3-81　绘制圆

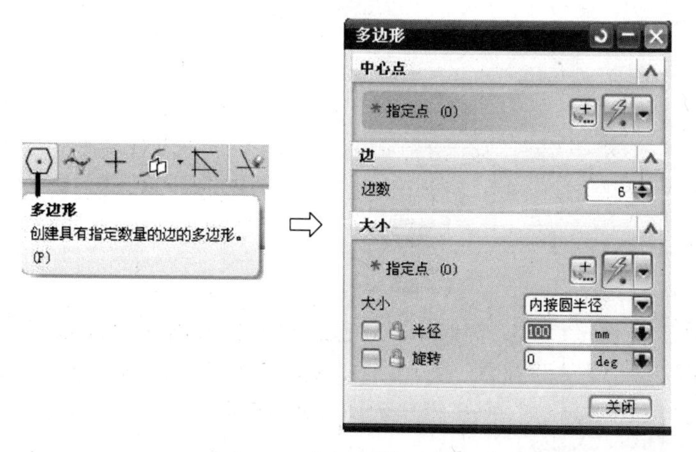

图 3-82　“多边形”对话框

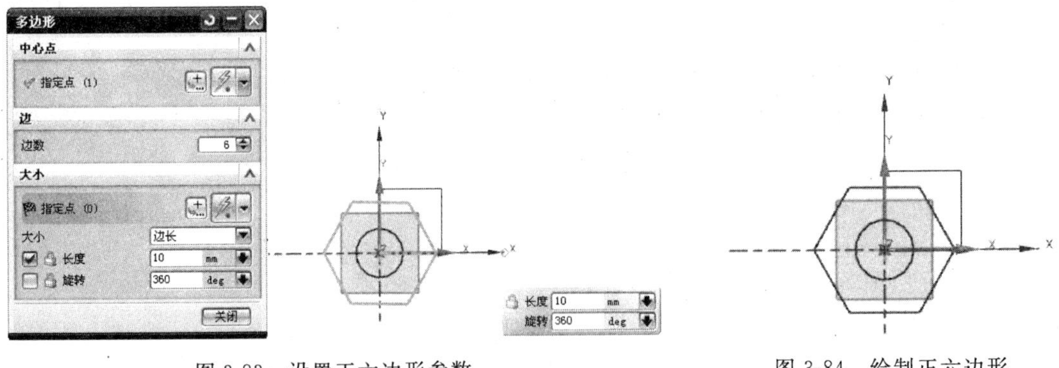

图 3-83 设置正六边形参数

图 3-84 绘制正六边形

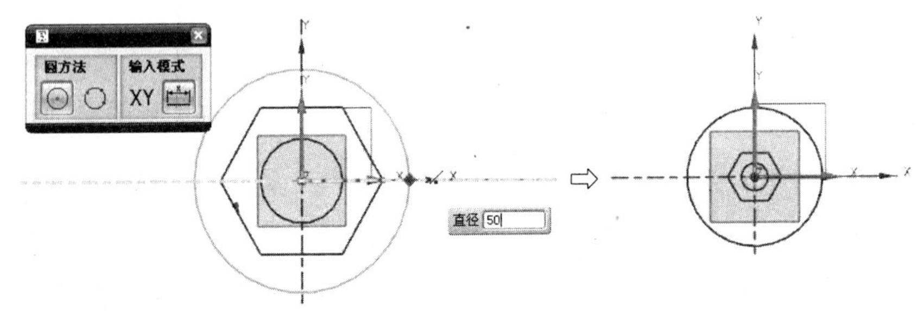

图 3-85 绘制圆

定”按钮,如图 3-85 所示。

8. 绘制直线

在“草图曲线”工具栏中单击“直线”图标按钮,系统提示输入直线的第一个端点,分别在坐标栏中输入(30,12),系统再提示输入直线的第二个端点,分别在坐标栏中输入(50,12),系统再提示输入直线的第三个端点,分别在坐标栏中输入(50,5),单击“确定”按钮,绘制完直线后,如图 3-86 所示。

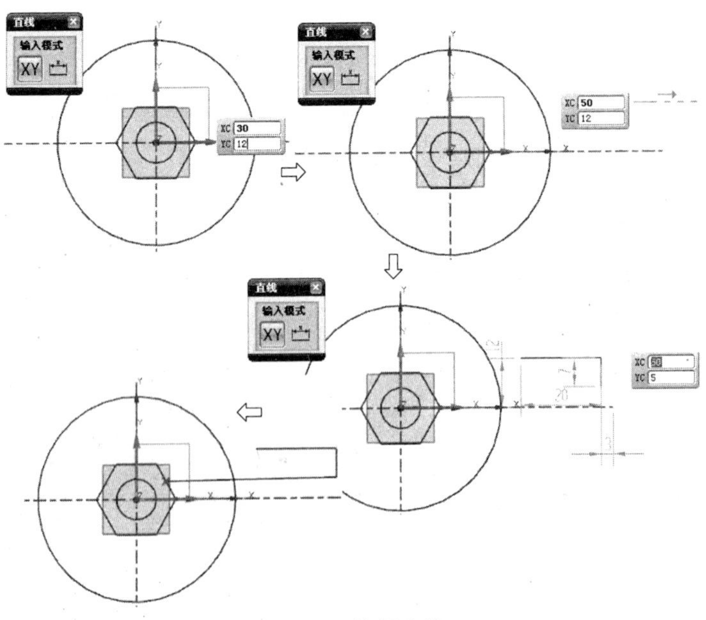

图 3-86 绘制直线

9. 绘制圆和切线

在“草图曲线”工具栏中单击“圆”图标按钮，在弹出的“圆”对话框中选择“圆心和直径定圆”方式，系统提示输入圆心点，输入圆心坐标为(30,0)，输入直径为10，单击“确定”按钮，再绘制切线，如图3-87所示。

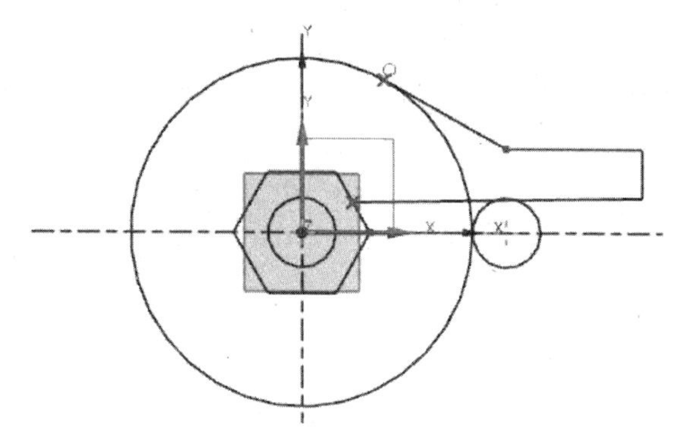

图3-87 绘制圆和切线

10. 修剪图形

单击“草图曲线”工具栏的“快速修剪”图标按钮，系统弹出“快速修剪”对话框，分别选择“边界曲线”和“要修剪的曲线”，再将光标置于要裁剪线段处进行修剪，得到如图3-88所示的图形。

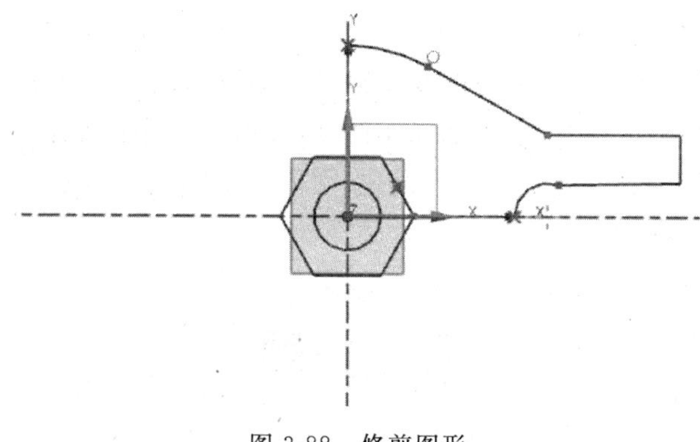

图3-88 修剪图形

11. 镜像图形

分别进行水平镜像和垂直镜像，单击“草图操作”工具栏的“镜像”图标按钮，打开“镜像曲线”对话框，首先选择“镜像”曲线，再确认“镜像中心线”图标按钮为选中状态，选择草图中的Y轴线为镜像中心线，然后单击“镜像几何体”图标按钮，再选X轴镜像后如图3-89所示的图形。

12. 标注尺寸

标注完尺寸后，如图3-71所示。

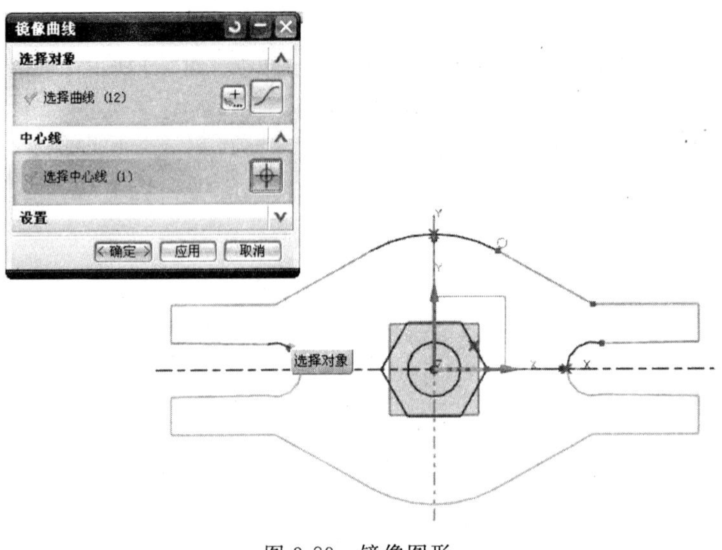

图 3-89 镜像图形

本章小结

本章主要介绍了 UG NX 7.5 软件草图曲线的基本工作环境、草图曲线的创建及其操作等。其中包括约束和定位、操作、管理和编辑草图。在后面的建模过程中，经常将特征建模和草图结合起来，通过草图功能绘制大概曲线轮廓，然后对近似的曲线轮廓进行尺寸约束和几何约束来准确地表达用户的设计意图，再辅以拉伸、旋转和扫描等实体建模方法来创建模型。因此，对本章内容应重点掌握。最后通过实例说明创建草图的基本步骤，读者通过实例的练习，能熟练掌握常用零件的设计方法。

习 题

1. 如何为草图重新指定附着平面?
2. 绘制矩形的方式有哪几种? 分别举例进行说明。
3. 草图绘制在 UG NX 7.5 几何建模中有何作用? 为什么要尽可能利用草图进行零件设计?
4. 如何进行草图的几何约束和尺寸约束?
5. 简述建立草图工作平面的步骤。
6. 练习绘制如图 3-90 所示的草图 1 二维图形。
7. 完成如图 3-91 所示的草图 2 设计(不需要完全约束)。
8. 完成如图 3-92 所示的草图 3 设计(不需要完全约束)。

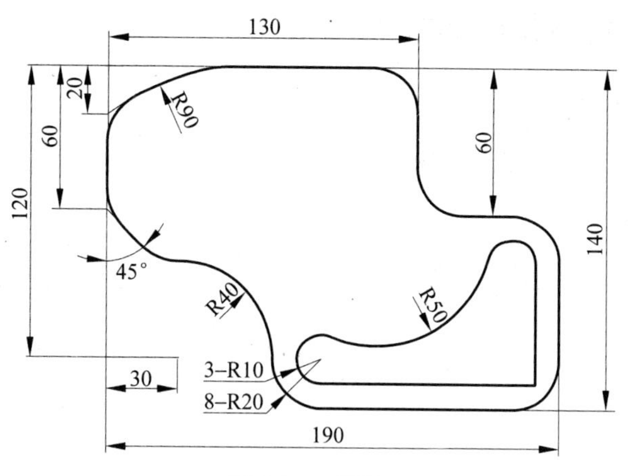

图 3-90　草图 1

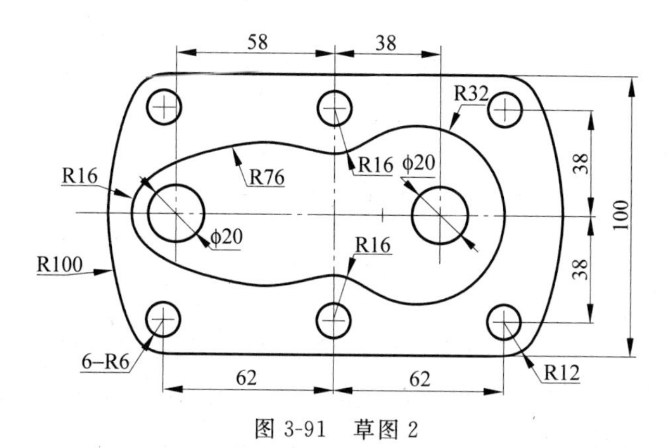

图 3-91　草图 2

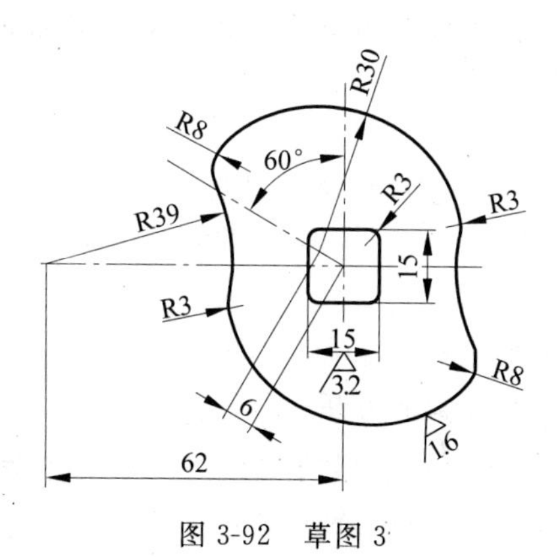

图 3-92　草图 3

CHAPTER 4

UG NX 7.5实体建模

4.1 概　　述

UG 实体建模是基于特征的参数化系统，具有交互创建和编辑复杂实体模型的能力，能够帮助用户快速进行概念设计和细节结构设计。另外系统还将保留每步的设计信息，与传统基于线框和实体的 CAD 系统相比，具有特征识别的编辑功能。本章主要介绍三维实体模型的创建和编辑。

1. UG 实体造型特点

UG 实体造型有如下特点：

(1) UG 实体造型充分继承了传统意义上的线、面、体造型特点及长处，能够方便迅速地创建二维和三维线实体模型，而且还可以通过其他特征操作，如扫描、旋转实体等，并加以布尔操作和参数化来进行更广范围的实体造型。成型特征模块提供了块体、柱体、锥体、球体、管体、孔、圆形凸台、型腔、凸垫、键槽、环形槽。另外，特征操作模块和编辑特征模块可以对实体进行各种操作和编辑，将复杂的实体造型大大简化。

(2) UG 实体造型能够保持原有的关联性，可以引用到二维工程图、装配、加工、机构分析和有限元分析中。

(3) UG 三维实体造型中可以对实体进行一系列修饰和渲染。例如着色、消隐和干涉检查，并可从实体中提取几何特性和物理特性，进行几何计算和物理特性分析。

2. 常用菜单工具栏简介

UG NX 在操作界面上有很大的改进，各实体造型功能除了通过菜单条来实现外，还可以通过工具栏上的图标来实现外。实体造型主要有三种方式：设计特征、特征操作和编辑特征。

“特征”工具栏和“设计特征”菜单用于创建基本形体、扫描特征、参考特征、成型特征、用户自定义特征和抽取几何形体、由曲线生成片体、增厚片体与由边界生成的边界平面片体等。如图 4-1 和图 4-2 所示的“特征”工具栏和“设计特征”菜单。

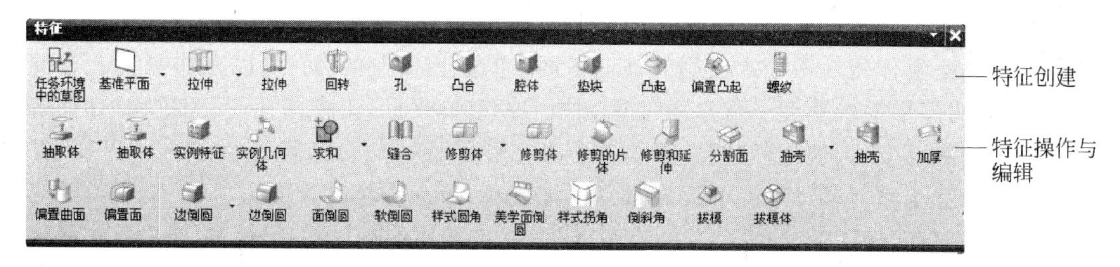

图 4-1　“特征”工具栏

3. 布尔运算

布尔运算在实体建模中应用很多，用于实体建模中的各个实体之间的求加、求差和求交操作。布尔运算中的实体称为工具体和目标体，只有实体对象才可以进行布尔运算，曲线和曲面等无法进行布尔运算。完成布尔运算后，工具体成为目标体的一部分。三种布尔运算分别为如图 4-3 所示的求和运算、如图 4-4 所示的求差运算和如图 4-5 所示的求交运算。

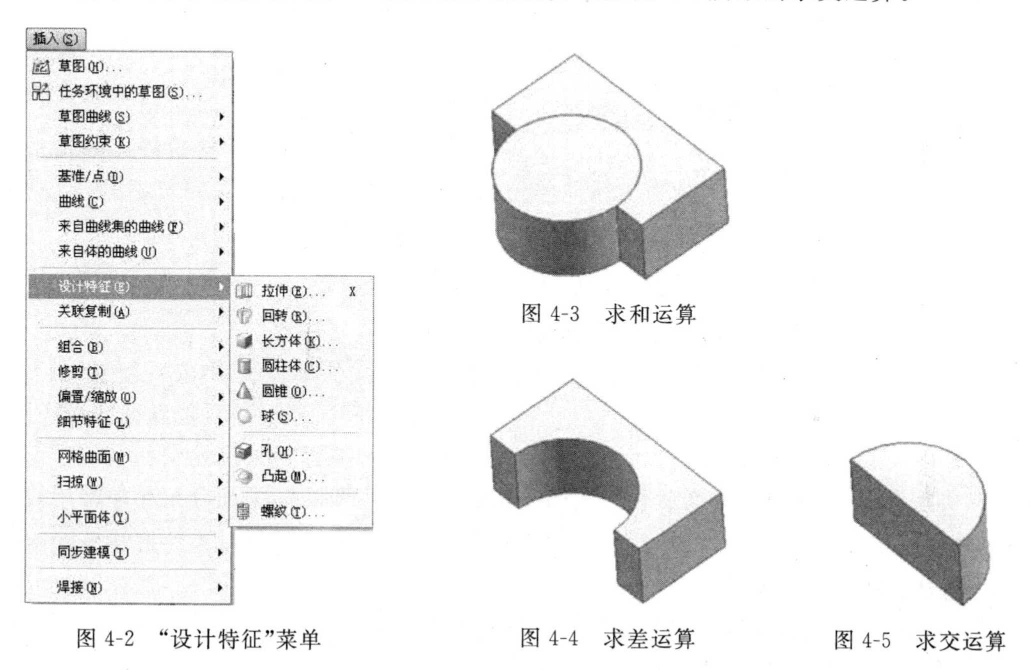

图 4-3　求和运算

图 4-2　“设计特征”菜单　　图 4-4　求差运算　　图 4-5　求交运算

4.2　创建基准特征

UG NX 7.5 实体建模过程中，经常需要建立基准特征，其在产品设计过程中起辅助设计作用。特别是在圆柱、圆锥、球和旋转体的回转面上创建特征时，没有基准几乎无法操作。再者在目标体实体表面的非法线角度上创建特征时，通常需要基准特征。另外，在产品装配过程中，经常需要使用两个基准平面进行定位。

基准特征包括基准平面、基准轴和基准 CSYS 等，下面分别介绍其创建和编辑过程。

4.2.1 基准平面

基准平面是实体建模中经常使用的辅助平面，通过使用基准平面可以在非平面上方便地创建特征，或为草图提供草图工作平面位置。如借助基准平面，可在圆柱面、圆锥面、球面等不易创建特征的表面上，方便地创建孔、键槽等复杂形状的特征。

基准平面分为相对基准平面和固定基准平面两种，下面介绍其含义。

相对基准平面：根据模型中的其他对象而创建，可使用曲线、面、边缘、点及其他基准作为基准平面的参考对象。与模型中其他对象(如曲线、面或其他基平面)关联，并受其关联对象的约束。

固定基准平面：没有关联对象，即以坐标(WCS)产生，不受其他对象的约束。可使用任意相对基准平面，取消选择"基准平面"对话框中的"关联"选项方法创建固定基准平面。用户还可根据 WCS 和绝对坐标系并通过使用方程中的系数，使用一些特殊方法创建固定基准平面。

创建基准平面的方法可以单击菜单栏中的"插入"→"基准/点"命令，或单击"特征"工具栏中的"基准平面"按钮，系统弹出"基准平面"对话框，如图 4-6 所示。

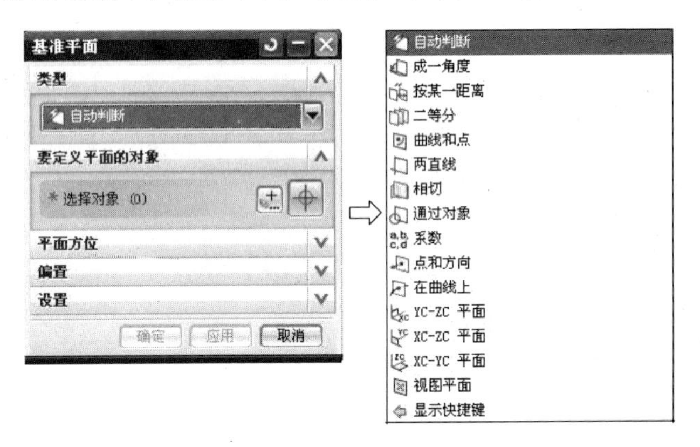

图 4-6 "基准平面"对话框

在"类型"下拉列表框中系统提供了 16 种基准平面的创建方法，下面介绍 4 种常用的最基本的创建基准平面方法。

1. 自动判断

默认情况下，系统自动选择该方式。利用该方式，可以通过多种约束来完成操作。例如可以选择三维模型上的面，也可以选择三维模型上的边，还可以选择其顶点等来约束基准平面。同时，创建的基准平面可以与参照物体重合、平行、垂直、相切、偏置或成角度，也可以通过"要定义平面的对象"选项组中的"点构造器"按钮选择 3 个点来创建基准平面，如图 4-7 所示。

2. 点和方向

在"类型"下拉列表框中，选择"点和方向"选项，系统弹出如图 4-8 所示的对话框，由一个点和一个面或线的法向方向定义一个基准平面，如图 4-9 所示。

3. 在曲线上

在"类型"下拉列表框中，选择"在曲线上"选项，系统弹出如图 4-10 所示的对话框，生成的基准平面通过曲线、点或实体边与曲线相切或垂直。点在曲线上的位置可通过参数控制，如图 4-11 所示。

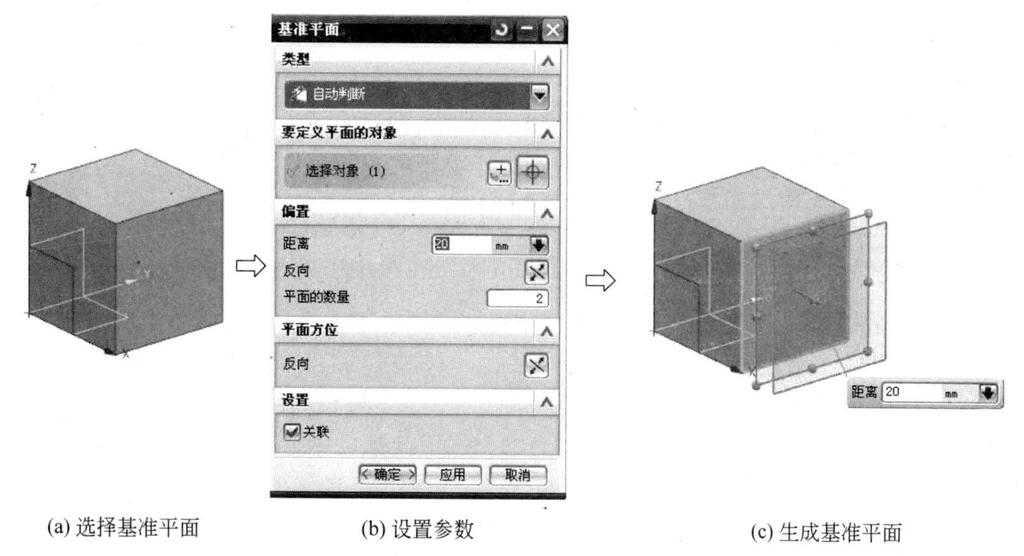

(a) 选择基准平面　　(b) 设置参数　　(c) 生成基准平面

图 4-7　以“自动判断”的方式创建基准平面

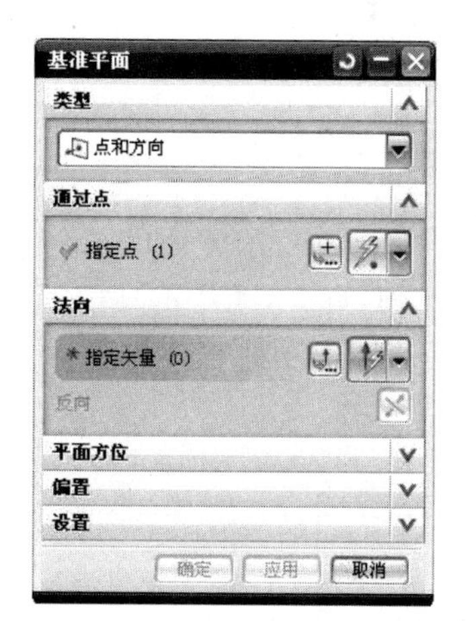

图 4-8　选择“点和方向”选项

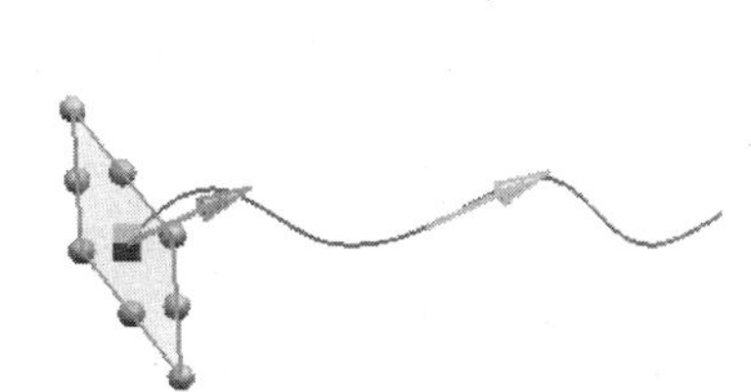

图 4-9　以“点和方向”的方式创建基准平面

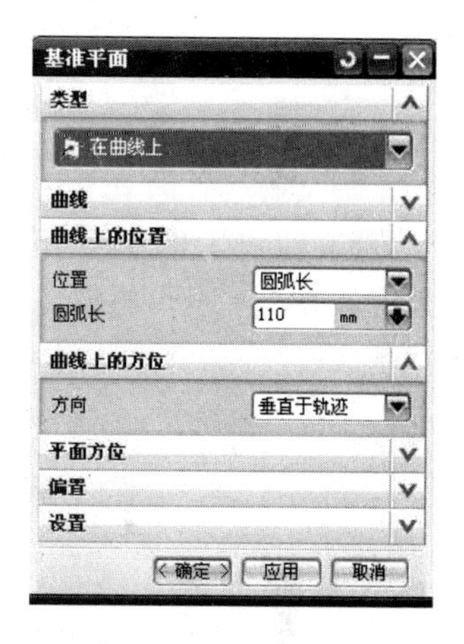

图 4-10　选择“在曲线上”选项

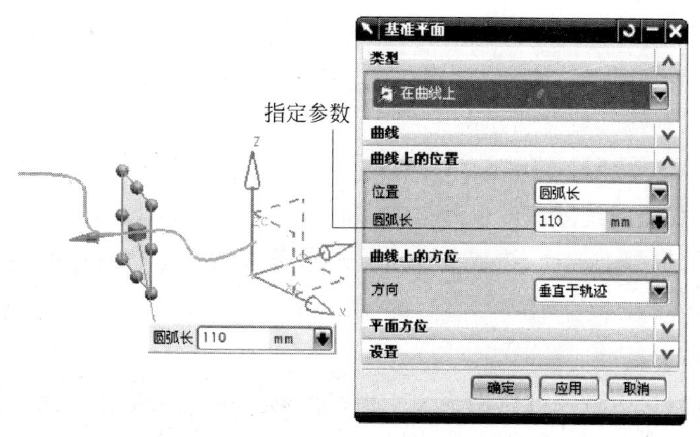

图 4-11　以“在曲线上”的方式创建基准平面

4. XC-YC 平面、YC-ZC 平面、XC-ZC 平面

在“类型”下拉列表框中，选择“XC-YC 平面、YC-ZC 平面、XC-ZC 平面”选项，在此选择以“XC-YC 平面”方式，系统弹出如图 4-12 所示的对话框，这三种方式都是以系统默认的基准平面 XC-YC 平面 、YC-ZC 平面 、XC-ZC 平面为参照来创建新的基准平面。如图 4-13 所示是以“XC-YC 平面”的方式创建基准平面。

图 4-12　选择“XC-YC 平面”选项

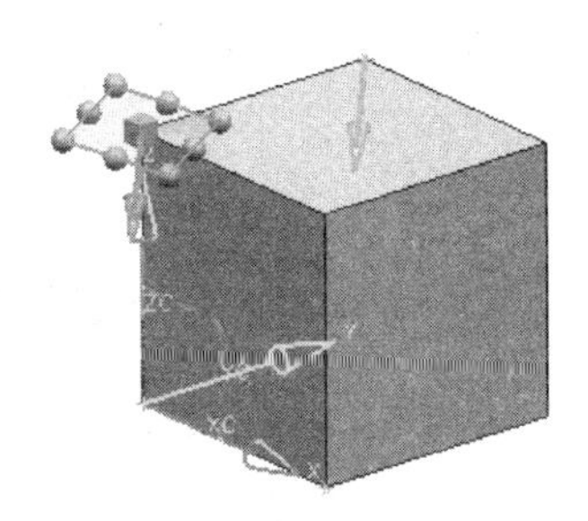

图 4-13　以“XC-YC 平面”的方式创建基准平面

4.2.2　基准轴

基准轴和基准平面一样属于参考特征，经常作为旋转特征的旋转轴、拉伸体的拉伸方向、定位等。基准轴的创建方法是选择“插入”→“基准/点”→“基准轴”命令，或在工具栏中单击“基准轴”按钮。系统弹出如图 4-14 所示的对话框。下面介绍 6 种常用的创建基准轴的方法。

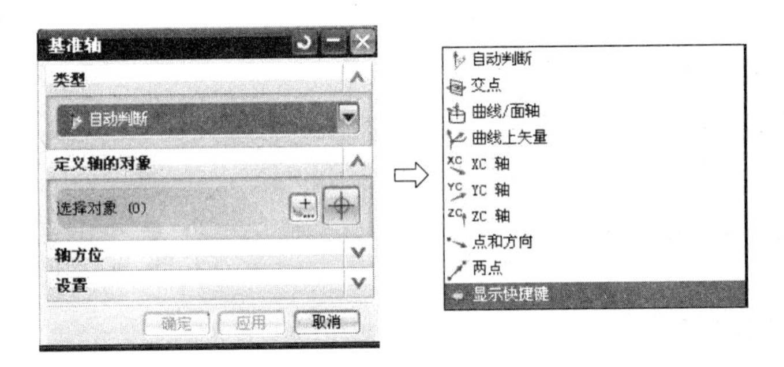

图 4-14　“基准轴”对话框

1. 自动判断

“自动判断”方式是系统默认的创建方式，利用该方式可以通过多种约束完成基准轴的创建。例如，选择三维模型上的面、边或各顶点等到参考元素，并根据各元素之间的关系来定义基准轴，如图 4-15 所示。

2. 交点

以“交点”的方式可以选择三维图形中不平行的两个面作为参考平面，并以两面的交线定义基准轴的位置，以交线的方式定义基准轴的方向，如图 4-16 所示。

图 4-15　以“自动判断”的方式创建基准轴

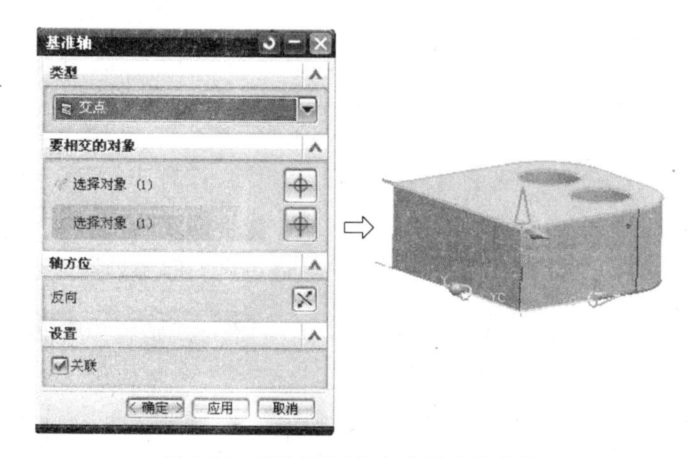

图 4-16　以“交点”的方式创建基准轴

3. 曲线/面轴

以“曲线/面轴”的方式可以选择实体模型的曲线、曲面或工作坐标系的各矢量作为参照来指定基准轴。可以通过实体边、回转体或曲线来创建基准轴，如图 4-17 所示。

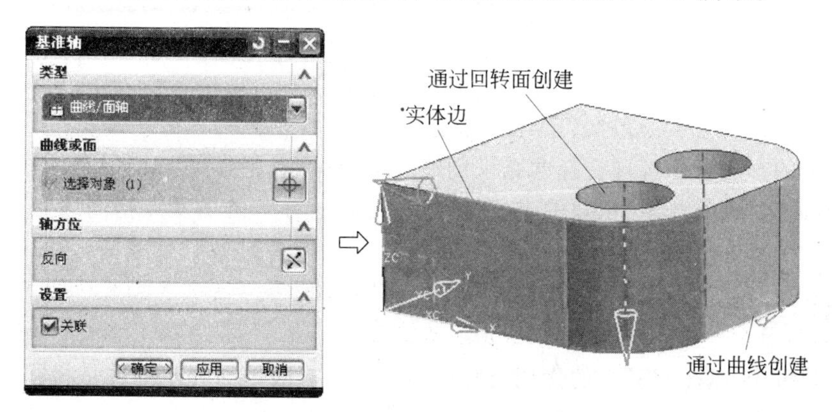

图 4-17　以“曲线/面轴”的方式创建基准轴

4. 点和方向

以“点和方向”的方式可以实现选择一个参考点和一个参考矢量的方法创建基准轴，所创建的基准轴通过该顶点且与所选择的参考矢量平行或垂直，如图 4-18 所示。

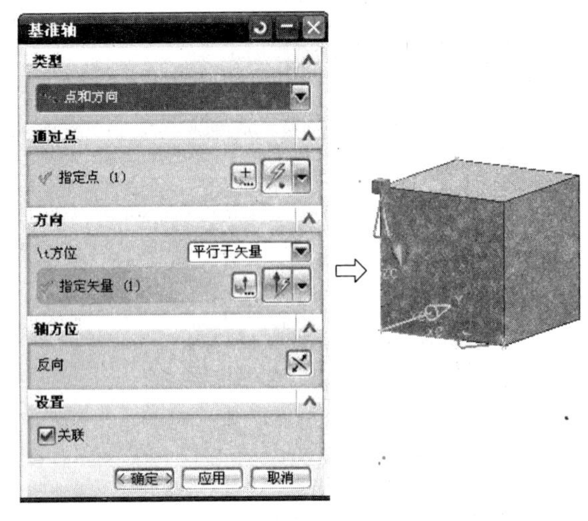

图 4-18 以“点和方向”的方式创建基准轴

5. 曲线上矢量

以“曲线上矢量”的方式可以实现选择一条参照曲线来创建基准轴，所创建的基准轴通过“方位”下拉列表框中的 5 个选项来确定其在该曲线指定点上的矢量方向，如图 4-19 所示。

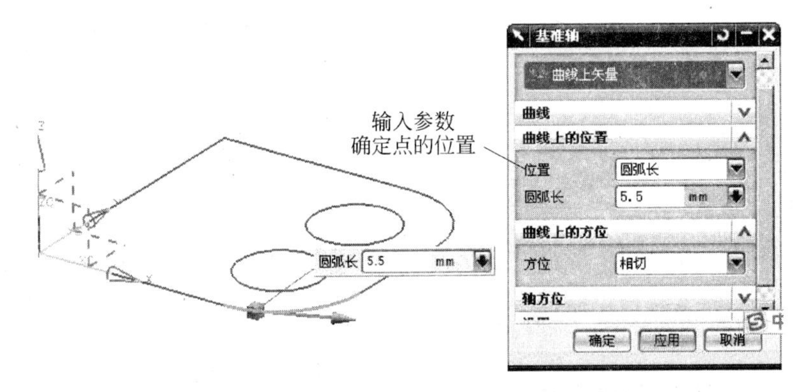

图 4-19 以“曲线上矢量”的方式创建基准轴

6. 两点

以“两点”的方式可以实现选择两点来创建基准轴，所选择的两点可以是绘图区中现有的点，也可以是通过“点构造器”创建的点，所创建基准轴的方向由出发点指向终止点，如图 4-20 所示。

4.2.3 基准 CSYS

在特征建模中，基准 CSYS 的作用与前面所介绍的基准平面和基准轴是相同的，都是用来定位模型在空间上的位置。

选择“插入”→“基准/点”→“基准 CSYS”命令，或在工具栏中单击“基准平面”→“基准 CSYS”按钮，弹出“基准 CSYS”对话框，如图 4-21 所示。创建基准 CSYS 的几种方式如下。

图 4-20　以"两点"的方式创建基准轴

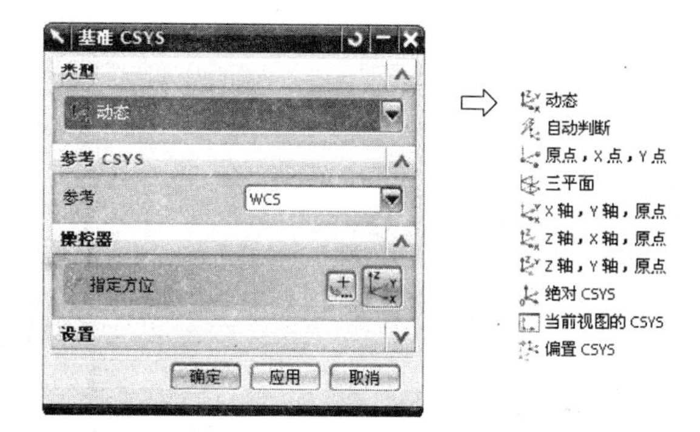

图 4-21　"基准 CSYS"对话框

1. 原点,X 点,Y 点

任意选择一点作为原点,第二点定义 X 轴大概方向(通过第一点和第二点的连线确定),第三点定义 Y 轴大概方向(通过第一点和第三点的连线确定),因为必须要保证 X 轴和 Y 轴之间的夹角为 90°,如图 4-22 所示。

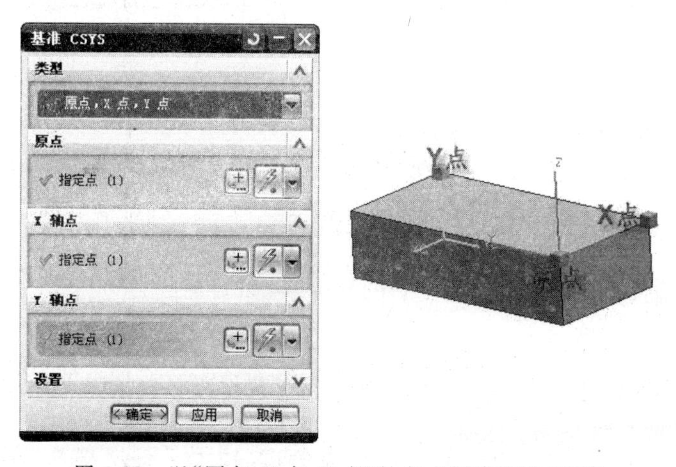

图 4-22　以"原点,X 点,Y 点"的方式创建基准 CSYS

2. X 轴，Y 轴，原点

首先指定某一定点作为原点，然后选择第一条曲线作为 X 轴方向，最后单击第二条曲线作为 Y 轴大概方向，如图 4-23 所示。

在靠近曲线的哪个端点选取，方向就指向哪一端，可以通过反向按钮改变方向。同理，Z 轴，X 轴，原点与 Z 轴，Y 轴，原点创建基准 CSYS 的方法同上。

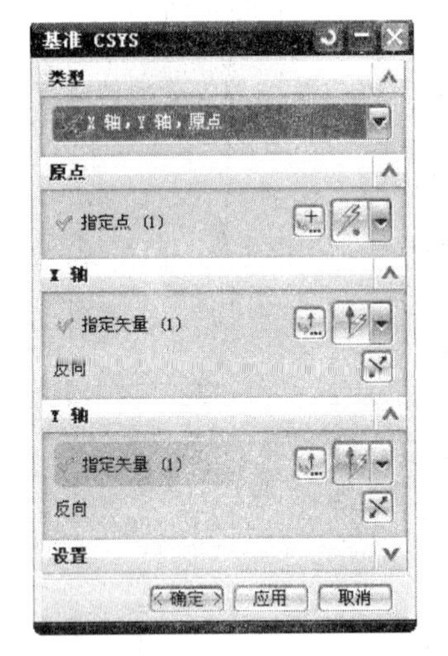

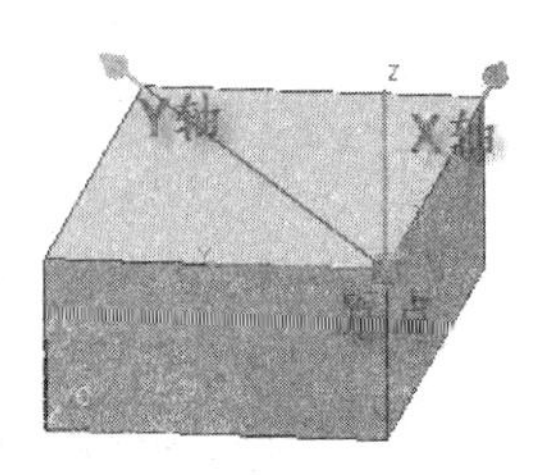

图 4-23　以“X 轴，Y 轴，原点”的方式创建基准 CSYS

3. 自动判断

通过使用增量偏置来确定新的坐标系，如图 4-24 所示。

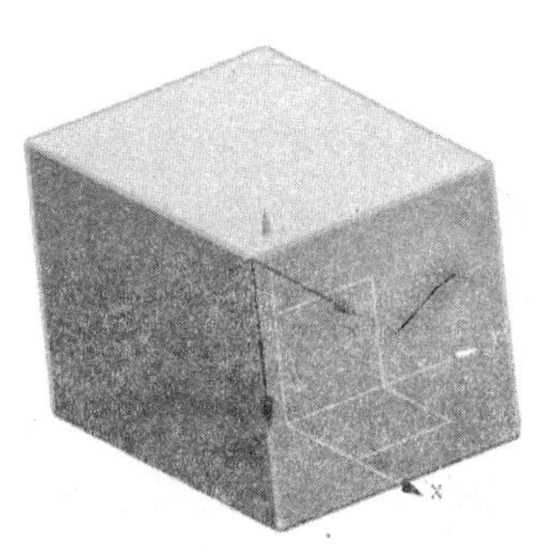

图 4-24　以“自动判断”的方式创建基准 CSYS

4. 动态

通过 X 轴、Y 轴、Z 轴的矢量值确定新的坐标系，如图 4-25 所示。

5. 三平面

通过选取 3 个相交的平面来确定新的坐标系，3 条交线分别确定各坐标轴的方向，公共交点为坐标原点，如图 4-26 所示。

6. 绝对 CSYS

使工作坐标系和绝对坐标系重合，如图 4-27 所示。

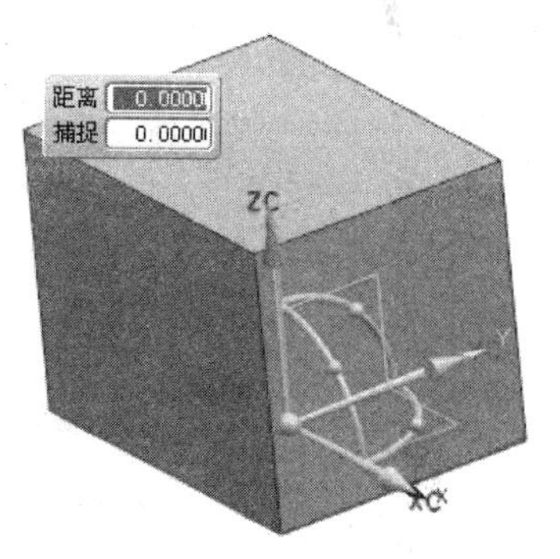

图 4-25 以"动态"的方式创建基准 CSYS

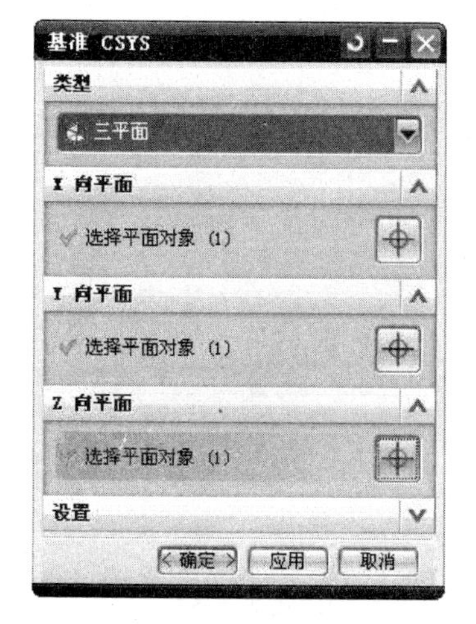

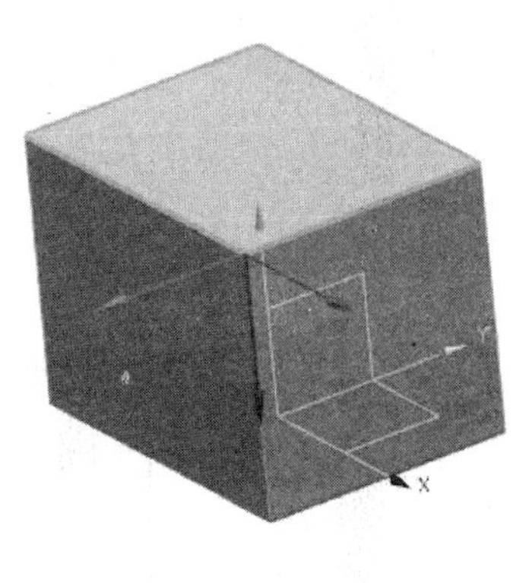

图 4-26 以"三平面"的方式创建基准 CSYS

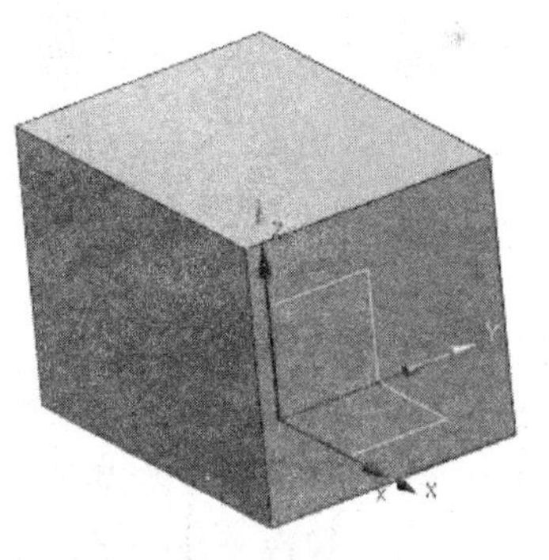

图 4-27 以"绝对 CSYS"的方式创建基准 CSYS

7. 当前视图的 CSYS

原点不动，Z 轴垂直于当前视图，如图 4-28 所示。

8. 偏置 CSYS

输入参数值对所选的坐标系进行偏置来创建新的坐标系，如图 4-29 所示。

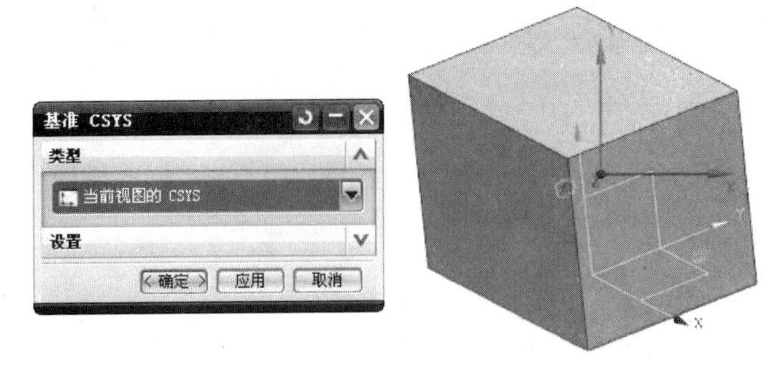

图 4-28 以"当前视图的 CSYS"的方式创建基准 CSYS

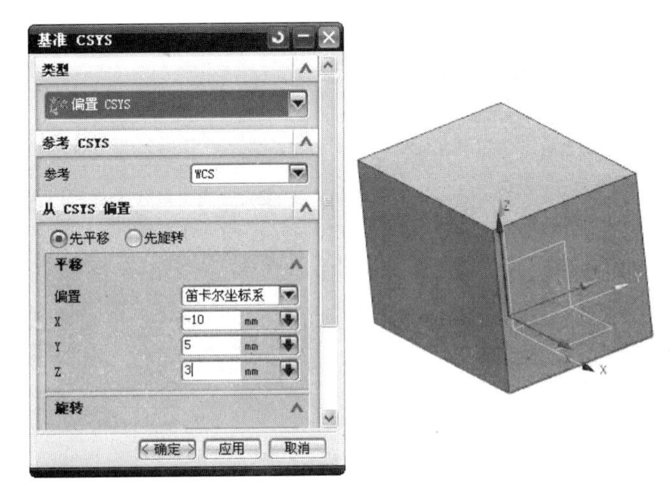

图 4-29 以"偏置 CSYS"的方式创建基准 CSYS

4.3 建模实例

4.3.1 实例 1——创建端盖

1. 零件分析

端盖零件轮廓属于回转体结构，且添加的孔、筋板等特征均匀分布，因此在创建该模型时，可以首先创建出旋转实体，接着以此为基础实体，添加孔、螺纹、筋板等特征，结合阵列、镜像操作，将部分详细特征按一定规律分布即可。

2. 创建基础实体

基础实体是回转体结构，是其他所有特征创建的基础。在加工制造过程中，此类模型称为毛坯体。要利用"回转"工具创建此实体，需要具备两个条件：旋转轴和闭合轮廓，并且旋转轴和闭合轮廓不在同一个草图平面。

绘制封闭截面和竖直直线时，要分两次进入草图环境并分别进行绘制，否则，将无法进行下一步的旋转操作。

3. 绘制截面草图

新建一个名为 dg1 的文件，进入建模环境。单击“草图”按钮，选取 YC-ZC 平面为草绘平面进入草图环境，绘制截面草图，如图 4-30 所示。

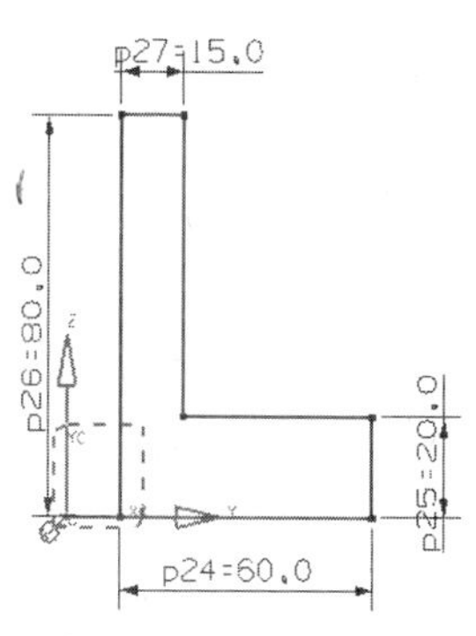

图 4-30 绘制截面草图

4. 创建回转实体

在“特征”工具栏中单击“回转”图标按钮，打开“回转”对话框。将封闭截面绕竖直直线旋转 360°，效果如图 4-31 所示。

5. 拔模操作

在“特征”工具栏中单击“拔模”图标按钮，在“类型”中选择“从边”，依次定义脱模方向、固定边缘和拔模角度，效果如图 4-32 所示。

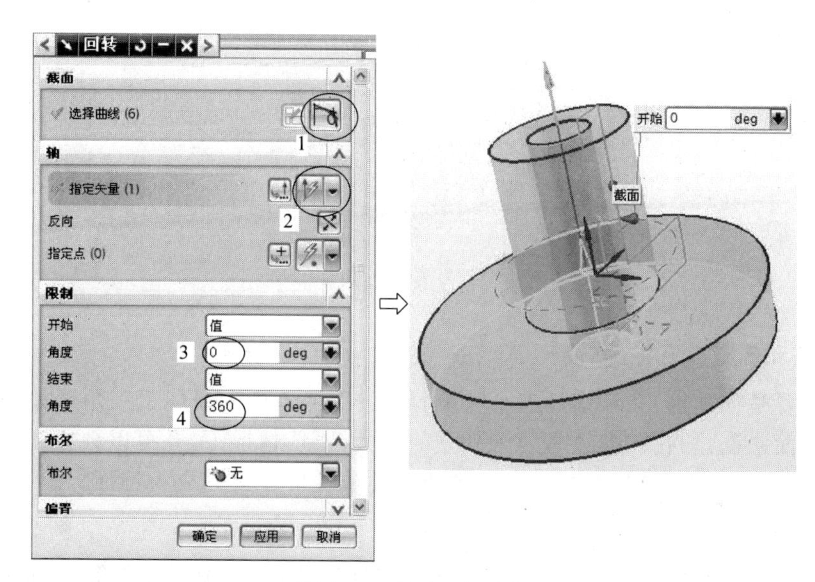

图 4-31 创建回转实体

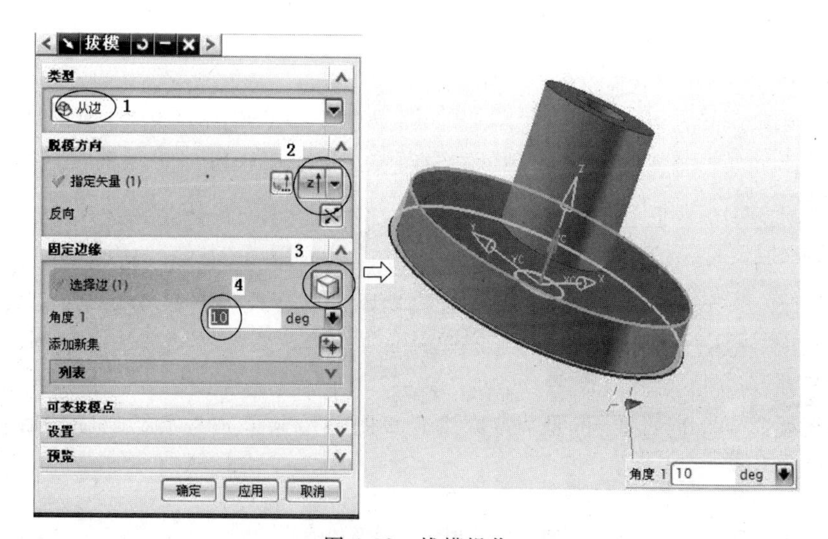

图 4-32 拔模操作

6. 倒斜角操作

在“特征”工具栏中单击“倒斜角”图标按钮，打开“倒斜角”对话框。依次选取要倒斜角的棱边，并设置偏置距离为 0.5，进行倒斜角操作，效果如图 4-33 所示。

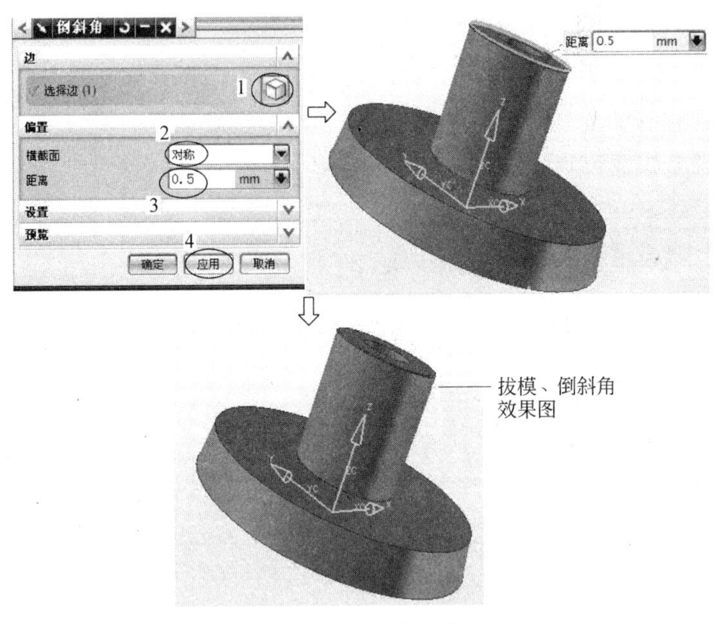

图 4-33 倒斜角操作

7. 创建筋和固定孔特征的分析

该部分主要是创建筋、孔和螺纹三个特征，UG NX 7.5 中的筋属于三角形加强筋，它需要依赖两个支撑面来创建；孔和螺纹是两个独立的特征，一般情况下，孔可以独立成体，包括简单孔、沉头孔以及埋头孔等类型，而螺纹则必须依赖孔或柱体才可以成为特征。

8. 创建三角形加强筋

单击“特征”工具栏中的“三角形加强筋”图标按钮，打开“三角形加强筋”对话框。依次选取第一组平面和第二组平面，并设置相应的筋参数，如图 4-34 所示。

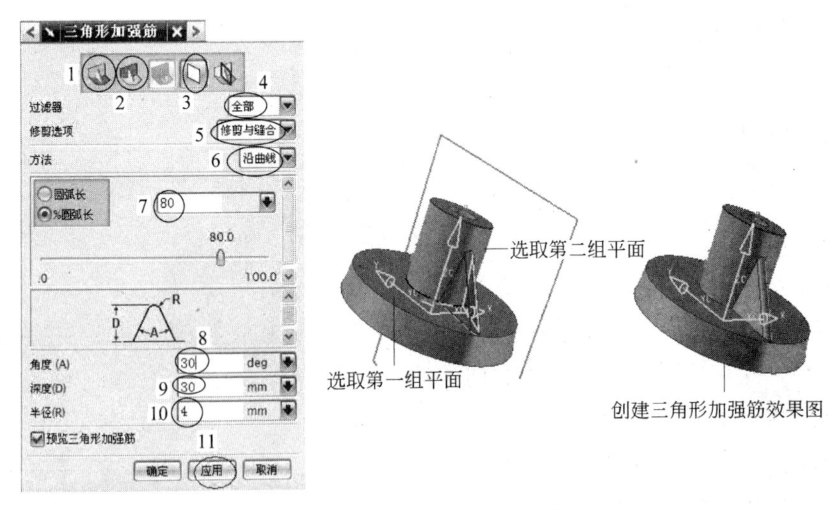

图 4-34 创建三角形加强筋

9. 创建基准平面 1

单击“草图曲线”工具栏中的“直线”图标按钮，过筋特征截面中点绘制辅助直线。再单击“基准平面”图标按钮，通过辅助直线创建基准平面 1，如图 4-35 所示。

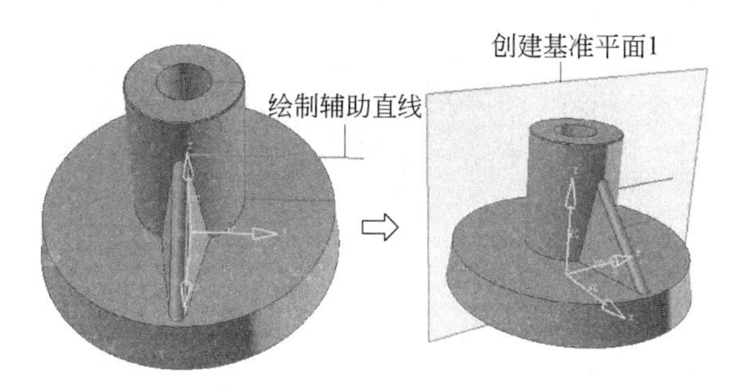

图 4-35 创建基准平面 1

10. 创建基准平面 2 和 3

继续单击“基准平面”图标按钮，以创建的基准平面 1 为参考平面，分别将其顺时针旋转 45°和 135°，创建基准平面 2 和基准平面 3，如图 4-36 所示。

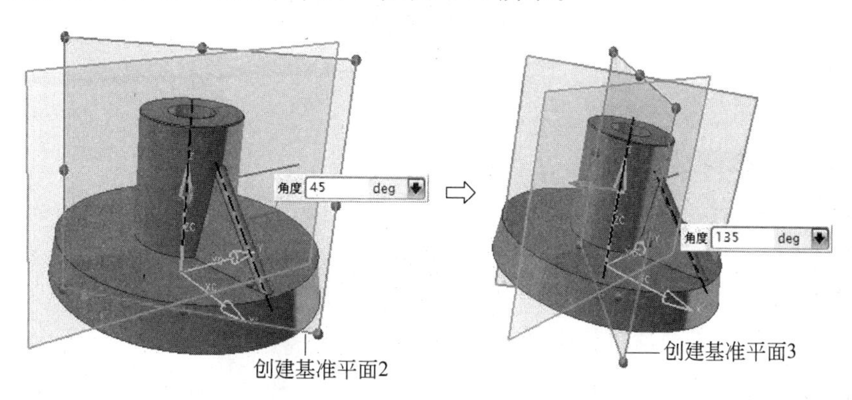

图 4-36 创建基准平面 2 和 3

11. 镜像筋特征

单击“镜像特征”图标按钮，将加强筋置于基准平面 1 对称镜像。重复该操作，将加强筋置于基准平面 2 和基准平面 3 对称镜像。将基准平面和辅助直线隐藏，效果如图 4-37 所示。

12. 倒圆角操作

在“特征”工具栏中单击“边倒圆”图标按钮，打开“边倒圆”对话框。依次选取倒圆角棱边线，并设置倒圆角半径为 2，进行倒圆角操作，效果如图 4-38 所示。

13. 创建拉伸剪切实体

单击“草图”图标按钮，选取实体表面绘制截面草图。退出草图环境，然后在“特征”工具栏中单击“拉伸”图标按钮，将其沿－ZC 轴方向拉伸，并将其从实体中去除，如图 4-39 所示，圆到圆心间的距离设置为 25。

14. 阵列圆孔操作

在“特征”工具栏中单击“实例”图标按钮，选择“圆形阵列”选项，将孔特征圆形阵列数字设

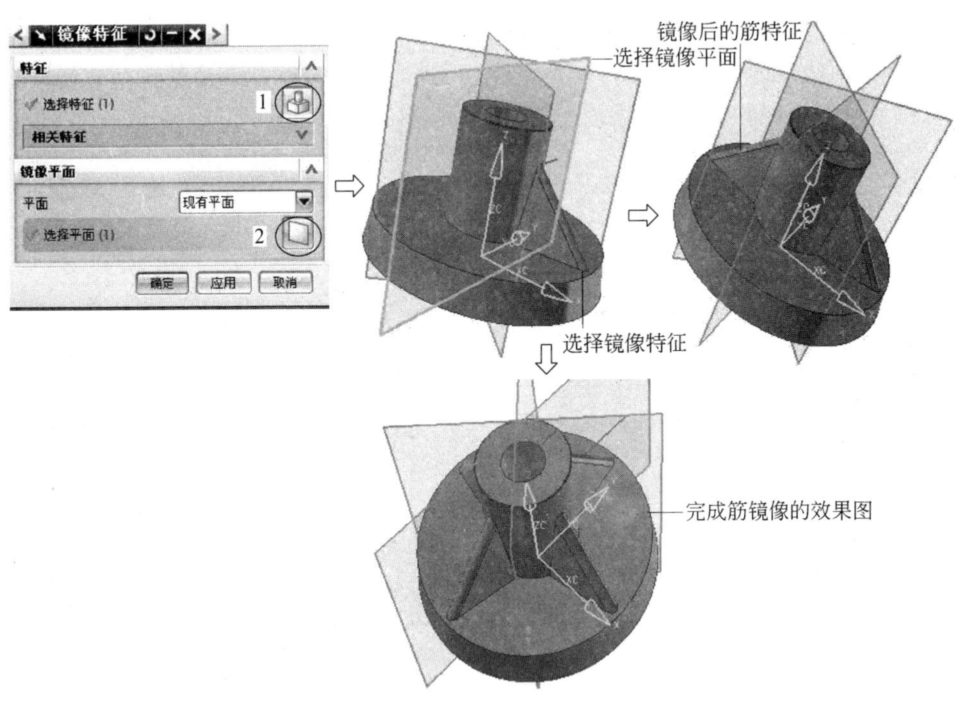

图 4-37　镜像筋特征

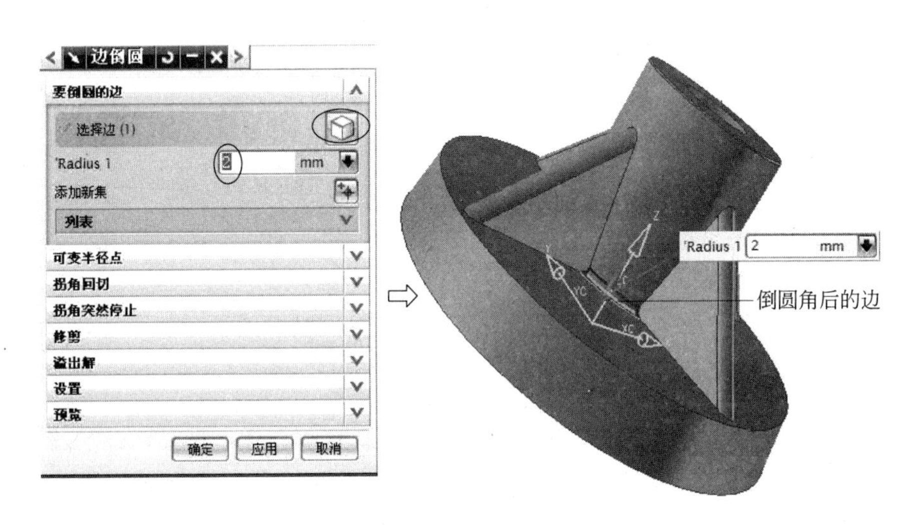

图 4-38　倒圆角操作

置为 4,效果如图 4-40 所示。

15. 倒斜角操作 1

在“特征”工具栏中单击“倒斜角”图标按钮,打开“倒斜角”对话框。依次选取创建孔的边缘线,并输入偏置距离为 1mm 创建倒斜角,效果如图 4-41(a)所示。

16. 倒斜角操作 2

继续单击“特征”工具栏中的“倒斜角”图标按钮,打开“倒斜角”对话框。依次选取创建孔的边缘线,并偏置距离为 1mm,效果如图 4-41(b)所示。

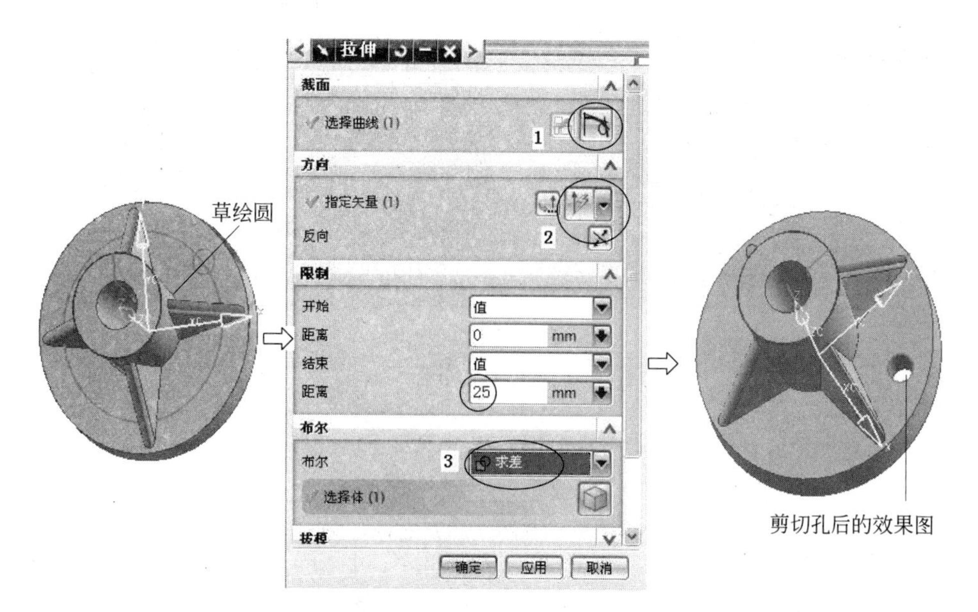

图 4-39 创建拉伸剪切实体

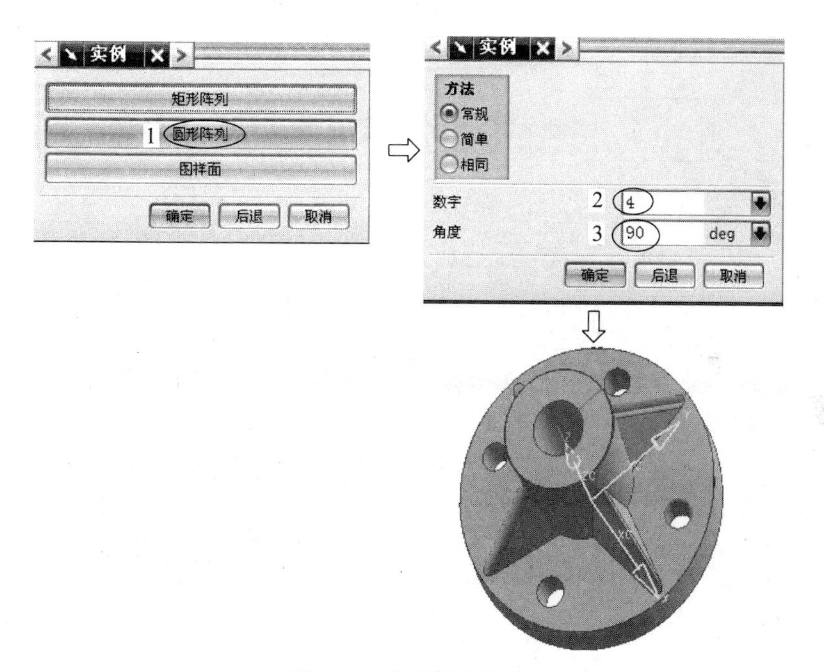

图 4-40 阵列圆孔操作

4.3.2 实例 2——构建六棱柱槽实体

按如图 4-42 所示的三视图构建六棱柱槽实体。

1. 启动 UG NX 7.5，建立新文件

执行“文件”→“新建”命令，出现“新建”对话框如图 4-43 所示，在对话框中选择“模型”，选择文件“名称”为“_model4-3. prt”，单击“确定”按钮，选择建模模式。

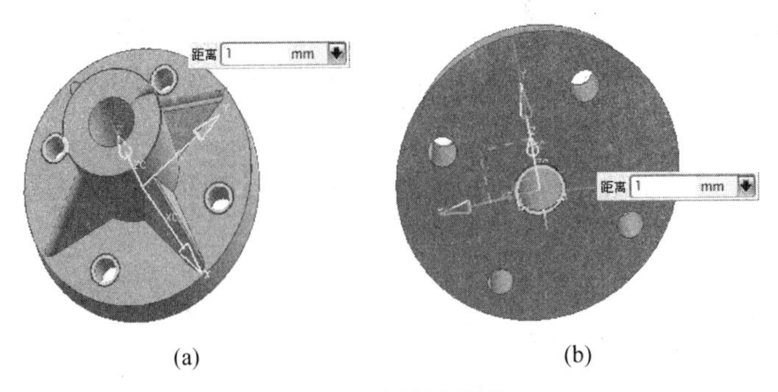

图 4-41 倒斜角操作

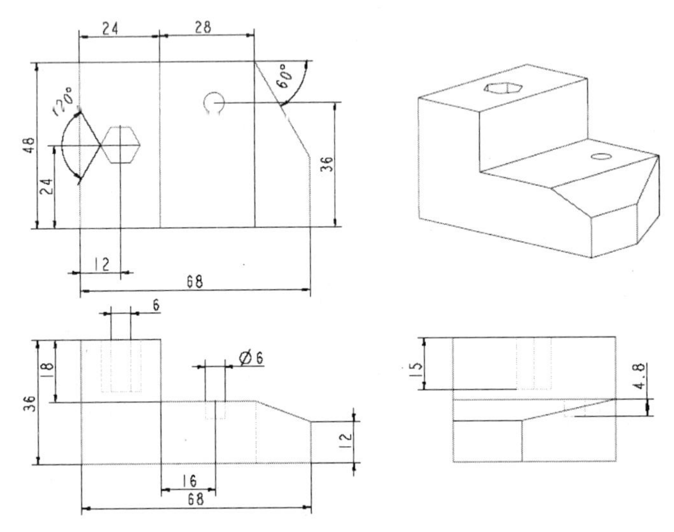

图 4-42 六棱柱槽实体三视图

图 4-43 “新建”对话框

2. 选择基准平面

选择"插入"→"基准/点"→"基准平面"命令，弹出"基准平面"对话框，在对话框中选择"XC-YC 平面"，如图 4-44 所示。

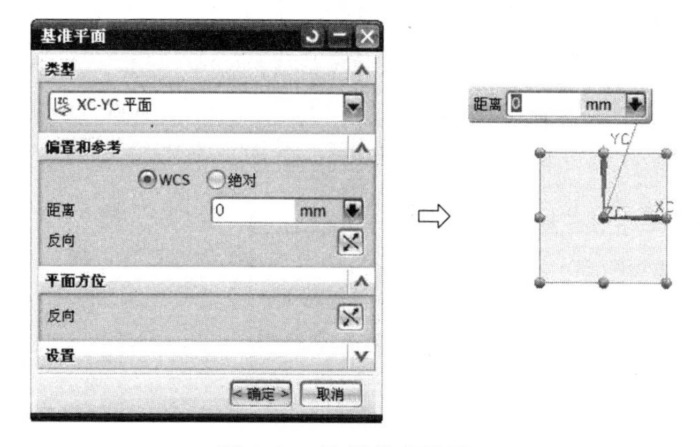

图 4-44 选择基准平面 1

3. 选择基准轴

选择"插入"→"基准/点"→"基准轴"命令，弹出"基准轴"对话框，在对话框中选择"YC 轴"，单击"确定"按钮，如图 4-45 所示。

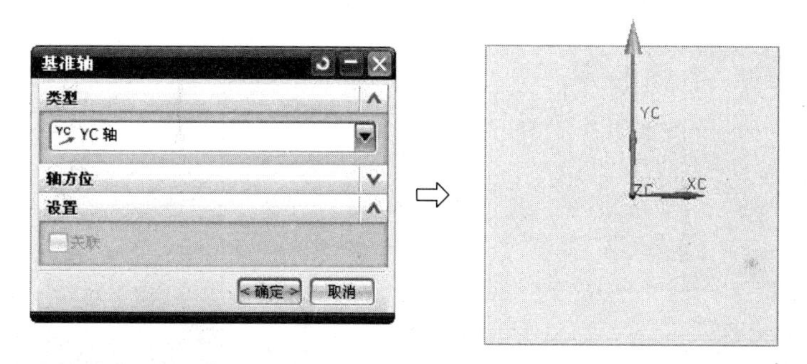

图 4-45 选择基准轴 1

再选择"插入"→"基准/点"→"基准轴"命令，弹出"基准轴"对话框，在对话框中选择"XC 轴"，单击"确定"按钮，如图 4-46 所示。

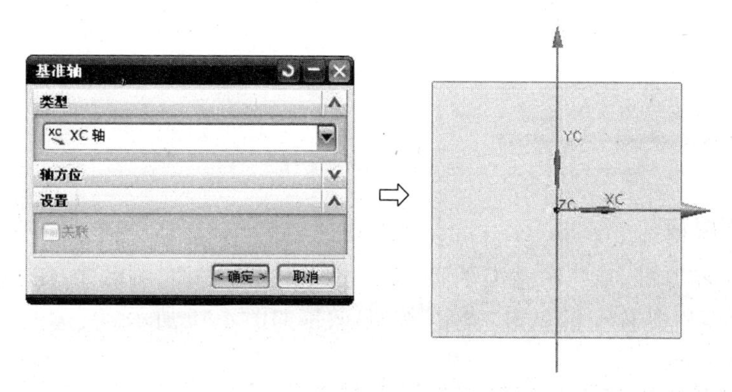

图 4-46 选择基准轴 2

4. 绘制草图

选择"插入"→"草图"命令，绘制如图 4-47 所示的草图。

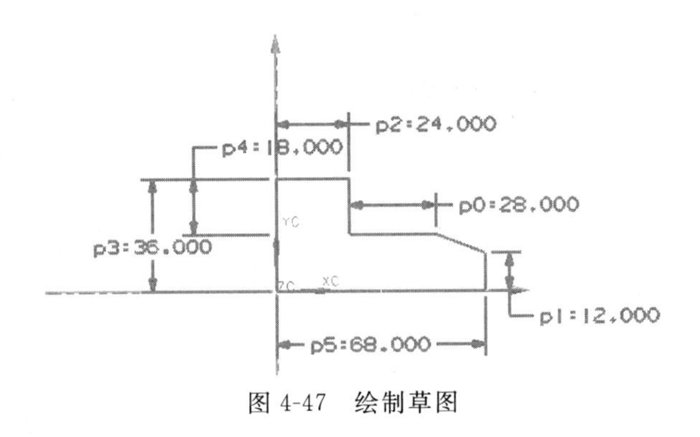

图 4-47 绘制草图

5. 拉伸实体

选择"插入"→"设计特征"→"拉伸"命令，弹出"拉伸"对话框，在对话框中选择拉伸方向为"+ZC"，拉伸距离为 25，单击"确定"按钮。再选择"插入"→"设计特征"→"拉伸"命令，弹出"拉伸"对话框，在对话框中选择拉伸方向为"－ZC"方向，拉伸距离为－25，单击"确定"按钮，如图 4-48 所示。

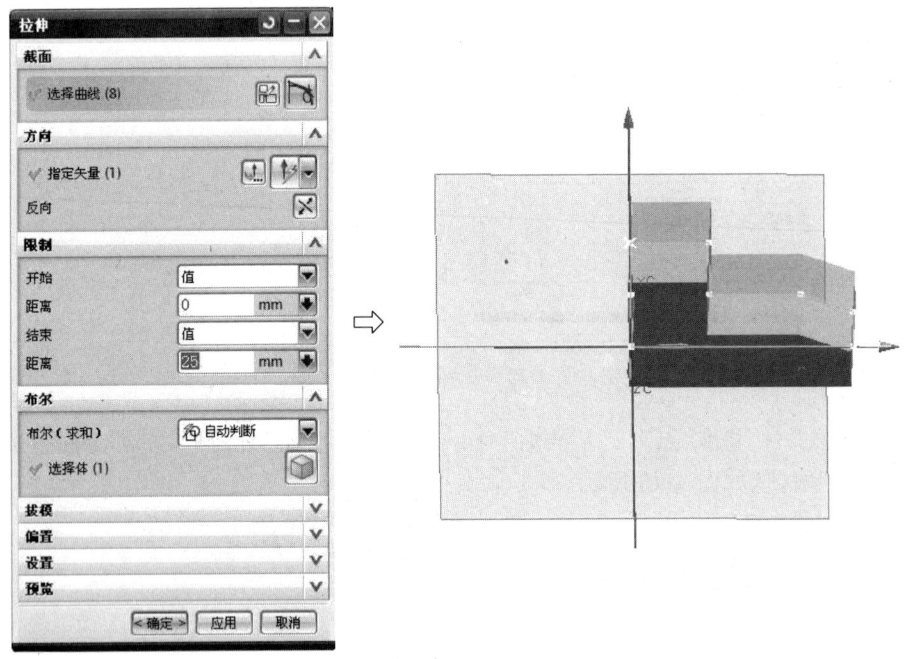

图 4-48 拉伸实体

6. 选择基准平面

选择"插入"→"基准/点"→"基准平面"命令，弹出"基准平面"对话框，在对话框中选择"按某一距离"，在距离栏中输入 0，单击"确定"按钮，效果如图 4-49 所示。

7. 绘制正六边形

选择"插入"→"草图"命令，在基准平面上绘制如图 4-50 所示的正六边形草图。

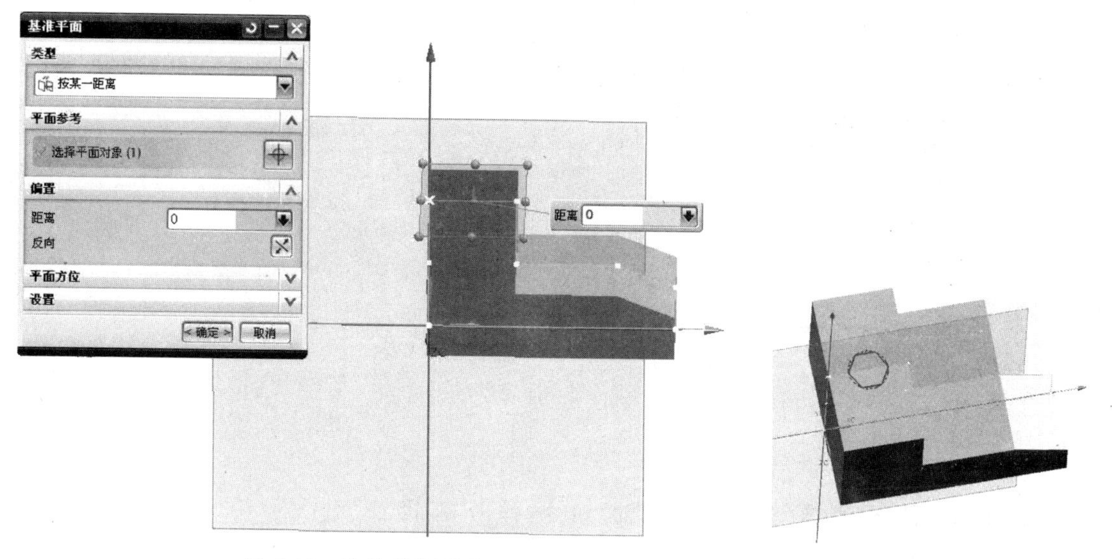

图 4-49 选择基准平面 2

图 4-50 绘制正六边形

8. 切割实体

选择“插入”→“设计特征”→“拉伸”命令，弹出“拉伸”对话框，在对话框中选择要拉伸的曲线，再选择拉伸方向为“－ZC”，拉伸距离为－25，在布尔运算中选择“求差”，单击“确定”按钮，效果如图 4-51 所示。

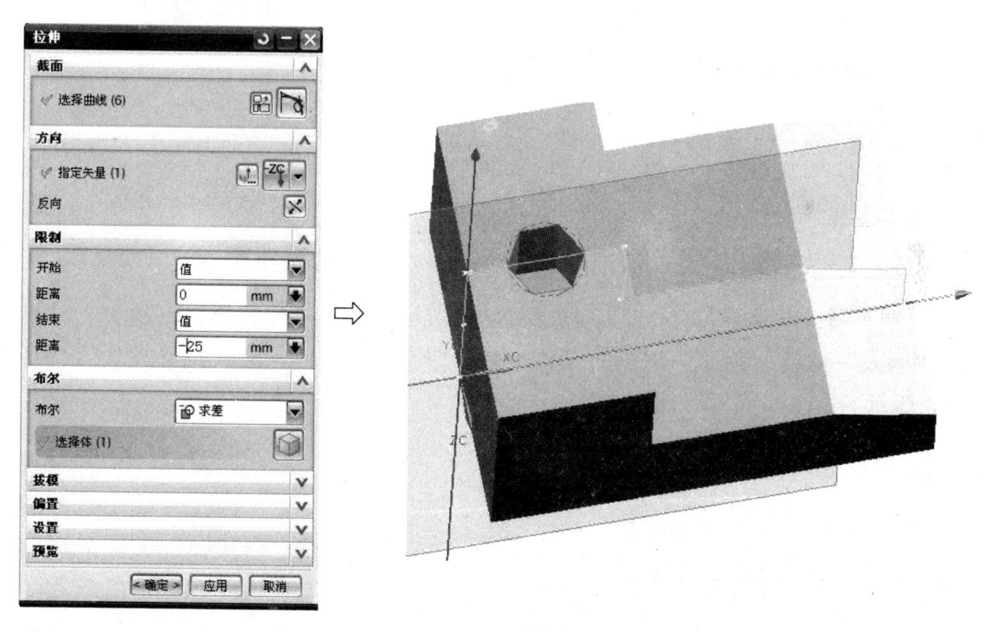

图 4-51 切割实体

9. 建立固定基准平面

选择“插入”→“基准/点”→“基准平面”命令，弹出“基准平面”对话框，在对话框中选择“固定”，再选择图形的底面为基准平面，如图 4-52 所示。

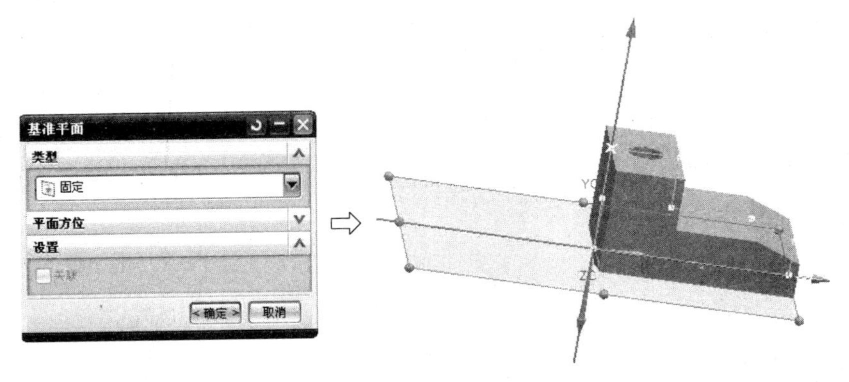

图 4-52　建立固定基准平面

10. 选择基准轴

选择“插入”→“基准/点”→“基准轴”命令，弹出“基准轴”对话框，在对话框中选择“ZC轴”，单击“确定”按钮，如图 4-53 所示。

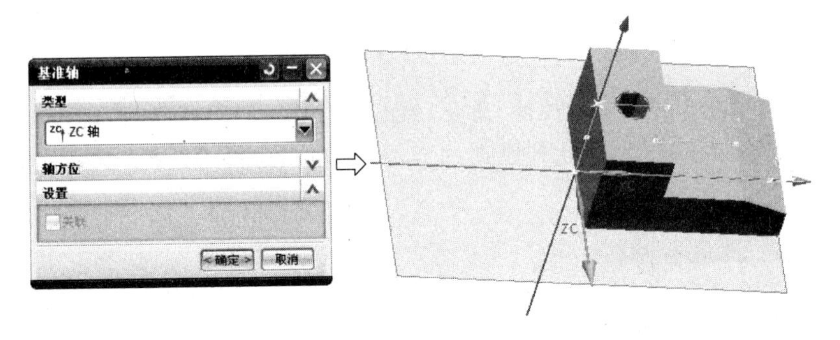

图 4-53　选择基准轴 3

11. 绘制直线

选择“插入”→“草图”命令，在新建的基准平面内绘制如图 4-54 所示的直线草图。

12. 拉伸直线

选择“插入”→“设计特征”→“拉伸”命令，弹出“拉伸”对话框，设置相关参数，拉伸的直线如图 4-55 所示。

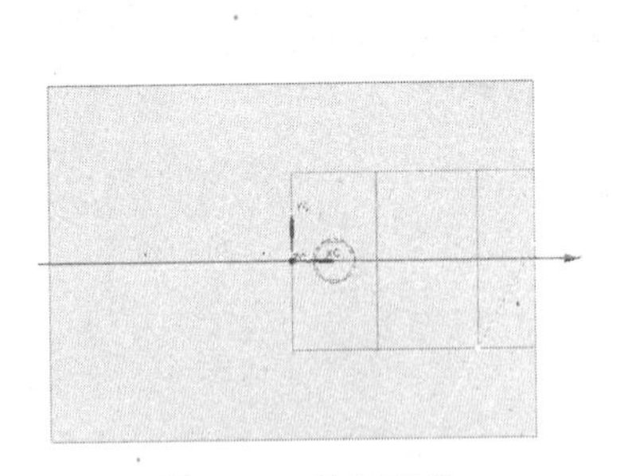

图 4-54　绘制直线

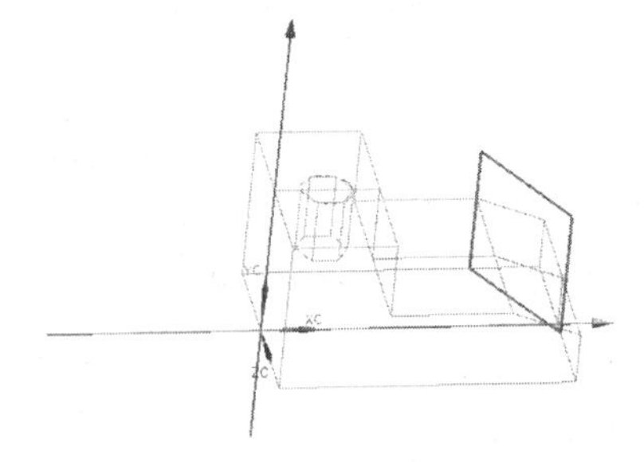

图 4-55　拉伸直线

13. 修剪实体

选择“插入”→“修剪”→“修剪体”命令，弹出“修剪体”对话框，设置相关参数，修剪后的图形如图 4-56 所示。

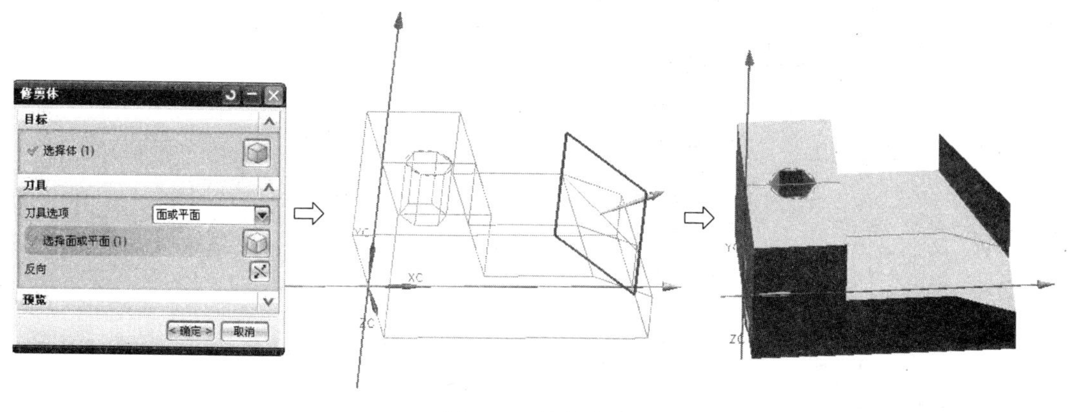

图 4-56 修剪实体

14. 求差操作

选择“插入”→“草图”命令，在平面上绘圆，然后退出“草图”命令，再选择“插入”→“设计特征”→“孔”命令，弹出“孔”对话框，在对话框中选择孔方向、位置和大小，在布尔运算中选择“求差”，效果如图 4-57(a)所示。

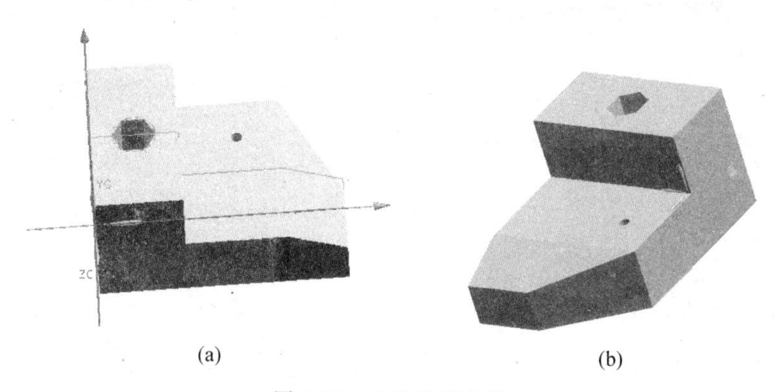

(a) (b)

图 4-57 六棱柱槽实体

15. 隐藏特征线

隐藏特征线，设计六棱柱槽实体如图 4-57(b)所示。

4.3.3 实例 3——构建支座 1 实体

按如图 4-58 所示的三视图构建支座 1 实体。

1. 启动 UG NX 7.5，建立新文件

执行“文件”→“新建”命令，出现“新建”对话框如图 4-59 所示，在对话框中选择“模型”，选择文件“名称”为“_model4-4. prt”，单击“确定”按钮，选择建模模式。

2. 选择基准平面

选择“插入”→“基准/点”→“基准平面”命令，弹出“基准平面”对话框，在对话框中选择“XC-YC 平面”，如图 4-60 所示。

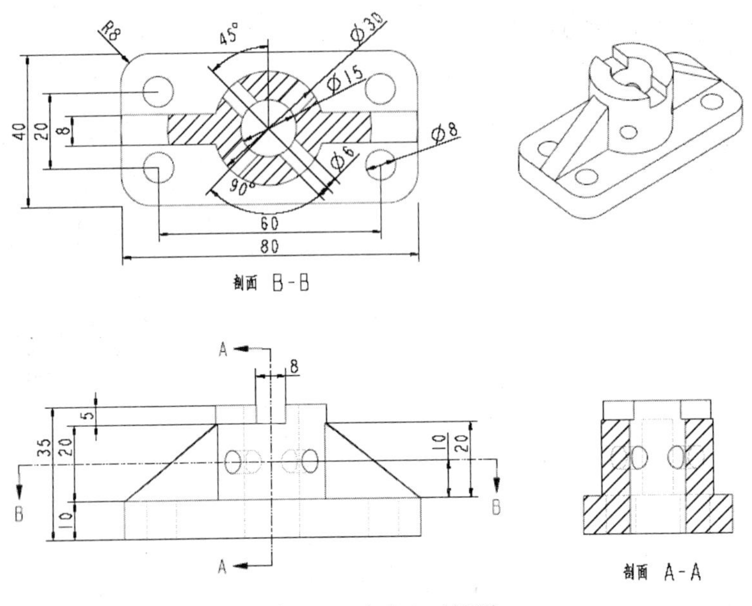

图 4-58 支座 1 三视图

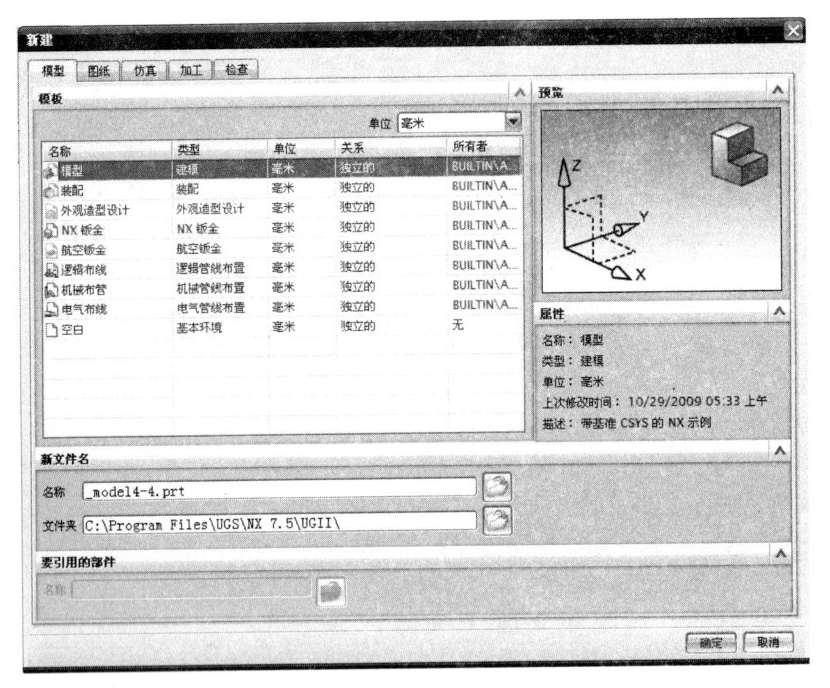

图 4-59 “新建”对话框

3. 建立基准轴

选择“插入”→“基准/点”→“基准轴”命令，弹出“基准轴”对话框，在对话框中选择“YC轴”，单击“确定”按钮，如图 4-61 所示。

再选择“插入”→“基准/点”→“基准轴”命令，弹出“基准轴”对话框，在对话框中选择“XC轴”，单击“确定”按钮，如图 4-62 所示。

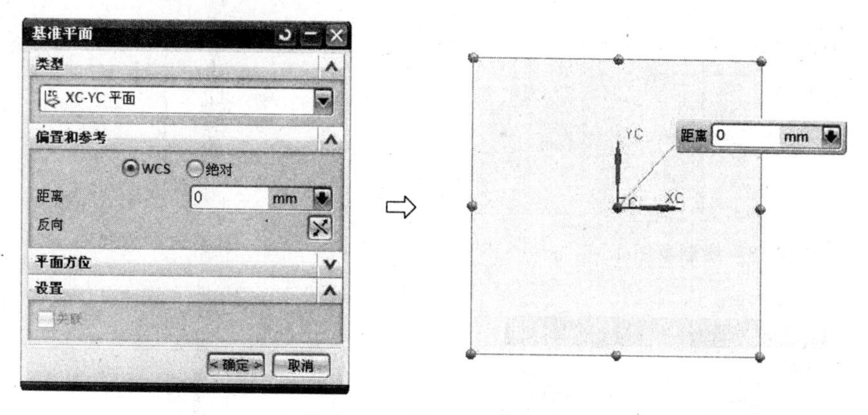

图 4-60　选择基准平面 1

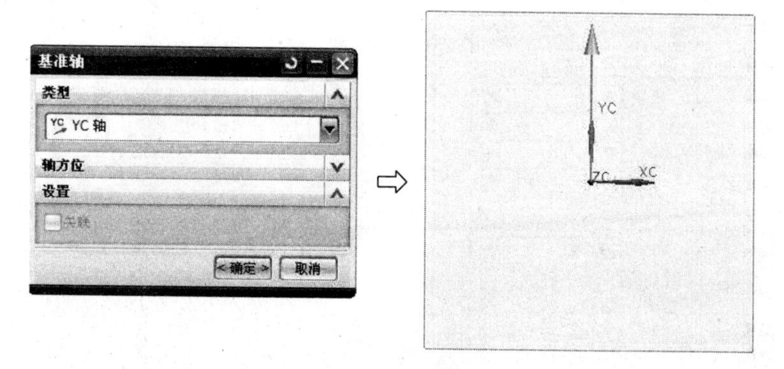

图 4-61　选择基准轴 1

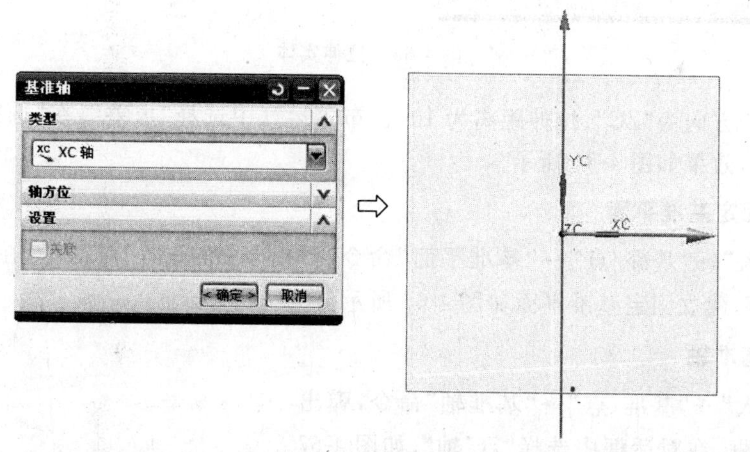

图 4-62　选择基准轴 2

4. 绘制草图

选择“插入”→“草图”命令，绘制如图 4-63 所示的草图。再在“草图曲线”工具栏中选择“圆”命令，绘制如图 4-64 所示的圆，并退出草图模式。

5. 拉伸实体

选择“插入”→“设计特征”→“拉伸”命令，弹出“拉伸”对话框，在对话框中选择要拉伸的曲

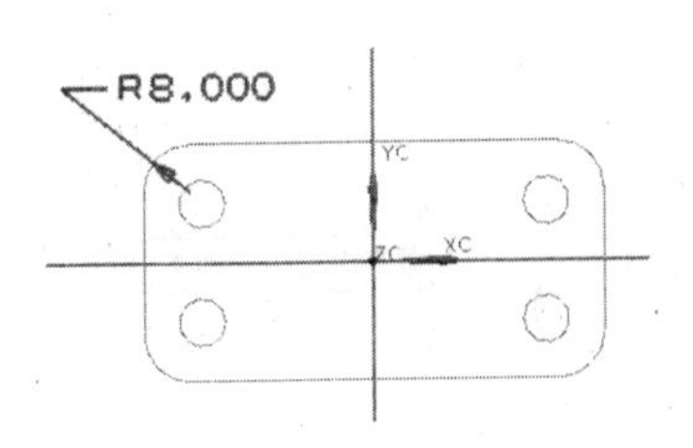

图 4-63 绘制草图 1

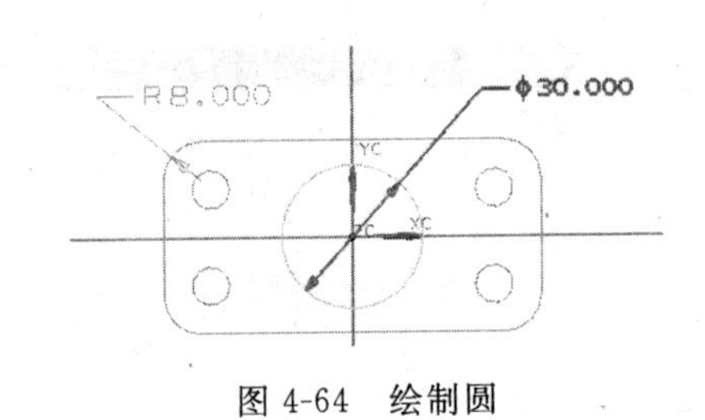

图 4-64 绘制圆

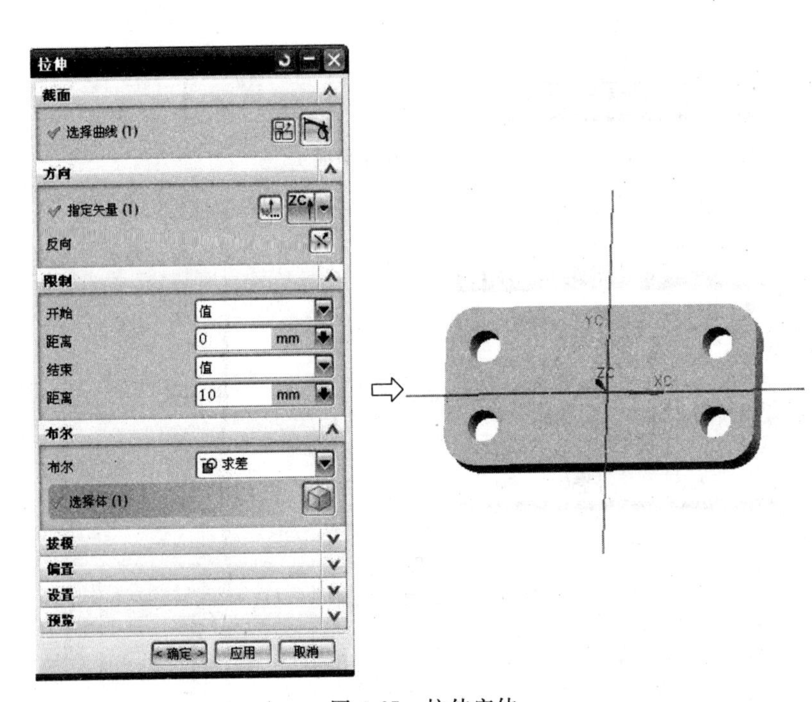

图 4-65 拉伸实体

线，再选择拉伸方向为"ZC"，拉伸距离为 10，在布尔运算中选择"求差"，在"选择体"中选择底板的 4 个小圆，效果如图 4-65 所示。

6. 建立固定基准平面

选择"插入"→"基准/点"→"基准平面"命令，弹出"基准平面"对话框，在对话框中选择"XC-ZC 平面"，建立固定基准平面如图 4-66 所示。

7. 选择基准轴

选择"插入"→"基准/点"→"基准轴"命令，弹出"基准轴"对话框，在对话框中选择"ZC 轴"，如图 4-67 所示。

8. 再次绘制草图

选择"插入"→"草图"命令，在新建的平面上绘制如图 4-68 所示的草图。

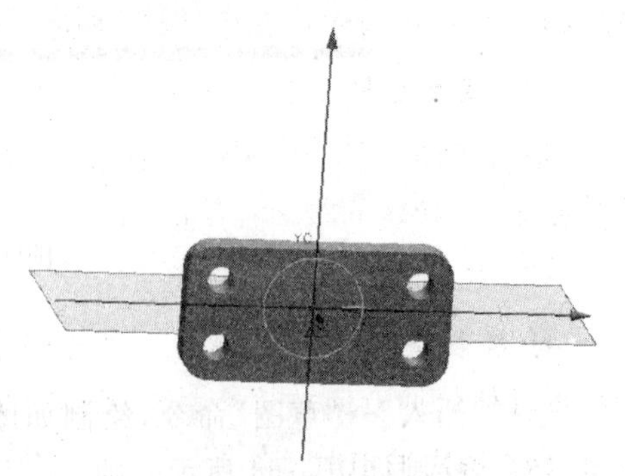

图 4-66 建立固定基准平面

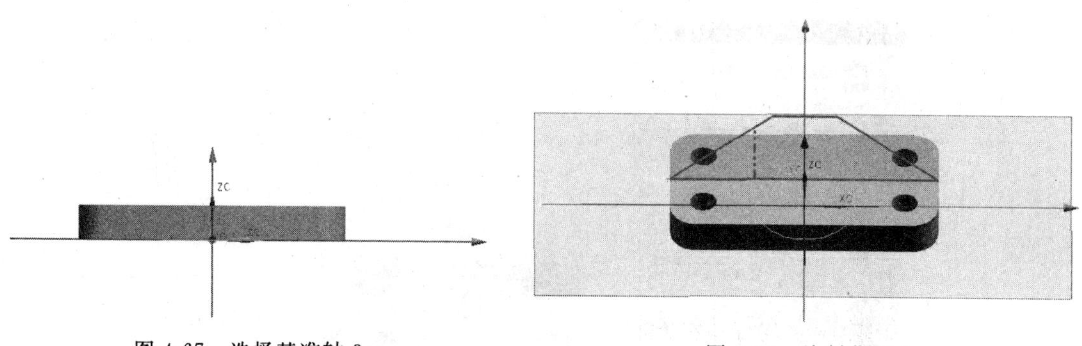

图 4-67　选择基准轴 3　　　　图 4-68　绘制草图 2

9. 拉伸圆实体

选择“插入”→“设计特征”→“拉伸”命令，弹出“拉伸”对话框，在对话框中选择要拉伸的曲线，再选择拉伸方向为“ZC”，拉伸距离为 35，在布尔运算中选择“自动判断”，拉伸底部圆实体如图 4-69 所示。

10. 拉伸筋板实体

选择“插入”→“设计特征”→“拉伸”命令，弹出“拉伸”对话框，在对话框中选择要拉伸的曲线，再选择拉伸方向和拉伸距离，在布尔运算中选择“自动判断”，拉伸筋板实体如图 4-70 所示。

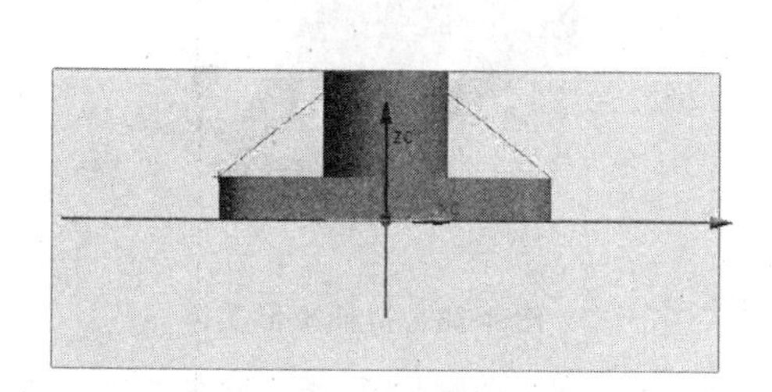

图 4-69　拉伸圆实体

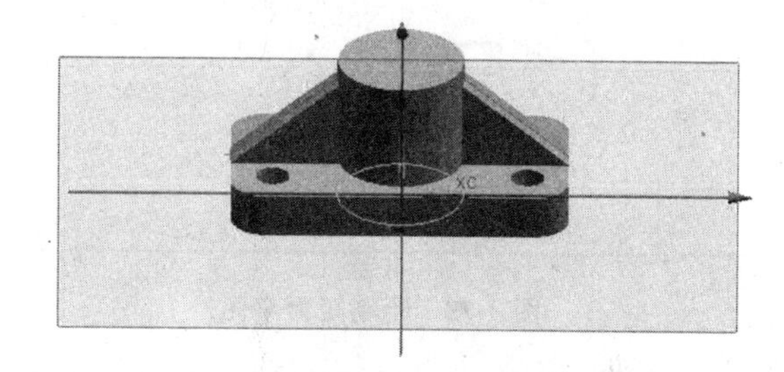

图 4-70　拉伸筋板实体

11. 求差运算

选择“插入”→“设计特征”→“孔”命令，弹出“孔”对话框，在对话框中指定孔位置和方向、输入孔大小，在布尔运算中选择“求差”，简单孔如图 4-71 所示。

12. 绘制矩形草图

隐藏实体，先选择实体，再右击，在弹出的快捷菜单中选择“隐藏”，然后选择“插入”→“草图”命令，在新建的平面上绘制如图 4-72 所示的矩形草图。

13. 拉伸矩形实体

选择“插入”→“设计特征”→“拉伸”命令，弹出“拉伸”对话框，在对话框中选择要拉伸的矩形，再选择拉伸方向和拉伸距离，在布尔运算中选择“求差”，拉伸矩形实体如图 4-73 所示。

14. 再次选择基准平面

选择“插入”→“基准/点”→“基准平面”命令，弹出“基准平面”对话框，在对话框中按特征来建立基准平面如图 4-74 所示。

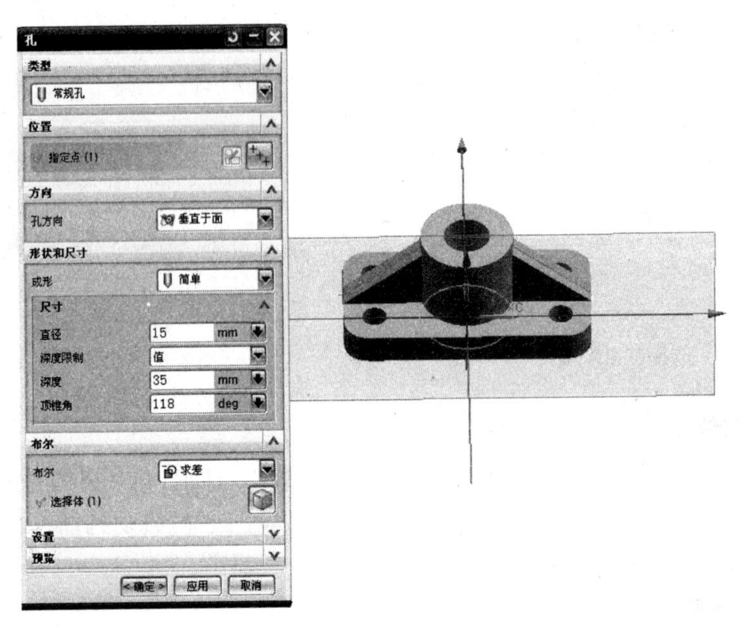

图 4-71　简单孔 1

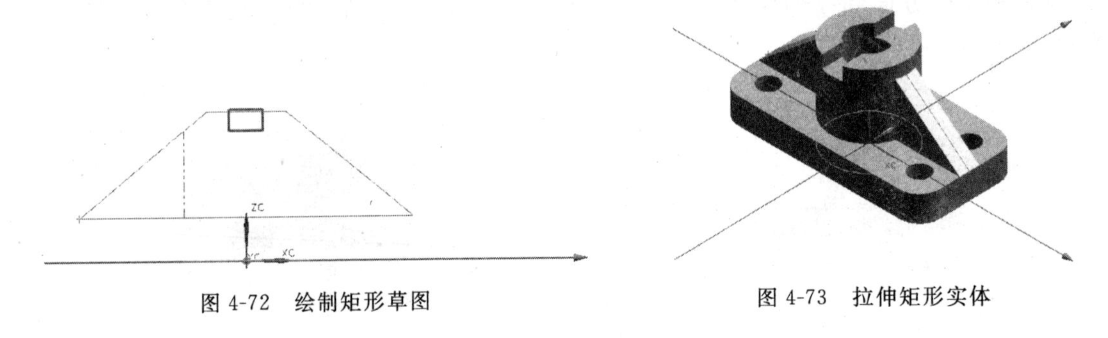

图 4-72　绘制矩形草图　　　　图 4-73　拉伸矩形实体

15. 再次进行求差运算

选择“插入”→“设计特征”→“孔”命令，弹出“孔”对话框，在对话框中指定孔位置和方向、输入孔大小，在布尔运算中选择“求差”，简单孔如图 4-75 所示。

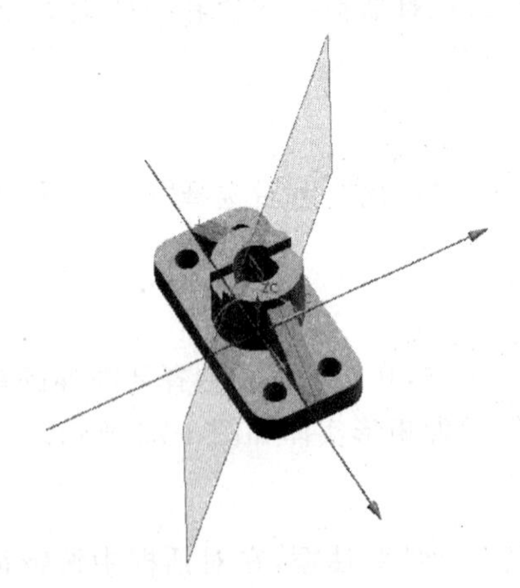

图 4-74　选择基准平面 2

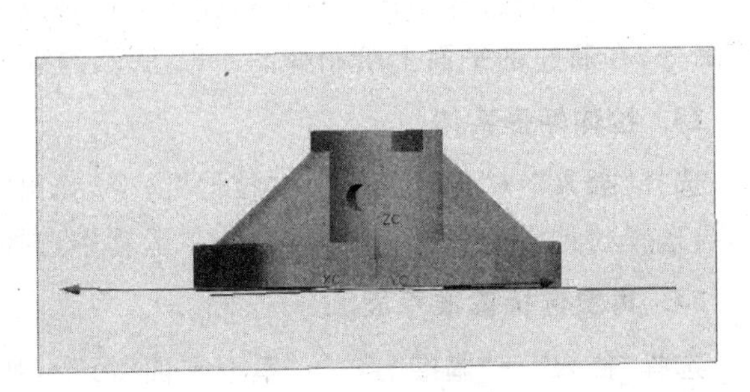

图 4-75　简单孔 2

16. 圆形阵列孔实体

在“特征”工具栏中单击“圆形阵列”图标按钮，出现“圆形阵列”对话框，设置对话框参数，圆形阵列孔实体如图 4-76 所示。

17. 隐藏特征线

隐藏特征线，设计支座 1 如图 4-77 所示。

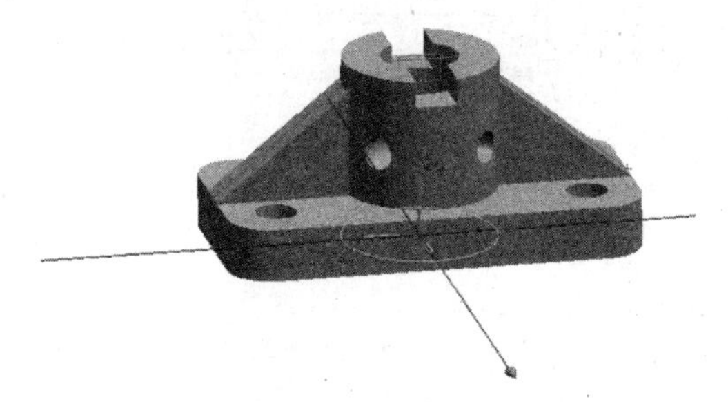

图 4-76 圆形阵列孔实体

图 4-77 支座 1 实体

4.3.4 实例 4——构建支座 2 实体

按如图 4-78 所示的三视图构建支座 2 实体。

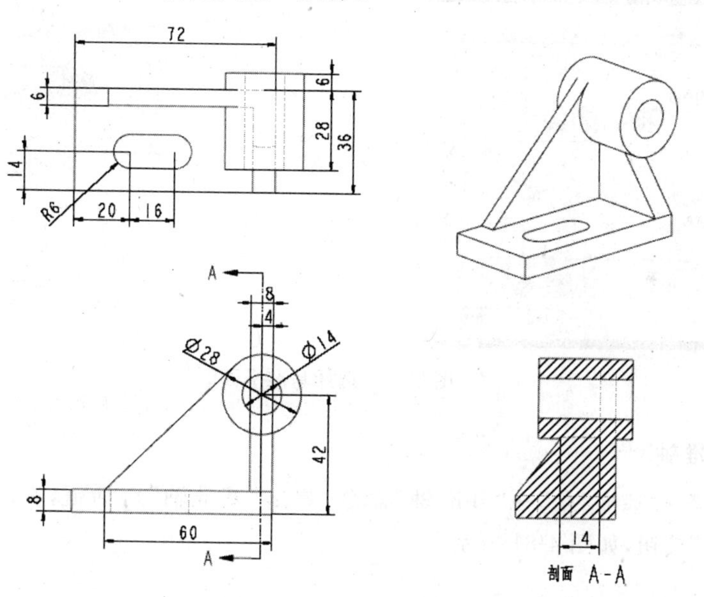

图 4-78 支座 2 三视图

1. 启动 UG NX 7.5，建立新文件

执行“文件”→“新建”命令，出现“新建”对话框如图 4-79 所示，在对话框中选择“模型”，选择文件“名称”为“_model4-5. prt”，单击“确定”按钮，选择建模模式。

2. 选择基准平面

选择“插入”→“基准/点”→“基准平面”命令，弹出“基准平面”对话框，在对话框中选择“XC-YC 平面”，如图 4-80 所示。

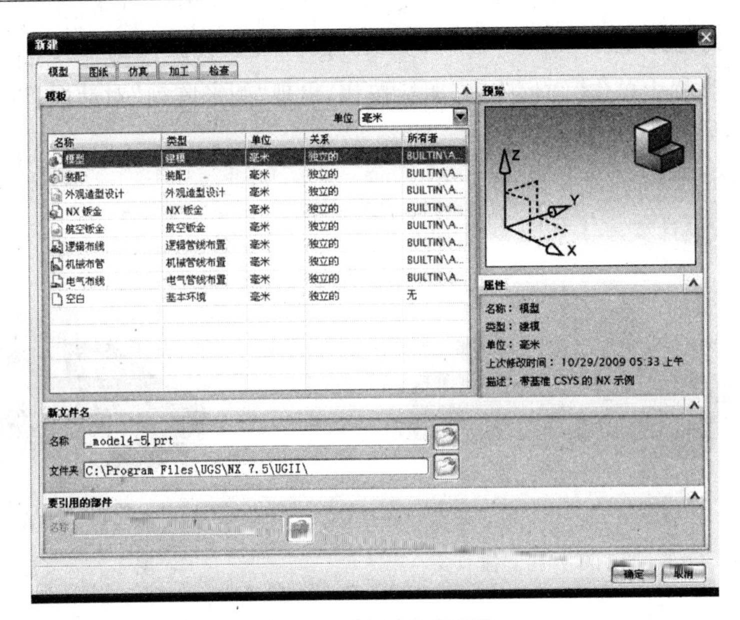

图 4-79 “新建”对话框

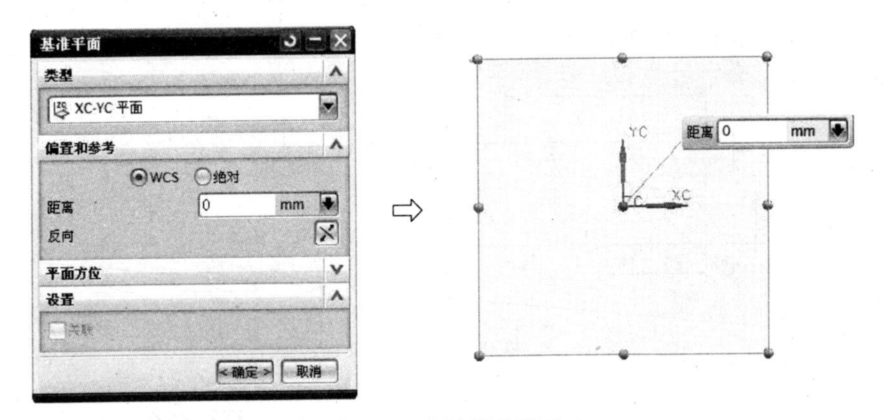

图 4-80 选择基准平面

3. 建立基准轴

选择“插入”→“基准/点”→“基准轴”命令，弹出“基准轴”对话框，在对话框中选择“YC轴”，单击“确定”按钮，如图 4-81 所示。

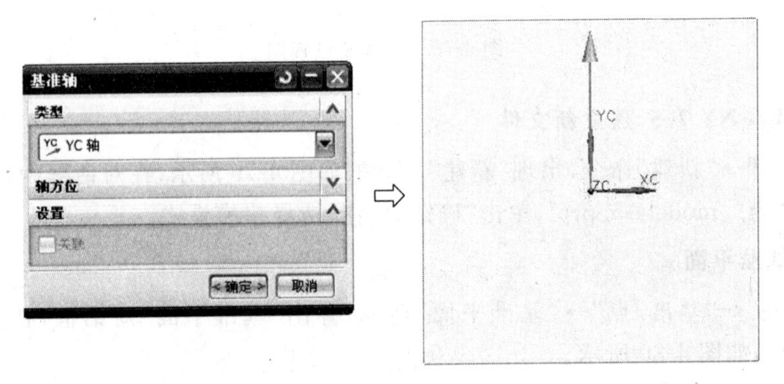

图 4-81 选择基准轴 1

再选择“插入”→“基准/点”→“基准轴”命令，弹出“基准轴”对话框，在对话框中选择“XC轴”，单击“确定”按钮，如图 4-82 所示。

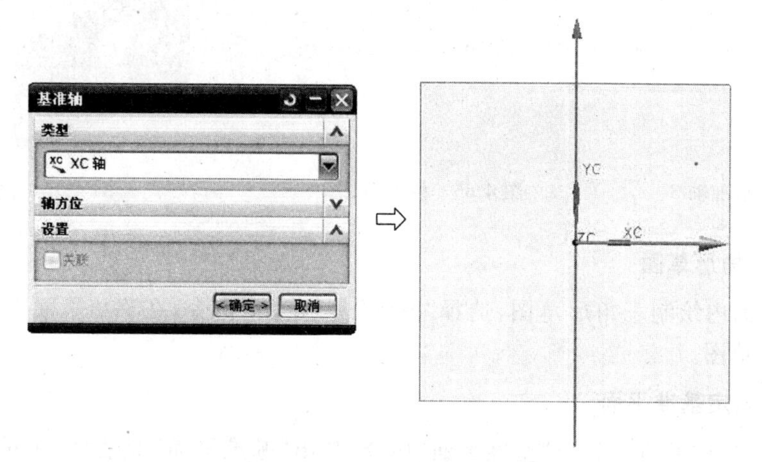

图 4-82 选择基准轴 2

4. 绘制圆草图

选择“插入”→“草图”命令，绘制如图 4-83 所示直径 ϕ28.000 的圆草图。

5. 建立固定基准平面

选择“插入”→“基准/点”→“基准平面”命令，弹出“基准平面”对话框，在对话框中选择“XC-ZC 平面”，建立固定基准平面如图 4-84 所示。

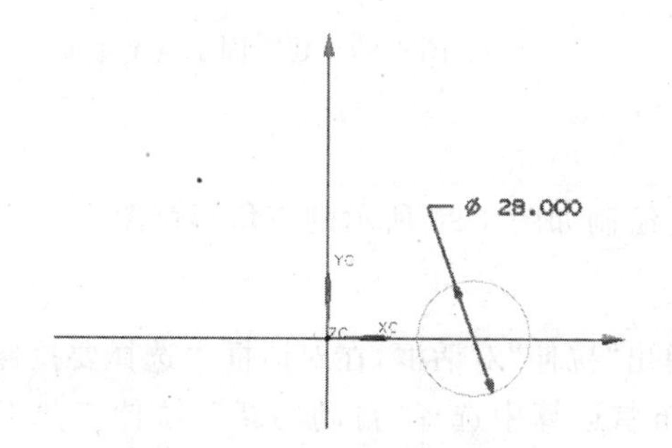

图 4-83 绘制 ϕ28.000 圆草图

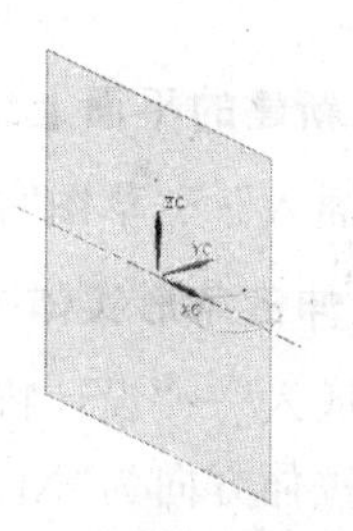

图 4-84 建立固定基准平面 1

6. 选择基准轴

选择“插入”→“基准/点”→“基准轴”命令，弹出“基准轴”对话框，在对话框中选择“ZC轴”，如图 4-85 所示。

7. 绘制草图

选择“插入”→“草图”命令，在新建的平面上绘制如图 4-86 所示的草图。

8. 拉伸实体

选择“插入”→“设计特征”→“拉伸”命令，弹出“拉伸”对话框，在对话框中选择要拉伸的曲线，再选择拉伸方向为“－YC”，拉伸距离为 36，在布尔运算中选择“求差”，在“选择体”中选择“两边带圆弧的矩形”，布尔运算后的效果如图 4-87 所示。

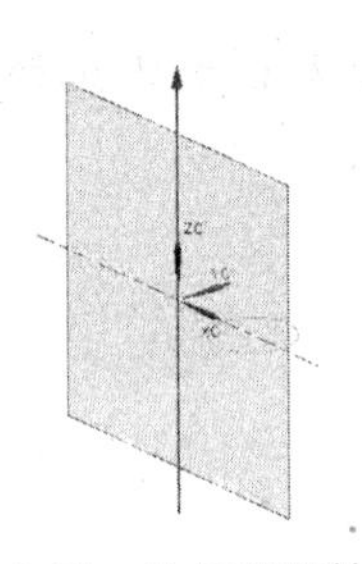
图 4-85 选择基准轴 3

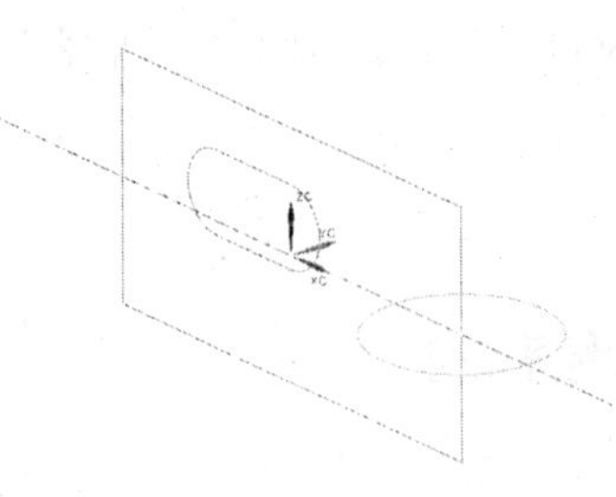
图 4-86 绘制草图

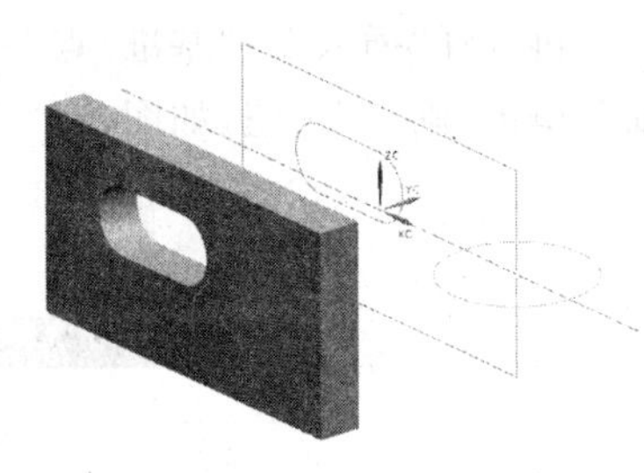
图 4-87 拉伸实体

9. 绘制三角形草图

在 XY 平面内绘制三角形草图，选择“插入”→“草图”命令，在 XY 平面上绘制如图 4-88 所示的三角形草图。

10. 建立固定基准平面

选择“插入”→“基准/点”→“基准平面”命令，弹出“基准平面”对话框，在对话框中选择平面的位置，建立固定基准平面如图 4-89 所示。

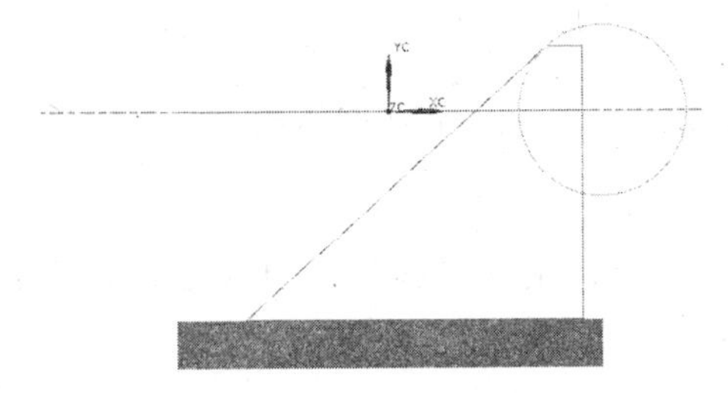
图 4-88 绘制三角形草图 1

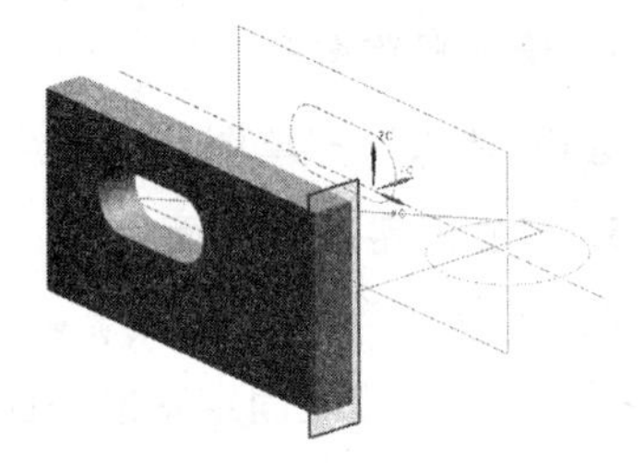
图 4-89 建立固定基准平面 2

11. 在新建的平面上绘制三角形草图

选择“插入”→“草图”命令，在新建的平面上绘制如图 4-90 所示的三角形草图。

12. 拉伸三角形实体

选择“插入”→“设计特征”→“拉伸”命令，弹出“拉伸”对话框，在对话框中选择要拉伸的曲线，再选择拉伸方向为“XC”，拉伸距离为 8，在布尔运算中选择“自动判断”，拉伸三角形实体如图 4-91 所示。

再选择“插入”→“设计特征”→“拉伸”命令，弹出“拉伸”对话框，在对话框中选择要拉伸的曲线，再选择拉伸方向和拉伸距离，在布尔运算中选择“自动判断”，拉伸另一侧三角形实体如图 4-92 所示。

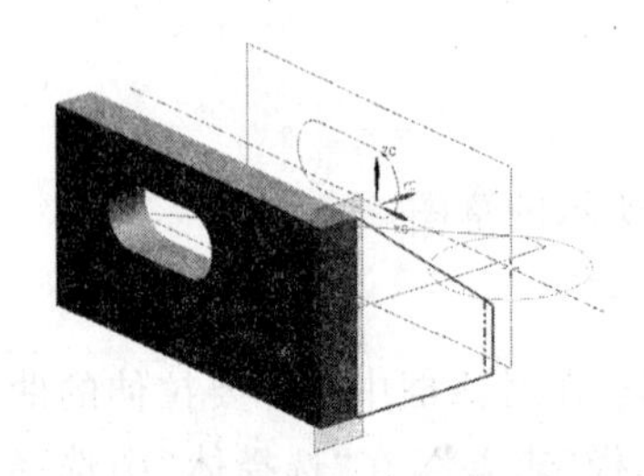
图 4-90 绘制三角形草图 2

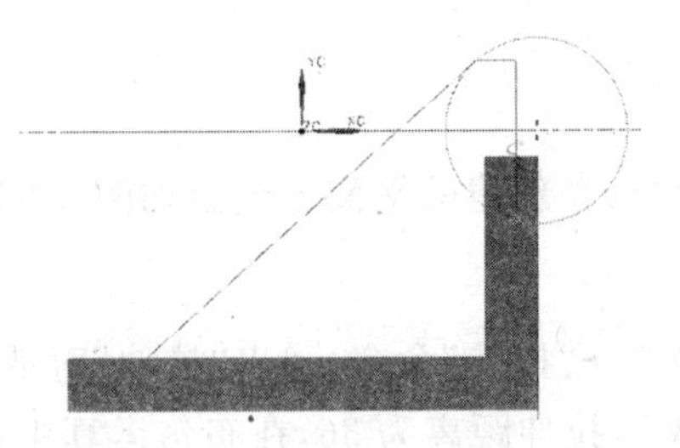
图 4-91 拉伸三角形实体 1

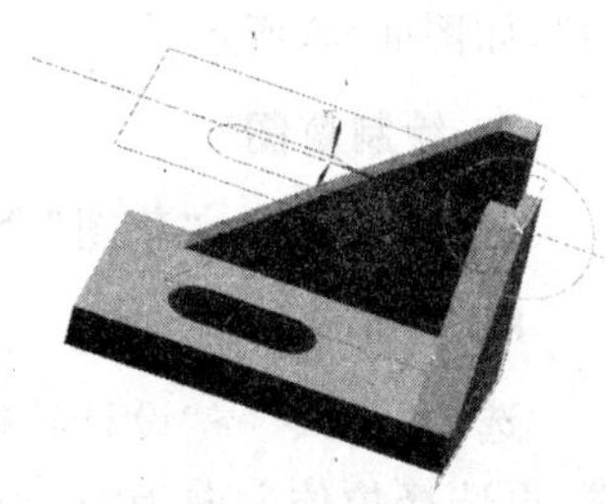
图 4-92 拉伸三角形实体 2

13. 拉伸圆柱实体

选择“插入”→“设计特征”→“拉伸”命令，弹出“拉伸”对话框，在对话框中选择要拉伸的曲线，再选择拉伸方向和拉伸距离，在布尔运算中选择“自动判断”，拉伸圆柱实体如图 4-93 所示。

14. 求差运算

选择“插入”→“设计特征”→“孔”命令，弹出“孔”对话框，在对话框中指定孔位置和方向、输入孔大小，在布尔运算中选择“求差”，简单孔如图 4-94 所示。

15. 隐藏特征线

隐藏特征线，设计支座 2 如图 4-95 所示。

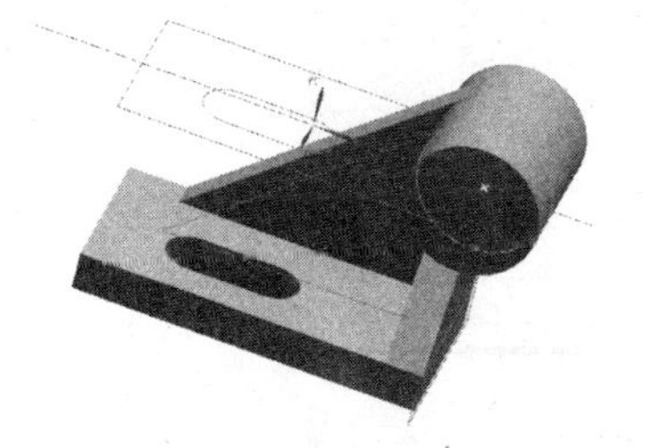

图 4-93　拉伸圆柱实体

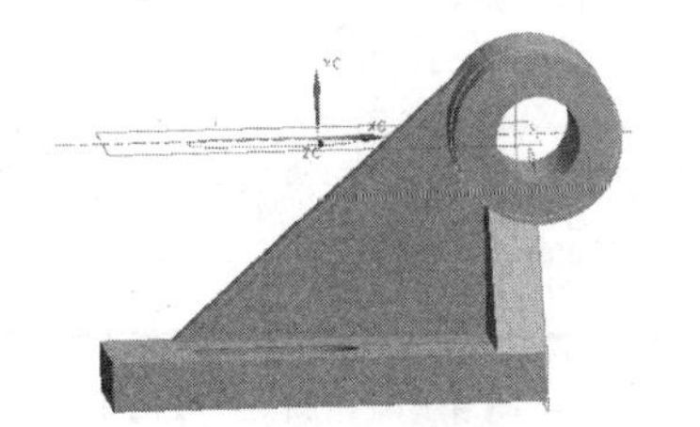

图 4-94　简单孔

图 4-95　支座 2 实体

4.3.5　实例 5——发动机曲轴建模

通过曲轴的构建，熟练掌握草图、圆柱、圆台、孔、裁剪体、键槽、螺纹及引用特征等基础特征的创建方法。建模后发动机曲轴如图 4-96 所示。

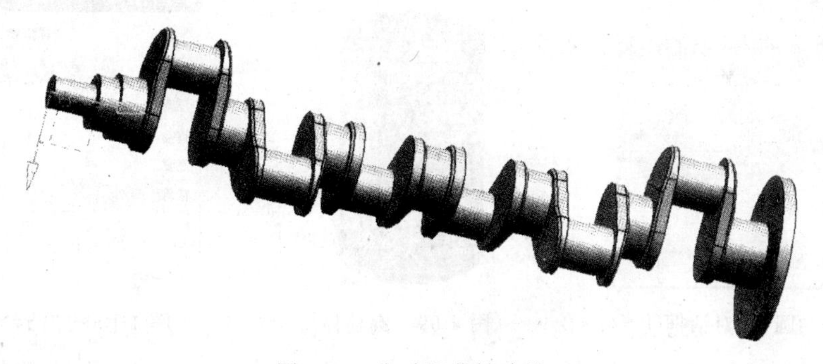

图 4-96　发动机曲轴建模

1. 新建文件

选择“建立新文件”按钮，出现“新建”对话框如图 4-97 所示，在文件“名称”栏中输入“quzhou. prt”，选择“单位”栏中的“毫米”为单位，单击“确定”按钮完成新建任务。

2. 建立前端轴主体

(1) 创建圆柱特征。在工具栏中单击“圆柱”图标按钮，出现“圆柱”对话框，在“直径”、“高度”栏内分别输入 60、80，如图 4-98 所示，单击“确定”按钮，生成以 ZC 轴为中心轴的圆柱体，如图 4-99 所示。

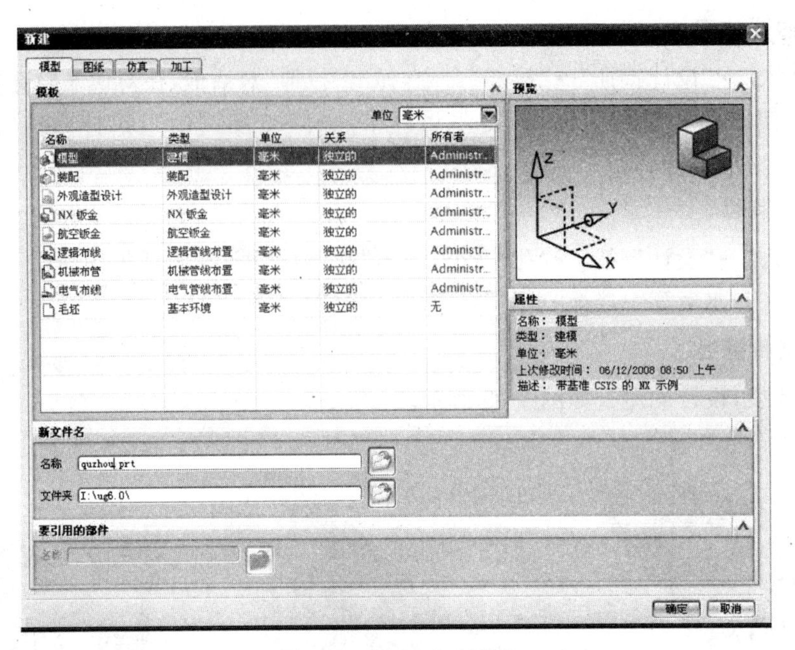

图 4-97 “新建”对话框

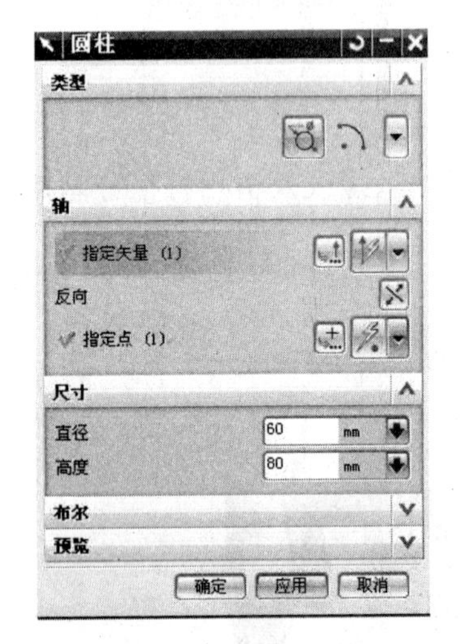

图 4-98 “圆柱”对话框 1

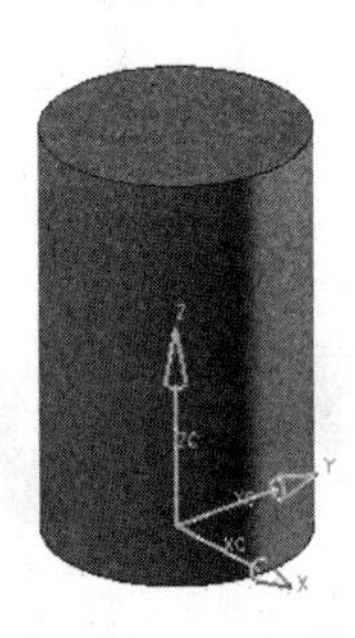

图 4-99 圆柱体

图 4-100 “凸台”对话框 1

(2) 创建第一个圆柱形凸台。单击工具栏中的“凸台”图标按钮，弹出“凸台”对话框，在“直径”和“高度”文本框中分别输入“100”和“40”，如图 4-100 所示。选择圆柱的上表面，作为凸台的放置面，再单击“应用”按钮，弹出“定位”对话框，如图 4-101 所示，单击对话框中的“点到点”图标按钮，弹出如图 4-102 所示的“点到点”对话框。选择圆柱上表面的曲线，如图 4-103 所示。弹出“设置圆弧的位置”对话框，如图 4-104 所示，单击对话框中的“圆弧中心”按钮，生成凸台实体，如图 4-105 所示，并弹出“凸台”对话框，如图 4-106 所示，在对话框中单击“确定”按钮，结束第一个圆柱形凸台实体的绘制。

(3) 创建第二个圆柱形凸台。在已创建的凸台上再创建一个直径为 120mm，高度为 50mm 的凸台，单击“特征”工具栏中的“凸台”图标按钮，弹出“凸台”对话框，在“直径”和“高

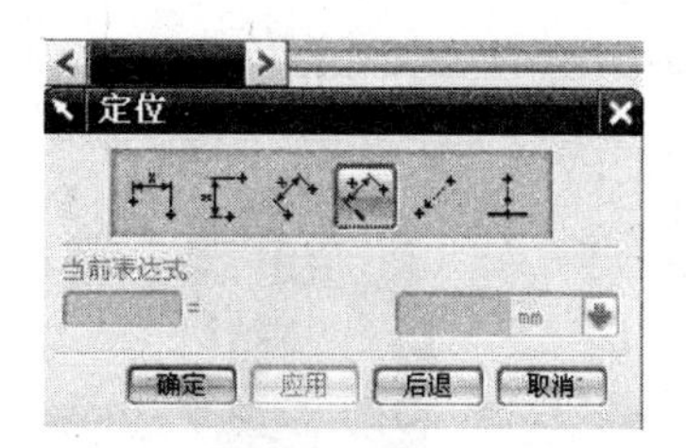

图 4-101 “定位”对话框

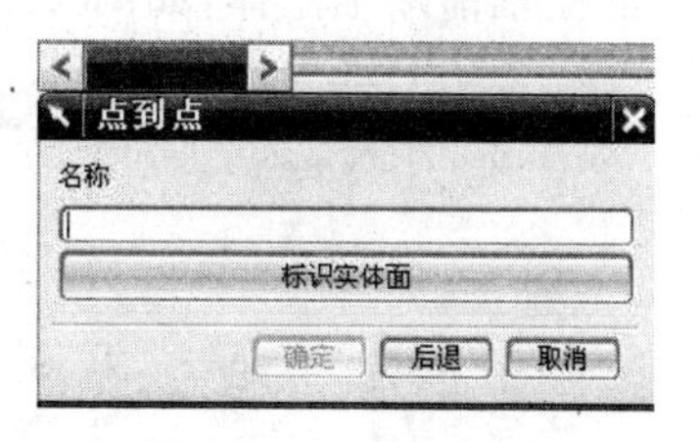

图 4-102 “点到点”对话框

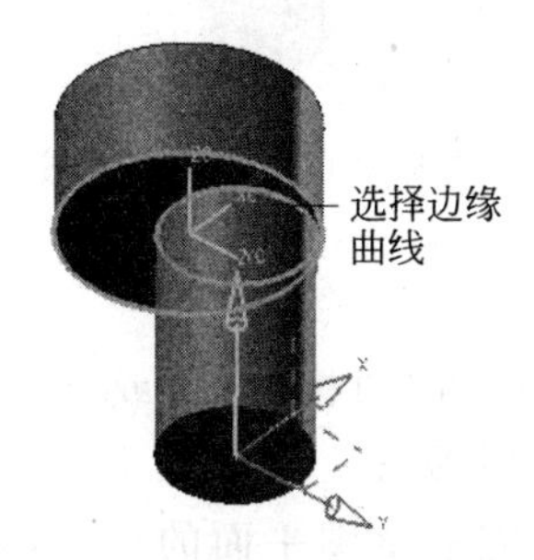

图 4-103 选择圆柱上表面的曲线 1

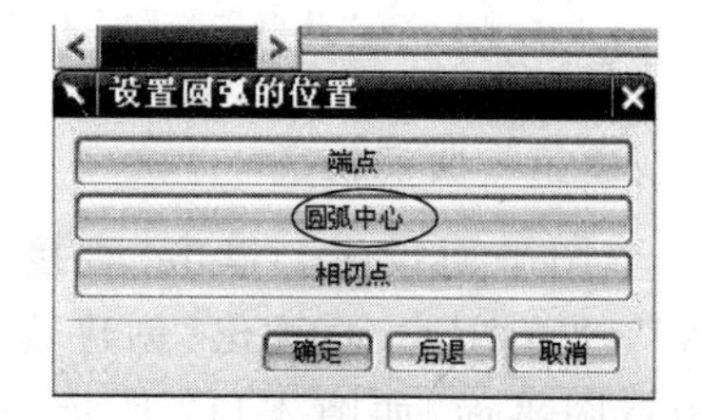

图 4-104 “设置圆弧的位置”对话框

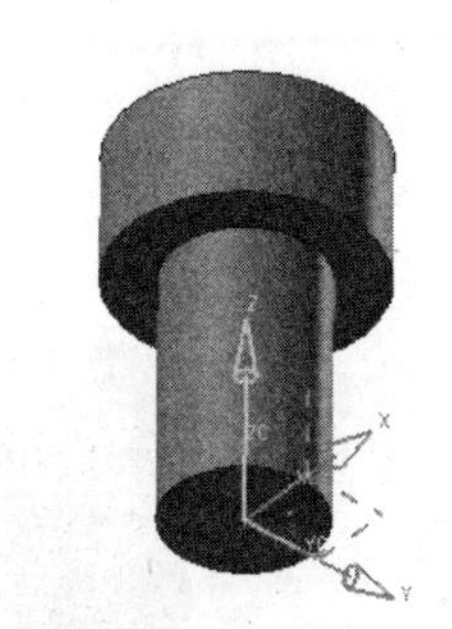

图 4-105 第一个凸台实体

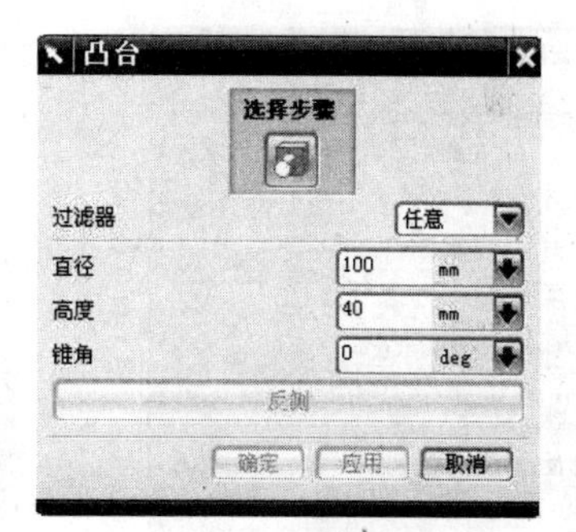

图 4-106 “凸台”对话框 2

图 4-107 选择圆柱上表面的曲线 2

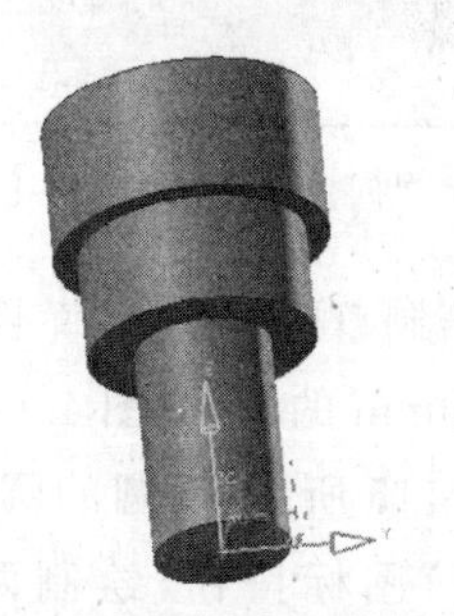

图 4-108 凸台实体

度”文本框中分别输入“120”和“50”。选择圆柱的上表面，作为凸台的放置面，再单击“应用”按钮，弹出“定位”对话框，单击对话框中的“点到点”图标按钮，弹出“点到点”对话框。选择圆柱上表面的曲线，如图 4-107 所示，弹出“设置圆弧的位置”对话框，单击对话框中的“圆弧中心”按钮，生成凸台实体，如图 4-108 所示，并弹出“凸台”对话框，如图 4-109 所示，在“凸台”对话框中单击“确定”按钮，结束第二个圆柱形凸台实体的绘制。

生成的曲轴前端轴主体，如图 4-110 所示。

图 4-109 “凸台”对话框 3

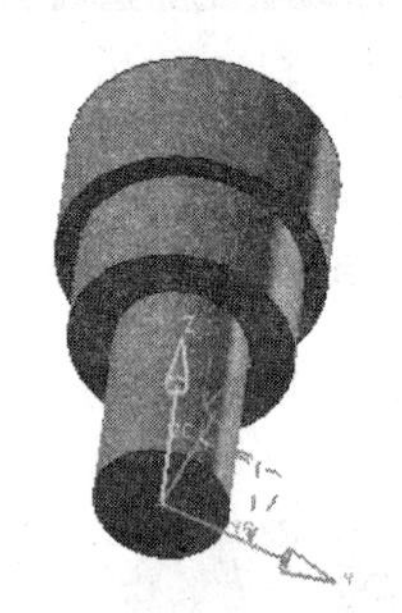

图 4-110 曲轴前端轴主体

3. 创建第一曲柄特征

(1) 草图平面设定。单击“直接草图”工具栏中的“草图”图标按钮，或选择菜单栏中的“插入”→“草图”命令，弹出“创建草图”对话框，如图 4-111 所示。选择第 3 段圆柱的上表面，作为草图平面，如图 4-112 所示，再单击“确定”按钮，完成草图平面的设定，如图 4-113 所示。

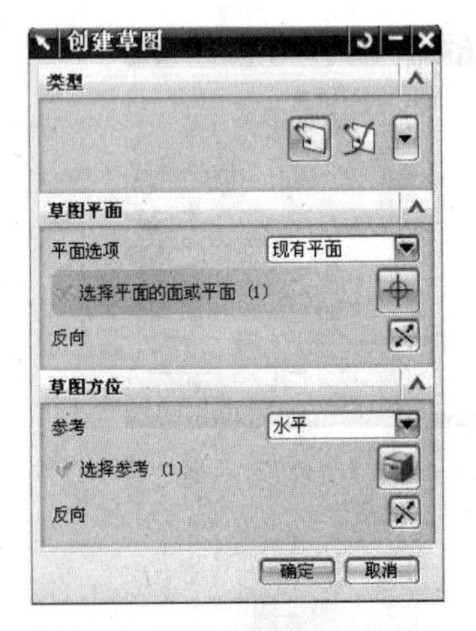

图 4-111 “创建草图”对话框 1

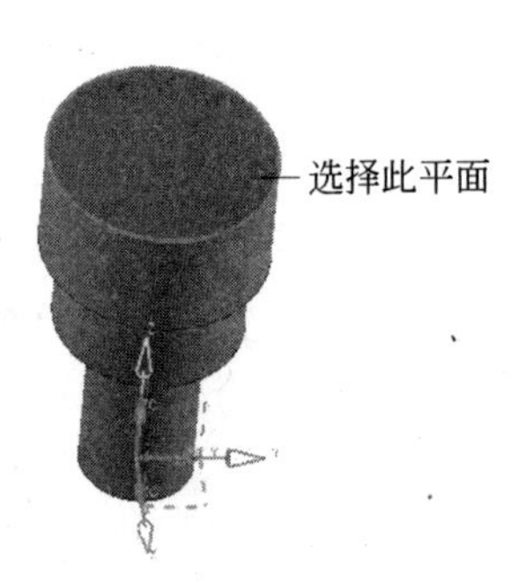

图 4-112 选择平面

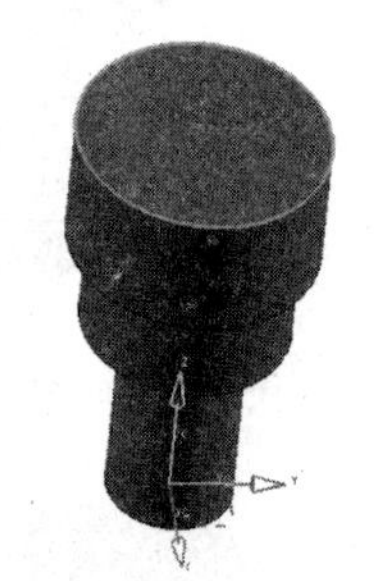

图 4-113 完成草图平面设定

(2) 绘制草图。单击“草图曲线”工具栏中的“圆”图标按钮，绘制一个以坐标原点为圆心，直径为 140mm 的圆，如图 4-114 所示，然后再绘制一个直径为 120mm 的圆，如图 4-115 所示，两圆的圆心距为 100mm。单击“草图曲线”工具栏中的“直线”图标按钮，绘制两圆的外公切线，绘制的草图截面线，如图 4-116 所示。单击工具栏中的“完成草图”图标按钮，结束草图绘制。

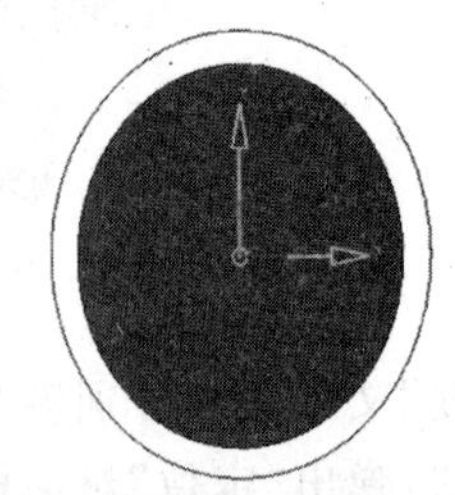

图 4-114 绘制圆 1

(3) 单击“特征”工具栏中的“拉伸”图标按钮，弹出“拉伸”对话框，选择上一步所作的曲线，选择拉伸方向，再在“开始”距离和“结束”距离文本框中分别输入“0”和“25”，如图 4-117 所示。模型图中的拉伸曲线和拉伸方向如图 4-118 所示，单击“确定”按钮，完成曲柄的创建。

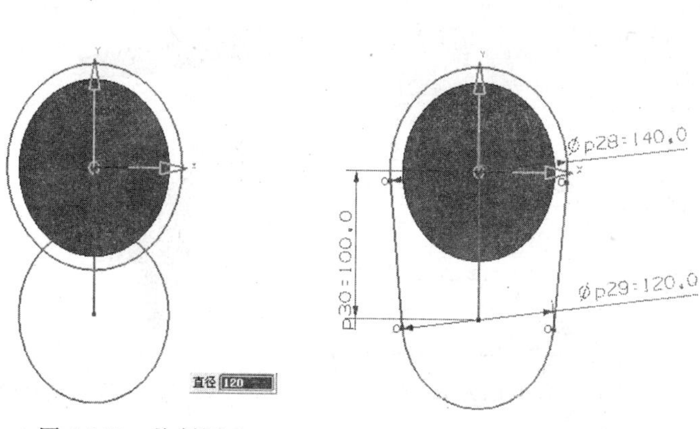

图 4-115 绘制圆 2 图 4-116 绘制草图截面线 1 图 4-117 "拉伸"对话框 1

4. 创建第二曲柄复制特征

(1) 图 4-119 为第一曲柄特征。单击"选择条"工具栏中的"类选择"图标按钮，系统弹出"类选择"对话框，如图 4-120 所示。选择刚才创建的曲柄特征，然后在"类选择"对话框中单击"确定"按钮。

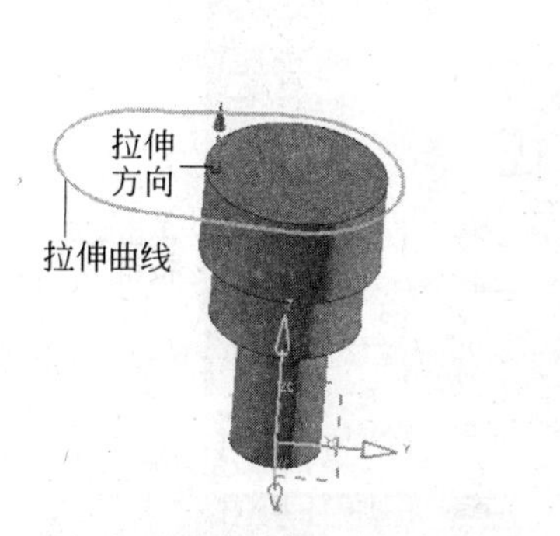

图 4-118 拉伸曲线和拉伸方向

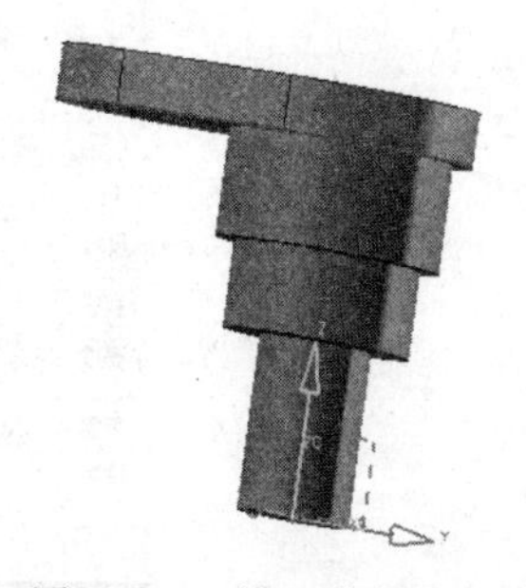

图 4-119 第一曲柄特征

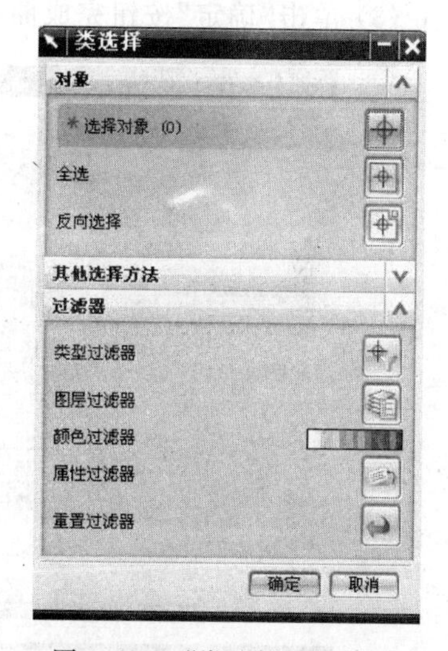

图 4-120 "类选择"对话框 1

(2) 选择菜单栏中的"编辑"→"移动对象"命令，系统弹出"移动对象"对话框，如图 4-121 所示。

(3) 单击"变换"栏"运动"中的"距离"按钮，在指定矢量中选择"+Z"方向为复制方向。

(4) 在"移动对象"对话框的"距离"文本框中输入"120"，按 Enter 键。

(5) 在如图 4-122 所示的"移动对象"对话框的"结果"栏中，选中"复制原先的"选项，最后单击"应用"按钮完成曲柄的复制特征，如图 4-123 所示。

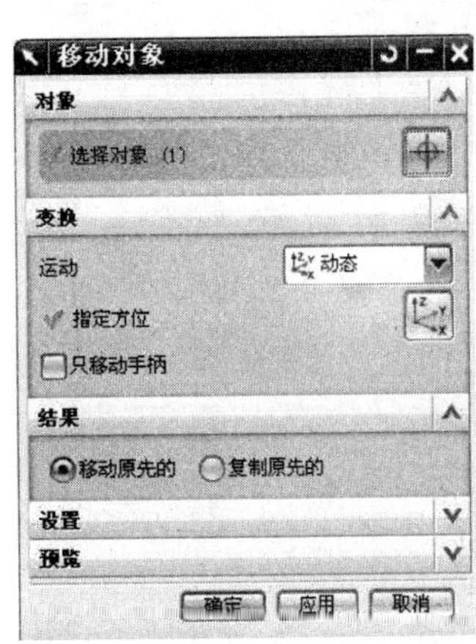

图 4-121 “移动对象”对话框 1

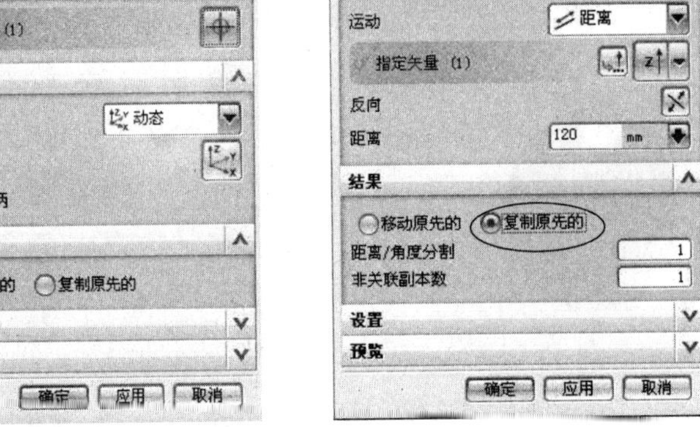

图 4-122 选中“复制原先的”选项 1

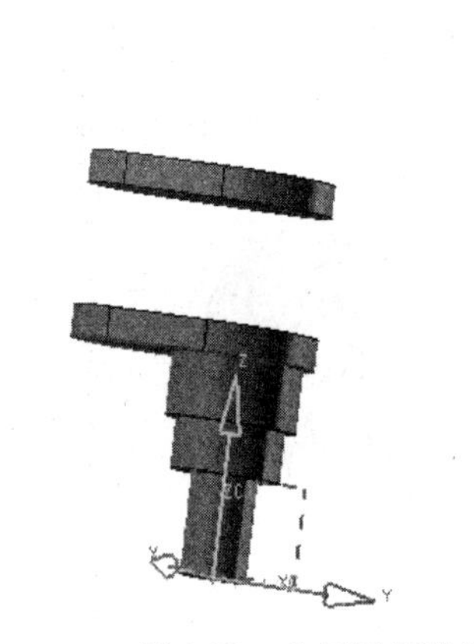

图 4-123 创建第二曲柄复制特征

5. 创建第一曲柄销特征

(1) 单击“草图曲线”工具栏中的“圆柱”图标按钮，弹出“圆柱”对话框，在“直径”和“高度”文本框中分别输入“90”和“95”，如图 4-124 所示。

(2) 单击“圆柱”对话框中的“指定点”按钮，如图 4-125 所示，然后选取第一曲柄前端面上小端边缘曲线的圆心，作为圆柱的底面中心点，如图 4-126 所示。

(3) 单击“确定”按钮完成曲柄销的创建，如图 4-127 所示。

图 4-124 “圆柱”对话框 2

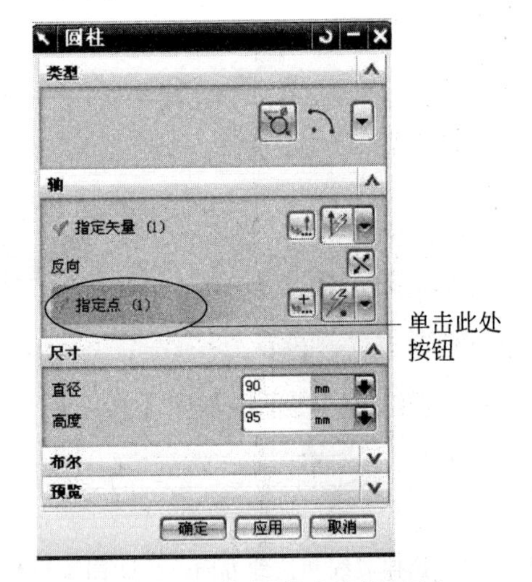

图 4-125 单击“指定点”按钮 1

6. 创建第一主轴颈特征

(1) 单击“草图曲线”工具栏中的“圆柱”图标按钮，弹出“圆柱”对话框，在“直径”和“高度”文本框中分别输入“120”和“50”，如图 4-128 所示。

(2) 单击“圆柱”对话框中的“指定点”按钮，然后选取第二曲柄前端面上大端边缘曲线的圆心，作为圆柱的底面中心点，如图 4-129 所示。

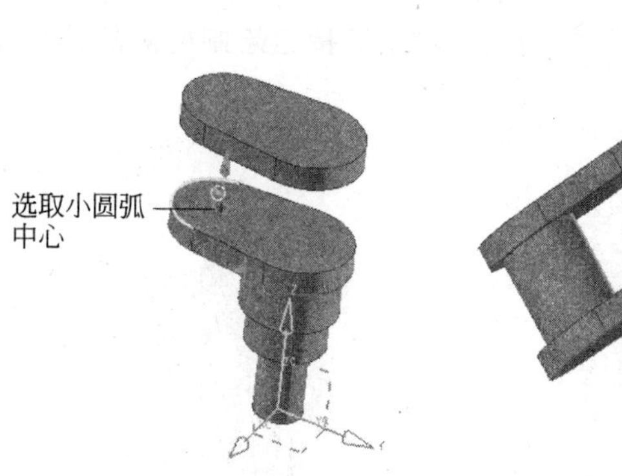

图 4-126　选取圆心 1

图 4-127　第一曲柄销实体特征

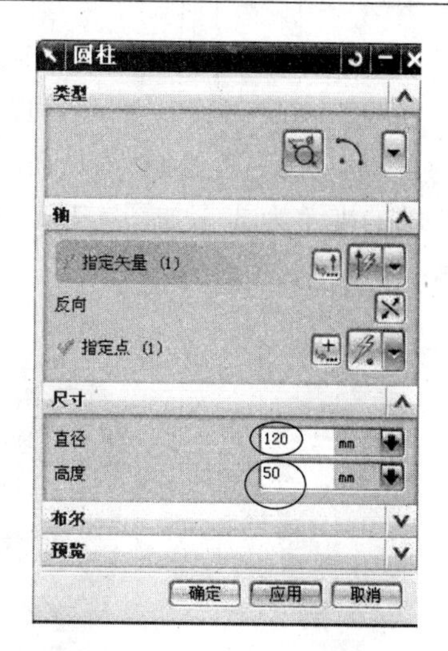

图 4-128　"圆柱"对话框 3

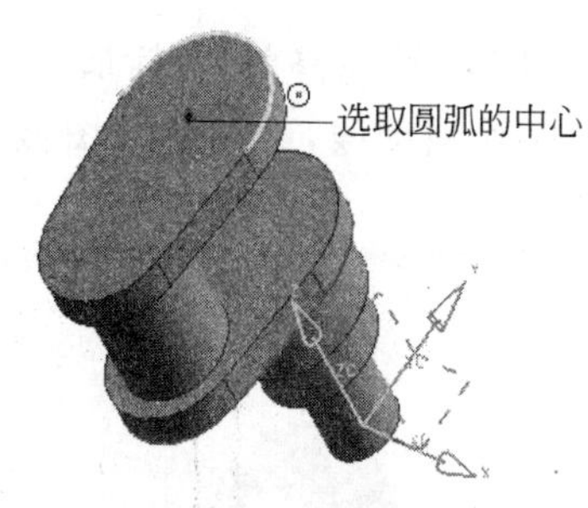

图 4-129　选取圆心 2

图 4-130　第一主轴颈实体特征

(3) 单击"确定"按钮完成第一主轴颈特征的创建，如图 4-130 所示。

7. 创建第三曲柄特征

(1) 草图平面设定。单击"直接草图"工具栏中的"草图"图标按钮，或选择菜单栏中的"插入"→"草图"命令，弹出"创建草图"对话框，如图 4-131 所示，单击该对话框中的"类型"选项中的"在平面上"图标按钮，再到实体模型上选择上面创建的第一主轴颈的前端面，如图 4-132 所示，作为草图平面。单击"确定"按钮，完成草图平面的设定。

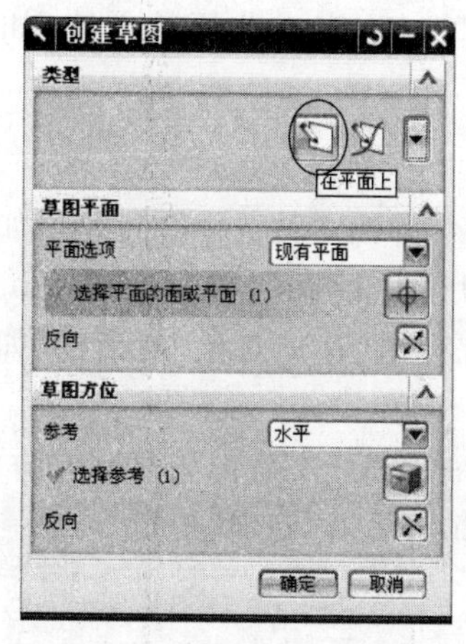

图 4-131　"创建草图"对话框 2

图 4-132　选择"草图平面"1

（2）绘制草图。单击“草图曲线”工具栏中的“圆”图标按钮，以坐标原点为圆心绘制一个直径为140mm的圆，如图4-133所示，先绘一条与X轴倾斜30°，长为100的辅助直线，如图4-134所示，再绘制一个直径为120mm的圆，两圆的圆心距为100mm，且两圆的圆心线与X轴的夹角为30°，如图4-135所示。然后利用工具栏中的“直线”图标按钮绘制两圆的外公切线，如图4-136所示。

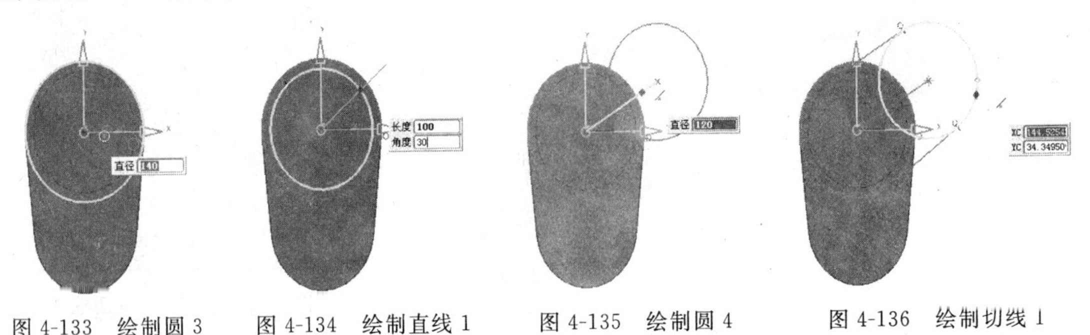

图4-133　绘制圆3　　图4-134　绘制直线1　　图4-135　绘制圆4　　图4-136　绘制切线1

（3）在“编辑曲线”工具栏中单击“快速修剪”图标按钮，弹出“快速修剪”对话框，在对话框中单击“选择曲线”按钮，如图4-137所示，再修剪曲线和删除辅助线，绘制的草图截面线如图4-138所示。

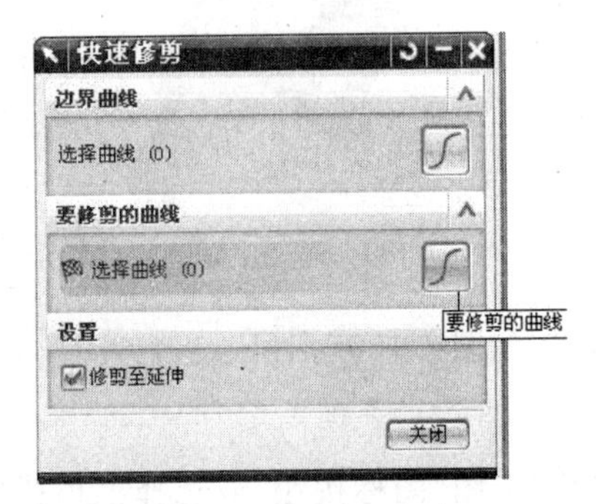

图4-137　“快速修剪”对话框1

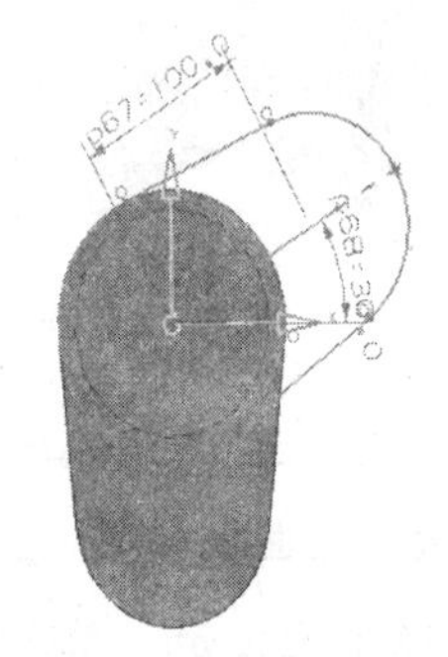

图4-138　绘制草图截面线2

（4）单击“特征”工具栏中的“拉伸”图标按钮，弹出“拉伸”对话框，在“开始”距离和“结束”距离文本框中分别输入“0”和“25”，如图4-139所示，选择上一步所作的曲线，分别单击“选择曲线”和“选择矢量”按钮，如图4-140所示，单击“确定”按钮，完成曲柄的创建，如图4-141所示。

8. 创建第四曲柄复制特征

（1）单击“选择条”工具栏中的“类选择”图标按钮，系统弹出“类选择”对话框，如图4-142所示。单击刚才创建的第三曲柄特征，然后在“类选择”对话框中单击“确定”按钮。

（2）选择菜单栏中的“编辑”→“移动对象”命令，系统弹出“移动对象”对话框，如图4-143所示。

（3）选择“变换”栏“运动”中的“距离”，在指定矢量中选择“+Z”方向为复制方向。

（4）在“移动对象”对话框的“距离”文本框中输入“120”，单击“确定”按钮。

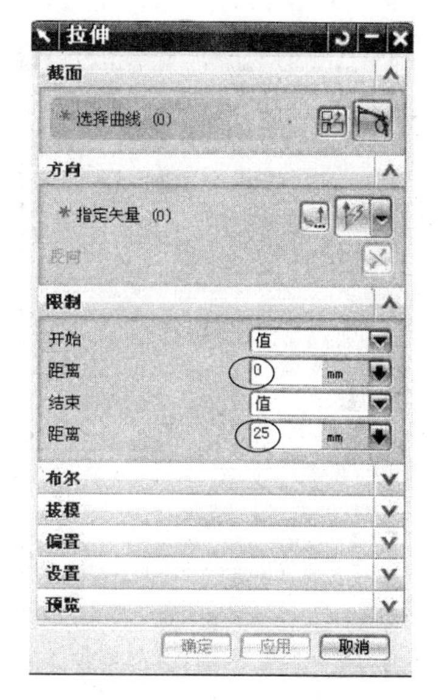

图 4-139 “拉伸”对话框 2

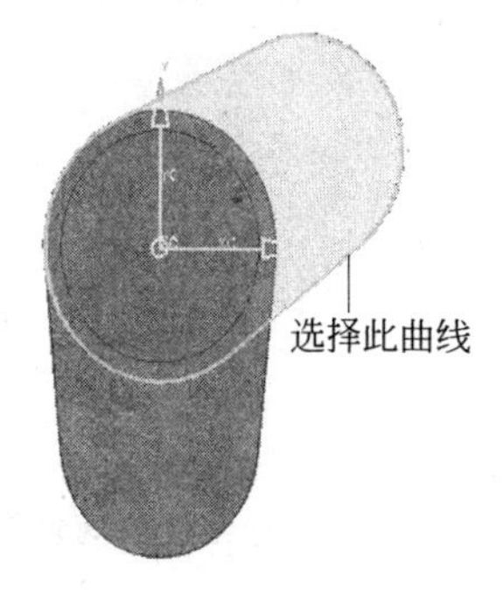

图 4-140 选择曲线 1

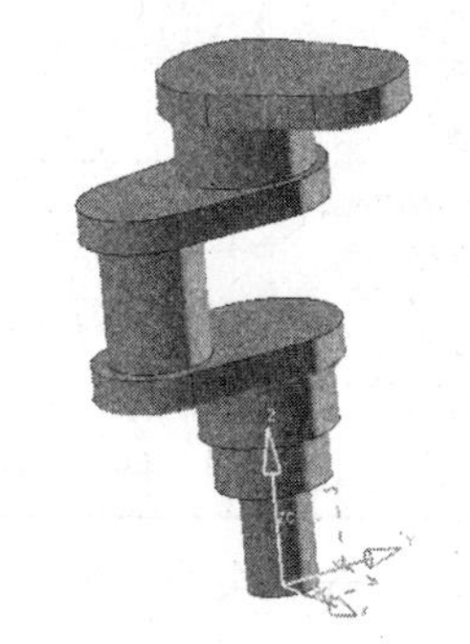

图 4-141 第三曲柄实体特征

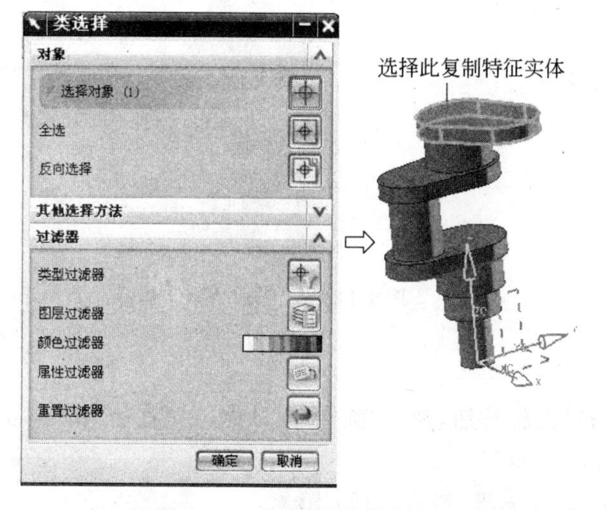

图 4-142 “类选择”对话框 2

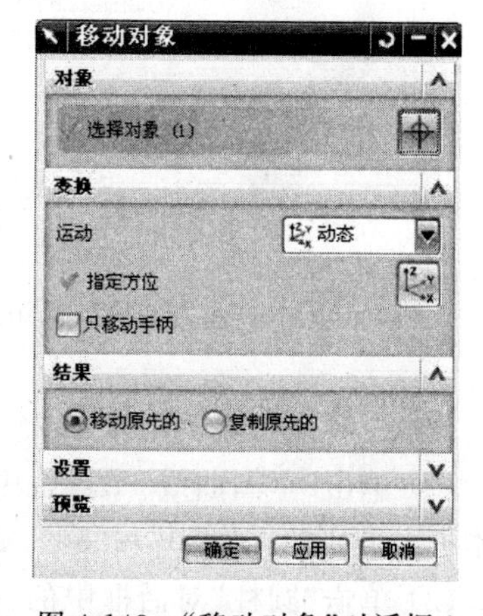

图 4-143 “移动对象”对话框 2

(5) 在如图 4-144 所示的“移动对象”对话框的“结果”栏中，选中“复制原先的”选项，最后单击“应用”按钮完成曲柄的复制特征，如图 4-145 所示。

9. 创建第二曲柄销特征

(1) 单击“草图曲线”工具栏中的 “圆柱”图标按钮(如果没有“圆柱”图标按钮，则在工具栏中选择“添加”→“特征”→“ 圆柱”命令，就可以找到“圆柱”图标按钮了)，弹出“圆柱”对话框，在“直径”和“高度”文本框中分别输入“90”和“95”，如图 4-146 所示。

(2) 单击“圆柱”对话框中的“指定点”图标按钮，然后选取第三曲柄前端面上小端边缘曲线的圆心，作为圆柱的底面中心点，如图 4-147 所示。

(3) 单击“确定”按钮，完成第二曲柄销的创建，如图 4-148 所示。

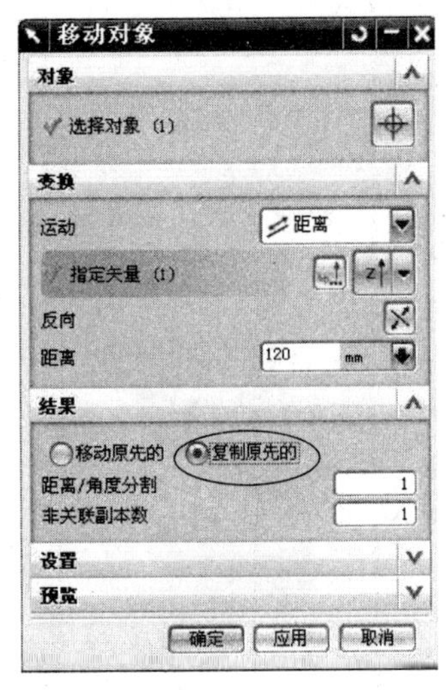

图 4-144 选中“复制原先的”选项 2

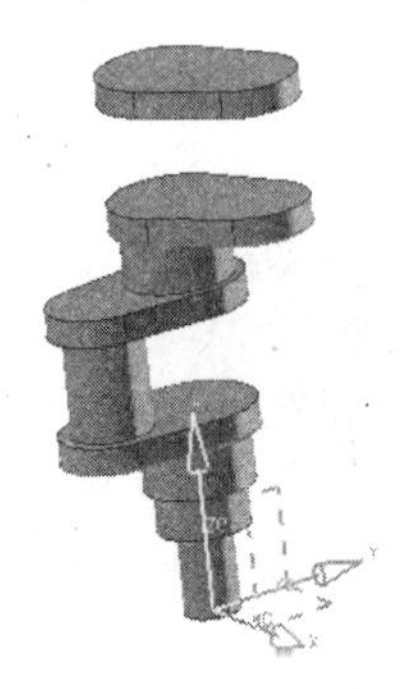

图 4-145 创建第四曲柄复制特征

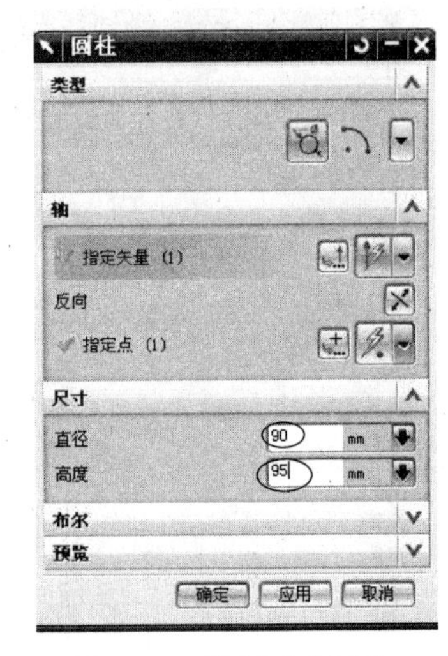

图 4-146 “圆柱”对话框 4

图 4-147 选取构建圆柱的中心 1

图 4-148 第二曲柄销实体特征

10. 创建第二主轴颈特征

(1) 单击“草图曲线”工具栏中的“圆柱”图标按钮，弹出“圆柱”对话框，在“直径”和“高度”文本框中分别输入“120”和“50”，如图 4-149 所示。

(2) 单击“圆柱”对话框中的“指定点”图标按钮，然后选择第四曲柄前端面上大端边缘曲线的圆心，作为圆柱的底面中心点，如图 4-150 所示。

(3) 单击“确定”按钮，完成第二主轴颈特征的创建，如图 4-151 所示。

11. 创建第五曲柄特征

(1) 草图平面设定。单击“直接草图”工具栏中的“草图”图标按钮，或选择菜单栏中的“插入”→“草图”命令，弹出“创建草图”对话框，如图 4-152 所示，单击该对话框中的“类型”选项中的“在平面上”按钮，再到实体模型上选择上面创建的第一主轴颈的前端面，如图 4-153 所示，作为草图平面。单击“确定”按钮，完成草图平面的设定。

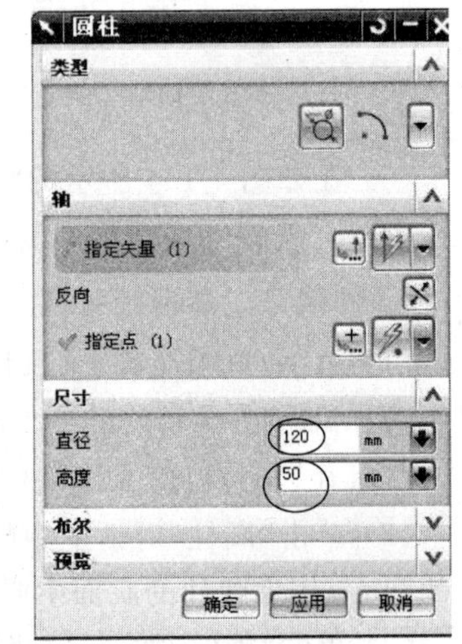

图 4-149 “圆柱”对话框 5

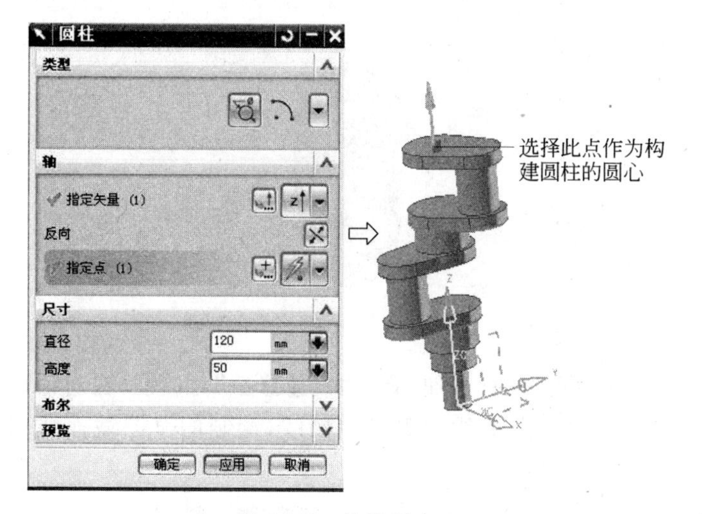

图 4-150　选取圆心 3

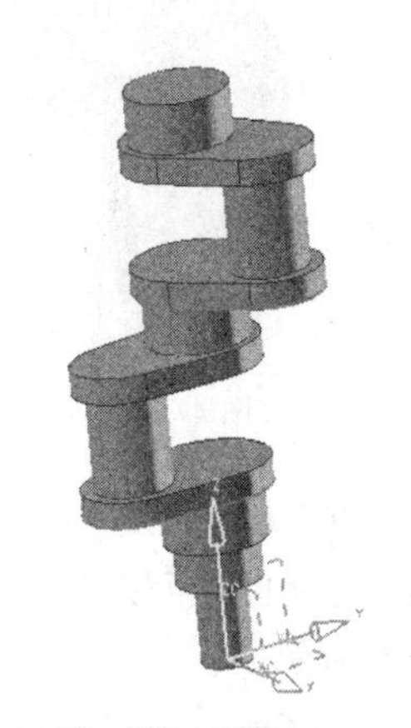

图 4-151　第二主轴颈实体特征

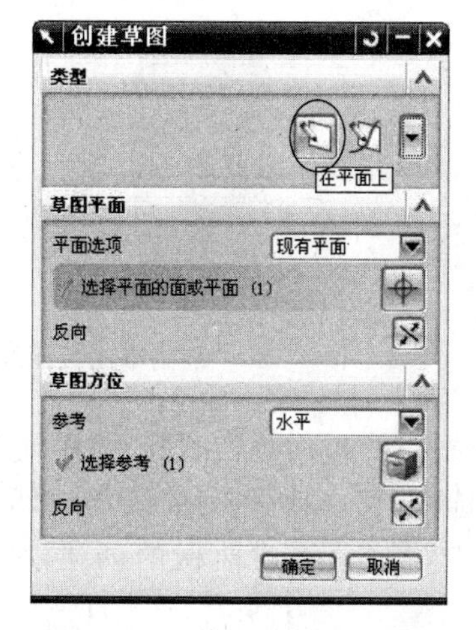

图 4-152　“创建草图”对话框 3

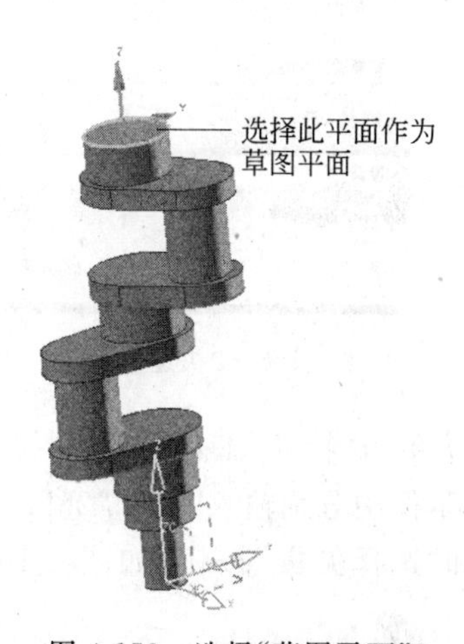

图 4-153　选择“草图平面”2

(2) 绘制草图。单击“草图曲线”工具栏中的“圆”图标按钮，以坐标原点为圆心绘制一个直径为 140mm 的圆，如图 4-154 所示，先绘一条与 X 轴倾斜 30°，长为 100mm 的辅助直线，如图 4-155 所示，再绘制一个直径为 120mm 的圆，两圆的圆心距为 100mm，且两圆的圆心线与 X 轴的夹角为 30°，如图 4-156 所示。然后利用工具栏中的“直线”按钮绘制两圆的外公切线，如图 4-157 所示。

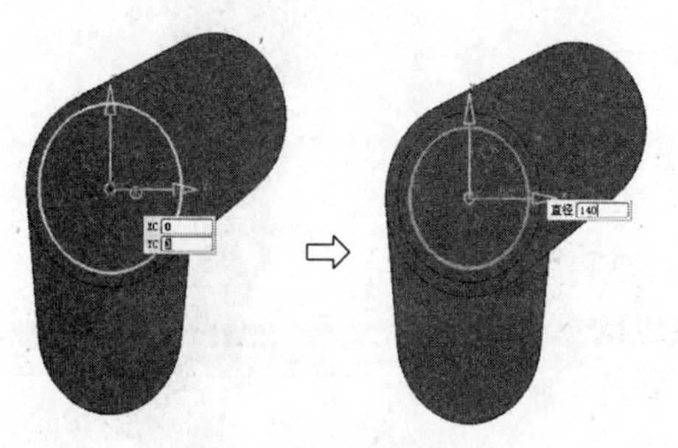

图 4-154　绘制圆 5

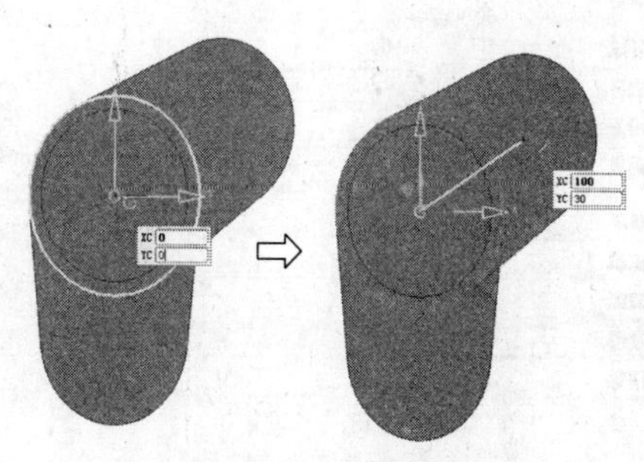

图 4-155　绘制直线 2

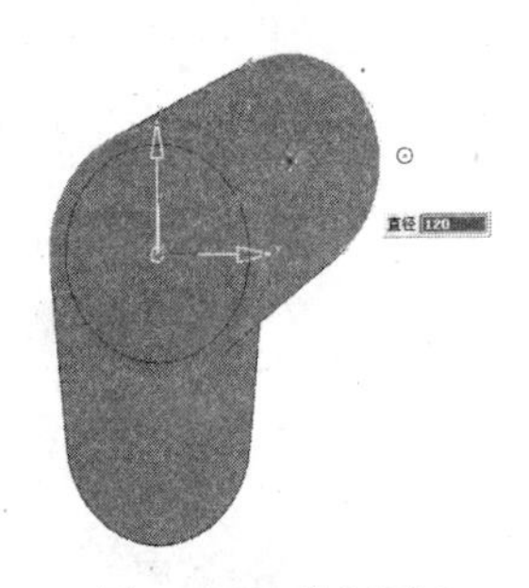

图 4-156 绘制圆 6

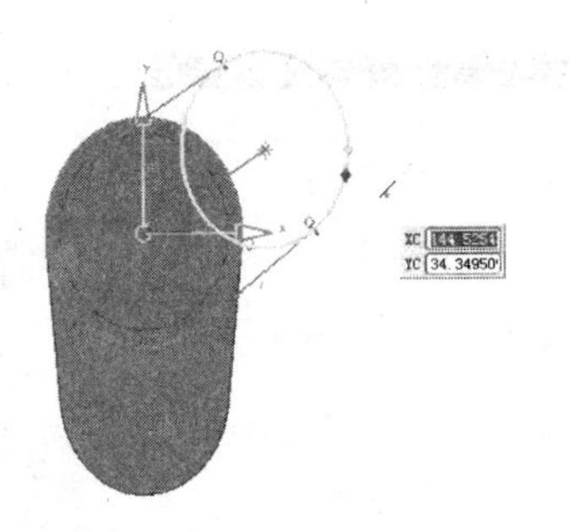

图 4-157 绘制切线 2

（3）在“编辑曲线”工具栏中单击“快速修剪”图标按钮，弹出“快速修剪”对话框，在对话框中单击“选择曲线”按钮，如图 4-158 所示，再修剪曲线和删除辅助线，绘制的草图截面线如图 4-159 所示。

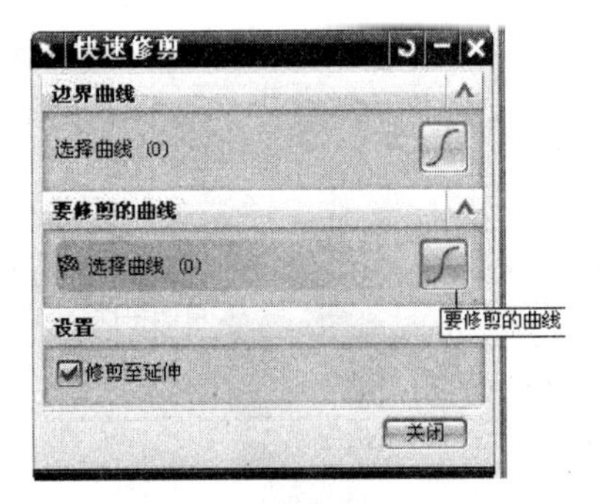

图 4-158 “快速修剪”对话框 2

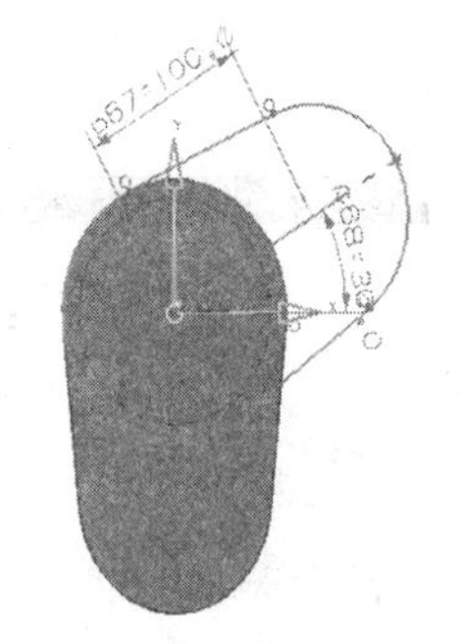

图 4-159 绘制草图截面线 3

（4）单击“特征”工具栏中的“拉伸”图标按钮，弹出“拉伸”对话框，在“开始”距离和“结束”距离文本框中分别输入“0”和“25”。如图 4-160 所示，选择上一步所作的曲线，分别单击“选择曲线”和“选择矢量”按钮，如图 4-161 所示，单击“确定”按钮，完成曲柄的创建，如图 4-162 所示。

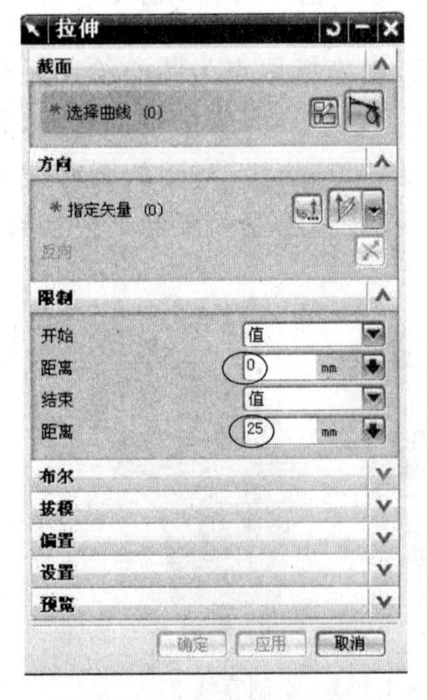

图 4-160 “拉伸”对话框 3

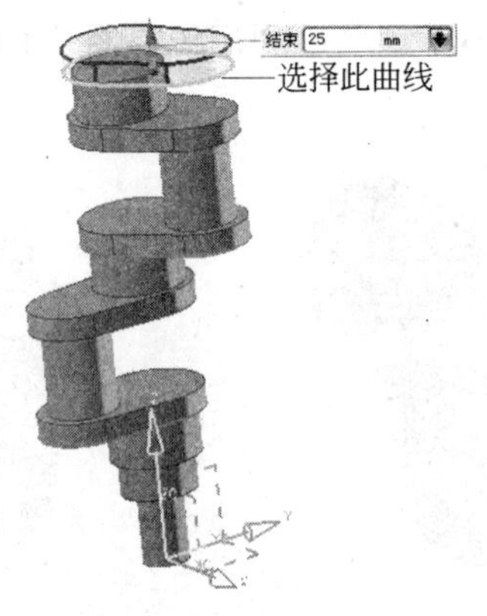

图 4-161 选择曲线 2

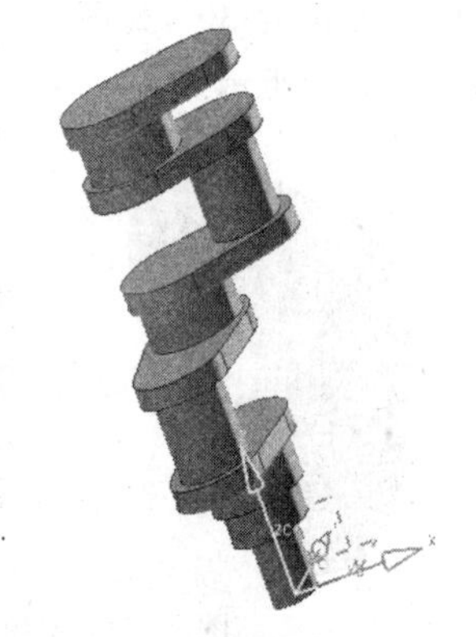

图 4-162 第五曲柄实体特征

12. 创建第六曲柄复制特征

(1) 单击"选择条"工具栏中的"类选择"图标按钮,系统弹出"类选择"对话框,如图 4-163 所示。单击刚才创建的第五曲柄特征,然后在"类选择"对话框中单击"确定"按钮。

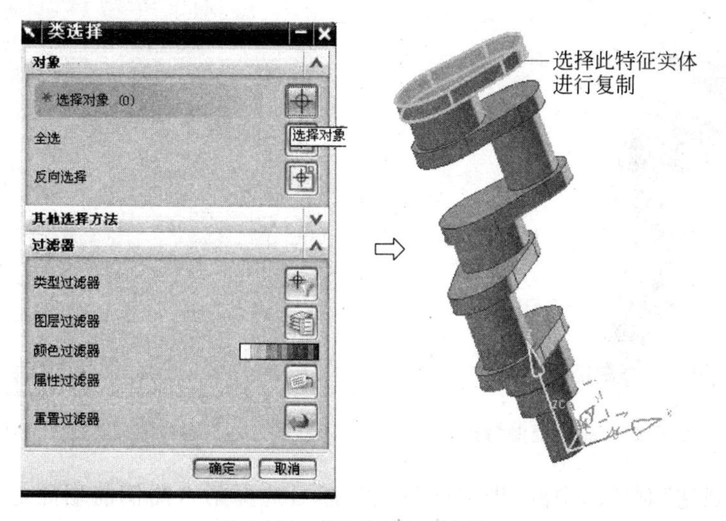

图 4-163 "类选择"对话框 3

(2) 选择菜单栏中的"编辑"→"移动对象"命令,系统弹出"移动对象"对话框,如图 4-164 所示。选择"变换"栏"运动"中的"距离"按钮,在指定矢量中选择"+Z"方向为复制方向。在距离文本框中输入"120",单击"确定"按钮。

(3) 在如图 4-165 所示的"移动对象"对话框中的结果栏中,选中"复制原先的"选项,最后单击"应用"按钮,最终完成的第六曲柄复制特征,如图 4-166 所示。

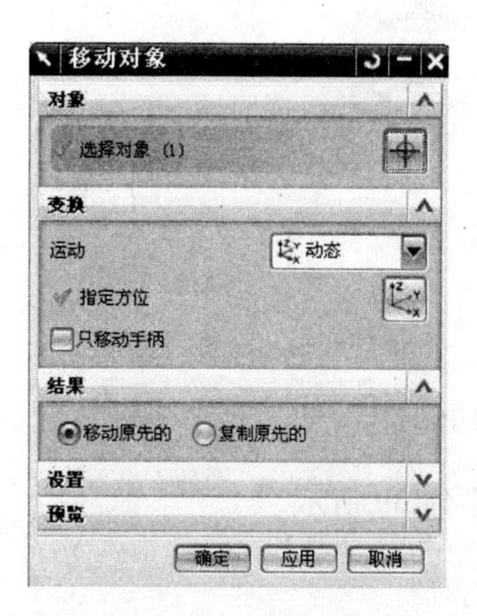

图 4-164 "移动对象"对话框 3

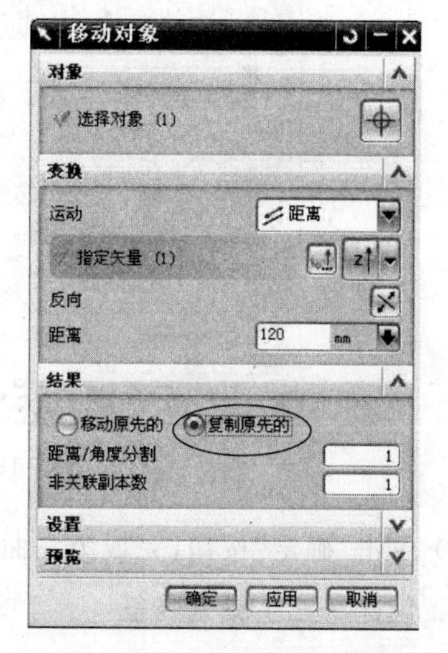

图 4-165 选中"复制原先的"选项 3

13. 创建第三曲柄销特征

(1) 单击"草图曲线"工具栏中的"圆柱"图标按钮(如果没有"圆柱"按钮,则在工具栏中选择"添加"→"特征"→"圆柱",就可以找到"圆柱"按钮了),弹出"圆柱"对话框,在"直径"和

“高度”文本框中分别输入“90”和“95”，如图 4-167 所示。

图 4-166 创建第六曲柄复制特征

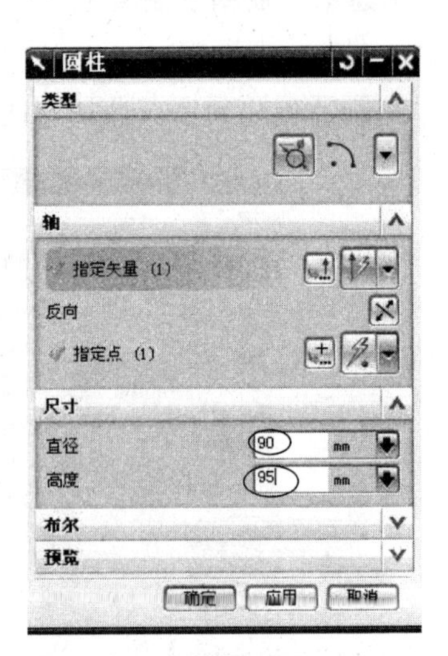

图 4-167 “圆柱”对话框 6

(2) 单击“圆柱”对话框中的“指定点”按钮，然后选择第六曲柄前端面上小端边缘曲线的圆心，作为圆柱的底面中心点，如图 4-168 所示。

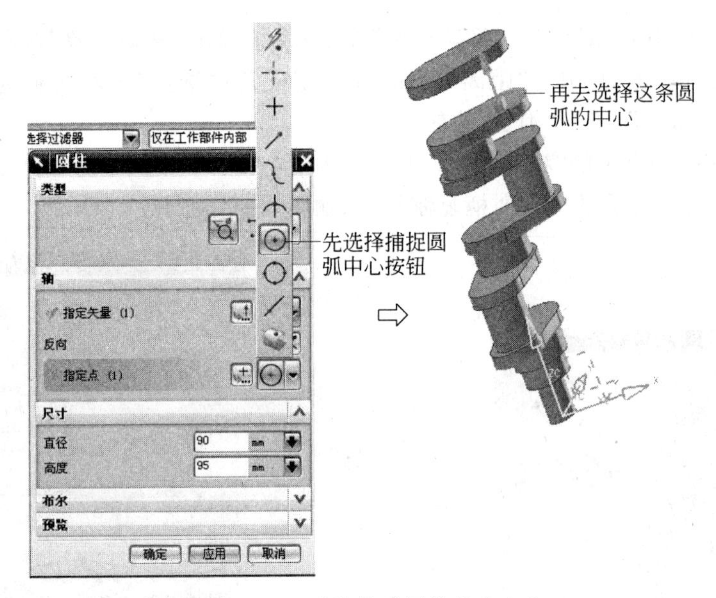

图 4-168 选取构建圆柱的中心 2

(3) 单击“确定”按钮，完成第三曲柄销的创建，如图 4-169 所示。

14. 创建第三主轴颈特征

(1) 单击“草图曲线”工具栏中的“圆柱”图标按钮，弹出“圆柱”对话框，在“直径”和“高度”文本框中分别输入“120”和“50”，如图 4-170 所示。

(2) 单击“圆柱”对话框中的“指定点”图标按钮，然后选择第六曲柄前端面上大端边缘曲线的圆心，作为圆柱的底面中心点，如图 4-171 所示。

(3) 单击“确定”按钮，完成第三主轴颈特征的创建，如图 4-172 所示。

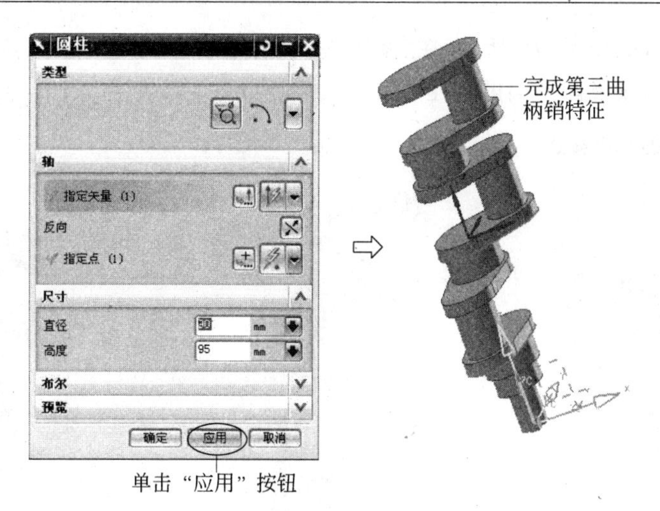

图 4-169　第三曲柄销实体特征

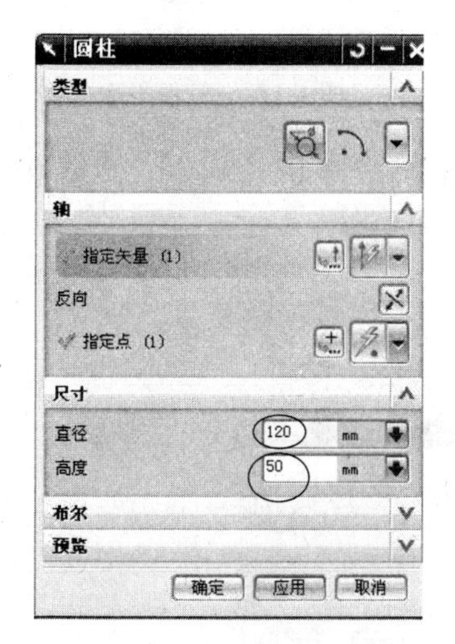

图 4-170　“圆柱”对话框 6

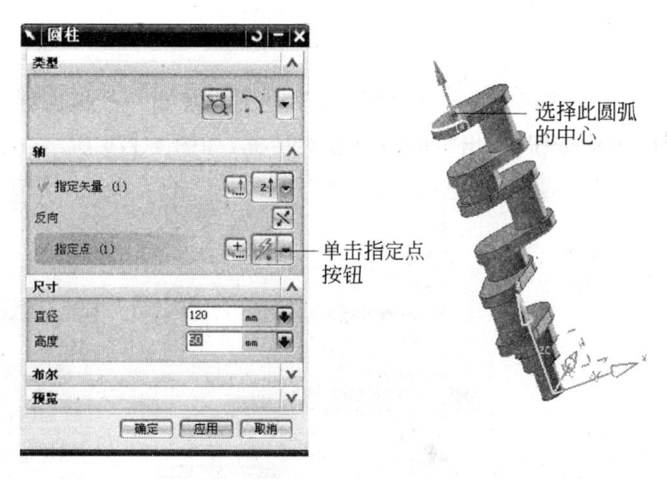

图 4-171　选取圆心 4

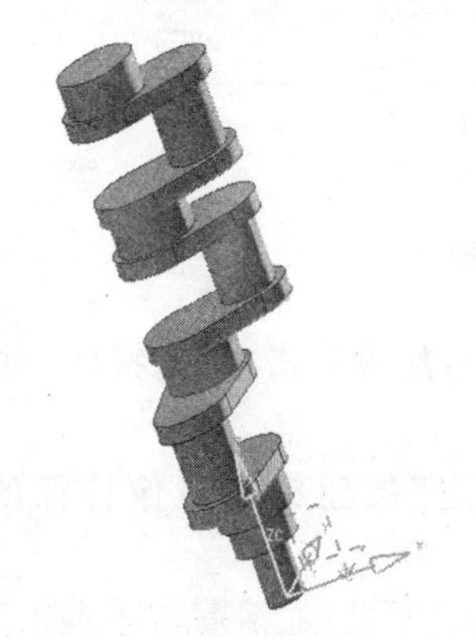

图 4-172　第三主轴颈实体特征

图 4-173　“基准平面”对话框

15. 创建镜像特征

(1) 创建镜像平面。单击“特征”工具栏中的“基准平面”图标按钮，或者选择菜单栏中的“插入”→“基准/点”→“基准平面”命令，弹出“基准平面”对话框，如图 4-173 所示。然后单击第三主轴颈前端面，如图 4-174 所示，在“基准平面”对话框中的“距离”文本框中输入“－25”。单击“确定”按钮，完成镜像平面的创建，如图 4-175 所示。

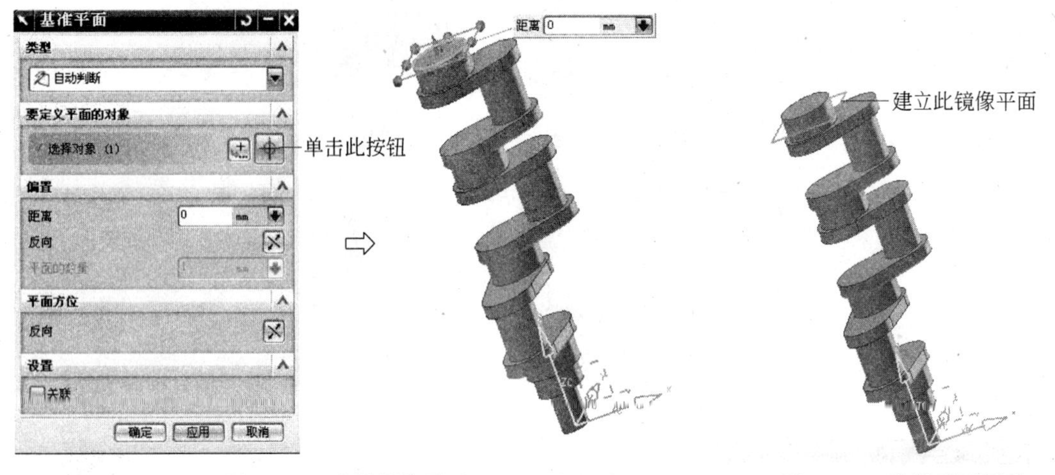

图 4-174 选择基准平面

图 4-175 镜像平面创建

(2) 选择菜单栏中的“插入”→“关联复制”→“镜像特征”命令，或单击工具栏中的“镜像特征”图标按钮，弹出“镜像特征”对话框，如图 4-176 所示。

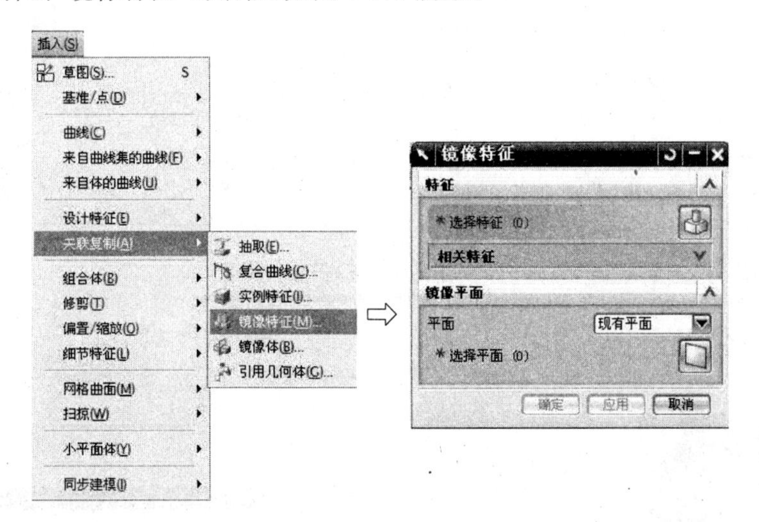

图 4-176 “镜像特征”对话框

(3) 依次单击前面创建的各个特征(除前端轴主体外)，然后单击“镜像特征”对话框中的“选择平面”按钮，如图 4-177 所示。

(4) 选择前面所作的平面作为镜像平面，单击“确定”按钮完成镜像特征的创建，如图 4-178 所示。

16. 创建第六主轴颈特征

以第十二曲柄的前端面为放置平面创建第六主轴颈特征，直径为 20mm，高度为 80mm，创建的第六主轴颈特征的操作步骤如下。

(1) 单击“草图曲线”工具栏中的“圆柱”图标按钮，弹出“圆柱”对话框，在“直径”和“高度文本框中分别输入“120”和“80”，如图 4-179 所示。

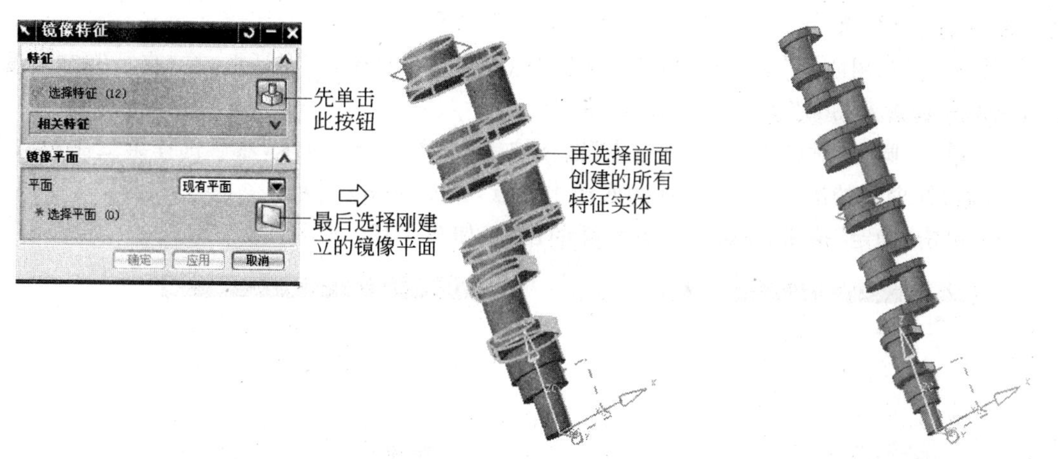

图 4-177 选择“镜像特征”

图 4-178 镜像特征创建

(2) 单击“圆柱”对话框中的“指定点”图标按钮，如图 4-180 所示，然后选择第二曲柄前端面上大端边缘曲线的圆心，作为圆柱的底面中心点，如图 4-181 所示。

(3) 单击“确定”按钮完成第六主轴颈特征的创建，如图 4-182 所示。

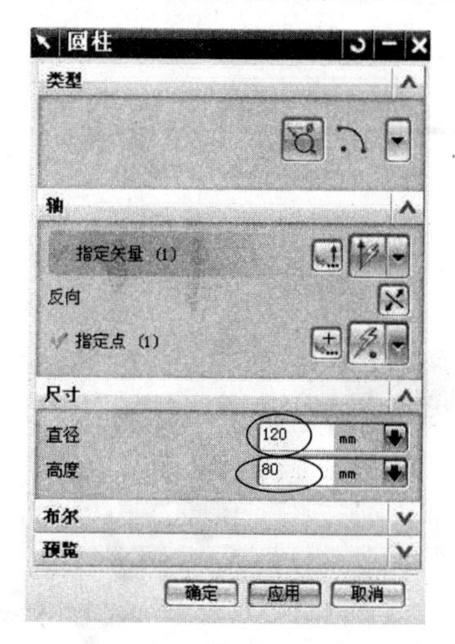

图 4-179 “圆柱”对话框 8

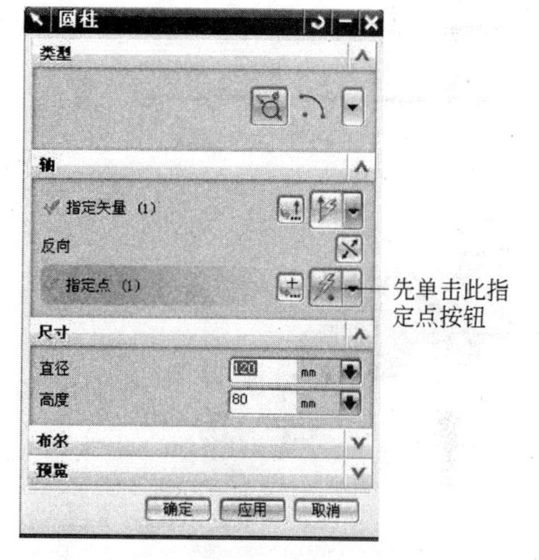

图 4-180 单击“指定点”按钮 2

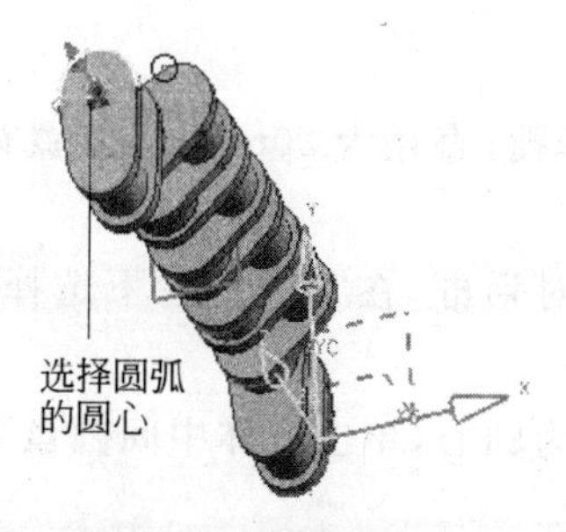

图 4-181 选取圆心 5

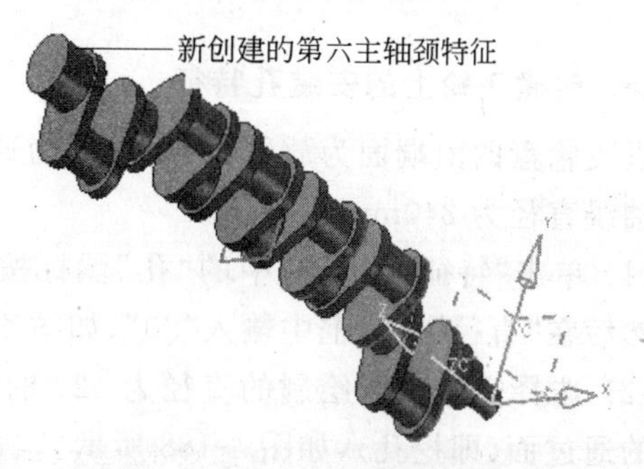

图 4-182 第六主轴颈实体特征

17. 创建飞轮盘特征

飞轮盘创建过程与主轴颈的方法相同，以第六主轴颈的前端面为放置面，所作圆柱的直径和高度分别为 300 和 25。

(1) 单击“草图曲线”工具栏中的“圆柱”图标按钮，弹出“圆柱”对话框，在“直径”和“高度”文本框中分别输入“300”和“25”，如图 4-183 所示。

(2) 单击“圆柱”对话框中的“指定点”图标按钮，如图 4-184 所示，然后选择第二曲柄前端面上大端边缘曲线的圆心，作为圆柱的底面中心点，如图 4-185 所示。

(3) 单击“确定”按钮，完成飞轮盘特征的创建，如图 4-186 所示。

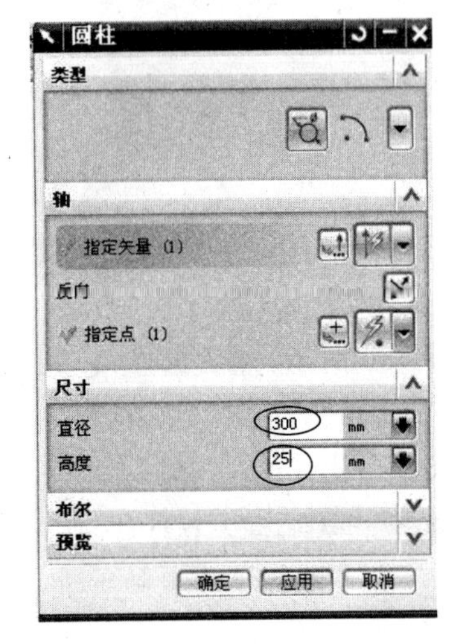

图 4-183 “圆柱”对话框 9

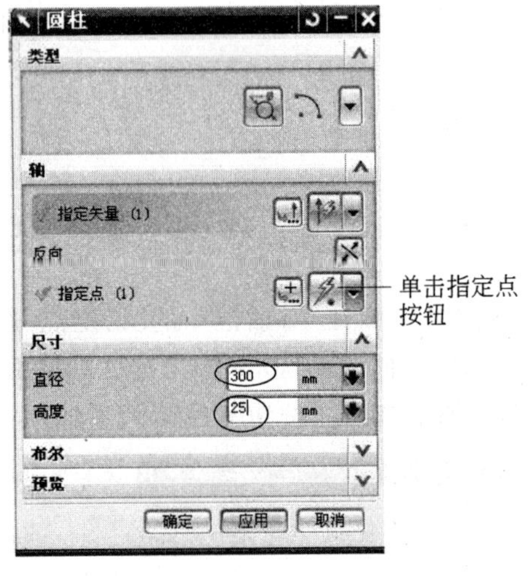

图 4-184 单击“指定点”按钮 3

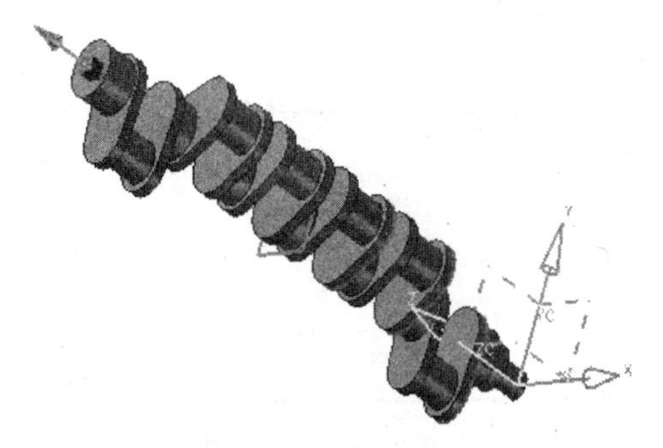

图 4-185 选取圆心 6

图 4-186 飞轮盘实体特征

18. 创建飞轮上的安装孔特征

以飞轮盘的前端面为放置面、后端面为通过面创建简单孔，直径为 20mm，且布置在过飞轮主轴线直径为 240mm 的圆上。

(1) 单击“特征”工具栏中的“孔”图标按钮，弹出“孔”对话框，在“类型”栏下选择“常规孔”，然后在“直径”文本框中输入“20”，如图 4-187 所示。

(2) 选择实体中刚绘制的直径为 120 的圆上的一点作为圆心，单击实体中间圆盘下表面为孔的通过面(即挖孔)，如图 4-188 所示。

(3) 单击“确定”按钮，系统弹出“定位”对话框。

(4) 选择“－Z”方向为孔方向，在文本框中输入深度为“5”，创建的安装孔特征如图 4-189 所示。

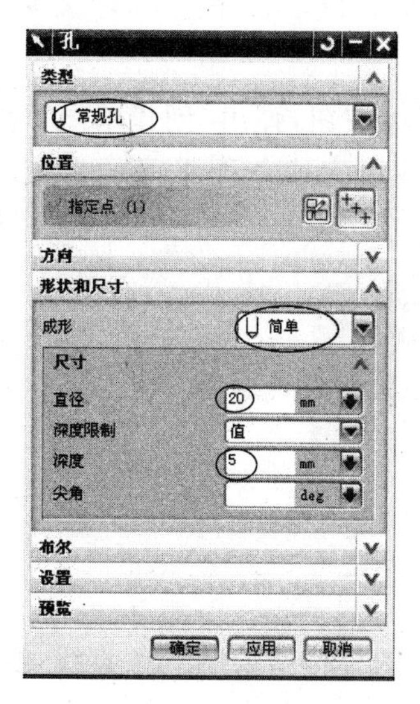

图 4-187 “孔”对话框

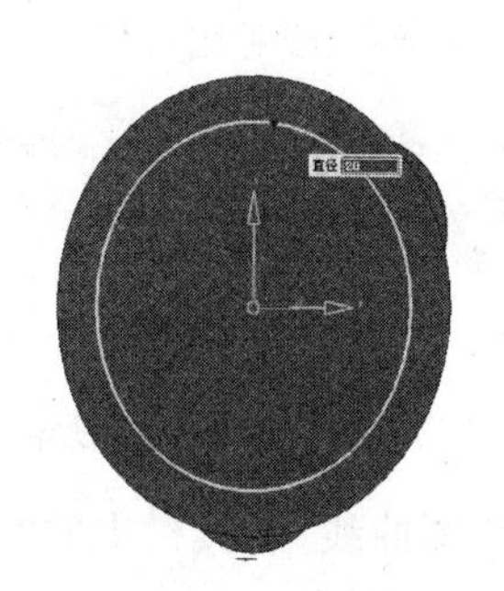

图 4-188 绘制圆

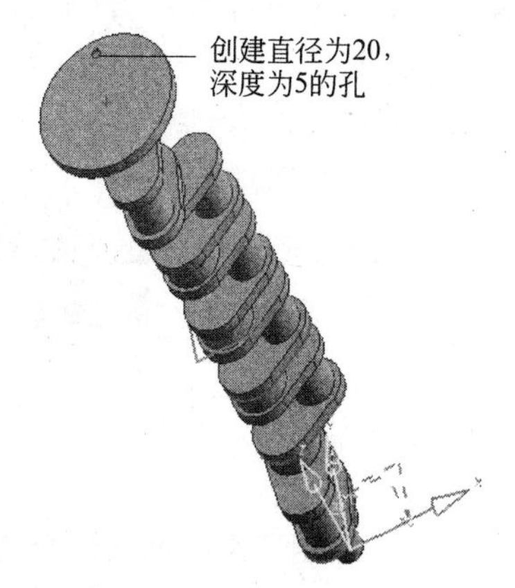

图 4-189 安装孔实体特征

19. 创建飞轮上的安装孔阵列特征

飞轮上的安装孔阵列特征，阵列数量和角度分别为 6 和 60。

(1) 执行菜单栏中的“插入”→“关联复制”→“实例特征”命令，出现“实例”对话框，如图 4-190 所示。在对话框中单击“圆形阵列”按钮。

(2) 系统弹出“实例”对话框，在中间选择“简单孔”，如图 4-191 所示，单击“确定”按钮。

(3) 在“实例”对话框中输入阵列数字和角度分别为 6 和 60，如图 4-192 所示。

(4) 完成的安装孔阵列实体特征如图 4-193 所示。

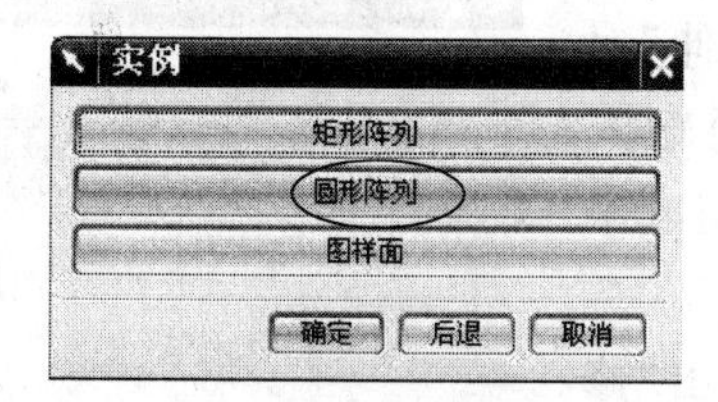

图 4-190 “实例”对话框

图 4-191 “实例”选项

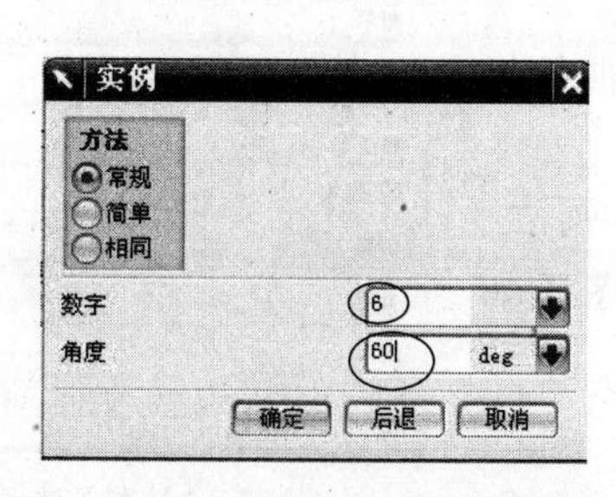

图 4-192 “阵列数字和角度”选项

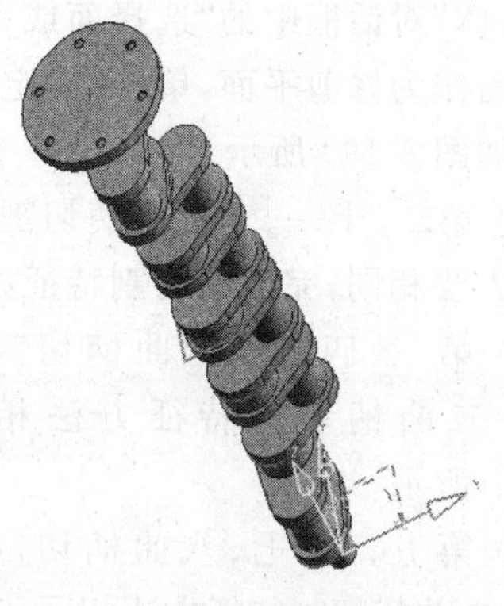

图 4-193 安装孔阵列实体特征

20. 创建曲柄切割特征

(1) 草图平面设定。单击“直接草图”工具栏中的“草图”图标按钮，弹出“创建草图”对话框，单击作图区的“YC-ZC 平面”作为草图平面，单击“确定”按钮完成草图平面的设定，如图 4-194 所示。

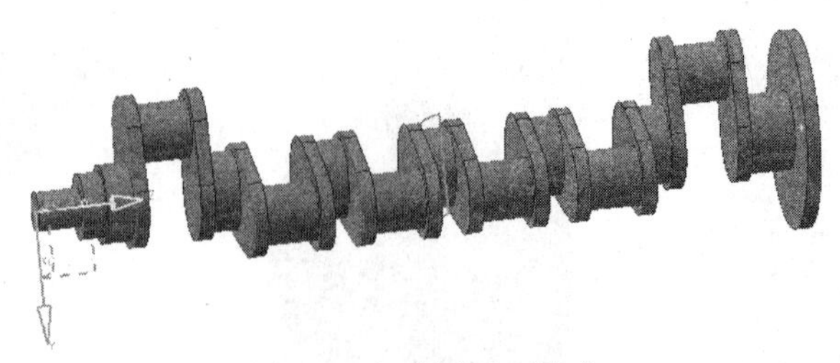

图 4-194 草图平面设定

(2) 绘制草图截面线。单击“草图曲线”工具栏中的“直线”图标按钮绘制一条直线，绘制的直线如图 4-195 所示，单击“完成草图”按钮。

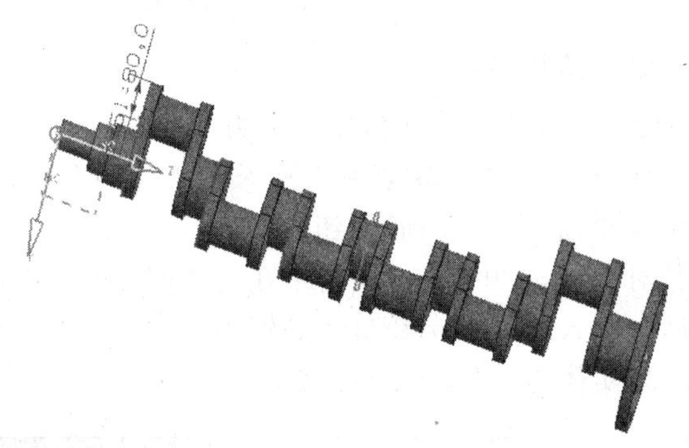

图 4-195 绘制草图截面线

(3) 创建平面。单击“特征”工具栏中的“拉伸”图标按钮，弹出“拉伸”对话框，单击上一步所作的直线，在“拉伸”对话框中的“开始”距离和“结束”距离文本框中分别输入“−100”和“100”，如图 4-196 所示。单击“确定”按钮，完成平面的创建，如图 4-197 所示。

(4) 单击“特征”工具栏中的“修剪体”图标按钮，弹出“修剪体”对话框，如图 4-198 所示。单击第一曲柄特征，然后单击“修剪体”对话框中的“选择面或平面”按钮。选择上一步所作的平面作为修剪平面，单击“确定”按钮，完成的第一曲柄切割特征如图 4-199 所示。

(5) 第二、十一、十二曲柄切割特征的创建与第一曲柄切割特征方法相同，完成的切割特征如图 4-200 所示。

(6) 第三、四、九、十曲柄切割特征的创建与第一、二、十一、十二曲柄切割特征方法相同，完成的切割特征如图 4-201 所示。

(7) 第五、六、七、八曲柄切割特征的创建与第一、二、十一、十二曲柄切割特征方法相同，完成的切割特征如图 4-202

图 4-196 “拉伸”对话框 4

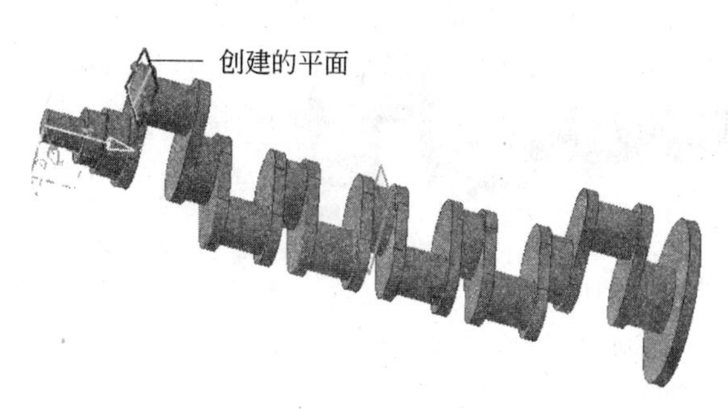

图 4-197　平面创建

图 4-198　“修剪体”对话框

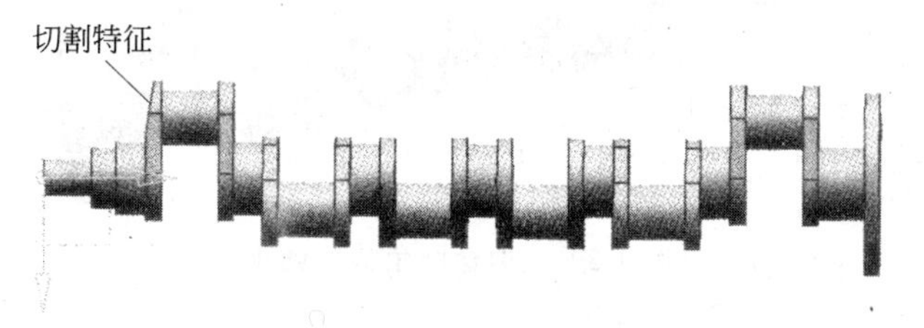

图 4-199　第一曲柄切割实体特征

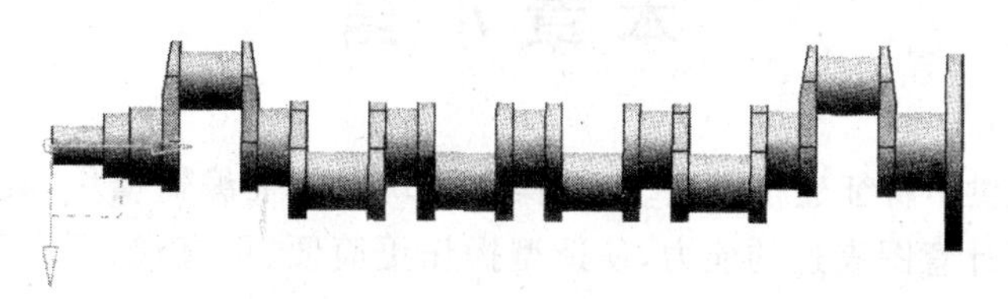

图 4-200　曲柄切割特征 1

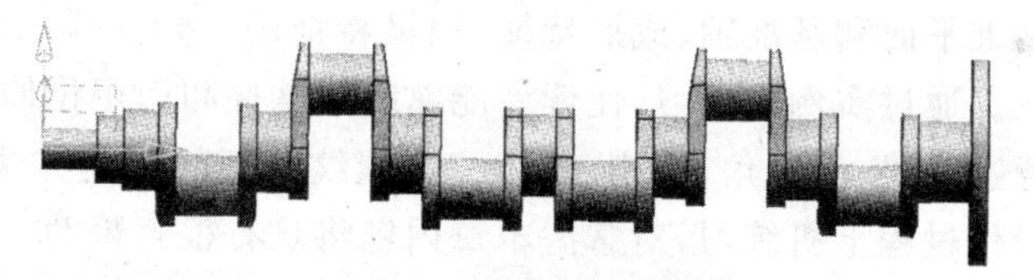

图 4-201　曲柄切割特征 2

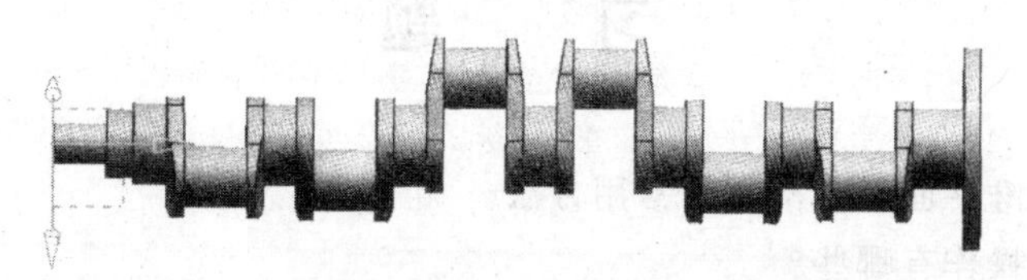

图 4-202　曲柄切割特征 3

所示。

21. 创建曲柄圆角特征

单击“特征”工具栏中的“边倒圆”图标按钮，弹出“边倒圆”对话框，在“半径”文本框中输入“5”，然后依次单击曲柄边线，如图 4-203 所示。单击“确定”按钮，完成曲柄圆角特征，如图 4-204 所示。

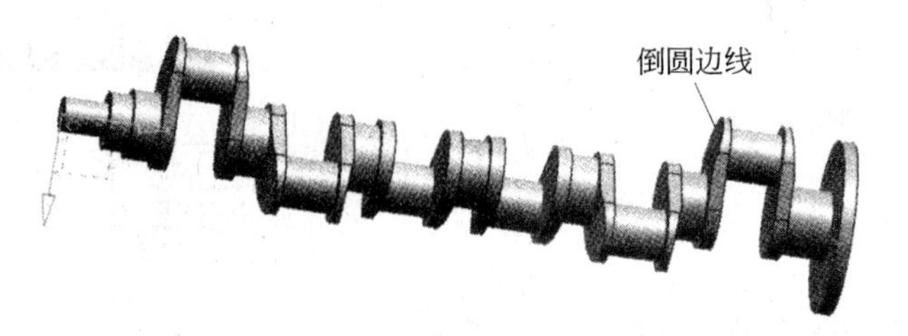

图 4-203 曲柄倒圆边线选取

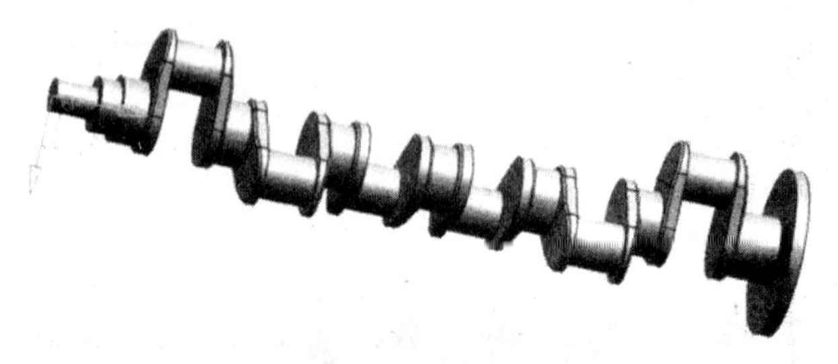

图 4-204 曲柄圆角特征创建

本章小结

UG NX 7.5提供了特征建模模块、特征操作模块和特征编辑模块，具有强大的实体建模功能，提高了用户设计意图表达的能力，使造型操作更简便、更直观、更实用，在建模和编辑的过程中能够获得更大的、更自由的创作空间。本章主要介绍了UG NX 7.5软件的三维实体模型的创建和编辑。

通过实例介绍基准平面和基准轴、成形特征、扫描特征的创建步骤，以及常用的几种特征操作和特征编辑方法。通过实例的练习，使读者能熟练地掌握和运用拉伸、旋转等基础实体特征的创建方法以及通过曲线、倒圆角、键槽、腔体、球、螺纹特征的创建方法，读者在学习时，可按本章实例讲述的操作过程上机练习，对掌握本章内容将具有很大帮助。

习 题

1. 简述创建基准平面和基准轴的常用方法。
2. 常用的特征操作有哪些？
3. 用于创建各类扫掠特征的命令有哪些？请分别举例来练习这些扫掠命令的用法。
4. 可以创建哪些类型的孔特征？请举例说明创建的方法和步骤。
5. 实例特征有几种类型？各有什么用途？
6. 直孔、草绘孔及标准孔3种圆孔类型，在创建的原理、步骤与方法上有何异同？
7. 说明4种倒角标注方式($D\times D$、$D1\times D2$、$45\times D$和角度D)的含义与应用场合。
8. 建立如图4-205～图4-207所示的零件实体建模。

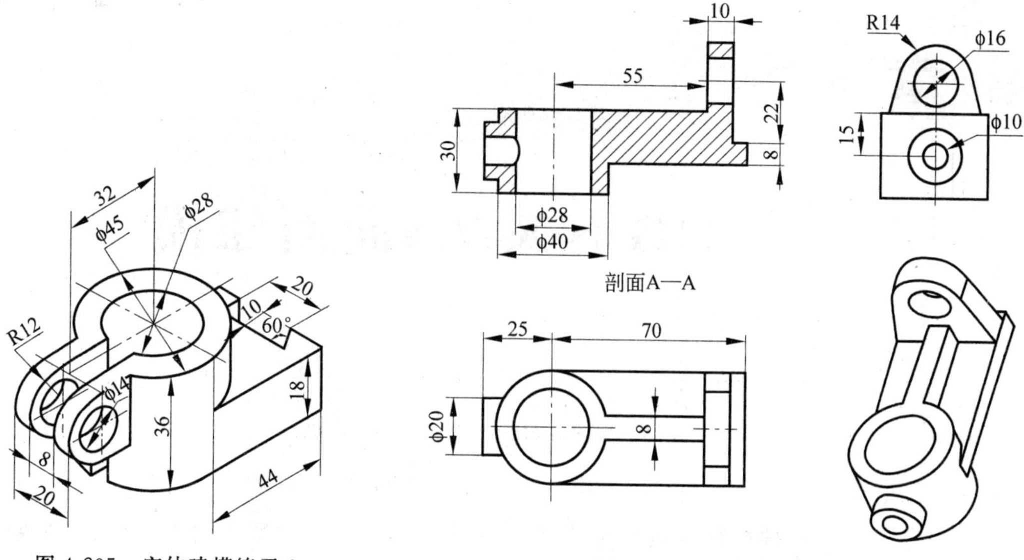

图 4-205 实体建模练习 1

图 4-206 实体建模练习 2

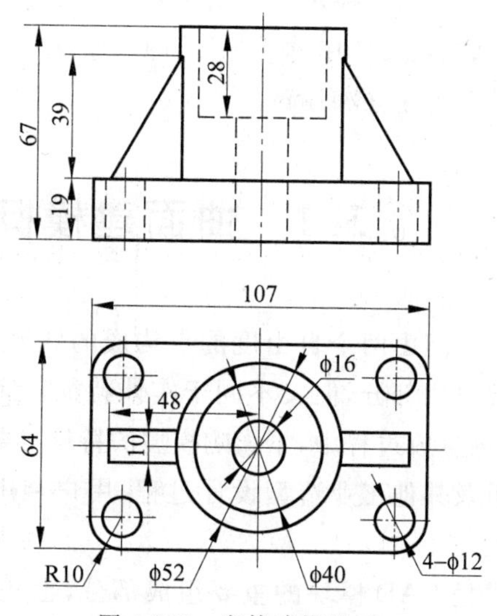

图 4-207 实体建模练习 3

第5章

UG NX 7.5曲面建模

UG曲面建模技术是体现CAD/CAM软件建模能力的重要标志，直接采用前面章节的方法就能够完成设计的产品是有限的，大多数产品的设计都离不开曲面建模。曲面建模用于构造采用标准建模方法无法创建的复杂形状，它既能生成曲面（在UG中称为片体，即零厚度实体），也能生成实体。本章主要介绍曲面模型的建立和编辑。

5.1 曲面建模概述

曲面是指空间由两个自由度的点构成的轨迹。同实体模型一样，都是模型主体的重要组成部分，但又不同于实体特征。区别在于曲面有大小但没有质量，在特征的生成过程中，不影响模型的特征参数。曲面建模广泛应用于飞机、汽车、电机及其他工业造型设计过程，用户利用它可以方便地设计产品的复杂曲面形状。

曲面建模是CAD模块的重要组成部分，也是体现CAD/CAM软件建模能力的重要标志。用户可以通过自由曲面设计模块创建出风格多样的曲面造型，以满足不同产品的设计要求。本章安排了丰富的“典型实例”，详细介绍了设计各种产品的全部过程。

5.1.1 通过曲线构面

1. 功能

此选项是通过同一方向上的一组曲线轮廓生成一个曲面或者一个实体，这些曲线轮廓称为截面线串。通过曲线构面可以选择多于两组的截面线串，任何一组截面线串可以是曲线、实体边等，但不能是一个点。

2. 调用命令

单击“曲面”工具栏中的“通过曲线组”图标按钮，系统弹出如图5-1所示的“通过曲线组”对话框。

3. “通过曲线组”对话框

(1) “连续性”选项：该选项用于约束所构建的曲面的起始端和终止端。其约束方式各有3种：无约束、相切、曲率约束。

G0：生产的曲面与指定面点连续，无约束。

G1：生产的曲面与指定面相切连续。

G2：生产的曲面与指定面曲率连续。

(2) 输出曲面选项：主要用于设置生成的曲面符合各条曲线的程度。

“V向封闭”复选框：用来设定片体沿V方向(列方向)是否封闭。

“垂直于终止截面”复选框：若选中该选项，表示所构出的面或实体与最后一个截面线串垂直。

(3) 对齐：通过曲线构面的对齐方式有如下7种可供选择。

“参数”对齐方式：沿定义曲线将等参数曲线将要通过的点以相等的参数隔开。

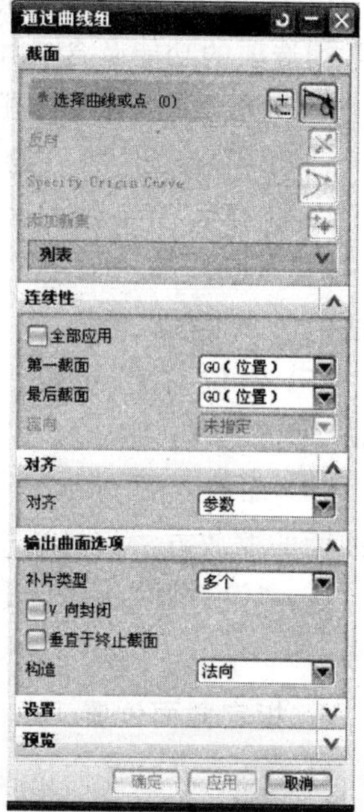

图5-1 “通过曲线组”对话框

“圆弧长”对齐方式：沿定义曲线将等参数曲线将要通过的点以相等的弧长隔开。

“根据点”对齐方式：将不同外形的截面线串上的指定点对齐。

“距离”对齐方式：在指定矢量方向上将点沿每条曲线以相等的距离隔开。

“角度”对齐方式：在指定轴线周围将点沿每条曲线以相等的角度隔开。

“脊线”对齐方式：将点放在选定曲线与垂直于输入曲线的平面的相交处。

“根据分段”对齐方式：根据曲线边界对象来进行分段对齐。

5.1.2 扫掠曲面

1. 功能

扫掠曲面是将曲线轮廓以规定的方式沿空间特定的轨迹移动而形成的曲面轮廓。其中，移动曲线轮廓称为截面线串；空间特定的轨迹称为引导线串。

2. 概念

了解截面线串和引导线串的定义是正确使用扫掠功能的基础。

(1) 截面线串：截面线串由单个或多个对象组成。每个对象可以是曲线、实体边缘或实体面，截面线串不必滑顺，而且每组截面线串内对象的数量可以不同。截面线串的数量可以是1～150之间的任意数值。

(2) 引导线串：引导线串在扫掠过程中控制着扫掠体的方向和比例。在创建扫掠体时必须至少提供一条引导线串，但引导线串最多只能有3根。提供一条引导线串不能完全控制截面大小和方向变化的趋势，需要进一步指定截面变化的方法；提供两条引导线串时，可以确定截面线串沿引导线串扫掠的方向趋势，但是尺寸还需要设置截面比例变化；提供三条引导线串时，完全确定了截面线串被扫掠时的方位和尺寸变化，无须另外指定方向和比例就可以直接生成曲面。

3. 操作方法

单击“曲面”工具栏中的“扫掠”图标按钮，系统弹出如图 5-2 所示的“扫掠”对话框，对话框中常用选项的功能及含义如下。

（1）“截面”栏：在绘图区选择截面线串。

（2）“引导线”栏：在绘图区选择引导线串。

（3）“脊线”栏：绘图区选择脊线串。

（4）对齐：在“对齐”下拉列表框中选择扫描曲面的对齐方法。

（5）定位：在“定位”下拉列表框中选择扫描曲面的定位方法。

（6）缩放：在“缩放”下拉列表框中和“缩放”文本框中选择扫描曲面的缩放方法。

（7）“设置”栏：用于设置扫描曲面的构建方法和扫描曲面的公差。

4. 指定截面位置

（1）沿引导线任何位置：如果在“截面位置”下拉列表框中选择“沿引导线任何位置”，截面线串的位置对扫掠的轨迹不产生影响，即扫掠过程中只根据引导线串的轨迹来生成扫掠曲面，“沿引导线任何位置”是系统的默认截面位置。

（2）引导线末端：如果在“截面位置”下拉列表框中选择“引导线末端”，在扫掠过程中，扫掠曲面从引导线串的末端开始，即引导线串的末端是扫掠曲面的始端。

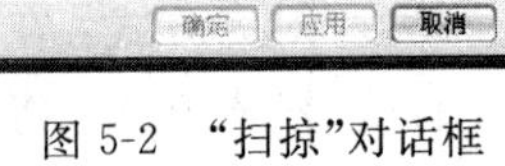

图 5-2 “扫掠”对话框

5. 对齐方式

对齐方式是指截面线串上连接点的分布规律和截面线串的对齐方式。当用户指定截面线串时系统将在截面线串上产生一些连接点，然后把这些连接点按照一定的方式对齐。在“对齐方法”选项组中的“对齐”下拉列表框中，有“参数”和“圆弧长”两种对齐方法。系统默认的对齐方法是“参数” 对齐方法。

（1）“参数”对齐方法：沿定义曲线把等参数曲线将要通过的点以相等的参数隔开。

（2）“圆弧长”对齐方法：沿定义曲线把等参数曲线将要通过的点以相等的圆弧长隔开。

6. 定位方法

当截面线串沿着单一引导线串移动时，截面线串的方向控制对于生成所需正确的扫掠体是很重要的。“方位”中的各个选项含义如下。

（1）固定：若选择该选项，则不需要重新定义方向，截面线串将按照其所在的平面的法线方向生成曲面，并将沿着引导线串保持这个方向。

（2）面的法向：若选择该选项，则系统会要求选取一个曲面，以所选取的曲面法向和沿着引导线串的方向产生曲面。

（3）矢量方向：若选择该选项，则系统会显示“矢量构造”对话框，曲面方向会以所定义的向量为方向，并沿着引导线串的方向生成。若向量方向与导引线方向相切，系统将显示错误信息。

(4) 另一条曲线：若选择该选项，定义平面上的曲线或实体边缘线作为平滑曲面方位控制线。

(5) 一个点：若选择该选项，则可以在“点构造器”对话框中定义一点，使截面沿着引导线串的长度延伸到该点的方向。线将与引导线串保持平行。

(6) 角度规律：若选择该选项，系统要求用户根据规律类型和角度的值来决定曲面的方向控制。

(7) 强制方向：若选择该选项，系统要求用户选取强制方向来固定截面方向，使其截面线串与引导线串保持平行。

7. 比例控制

当截面线串沿着单一引导线串移动时，还需要定义曲面的比例变化，比例变化用于设置截面线串在通过引导线串时截面线串尺寸的放大与缩小比例。“比例控制”中各选项含义如下。

(1) 恒定：若选择该选项，可以在“比例因子”文本框中输入截面与产生曲面的缩放比率。其缩放标准以所选取的截面为准，比如，将缩放比率设为0.5，则所创建的曲面大小则为截面的一半。

(2) 倒圆功能：若选择该选项，则可定义所产生曲面的起始缩放值和终止缩放值，起始缩放值可以定义所产生片体的第一截面大小，终止缩放值可以定义所产生片体的最后截面大小，其缩放标准以所选取的截面为准。

(3) 另一曲线：若选择该选项，则所产生的片体将以所指定的另一条曲线为母线沿引导线串创建。

(4) 一个点：若选择该选项，则系统会以一个点来定义产生曲面的缩放比例。

(5) 面积规律：该选项可用面积法则定义片体的比例变化方式。

(6) 周长规律：该选项与“面积规律”按钮大致相同，其不同之处仅在于使用周长法则时，曲线Y轴定义的终点值为所创建片体的周长，而面积法则定义的为面积大小。

8. 设置

构建曲面的方式有3种，包括“无”、“手动”和“高级”3个选项。

(1) “无”：在“重新构建”下拉列表框中选择“无”，系统按照默认的V向阶次构建曲面。

(2) “手动”：在“重新构建”下拉列表框中选择“手动”，指定系统按照用户设置的V向阶次构建曲面。

(3) “高级”：在“重新构建”下拉列表框中选择“高级”，指定系统按照用户设置的最高阶次和最大段数构建曲面。当在“重新构建”下拉列表框中选择“高级”后，“阶次”选项变为“最高阶次”选项和“最大段数”选项。

5.1.3 通过曲线网格构面

1. 功能

通过曲线网格构面就是沿着不同方向的两组指定曲线串生成片体或实体。这种创建曲面的方法定义了两个方向的控制曲线，可以很好地控制曲面的形状，因此它也是最常用的创建曲面的方法之一。

2. 调用命令

单击“曲面”工具栏中的“通过曲线网格”图标按钮，系统弹出如图 5-3 所示的“通过曲线网格”对话框。

3. 操作步骤

通过曲线网格构面需要指定两组曲线，即主曲线串和交叉曲线串，它的操作步骤与前面所述的“扫掠曲面”方式相类似。但需要指定的曲线数量更多，主曲线串和交叉曲线串各自的数量都必须是 2～150 中的任意数值。在指定线串时，必须注意选择的顺序，以避免引起不必要的曲线交叉而导致的错误。

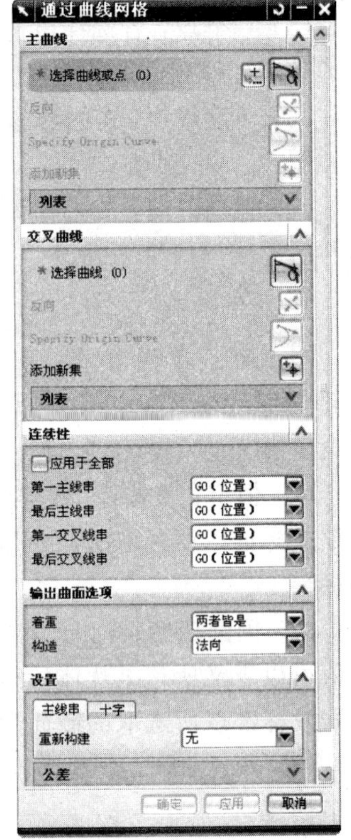

图 5-3 “通过曲线网格”对话框

4. 对话框中的常用选项的功能及含义

(1) “着重”下拉列表框：用于决定主曲线串和交叉曲线串哪一组控制曲线串对曲线网格体的形状最有影响，或者指定两组有同样的影响效果。此选项只有在主曲线串对和交叉曲线串对不相交时才有意义。

① 两者皆是：系统在生成曲面的时候，主曲线串和交叉曲线串有同样的影响效果。

② “主曲线”：系统在生成曲面的时候，更强调主曲线串。

③ “交叉曲线”：系统在生成曲面的时候，交叉曲线串更有影响。

(2) “构造”下拉列表框：用于设置生成的曲面符合各条曲线的程度，此下拉列表框中有 3 个选项。

① “正常”选项：选择该选项，系统将使用标准方法创建实体或者曲面，该选项具有最高的精度，比其他方法建立的曲面有更多的补片数，但占据最多的存储空间。

② “样条点”选项：选择该选项时，以截面线串的定义点作为对齐点，仅当所有截面线串都具有相同数量定义点的 B 样条的条件下，才能使用该选项。

③ “简单”选项：运用该选项生成的曲面或者实体具有最好的光滑度，生成的补片数也是最少的，因此占用最少的存储空间。

(3) “重新构建”选项组：该选项组主要用来在生成曲面时，确定是否需要制定曲面的次数。此功能包括“主要”和“交叉”两个选项组，每个选项组包含“无”、“手动”、“自动”3 个选项，其含义如下。

① “无”选项：在曲面生成时不对曲面进行指定次数。

② “手动”选项：在曲面生成时对曲面进行指定次数。如果是主曲线，则指定主曲线方向的次数；如果是横向，则指定横向线串方向的次数。

③ “自动”选项：在曲面生成时对曲面进行自动计算指定最佳次数。如果是主曲线，则指定主曲线方向的次数；如果是横向，则指定横向线串方向的次数。

5. 公差

扫描曲面的公差包括“(G0)位置”和“(G1)相切”两个选项。用户只需要在“(G0)位置”和“(G1)相切”文本框内输入满足设计要求的公差值，即可设置连续过渡方式的公差。一般来说，"(G0)位置"文本框中的公差默认为扫描曲面的距离公差，而"(G1)相切"文本框内的公差默认为扫描曲面的角度公差。

5.2　曲面建模实例

5.2.1　创建曲线组

第 1 步：通过基本曲线功能建立如图 5-4 所示曲线组。

1. 绘制曲线 1

选择菜单栏中的"插入"→"曲线"→"圆弧/圆"命令，系统弹出"圆弧/圆"对话框如图 5-5 所示，在对话框"类型"选项中，选择"三点"绘制圆弧方式，在"起点选项"中选择"点"，再在坐标栏中输入(40，-40，0)，如图 5-6 所示。

在对话框的"终点选项"中选择"点"，再在坐标栏中输入(40，40，0)，如图 5-7 所示。在对话框的"中点选项"中选择"点"，再在坐标栏中输入(40，0，40)，如图 5-8 所示。单击"圆弧/圆"对话框中的"确定"按钮，所绘制的曲线 1 如图 5-9 所示。

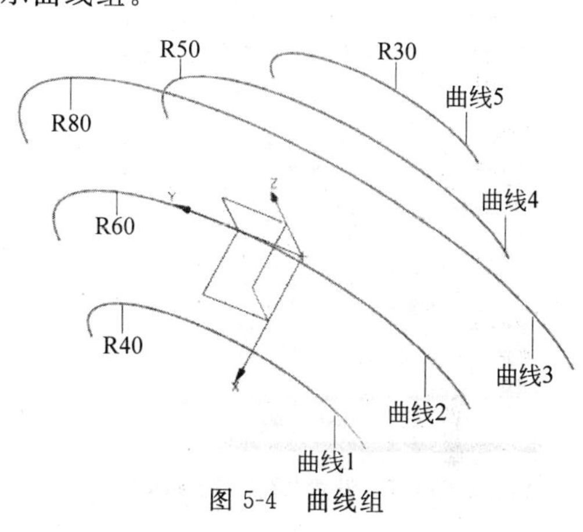

图 5-4　曲线组

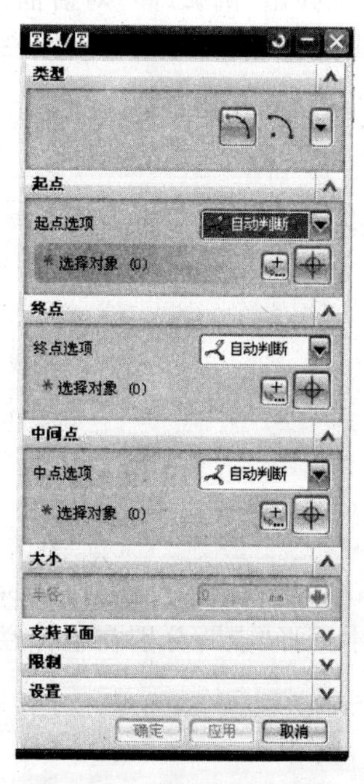

图 5-5　"圆弧/圆"对话框

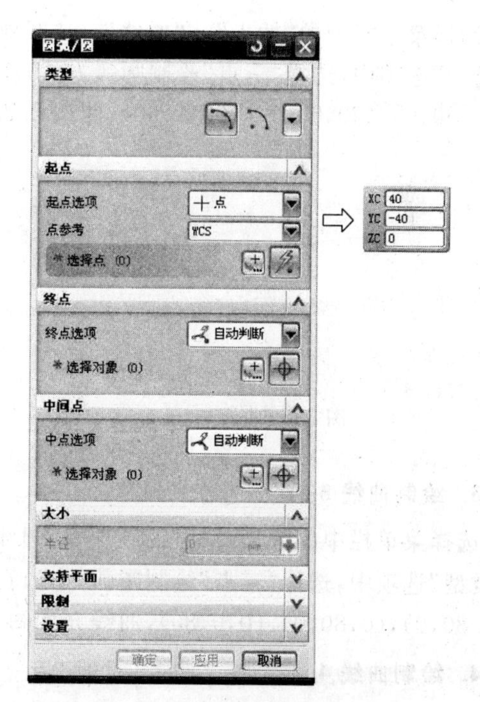

图 5-6　设置"起点"选项卡

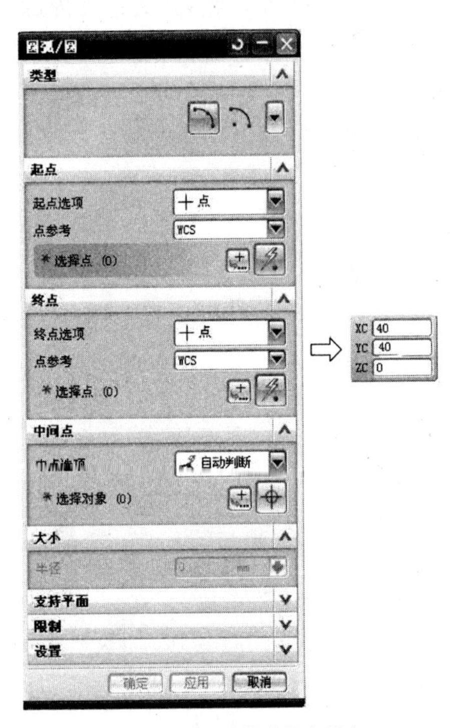

图 5-7　设置“终点”选项卡

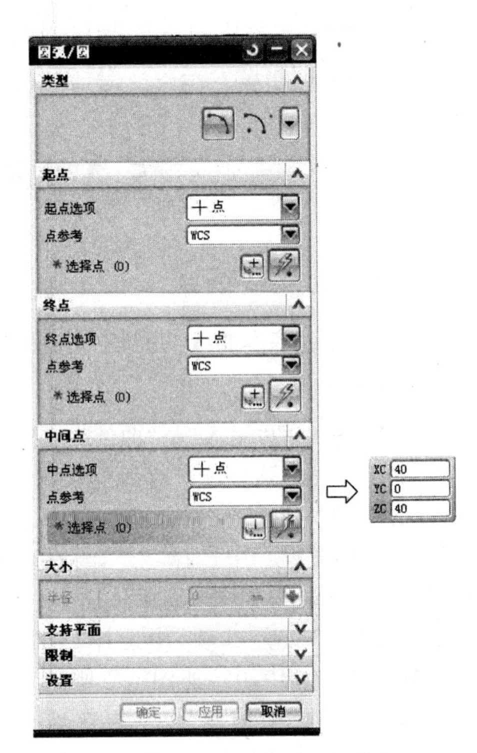

图 5-8　设置“中间点”选项卡

2. 绘制曲线 2

选择菜单栏中的“插入”→“曲线” →“圆弧/圆”命令,系统弹出“圆弧/圆”对话框,在对话框“类型”选项中,选择“三点”绘制圆弧方式,在“起点选项”中选择“点”,分别在坐标栏中输入(20,－60,0),(20,60,0),(20,0,60),曲线 2 如图 5-10 所示。

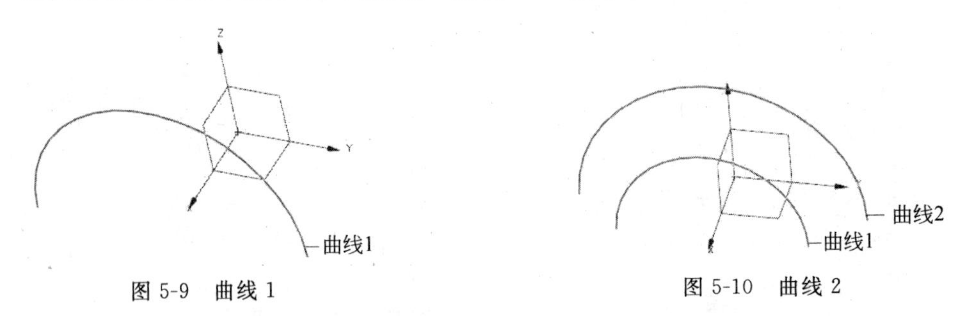

图 5-9　曲线 1

图 5-10　曲线 2

3. 绘制曲线 3

选择菜单栏中的“插入”→“曲线” →“圆弧/圆”命令,系统弹出“圆弧/圆”对话框,在对话框“类型”选项中,选择“三点”绘制圆弧方式,在“起点选项”中选择“点”,分别在坐标栏中输入(0,－80,0),(0,80,0),(0,0,80),曲线 3 如图 5-11 所示。

4. 绘制曲线 4

选择菜单栏中的“插入”→“曲线” →“圆弧/圆”命令,系统弹出“圆弧/圆”对话框,在对话框“类型”选项中,选择“三点”绘制圆弧方式,在“起点选项”中选择“点”,分别在坐标栏中输入(－20,－50,0),(－20,50,0),(－20,0,50),曲线 4 如图 5-12 所示。

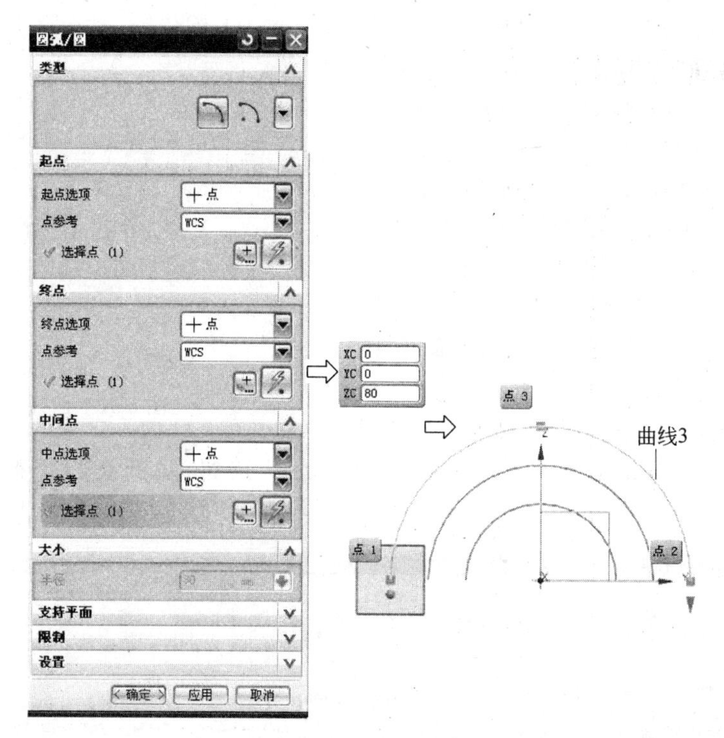

图 5-11 曲线 3

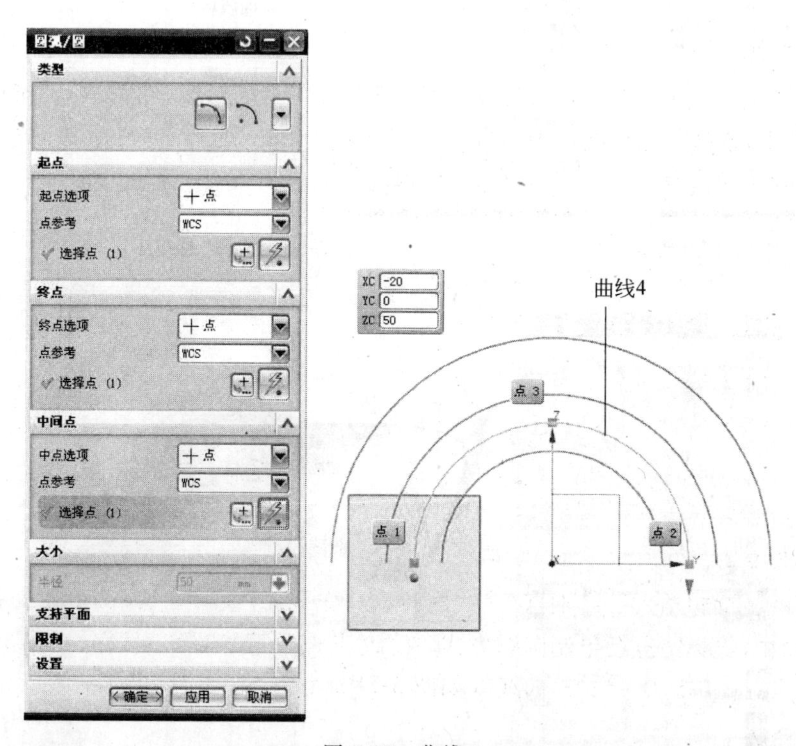

图 5-12 曲线 4

5. 绘制曲线 5

选择菜单栏中的“插入”→“曲线” →“圆弧/圆”命令，系统弹出“圆弧/圆”对话框，在对话

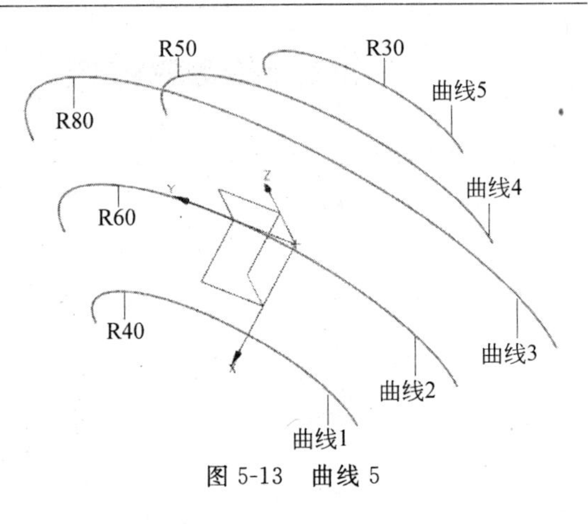

图 5-13 曲线 5

框“类型”选项中，选择“三点”绘制圆弧方式，在“起点选项”中选择“点”，分别在坐标栏中输入(−40，−30，0)，(−40，30，0)，(−40，0，30)，曲线 5 如图 5-13 所示。

第 2 步：单击“曲面”工具栏中“通过曲线组”图标按钮，系统弹出如图 5-14 所示的“通过曲线组”对话框。在“通过曲线组”对话框中用光标选择曲线 1，选择完第 1 长曲线后，出现箭头，再按鼠标中键(在这里等同于单击“确定”按钮)，效果如图 5-15 所示。重复上一步操作，分别选择其余的曲线 2、3、4、5，直到出现所有的箭头(确保箭头方向相同，否则单击对话框中的“反向”按钮，重新选择该截面线)，效果如图 5-16 所示。

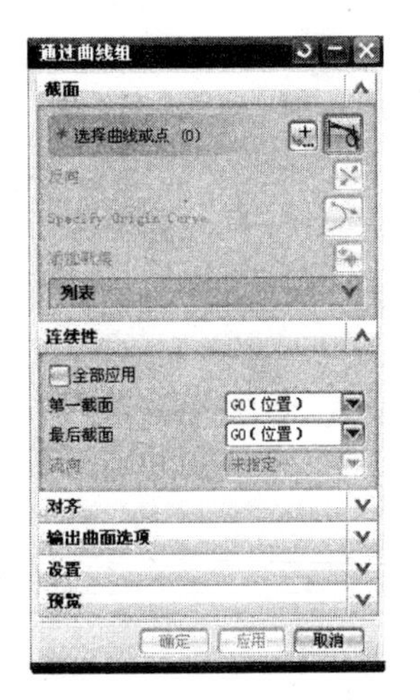

图 5-14 “通过曲线组”对话框

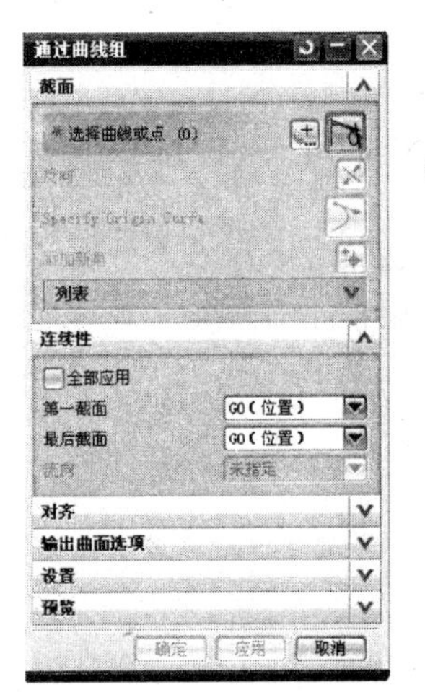

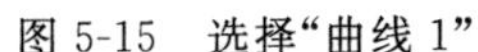

图 5-15 选择“曲线 1”

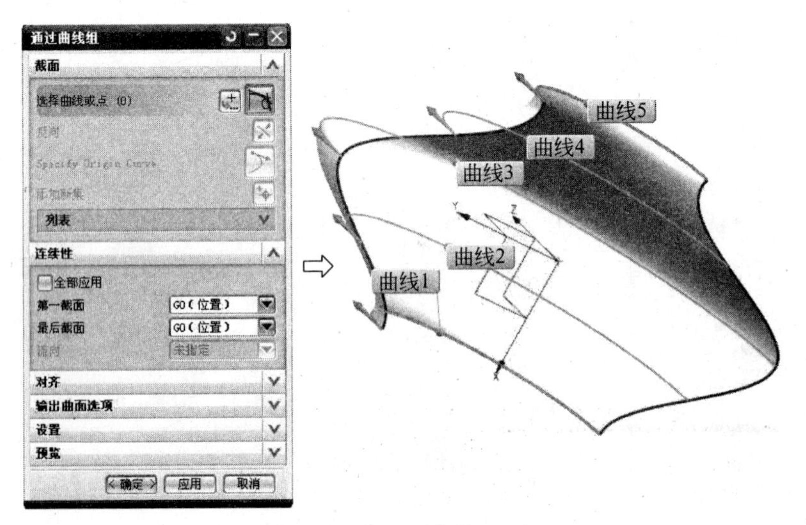

图 5-16 分别选择“曲线 2、3、4、5”

确认对话框中“对齐”设为参数，V 向“阶次”设为 3；单击“确认”按钮，生成如图 5-17 所示的曲面。

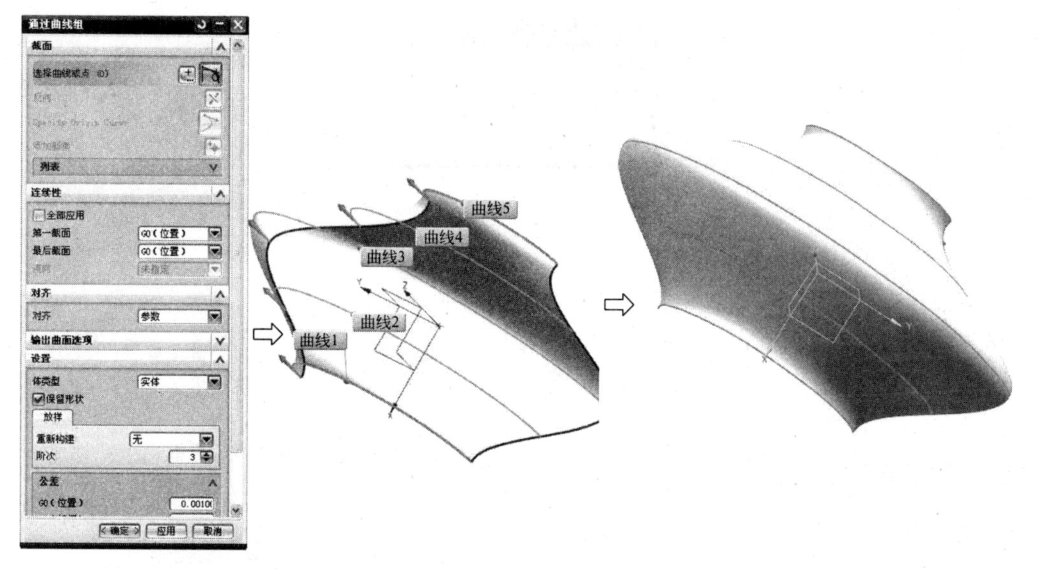

图 5-17　阶次为 3 次的曲面

第 3 步：在图形中选择所生成的曲面，右击，在弹出的快捷菜单中选择“编辑参数”命令，如图 5-18 所示。在弹出的对话框中选择编辑 V 向阶次，把 V 向“阶次”改为 1 次，单击“确定”按钮，结果如图 5-19 所示。结果阶次为 1 次的曲面如图 5-20 所示。重复上一步操作，把 V 向阶次改回 3 次。

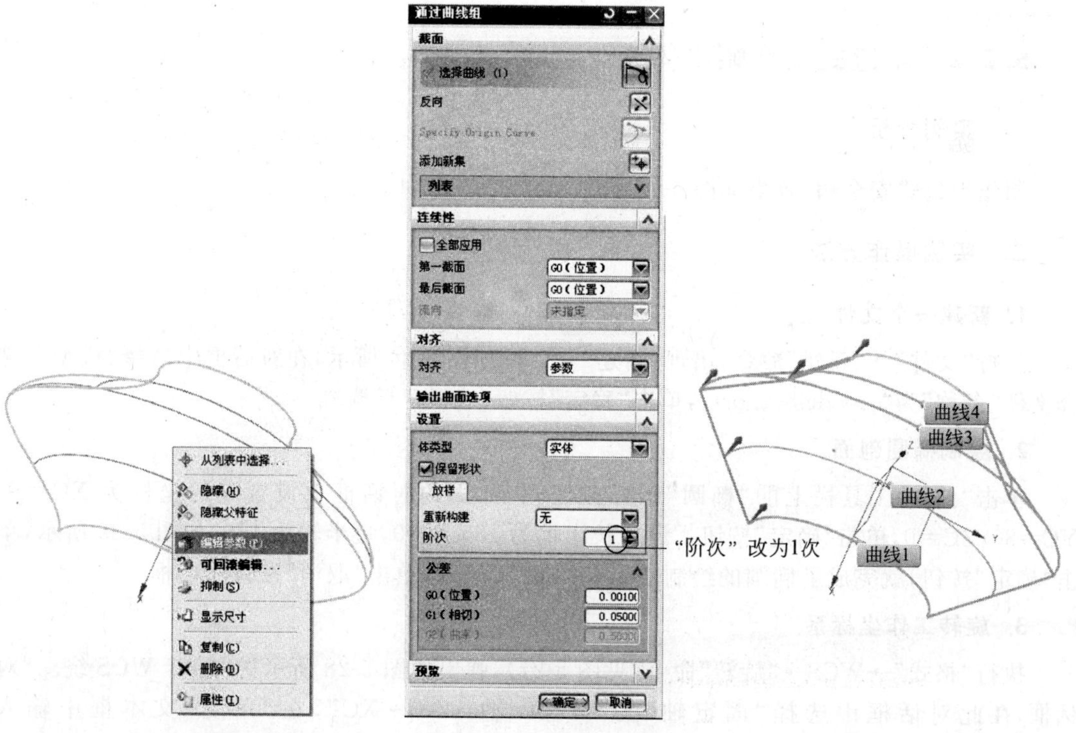

图 5-18　选择“编辑参数”命令

图 5-19　阶次修改为 1 次

第 4 步：在菜单栏中选择“编辑”→“曲线”→“参数”命令，系统弹出如图 5-21 所示的对话框，编辑曲线 3(中间最大的弧)，将半径改为 120，回车，再单击“取消”按钮，效果如图 5-22 所示。

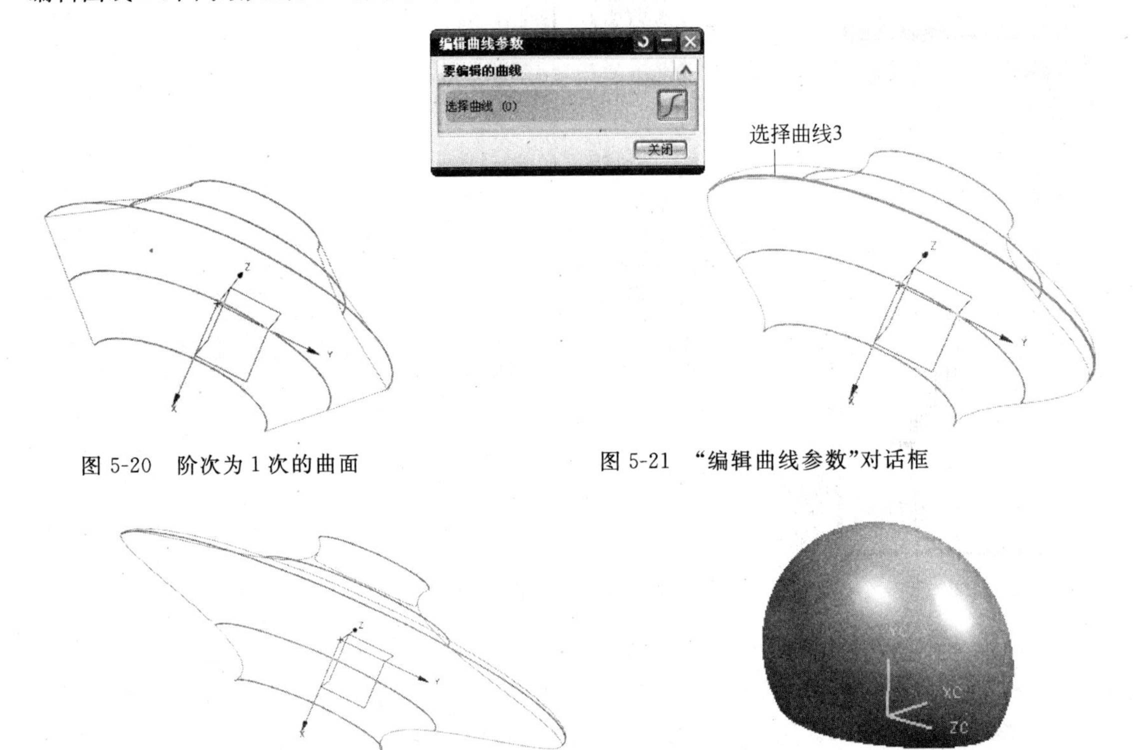

图 5-20 阶次为 1 次的曲面

图 5-21 “编辑曲线参数”对话框

图 5-22 曲线 3 半径改为 120

图 5-23 半遮式安全帽主体 1

5.2.2 半遮式安全帽主体 1

一、实例分析

制作半遮式安全帽，效果如图 5-23 所示。

二、实例操作方法

1. 新建一个文件

执行“文件”→“新建”命令，出现“新建”对话框如图 5-24 所示，在对话框中选择“模型”，选择文件“名称”为“_model5-4. prt”，单击“确定”按钮，选择建模模式。

2. 绘制椭圆剖面

单击“曲线”工具栏上的“椭圆”图标按钮，在弹出的对话框上设置点的坐标为 XC=0，YC=80，ZC=0，单击“确定”按钮。设置长半轴为 185.0000，短半轴为 170，如图 5-25 所示，单击“确定”按钮，就完成了椭圆的绘制效果如图 5-26 所示，单击“取消”按钮对话框。

3. 旋转工作坐标系

执行“格式”→WCS→“旋转”命令(见图 5-27)，弹出如图 5-28 所示的“旋转 WCS 绕…”对话框，在此对话框中选择“固定轴”为“+ YC 轴：ZC→XC”，在“角度”文本框中输入“90.0000”，单击“确定”按钮，这样完成了工作坐标系的旋转。

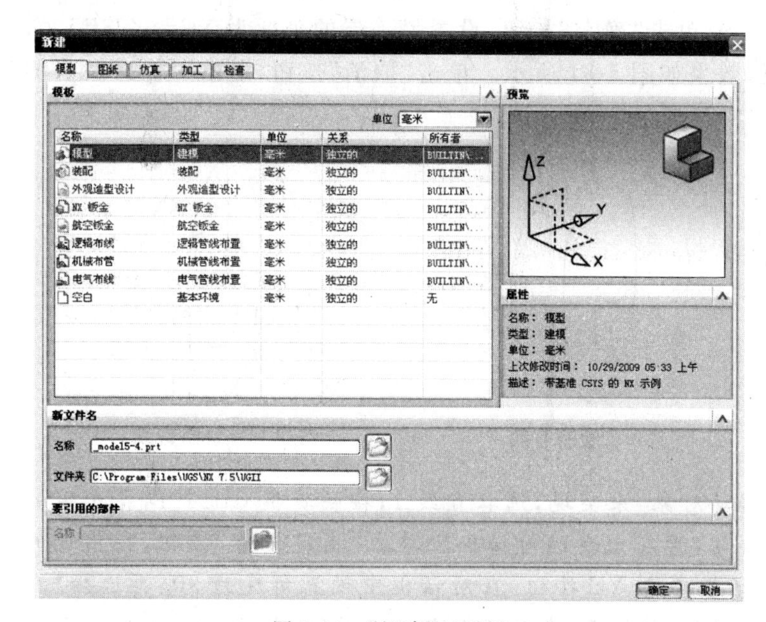

图 5-24　“新建”对话框

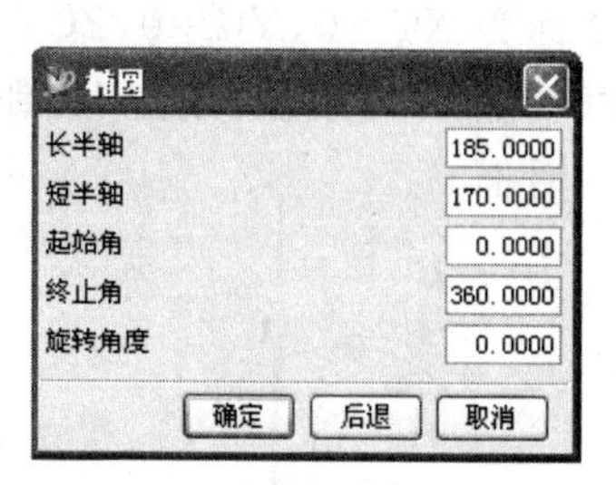

图 5-25　椭圆参数设置

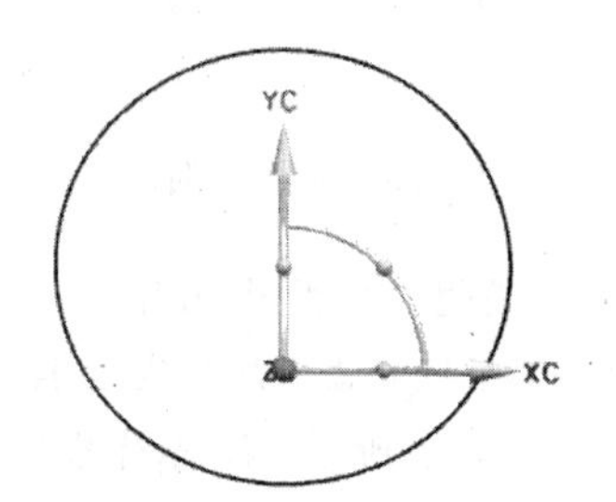

图 5-26　椭圆效果图

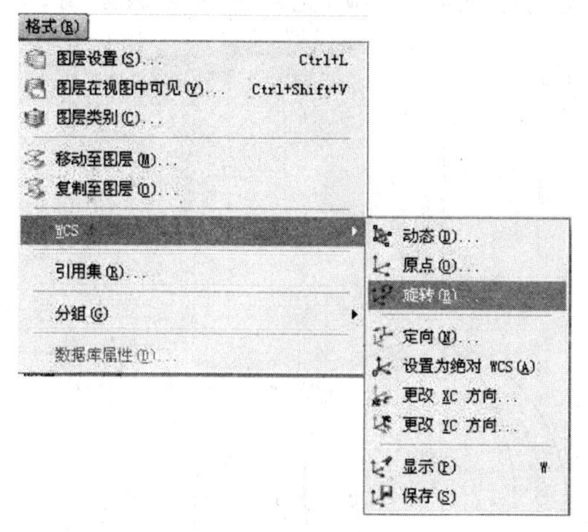

图 5-27　“旋转”菜单

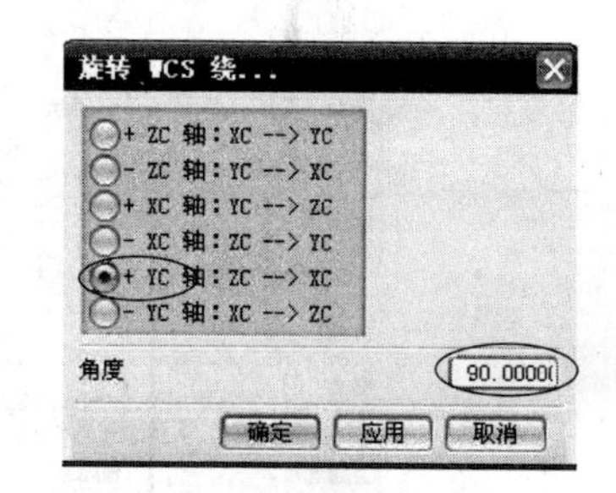

图 5-28　“旋转 WCS 绕...”对话框

4. 绘制椭圆剖面

单击“曲线”工具栏中的“椭圆”图标按钮，在弹出的对话框上设置点的坐标绘为 XC＝0，YC＝80，ZC＝0，单击“确定”按钮。设置长半轴为 170.0000，短半轴为 130.0000，旋转角度为 90.0000，单击“确定”按钮，就完成了椭圆剖面的绘制效果如图 5-29 所示。单击“取消”按钮，退出工作区所有的对话框。

5. 绘制直线 1

单击“曲线”工具栏中的“直线”图标按钮，在对象栏中单击“点对点”按钮，设置点的坐标为 XC＝200，YC＝0，ZC＝0，单击“确定”按钮，设置另一点的坐标为 XC＝－200，YC＝0，ZC＝0，单击“确定”按钮，完成直线 1 的绘制，效果如图 5-30 所示。

6. 绘制直线 2

单击“曲线”工具栏中的“直线”图标按钮，在对象栏中单击“点对点”按钮，设置点的坐标为 XC=0,YC=0,ZC=200,单击“确定”按钮,设置另一点的坐标为 XC=0,YC=0,ZC=-200,单击“确定”按钮,效果如图 5-31 所示。单击“取消”按钮,退出工作区所有的对话框。

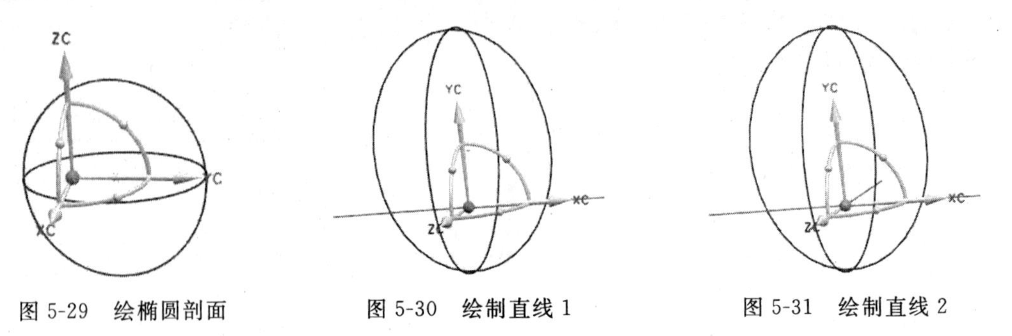

图 5-29　绘椭圆剖面　　图 5-30　绘制直线 1　　图 5-31　绘制直线 2

说明:本步骤也可通过“移动对象”来实现,选取直线 1,按快捷键 Ctrl+T,在出现的对话框上单击“绕直线旋转”按钮,再在出现的对话框上单击“指定矢量”按钮,在出现的如图 5-32 所示“移动对象”对话框单击 YC 按钮,在对话框中设置角度为 90,再选择“指定轴点”,出现如图 5-33 所示的“点”对话框,在对话框中选择 WCS 坐标为(0,0,0),再双击“确定”按钮,在“移动对象”对话框选中“复制原先的”选项,完成直线 2 的绘制,效果和前面方法一样。

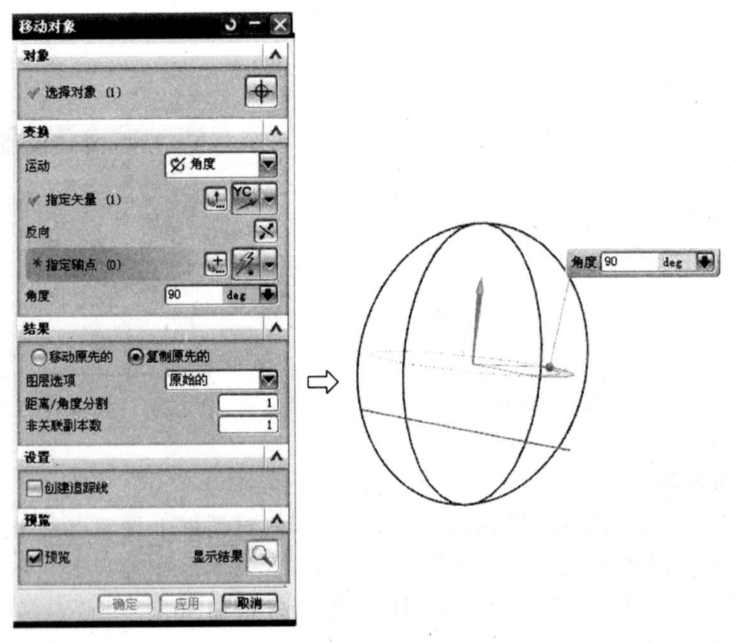

图 5-32　失量构造器

7. 修剪曲线

调出“编辑曲线”对话框,单击“修剪曲线”按钮,出现如图 5-34 所示“修剪曲线”对话框,勾选“保持选定边界对象”,将“输入曲线”选择隐藏,按照图 5-35 所示,单击要删除的曲线段 a,双击直线 1,完成曲线段 a 的修剪,如图 5-36 所示,然后单击曲线段 b,双击直线 2,完成曲线段 b 的修剪,最后效果如图 5-37 所示。单击“取消”按钮退出工作区所有对话框。

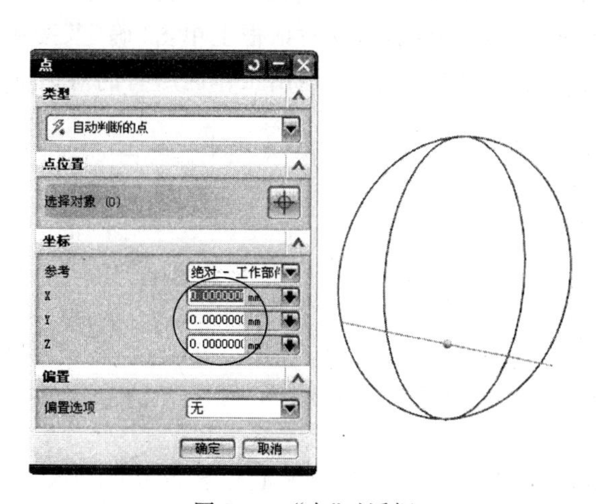

图 5-33　“点”对话框

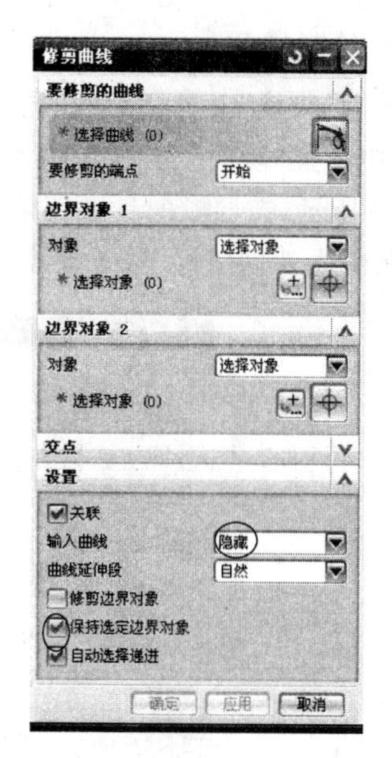

图 5-34　“修剪曲线”对话框

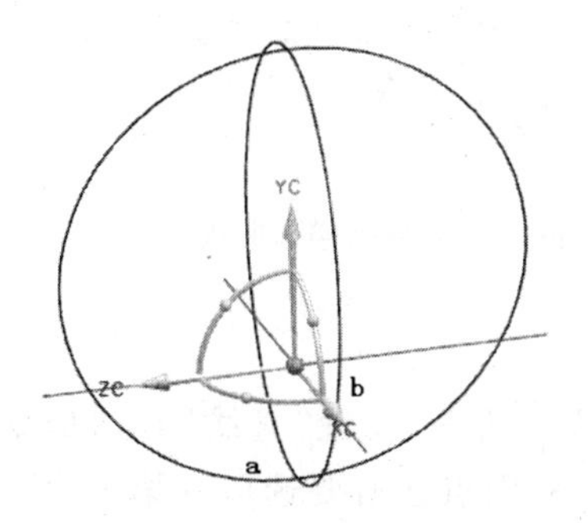

图 5-35　要删除曲线段 a、b

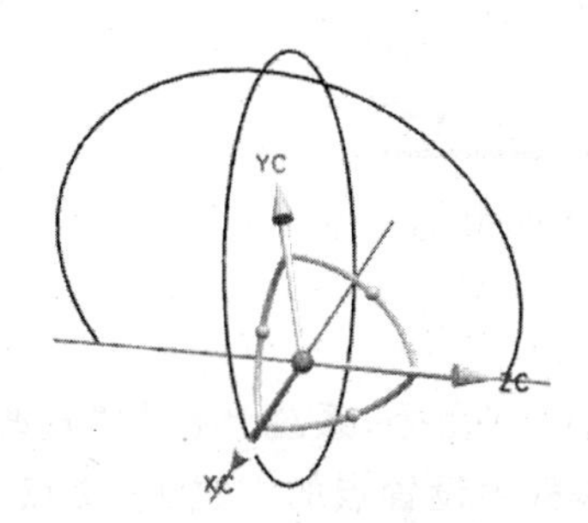

图 5-36　修剪曲线段 a

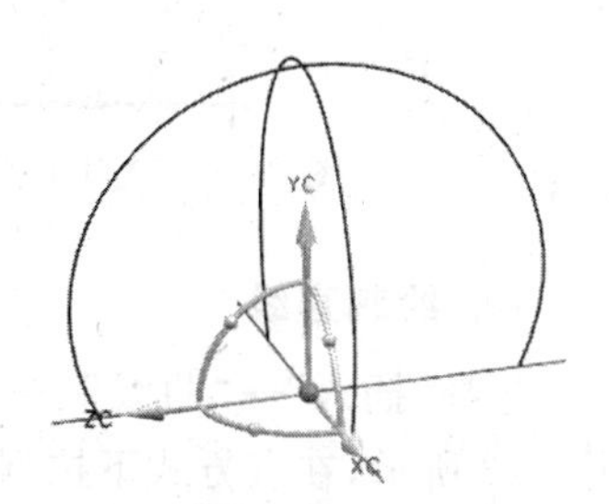

图 5-37　修剪曲线段 a、b

8. 隐藏曲线段

选取曲线段，右击，弹出的快捷菜单，如图 5-38 所示，选择“隐藏”命令后效果如图 5-39 所示。

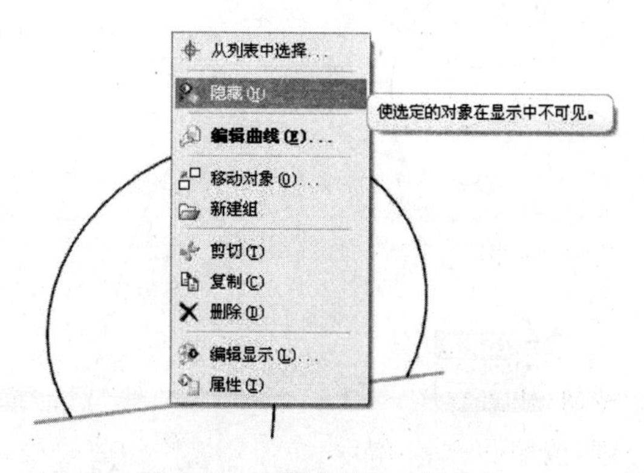

图 5-38　隐藏曲线段 a 后效果

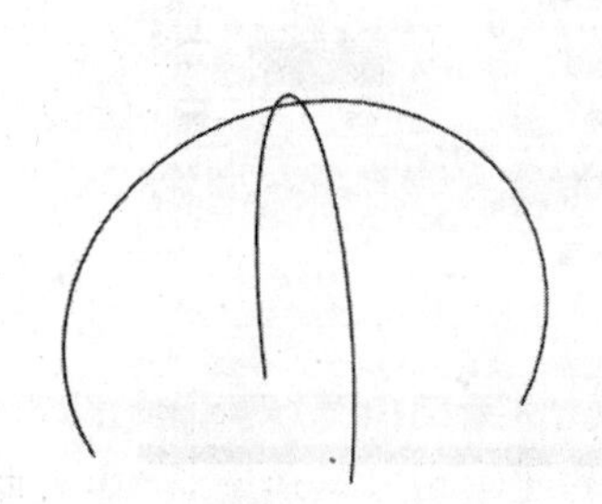

图 5-39　隐藏曲线段 a、b 后效果

9. 绘制样条

单击“曲线”工具栏中的“艺术样条”图标按钮，系统将弹出“艺术样条”对话框。在“样条设置”栏中设置“阶次”为 3，在样条方法中设置为“多段”，选中“封闭的”复选框，设置对话框如图 5-40 所示，按照顺时针顺序依次点选椭圆曲线的 4 个端点，在对话框上单击“确定”按钮，这样样条曲线就创建好了，效果如图 5-41 所示。单击“取消”按钮，退出工作区所有的对话框。

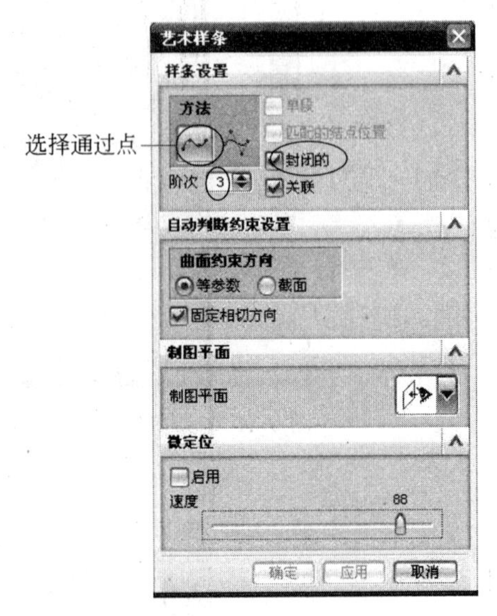

图 5-40 “艺术样条”对话框

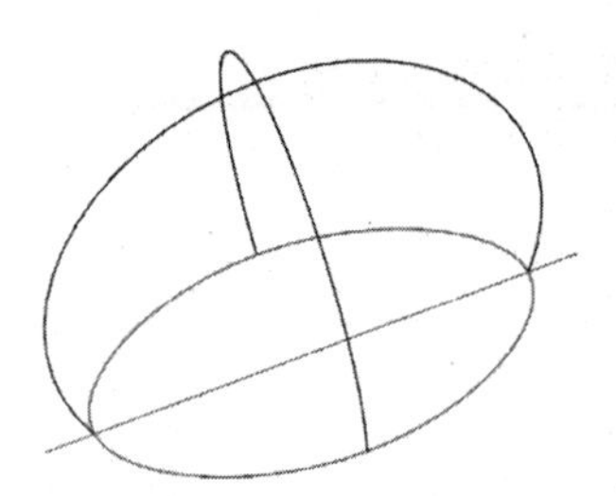

图 5-41 封闭样条曲线

10. 绘制直线

选择“插入”→“曲线”→“直线”命令，系统弹出的“直线”对话框，设置“直线”对话框如图 5-42 所示，在点方式下拉列表框中设置点的方式为“交点”，分别点选所要选取的第一个点的曲线 1，点选第一个点所在的曲线 2，这时这两个曲线的交点就被选中了，先后选取两个交点后，系统将自动绘制出这两个交点的直线，如图 5-43 所示，单击“取消”按钮，退出工作区所有的对话框。

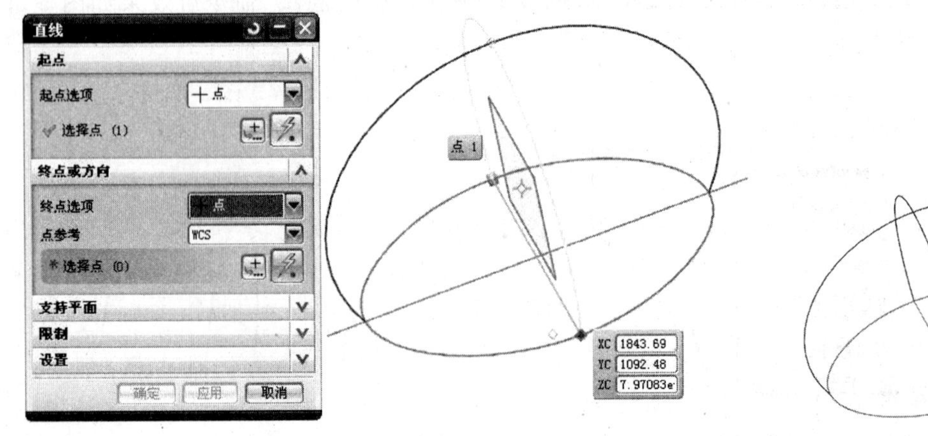

图 5-42 设置“直线”对话框

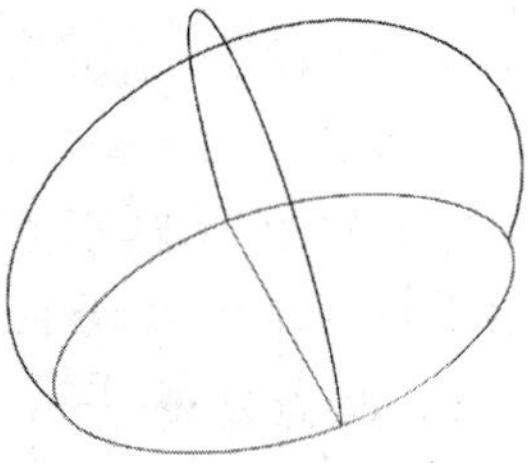

图 5-43 绘制直线

11. 分割椭圆产生的曲线

单击“编辑曲线”工具栏中的“分割曲线”图标按钮，出现如图 5-44 所示对话框，选择“按边界对象”选项，选取如图 5-45所示的曲线，然后在对话框中单击“交点”按钮，完成曲线的分割，再单击“取消”按钮，退出工作区所有的对话框。

图 5-44 “分割曲线”对话框

12. 分割样条产生的曲线

单击“编辑曲线”工具栏中的“分割曲线”图标按钮，选择“按边界对象” 选项，选取样条，单击“确定”按钮。然后在对话框中单击“交点”按钮，选取其中一个椭圆，选取样条以确定交点 1。采用以前同样的方法将样条分为 4 段，最后效果如图 5-46 所示。单击“取消”按钮，退出工作区所有的对话框。

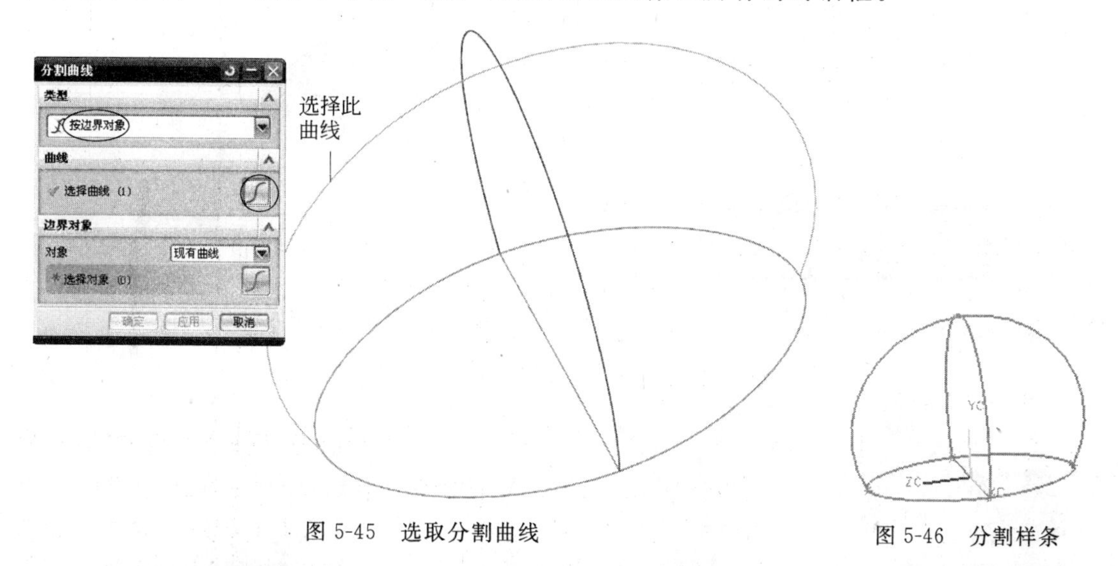

图 5-45 选取分割曲线

图 5-46 分割样条

13. 建构顺滑曲面特征

单击“曲面”工具栏中的“扫掠”图标按钮，系统弹出“扫掠”对话框，如图 5-47 所示，再按图 5-48 所示的顺序进行选择，单击“截面”栏“曲线”按钮，选取第 1 条曲线，再选取第 2 条曲线，单击鼠标中键确认，再单击“引导线”栏中“选取曲面”按钮，分别选取第 3、4、5 条曲线，单击“确定”按钮，生成的扫掠截面如图 5-49 所示。

14. 建构另一半的顺滑曲面

单击“曲面”工具栏中的“扫掠”图标按钮，系统弹出“扫掠”对话框，再按图 5-50 所示顺序进行选择，单击“截面”栏“曲线”按钮，选取第 1 条曲线，再选取第 2 条曲线，单击鼠标中键确认，再单击“引导线”栏中“选取曲面”按钮，分别选取第 3、4、5 条曲线，单击“确定”按钮，生成的扫掠截面如图 5-51 所示。

15. 隐藏直线

执行“编辑” →“显示隐藏” →“显示隐藏”命令或用快捷键 Ctrl＋B，出现“隐藏”对话框，在出现的对话框中单击“曲线”按钮，再在实体中选择要隐藏的曲线和直线，然后单击“确定”按钮。这样要隐藏的曲线就显示不出来了，半遮式安全帽主体 1 效果如图 5-52 所示。

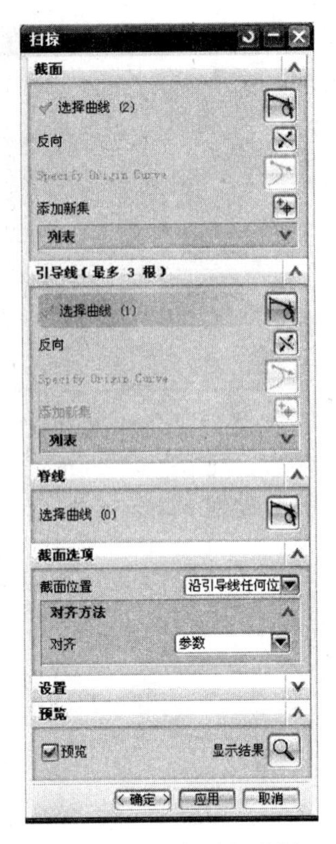

图 5-47　顺序进行选择

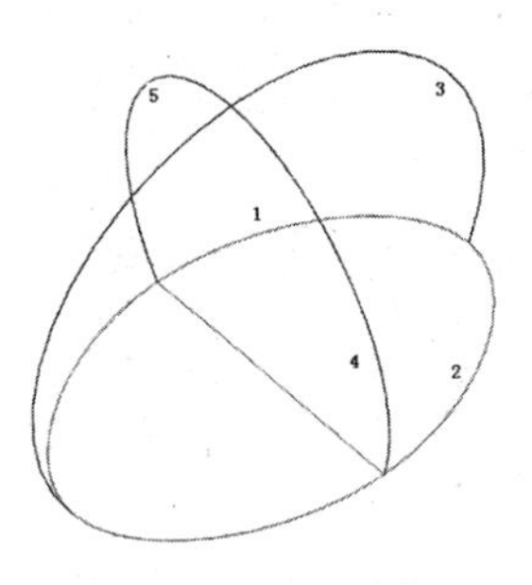

图 5-48　选择顺序 1

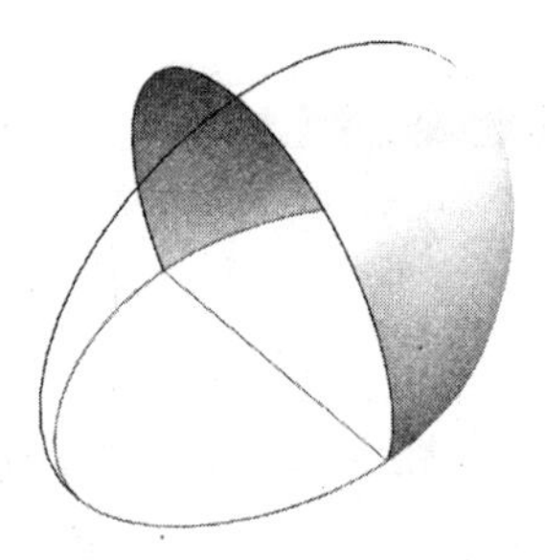

图 5-49　生成扫掠截面 1

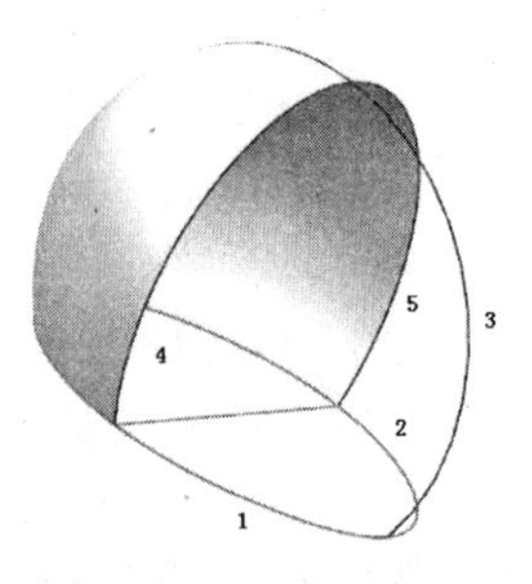

图 5-50　选择顺序 2

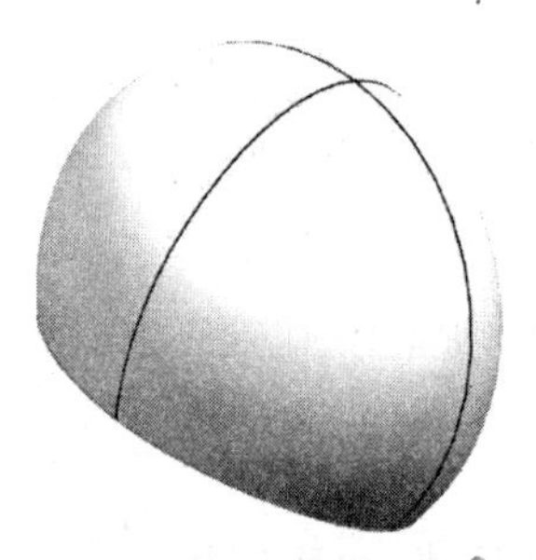

图 5-51　生成扫掠截面 2

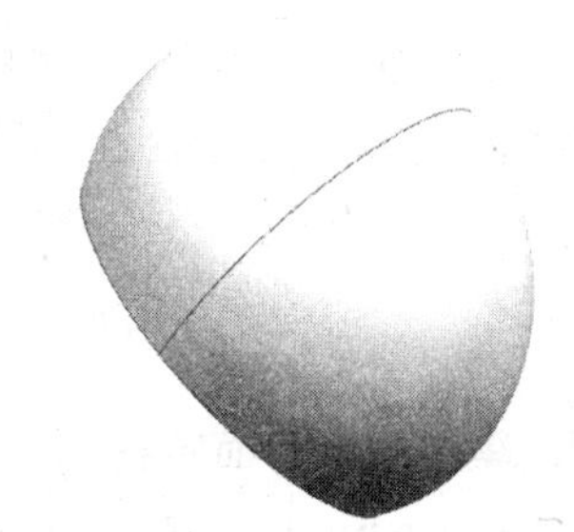

图 5-52　半遮式安全帽主体 1 效果

5.2.3　半遮式安全帽主体 2

一、实例说明

本实例是将完成半遮式安全帽主体 2 的制作，本实例效果如图 5-53 所示。

二、操作步骤

1. 新建一个文件

执行“文件”→“新建”命令，出现“新建”对话框，在对话框中选择“模型”，选择文件“名称”为“_model5-4-4-2. prt”，单击“确定”按钮，选择建模模式，切换到建模模式。

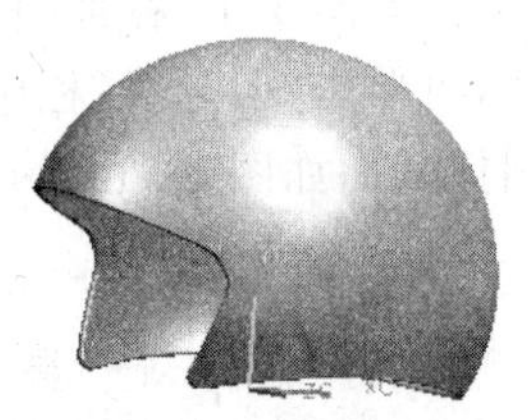

图 5-53　半遮式安全帽主体 2

2. 旋转工作坐标系

执行"格式"→WCS→"旋转"命令，弹出的"旋转"对话框，如图 5-54 所示，在"旋转 WCS 绕..."对话框中选择"固定轴"为"－YC 轴：XC→ZC"选项，在"角度"文本框中输入 90.0000，如图 5-55 所示，单击"确定"按钮，这样完成了工作坐标系的旋转。

3. 绘制直线

单击"曲线"工具栏中的"直线"图标按钮，在弹出的对话框上单击"点对点"，在弹出的对话框中设置 1 点的坐标为 XC=－130，YC=160，ZC=0，单击"确定"按钮。设置 2 点的坐标为 XC=－70，YC=95，ZC=0，单击"确定"按钮。设置 3 点的坐标为 XC=－125，YC=－85，ZC=0，单击"确定"按钮，效果如图 5-56 所示，单击"取消"按钮退出工作区所有的对话框。

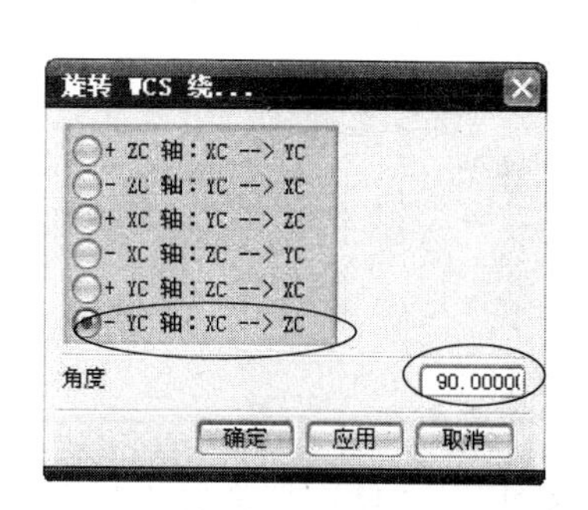

图 5-54 "旋转 WCS 绕..."对话框

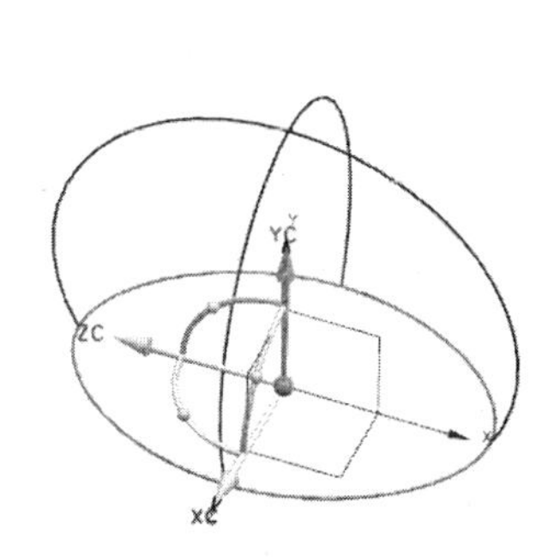

图 5-55 旋转工作坐标系

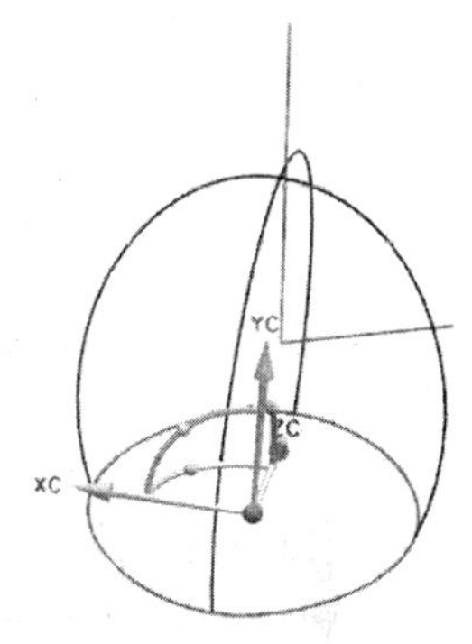

图 5-56 绘制直线

4. 显示隐藏直线

执行"编辑" →"隐藏" →"取消隐藏所选的"命令或用快捷键 Ctrl＋Shift＋B，选取两条直线，按鼠标中键确定，这样被隐藏的直线显示出来了，效果如图 5-57 所示。

5. 产生样条

单击"曲线"工具栏中的"样条"图标按钮，系统将弹出"样条"对话框如图 5-58 所示。单击"通过点"按钮，设置参数为曲线"阶次"为 2，在"曲线类型"栏设置为"多段"，单击"确定"按钮，再单击"点构造器"按钮，在弹出的对话框中单击"交点"按钮，选取图 5-57 所示的直线 1,2 以确定其交点。输入第 2 个点的坐标为 XC=80，YC=15，ZC=0，单击"确定"按钮。在弹出的对话框中单击"交点"按钮，选取图 5-57 所示的直线 1,3 以确定其交点，单击"确定"按钮。在弹出的对话框中单击"是"按钮，然后在弹出的对话框中单击"确定"按钮，这样样条曲线就创建好了，效果如图 5-59 所示。单击"取消"按钮，退出工作区所有的对话框。

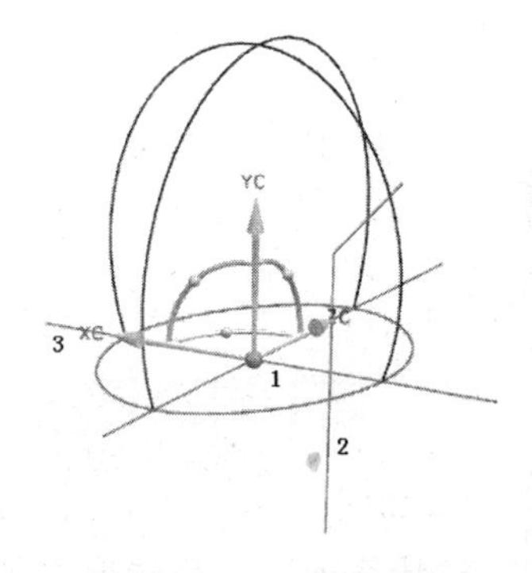

图 5-57 显示隐藏直线

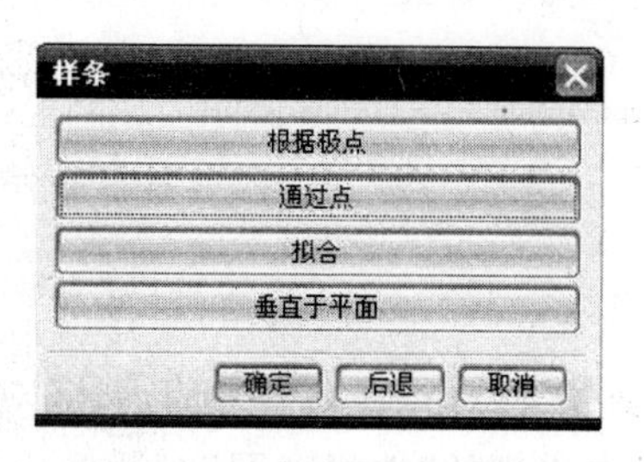

图 5-58 "样条"对话框

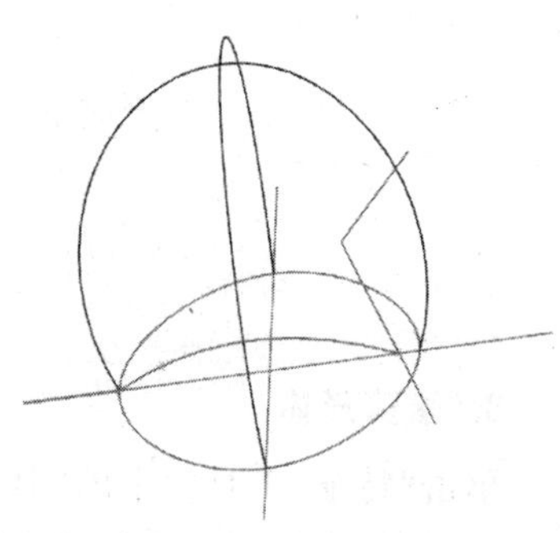

图 5-59 绘制样条

6. 倒圆角

单击"曲线"工具栏中的"圆角"图标按钮，出现如图 5-60 所示的对话框，设置倒角半径为 30，依次选择图 5-61 所示直线 2，1，单击倒圆角的大概中心位置，这样完成了倒圆角 1。然后将倒角半径改为 10，其他参数与图 5-60 相同，再依次选取直线 2，3，单击倒圆角的大概中心位置，这样完成了倒圆角 2。单击"取消"按钮退出工作区所有对话框，最后效果如图 5-62 所示。

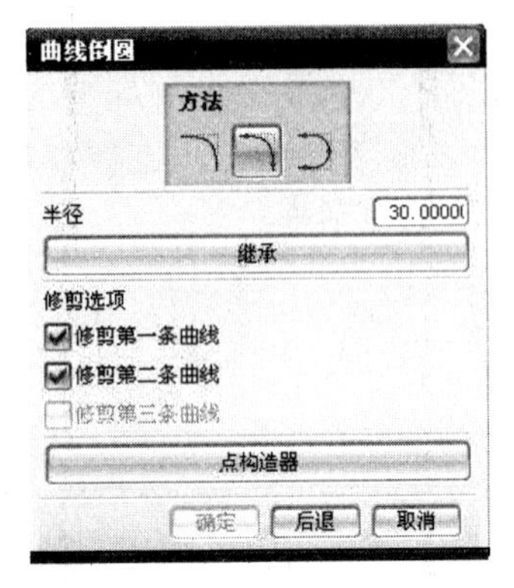

图 5-60 "曲线倒圆"对话框

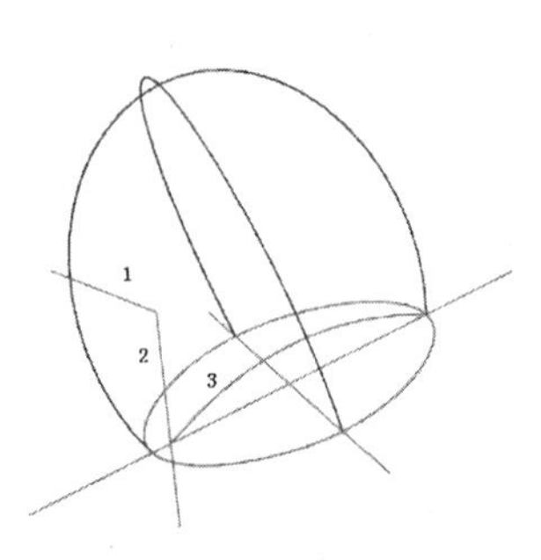

图 5-61 选择曲线

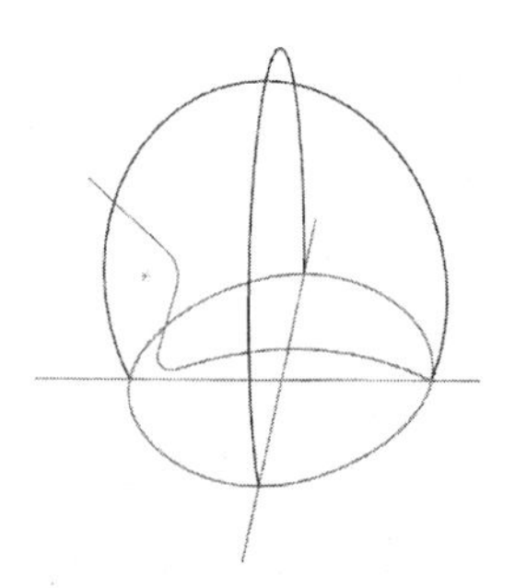

图 5-62 倒圆角后效果

7. 延伸产生片体

在"特征"工具栏中单击"拉伸"图标按钮，在出现的"选择意图"对话框中选择已连接的曲线，选择图 5-63 所示曲线 1，在出现的"拉伸"对话框如图 5-64 所示，在对话框中设置参数开始距离为 150，结束距离为－150，单击"确定"按钮，这样延伸产生了片体，效果如图 5-65 所示。

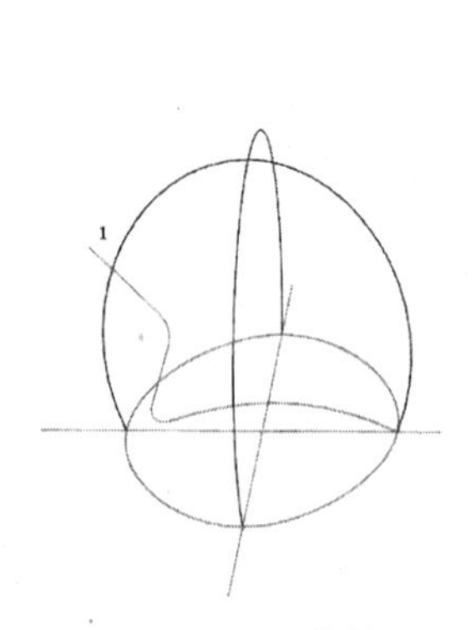

图 5-63 选择曲线 1

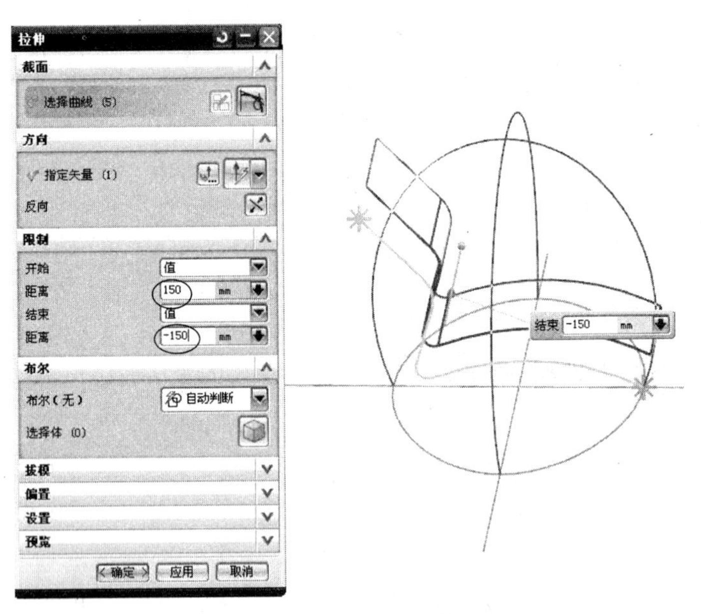

图 5-64 "拉伸"对话框

8. 修剪形体

单击"特征"工具栏中的"修剪体"图标按钮，打开"修剪体"对话框，如图 5-66 所示，选择需要修剪的实体，按鼠标中键确定，在出现的"选择意图"对话框中选择"特征面"，然后选取由样条产生的薄体，单击“确定”按钮，这样实体就修剪好了，效果如图 5-67 所示。

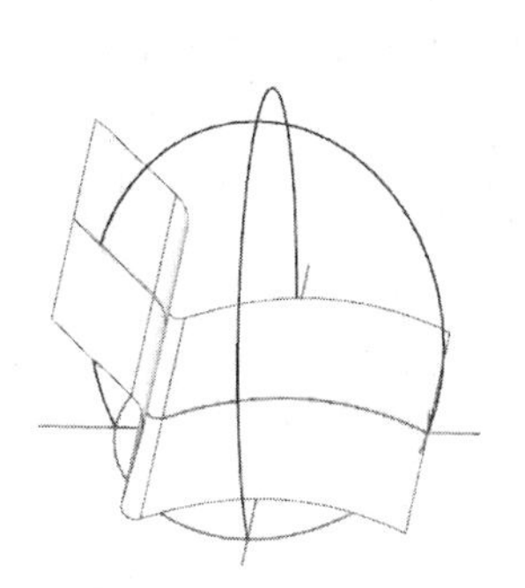

图 5-65　延伸产生片体

图 5-66　“修剪体”对话框

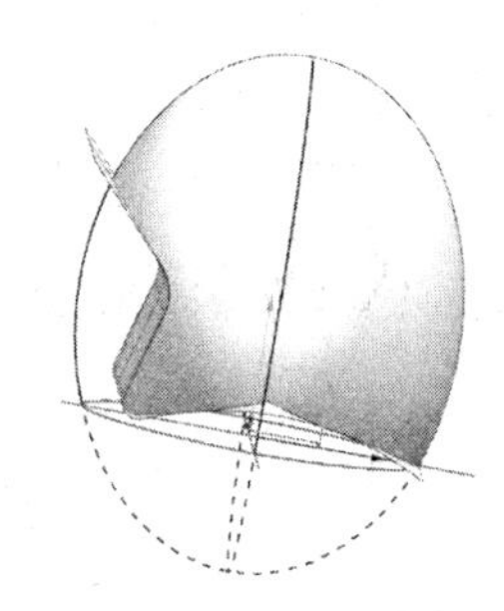

图 5-67　修剪后实体

9. 隐藏曲面

执行“编辑”→“显示与隐藏”→“隐藏”命令或用快捷键 Ctrl+B，选择如图 5-68 所示的实体，然后单击类型按钮，在弹出的对话框中单击“全部(除选定的)”按钮，再单击“确定”按钮，效果如图 5-69 所示。

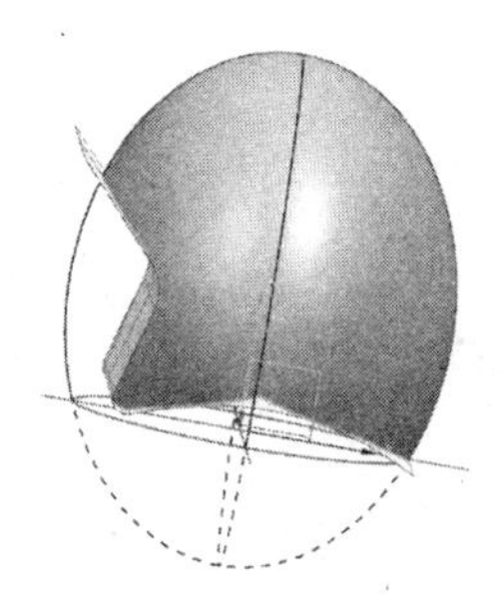

图 5-68　隐藏实体

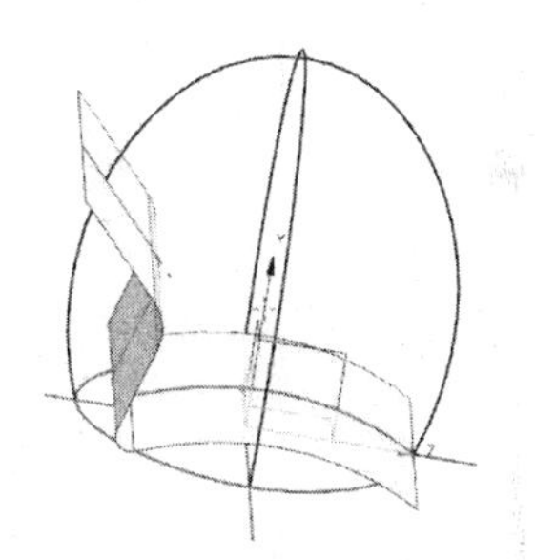

图 5-69　隐藏曲面后效果

10. 建立抽壳特征

单击“特征”工具栏中的“抽壳”图标按钮，在“选择意图”对话框中选择“特征面”，在“壳”对话框中设置默认“厚度”为 6，如图 5-70 所示，选择如图 5-71 所示的面，单击“确定”按钮，完成了挖空操作，效果如图 5-72 所示。

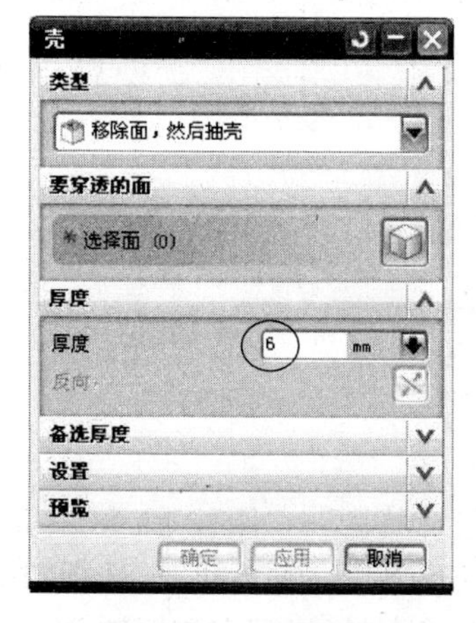

图 5-70　“壳”对话框

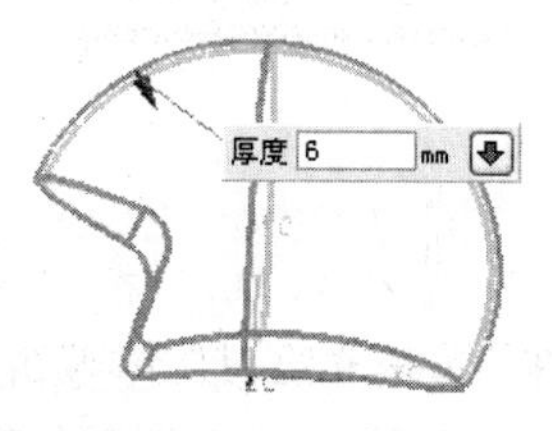

图 5-71　挖空操作

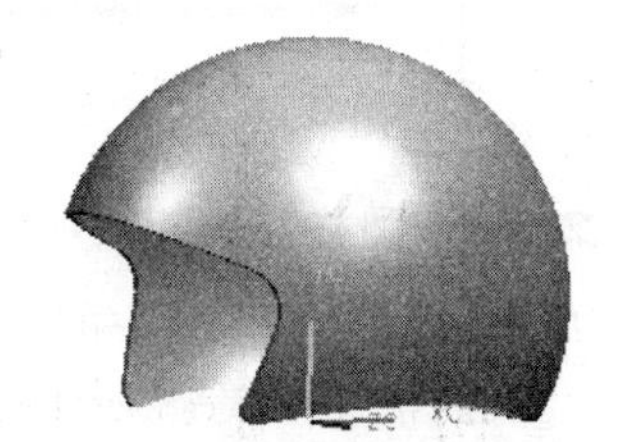

图 5-72　抽壳后效果

11. 建立倒圆角特征

单击“特征”工具栏中的“边倒圆”图标按钮，在“边倒圆”对话框中设置默认“半径”为 2，在“选择意图”对话框中选中“面的边”，选择如图 5-73 所示的面，单击“确定”按钮，效果完成如图 5-73 所示。

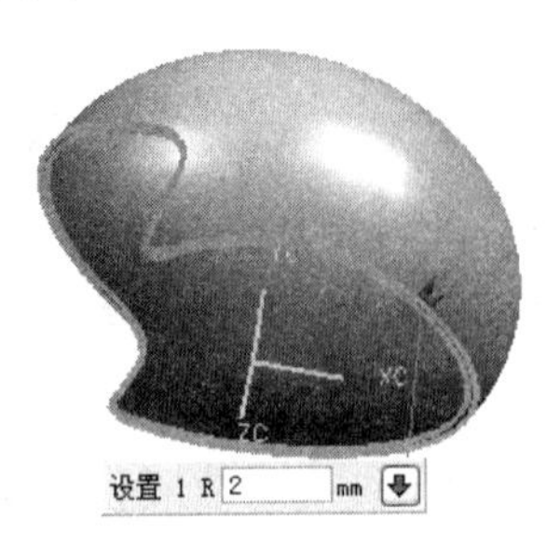

图 5-73　选择面

图 5-74　茶杯

5.2.4　茶杯

本实例将制作如图 5-74 所示的茶杯。

1. 新建一个文件

执行“文件”→“新建”命令，出现“新建”对话框如图 5-75 所示，在对话框中选择“模型”，选择文件“名称”为“_model5-6. prt”，单击“确定”按钮，选择建模模式。

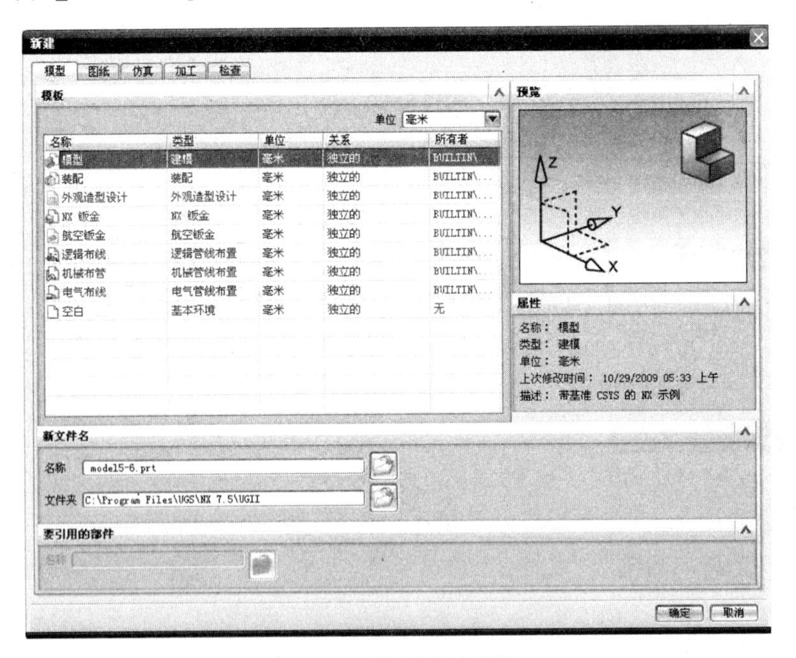

图 5-75　“新建”对话框

2. 制作圆柱实体特征

单击“特征”工具栏中的“圆柱”图标按钮，或执行“插入”→“设计特征”→“圆柱”命令，弹出“圆柱”对话框如图 5-76 所示，选择“轴、直径和高度”选项，输入直径为 80，高度为 75，选择“指定矢量”轴为“YC”方向，对话框如图 5-77 所示，单击“确定”按钮，再单击“指定点”按钮，在弹出“点坐标”对话框中，设置点的坐标为(0,0,0)，单击“确定”按钮退出“点坐标”对话框，再单击“确定”按钮退出绘圆柱命令，生成如图 5-78 所示的圆柱实体。

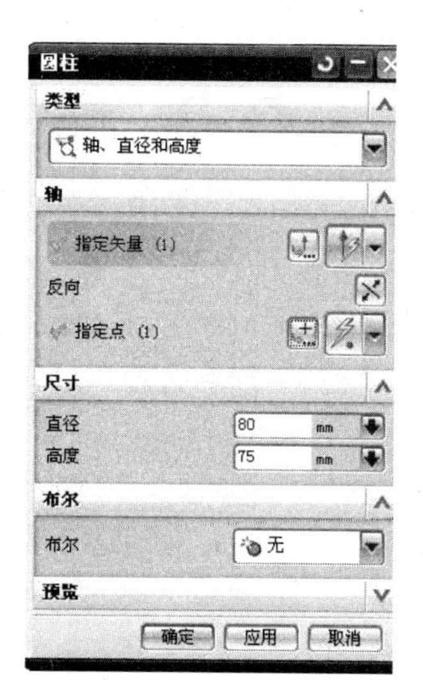

图 5-76 设置圆柱参数

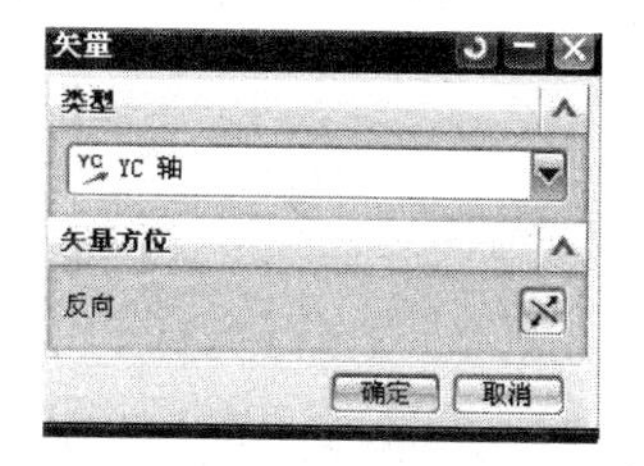

图 5-77 选择“指定矢量”轴为“YC”

图 5-78 圆柱实体

3. 建立挖空特征

单击“特征”工具栏中的“抽壳”图标按钮，或执行“插入”→“细节特征”→“抽壳”命令，弹出“壳”对话框，如图 5-79 所示，选择“移除面，然后抽壳”，设置默认厚度为 5，选择圆柱顶面，如图 5-80 所示，单击“确定”按钮，完成抽壳操作，抽壳实体如图 5-81 所示。

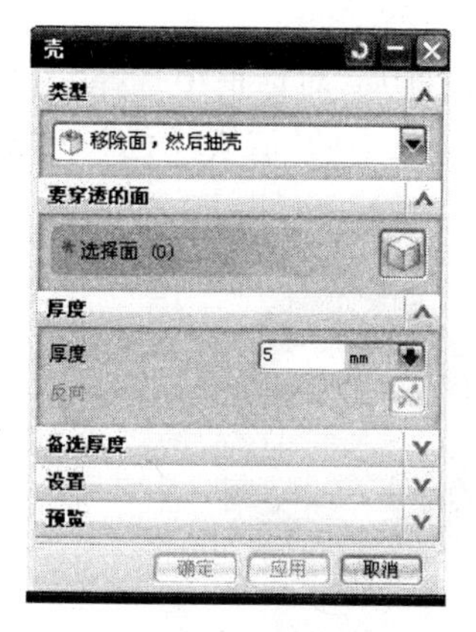

图 5-79 “壳”对话框

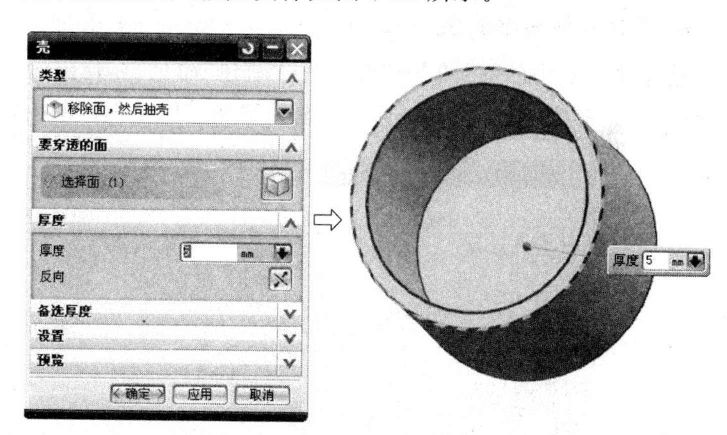

图 5-80 选择抽壳面

4. 建立杯底特征

单击“特征”工具栏中的“圆柱”图标按钮，或执行“插入”→“设计特征”→“圆柱”命令，弹出“圆柱”对话框，单击“轴、直径和高度”按钮，在“指定矢量”轴对话框中单击 YC 按钮，设置圆柱的底面直径为 60，高度为 5，单击“确定”按钮，在“点坐标”对话框中设置点坐标为(0，−5，0)，单击“确定”按钮，在“圆柱”对话框中的“布尔”栏选择“求和”选项，如图 5-82 所示，建立的杯底圆柱实体如图 5-83 所示。

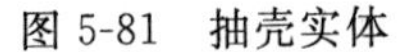

图 5-81 抽壳实体

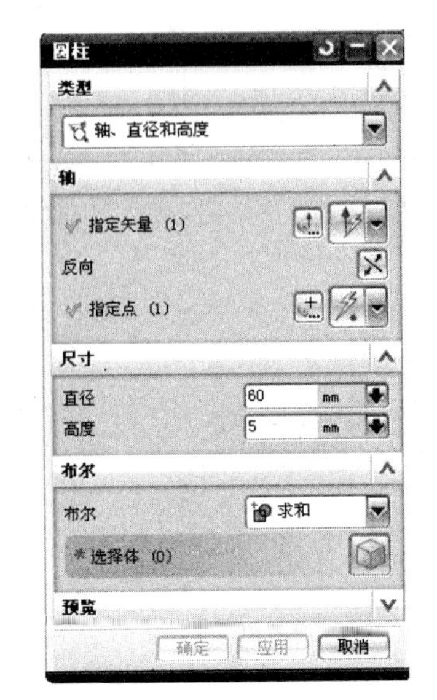

图 5-82 “圆柱”对话框 1

图 5-83 杯底圆柱体

5. 剪除杯底的圆柱特征

单击“特征”工具栏中的“圆柱”图标按钮，或执行“插入”→“设计特征”→“圆柱”命令，弹出“圆柱”对话框，单击“轴、直径和高度”按钮。在弹出的对话框上单击 YC 按钮，单击“切换矢量方向”按钮，再单击“确定”按钮。设置圆柱的底面直径为 50，高度为 5，单击“确定”按钮。在弹出的对话框中设置点为原点，单击“确定”按钮，在弹出的对话框“布尔”栏中单击“求差”按钮，如图 5-84 所示，建立的实体如图 5-85 所示。

6. 茶杯实体线框表字

选择菜单栏中的“视图”→“布局”→“新建”命令，在弹出的“视图布局”对话框中选择“俯视图(top)”，茶杯实体如图 5-86 所示。选择茶杯实体，再选择快捷工具栏中的“渲染样色”→“静

图 5-84 “圆柱”对话框 2

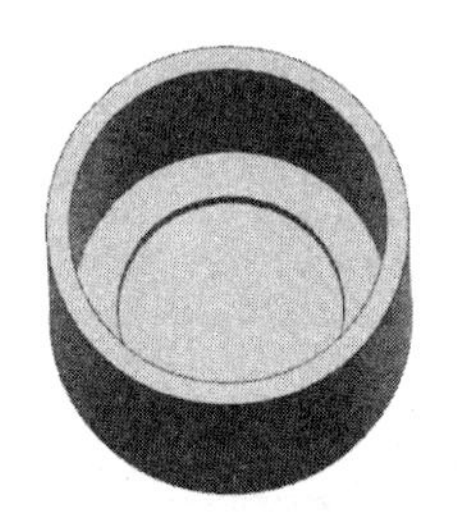

图 5-85 完成实体求差

图 5-86 茶杯实体

态线框”命令，把茶杯实体用线框来显示，如图 5-87 所示。

图 5-87 茶杯线框实体

7. 建立杯身底部外边缘的边倒圆效果

单击“特征”工具栏中的“边倒圆”图标按钮，或执行“插入”→“细节特征”→“边倒圆”命令，弹出“边倒圆”对话框，设置半径为 10，选择杯身底部外边缘，倒圆角 R10 设置对话框参数如图 5-88 所示，单击“应用”按钮，完成倒圆角操作，效果如图 5-89 所示。建立杯底部外边缘的倒角效果，设置默认半径为 5，选择杯底边缘，单击“应用”按钮，完成倒圆角操作，效果如图 5-90 所示。同样可以建立杯底圈内部底倒圆角效果，其中半径为 5，单击“应用”按钮，效果如图 5-91 所示。设置半径为 2，再选择杯身顶部的平面，单击“确定”按钮，效果如图 5-92 所示。同样为杯内部的底部建立圆角效果，设置半径为 4，效果如图 5-93 所示。

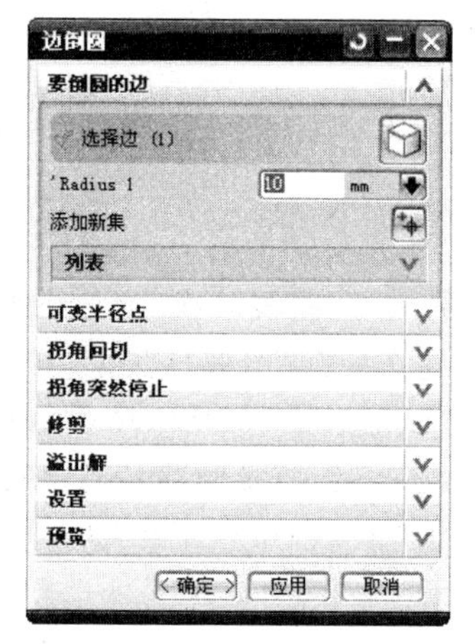

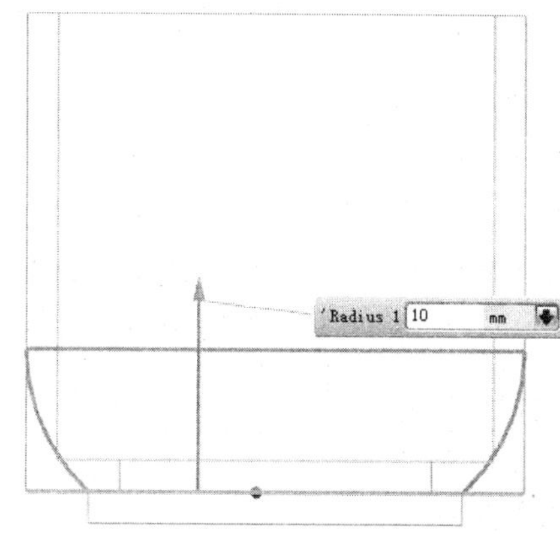

图 5-88 倒 R10 圆角对话框

图 5-89 杯身底部的边倒圆(R10)

图 5-90 杯底部的边倒圆(R5)

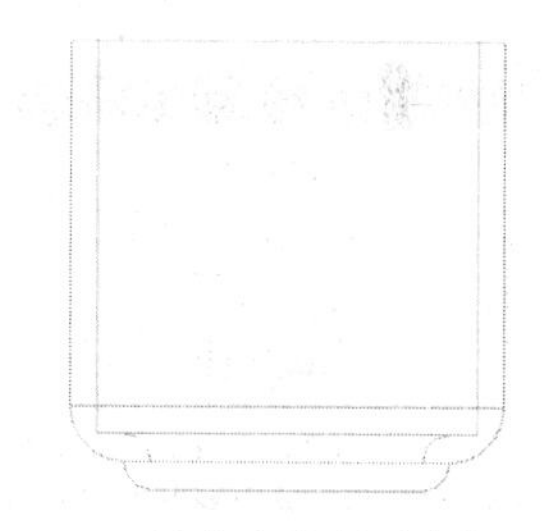
图 5-91 杯内底部的边倒圆(R5)

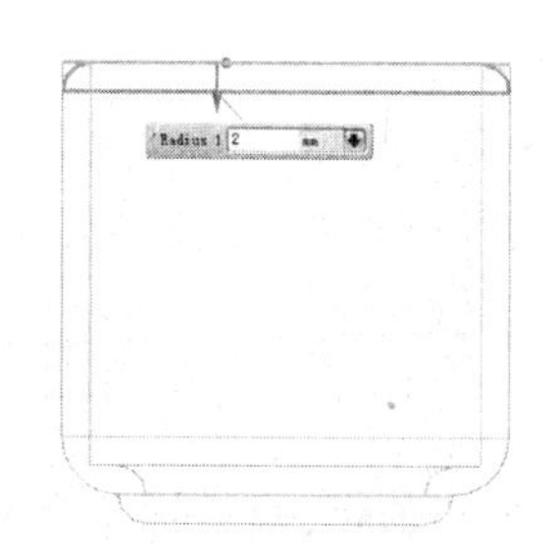
图 5-92 杯身顶部的平面边倒圆(R2)

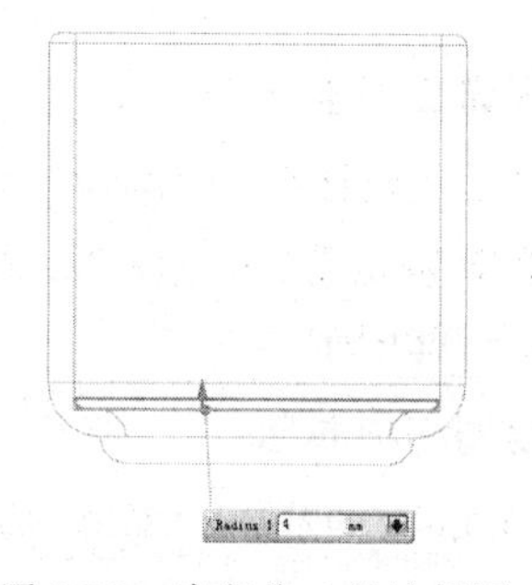
图 5-93 半径为 4 的边倒圆

8. 设置工作坐标系

单击“实用工具”工具栏中的“原点”图标按钮，或执行“格式”→WCS→“原点”命令，弹出“点构造器”对话框，单击“象限点”图标按钮，利用鼠标选取杯身上的圆柱边的最外圈，单击“确定”按钮，如图 5-94 所示。再弹出“点构造器”对话框，设置点坐标为 XC＝4，YC＝－10，ZC＝0，这样就完成了工作坐标系原点的移动，如图 5-95 所示。

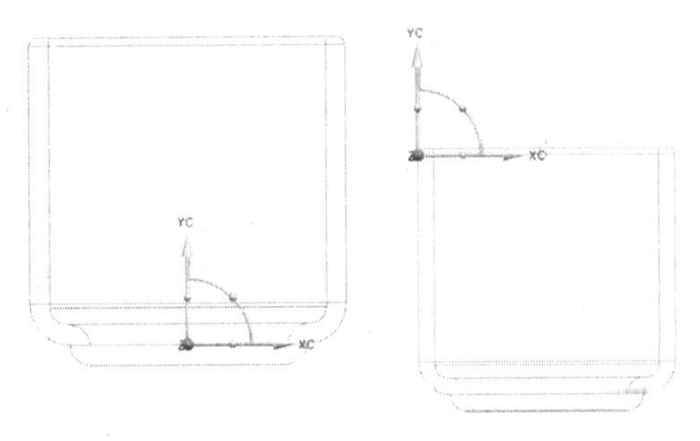

图 5-94 坐标系位置

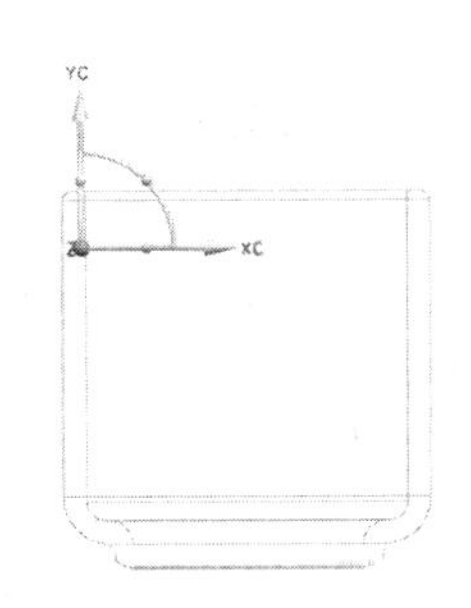

图 5-95 移动坐标系

9. 绘制杯把的引导线

单击“曲线”工具栏中的“样条”图标按钮，或执行“插入”→“曲线”→“样条”命令，弹出“样条”对话框，如图 5-96 所示，单击“通过点”按钮，设置参数为“曲线阶次”为 3，在“曲线类型”栏设置为“多段”，在“曲线阶次”输入框中输入 3，注意不要选中“封闭曲线”选项，如图 5-97 所示。单击“确定”按钮。再单击“点构造器”按钮，在弹出的“点构造器”对话框中设置第 1 个点的坐标为 XC＝0，YC＝0，ZC＝0，单击“确定”按钮。用鼠标在工作区任意生成点 2(－15，－5，0)，点 3(－25，－25，0)，点 4(－15，－45，0)，点 5(0，－50，0)，(根据杯把的形状而定)，单击“确定”按钮，再次单击“确定”按钮，在出现的对话框中单击“是”按钮。这样杯把的基本曲线就绘制好了，如图 5-98 所示。

图 5-96 “样条”对话框

图 5-97 通过点生成样条曲线

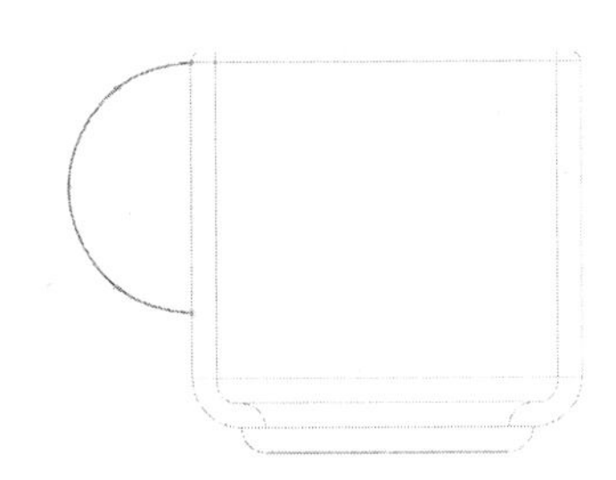

图 5-98 杯把基本曲线

10. 旋转工作坐标系

执行“工作坐标系”→“旋转”命令，选择“＋YC 轴：ZC→XC”选项，在“角度”文本框中输入“90”，单击“确定”按钮，这样完成了工作坐标系的旋转。这时可以在 XY 平面绘制杯把的断面了，如图 5-99 所示。

11. 绘制杯把断面

执行菜单栏“曲线”→“椭圆”命令，系统将打开“点构造器”对话框，设置点的坐标为 XC＝0，YC＝0，ZC＝0，单击“确定”按钮。将打开“椭圆参数设置”对话框，设置长半轴为 9，短半轴为 4.5，单击“确定”按钮，效果如图 5-100 所示。

图 5-99 旋转工作坐标系

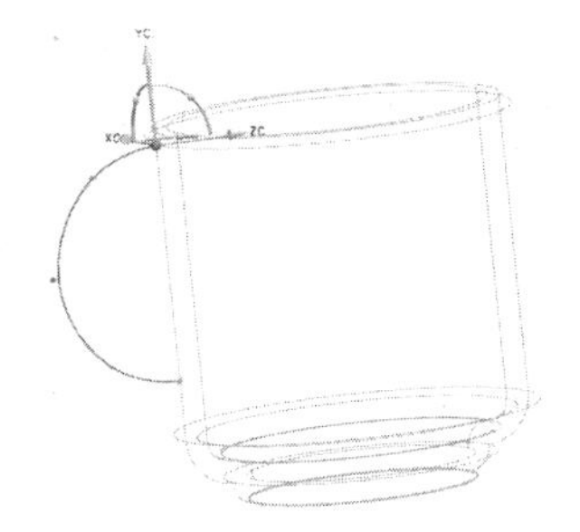

图 5-100 绘制杯把断面

12. 建立杯把特征

单击“特征”工具栏中的“扫掠”图标按钮，弹出“沿引导线扫掠”对话框，选取刚刚画好的椭圆，单击“确定”按钮，选取杯把作为引导线，单击“确定”按钮，在出现的“参数设置”对话框中设置两个参数均为 0，单击“确定”按钮，在弹出的“布尔操作”对话框中单击“无”按钮，如图 5-101 所示，这样杯把的基本形状就画好了，单击“取消”按钮，退出“沿引导线扫掠”对话框，分割多余的把柄，杯把特征如图 5-102 所示。

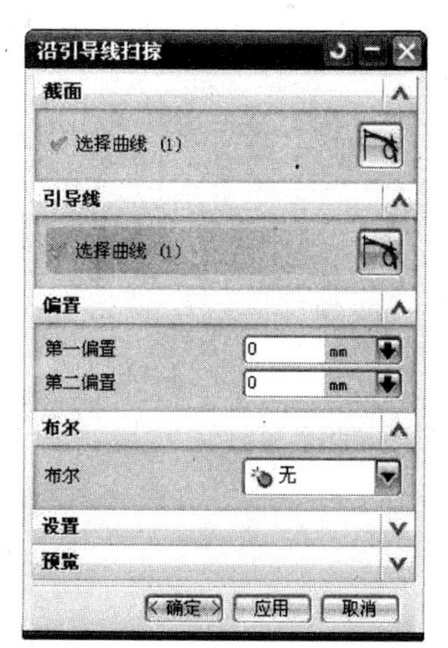

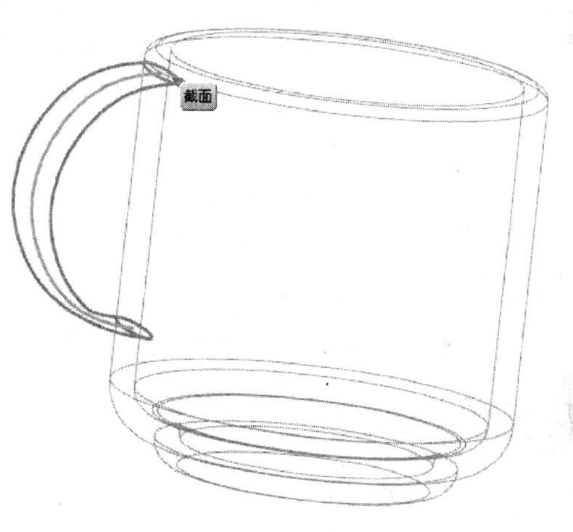

图 5-101 “沿引导线扫掠”对话框

13. 建立杯把的倒圆角的特征

单击“特征”工具栏中的“倒圆角”图标按钮，设置默认半径为 10，选择杯把与杯身相连接处的两个椭圆，单击“确定”按钮，这样杯把和杯身的倒圆角的特征就完成了，茶杯如图 5-103 所示。

图 5-102 建立杯把特征

图 5-103 茶杯

5.2.5 水嘴旋钮实例

一、实例说明

设计如图 5-104 所示的水嘴旋钮，水嘴旋钮由阀体部分和旋钮部分组成。阀体利用“回转”命令即可实现；旋钮部分则可通过创建相应的曲线，用“通过曲线网格”命令创建，并用“镜像”命令创建一个完整的旋钮，然后用“绕点旋转”功能进行旋转即可得到 4 个对称的旋钮。

二、操作步骤

1. 启动 UG NX 7.5，新建一个文件

执行“文件”→“新建”命令，出现“新建”对话框如图 5-105 所示，在对话框中选择“模型”，选择文件“名称”为“_model5-7. prt”，单击“确定”按钮，选择建模模式。

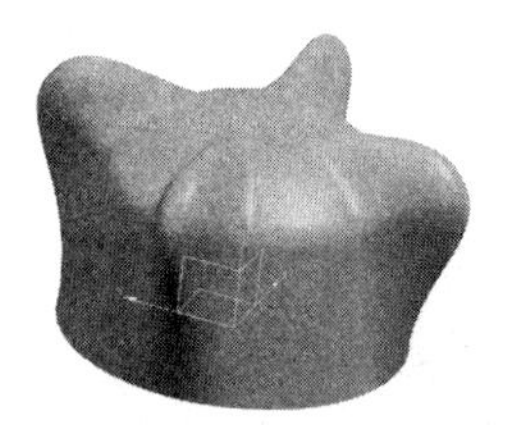

图 5-104 水嘴旋钮

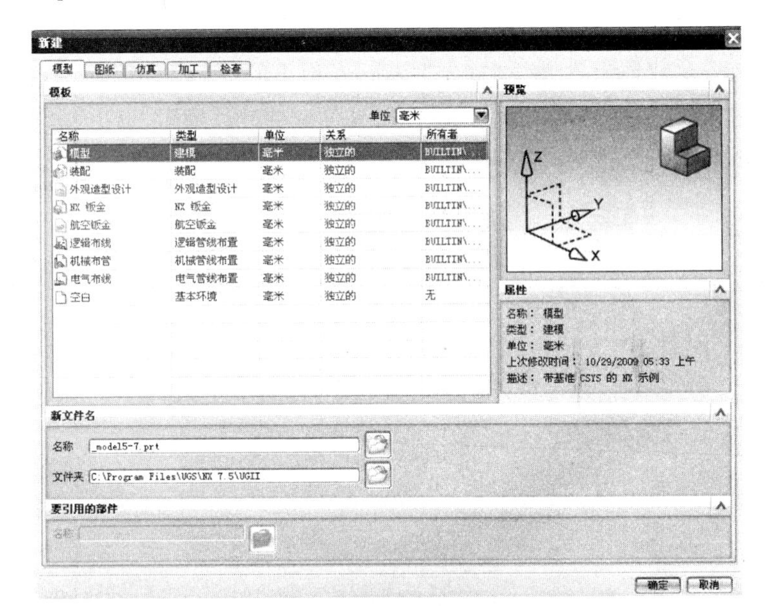

图 5-105 “新建”对话框

2. 选择 XOZ 平面作为工作平面

选择“插入”→“草图”命令，首先画出此图的中心线及草图，如图 5-106 所示，这里完成图的 5 个尺寸为：25，16，18，80°，R20。

3. 在 XOZ 平面内创建旋转片体

选择“插入”→“设计特征”→“回转”命令，在弹出的对话框中进行设置，如图 5-107 所示，单击“确定”按钮，旋转实体的模型如图 5-108 所示。

4. 建立实体边倒圆特征

选择“插入”→“细节特征”→“边倒圆”命令，在弹出的对话框中进行设置，如图 5-109 所示，在实体的顶边倒 R5 的圆角，单击“确定”按钮，旋转实体的模型如图 5-110 所示。

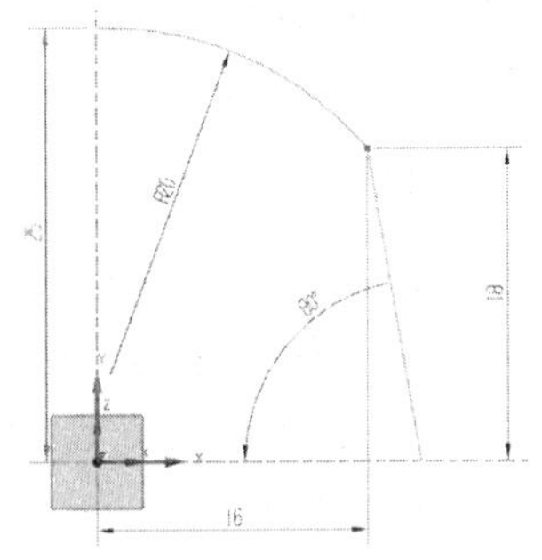

图 5-106 草图尺寸

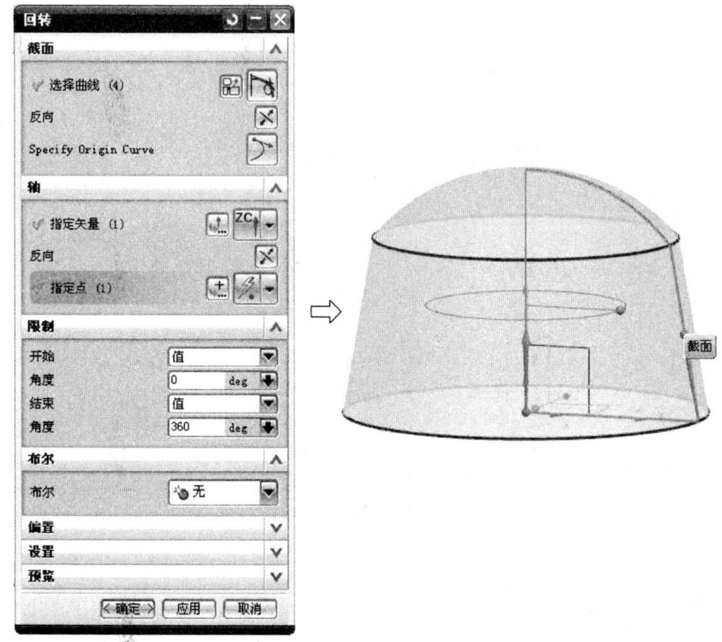

图 5-107　“回转”对话框

图 5-108　旋转实体

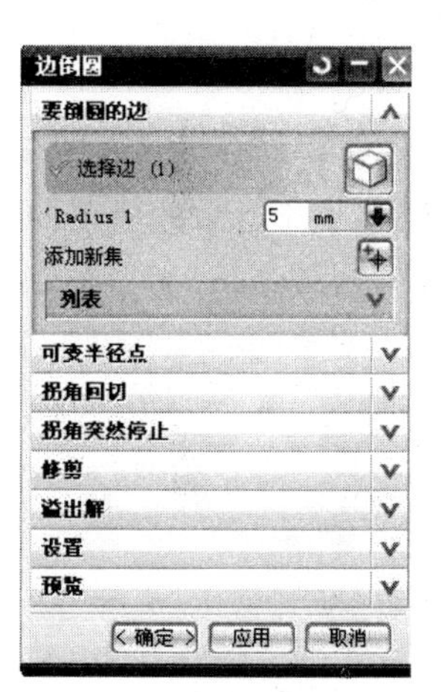

图 5-109　“边倒圆”对话框

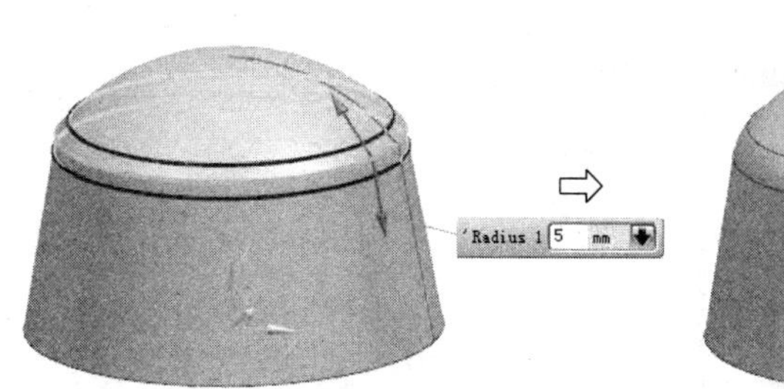

图 5-110　边倒圆实体

5. 创建草图

在 XOY 平面内创建如图 5-110 所示的草图。

6. 投影曲线

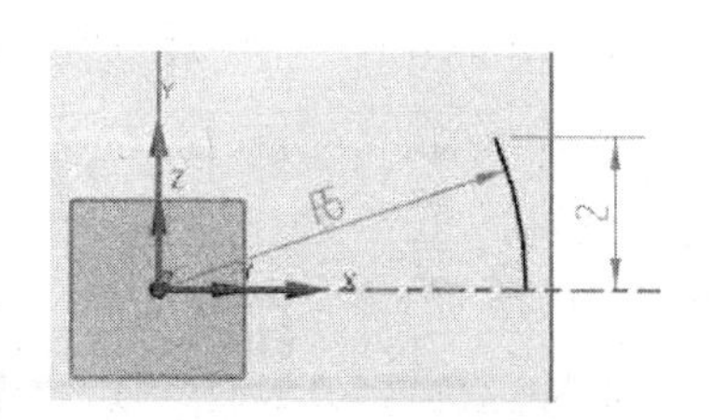

图 5-111　创建草图

选择“插入”→“来自曲线集的曲线”→“投影”命令，将图 5-111 所创建的曲线沿＋Z 方向投影到顶部圆弧面上，在弹出的“投影曲线”对话框中进行设置，如图 5-112 所示，分别选择“要投影的曲线或点”、“要投影的对象”、“投影方向”，单击“确定”按钮，投影完成的曲线如图 5-113 所示。

7. 绘制艺术样条曲线

利用“草图”命令，在 XOZ 平面内绘制艺术样条曲线，选择“插入”→“曲线”→“ 艺术样条”命令，绘制样条曲线如图 5-114 所示。

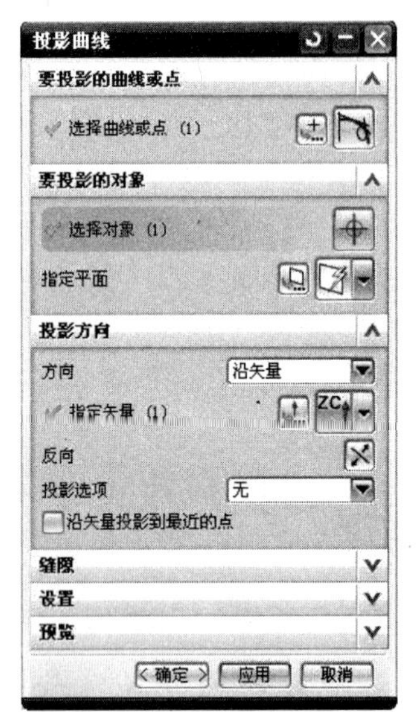

图 5-112 “投影曲线”对话框

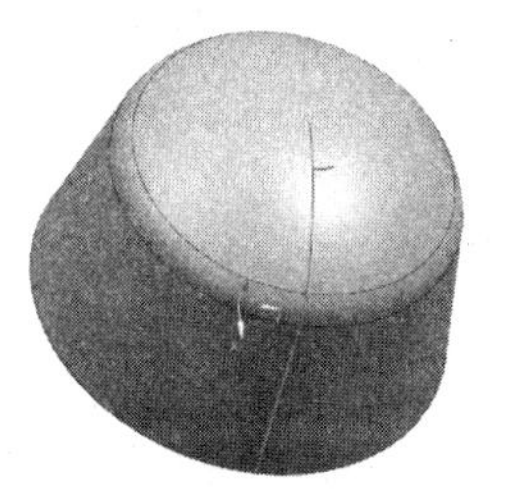

图 5-113 投影曲线

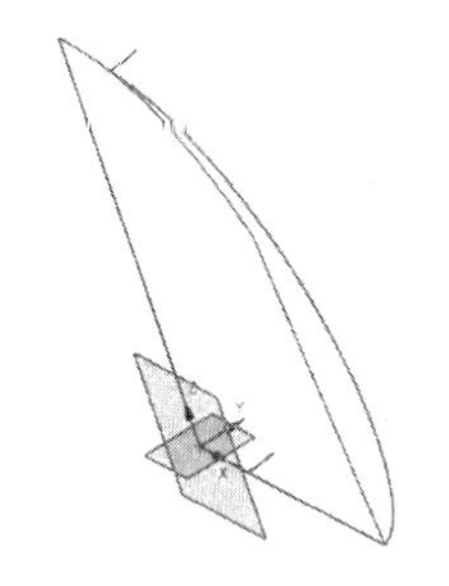

图 5-114 绘制艺术样条曲线

8. 拉伸曲线

选择“插入”→“设计特征”→“拉伸”命令，弹出“拉伸”对话框，将图 5-114 所示的样条曲线进行拉伸 25mm，拉伸后的曲线如图 5-115 所示。

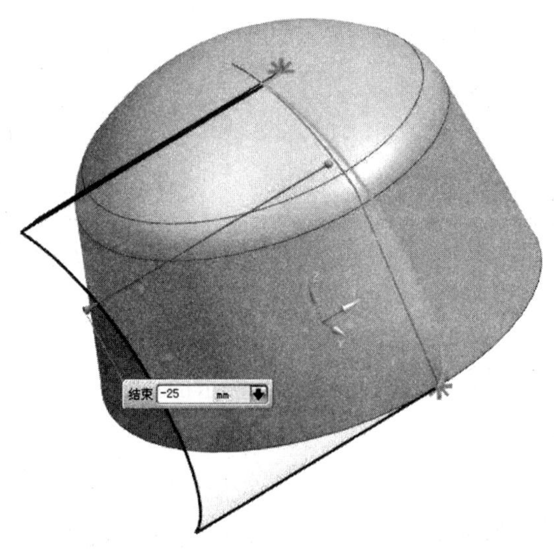

图 5-115 拉伸曲线

9. 创建基准平面

选择“插入”→“基准/点”→“ 基准平面”命令，打开“基准平面”对话框，用“成一角度”方式，创建绕 XOZ 轴－22.5°的“基准平面”如图 5-116 所示。

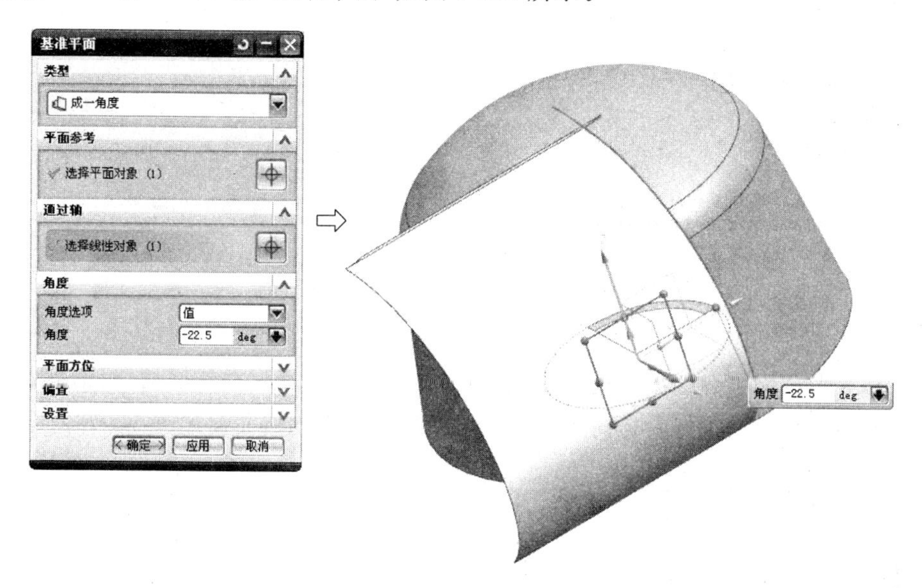

图 5-116　创建基准平面

10. 创建相交曲线

选择“插入”→“来自体的曲线”→“求交”命令，出现“相交曲线”对话框，分别单击“相交曲线”对话框中的第一组、第二组中的“选择面”按钮，再选择实体中要求交的面，创建的相交曲线如图 5-117 所示。

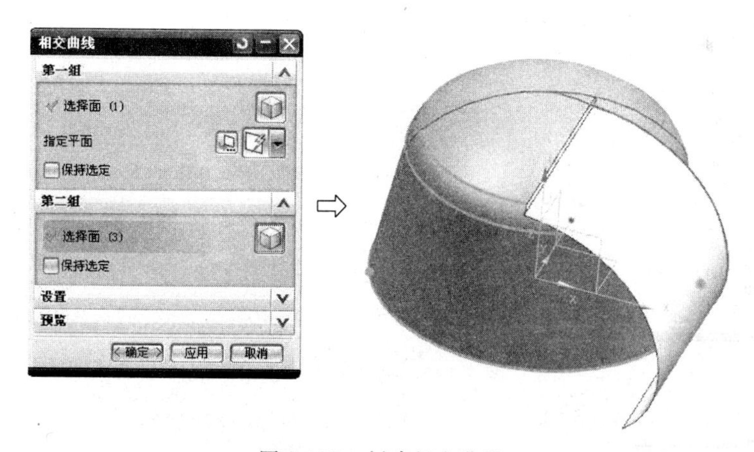

图 5-117　创建相交曲线

11. 创建分割曲线

单击工具栏中的“分割曲线”图标按钮，出现“分割曲线”对话框，设置对话框如图 5-118 所示，在“类型”中选择“按边界对象”，在“边界对象”栏中“对象”选择“投影点”，再选择要分割的曲线，创建的分割曲线如图 5-119 所示。

图 5-118 “分割曲线”对话框

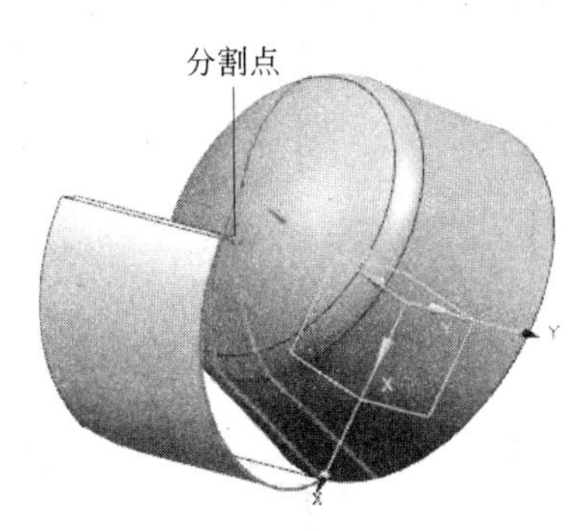

图 5-119 分割曲线

12. 创建网格曲面

选择“插入”→“网格曲线”→“通过曲线网格”命令，出现“通过曲线网格”对话框，分别单击主曲线、交叉曲线栏中的按钮，再选择实体中的曲线，创建的网格曲面如图 5-120 所示。

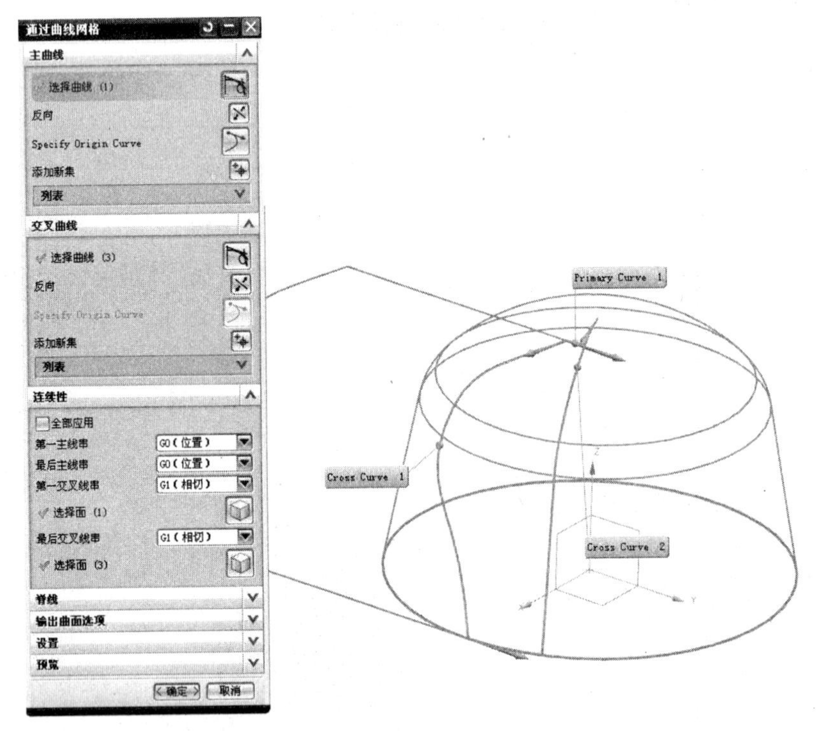

图 5-120 创建网格曲面

13. 镜像及缝合曲面

单击工具栏中的“变换”图标按钮，出现“变换”对话框，选择“网格曲面”，再单击“确定”按钮，系统弹出“变换”对话框，再单击“通过一平面镜像”按钮如图 5-121 所示。

再单击“确定”按钮，出现“平面”对话框，在对话框中选择“XC-ZC 平面”，单击“确定”按钮，系统弹出“变换”对话框，在对话框中单击“复制”按钮，再单击“确定”按钮，创建的平面镜像实体如图 5-122 所示。

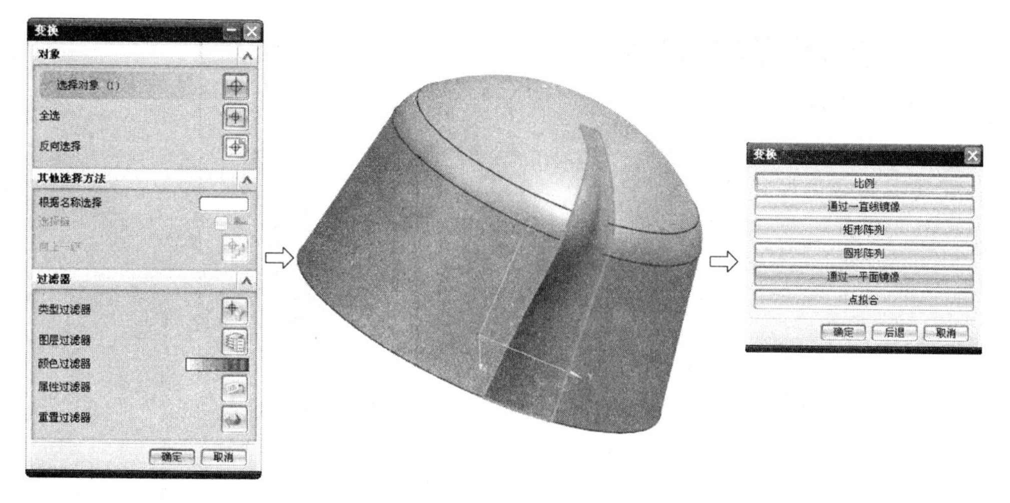

图 5-121　“变换”对话框

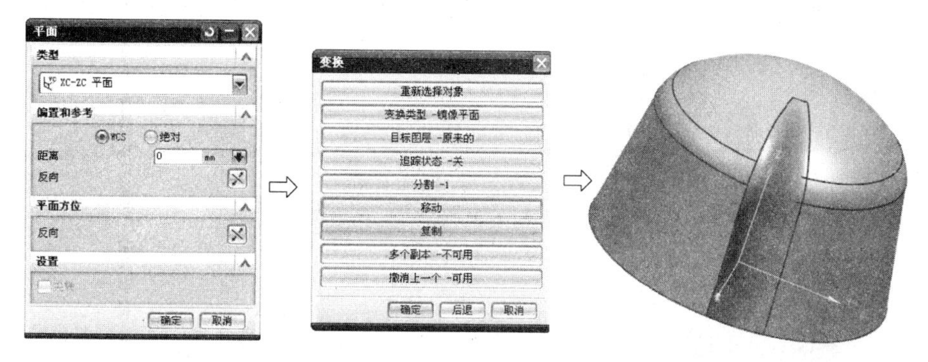

图 5-122　平面镜像实体

选择“插入”→“组合”→“缝合”命令，出现“缝合”对话框，分别选择“目标片体”和“刀具片体”，再单击“确定”按钮，创建的“缝合”曲面如图 5-123 所示。

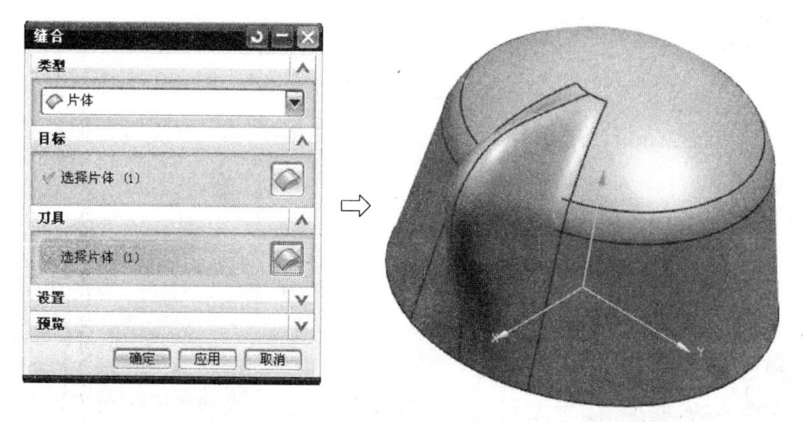

图 5-123　“缝合”曲面

14. 创建回转特征

单击“编辑曲面”工具栏中的“变换”图标按钮，出现“变换”对话框，分别选择创建的“单个片体”进行回转，并将所有曲面进行“缝合”，如图 5-124 所示。

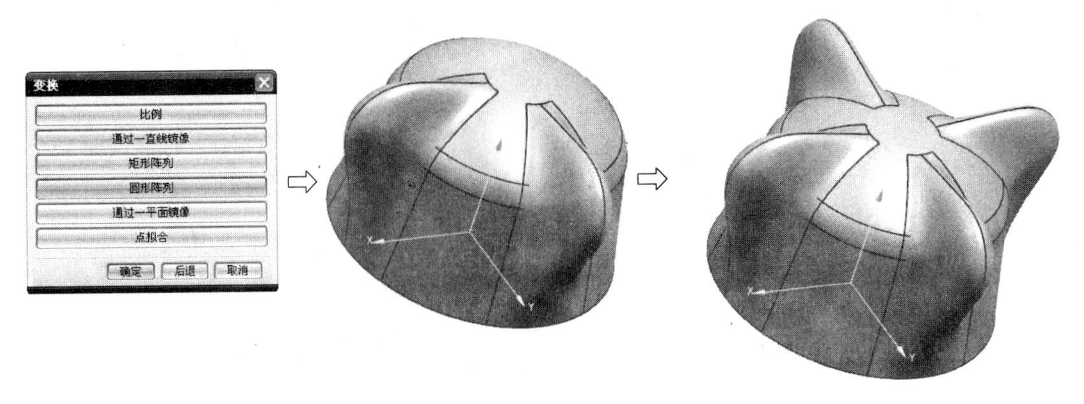

图 5-124　回转片体

15. 绘制有界平面

选择“插入”→“曲面”→“有界平面”命令，出现“有界平面”对话框，绘制如图 5-125 所示的有界平面，并进行“缝合”。

16. 创建草图

选择“插入草图”命令，在 XOY 平面创建如图 5-126 所示的草图。

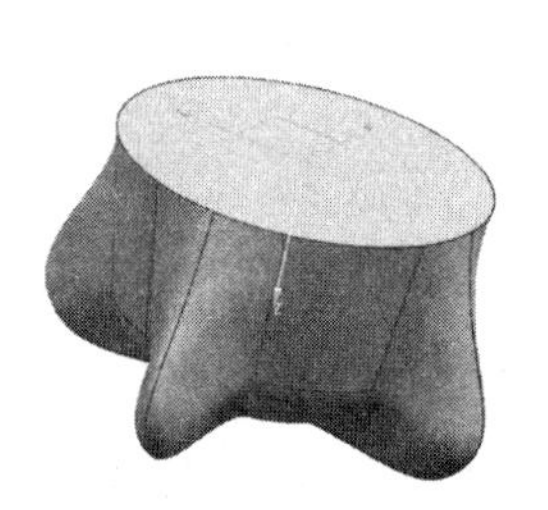

图 5-125　绘制有界平面

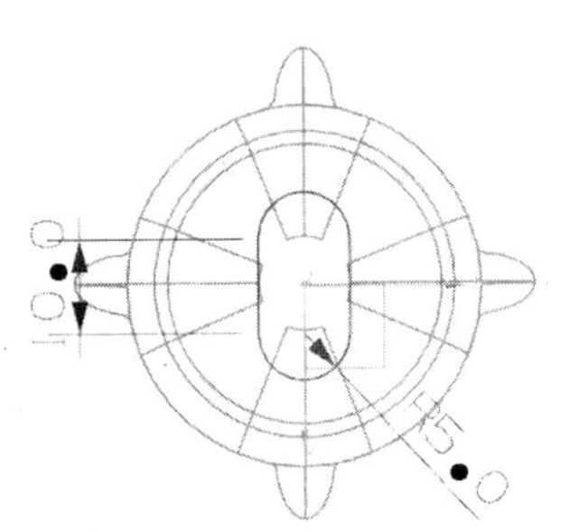

图 5-126　插入草图

17. 创建拉伸特征

选择“插入”→“设计特征”→“拉伸”命令，出现“拉伸”对话框，用“拉伸”命令将第 16 步绘制的草图轮廓向下拉伸 2mm，在“拉伸”对话框中选择“求差”方式，效果如图 5-127 所示。

18. 旋转实体

旋转实体，获得水嘴旋钮如图 5-128 所示。

图 5-127　拉伸草图

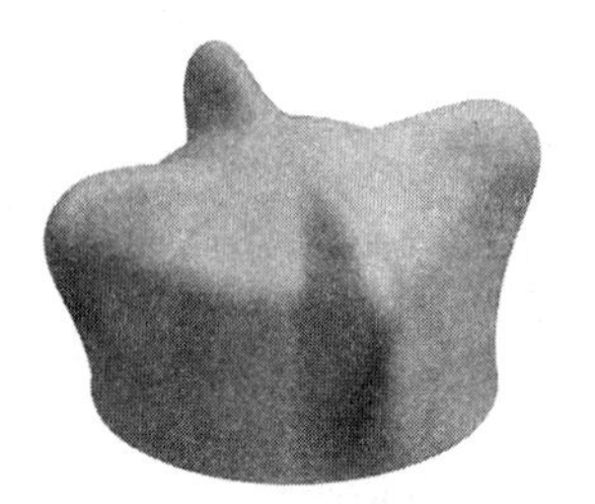

图 5-128　水嘴旋钮

5.2.6 管道设计实例

1. 启动 UGNX 7.5，新建一个文件

执行“文件”→“新建”命令，出现“新建”对话框如图 5-129 所示，在对话框中选择“模型”，选择文件“名称”为“_model5-8. prt”，单击“确定”按钮，选择建模模式。

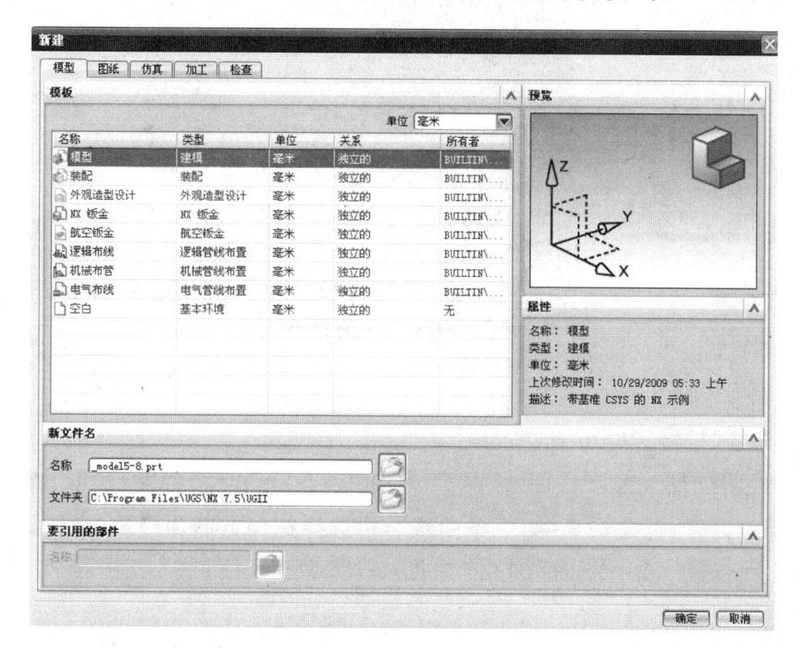

图 5-129 “新建”对话框

2. 在 YZ 平面内创建“艺术样条”曲线

进入草图模式，选择“YZ 平面”为当前工作平面，再选择草图“绘点”命令，出现如图 5-130 所示的“草图点”对话框，选择“点对话框”图标，出现如图 5-131 所示的“点”对话框，在坐标栏中分别输入点坐标为(0,0,0)，(0,185,93)，(0,75,0)，(0,85,211)，构建的 4 个点如图 5-132 所示。再在工具栏中单击“艺术样条”图标按钮，出现如图 5-132 所示的“艺术样条”对话框，设

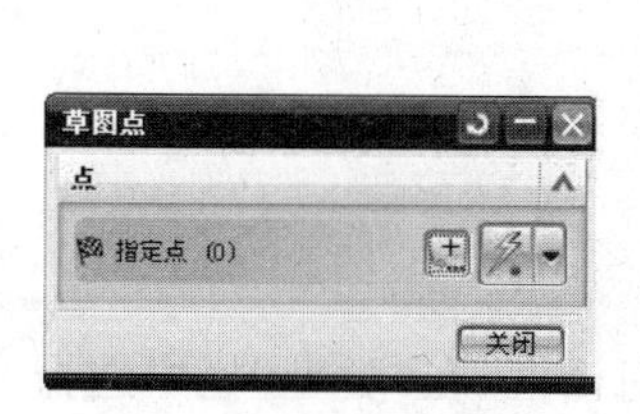

图 5-130 “草图点”对话框

图 5-131 “点”对话框

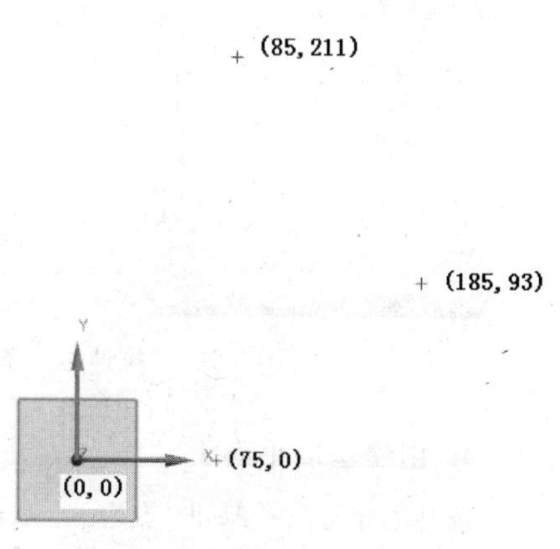

图 5-132 构建的 4 个点

置“艺术样条”对话框如图 5-133 所示，“阶次”设为 3，设置“方法”为“通过点”，“曲面约束方向”为“等参数”，在“匹配的结点位置”选项前打钩，再分别选择创建的 4 个点。创建的两条艺术样条曲线如图 5-134 所示。

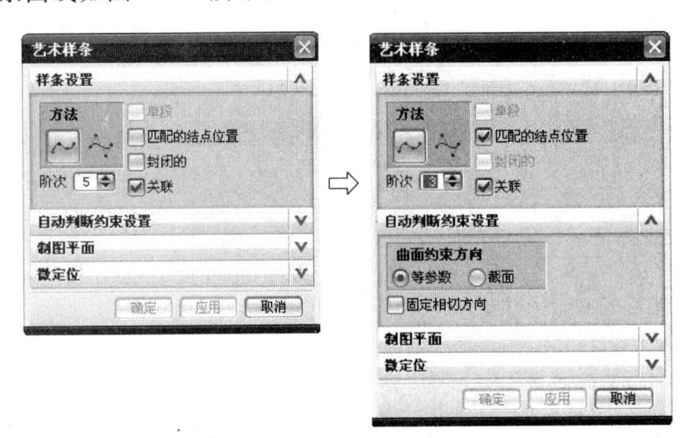

图 5-133 “艺术样条”对话框

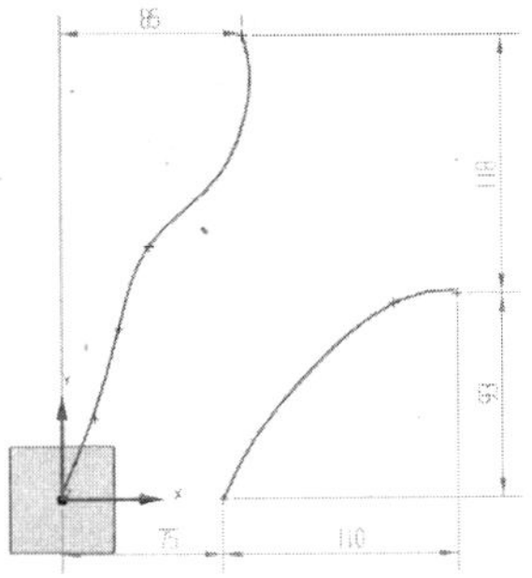

图 5-134 创建两条艺术样条曲线

3. 将两条曲线“拉伸”20mm

在菜单栏中选择“插入”→“设计特征”→“拉伸”命令，出现“拉伸”对话框，在对话框中进行如图 5-135 所示的设置，首先选择“第一条曲线”，再选择拉伸方向为－XC 方向，选择开始距离为 0，结束距离为－20，第一条曲线拉伸如图 5-135 所示，用同样方法拉伸第二条曲线如图 5-136 所示。

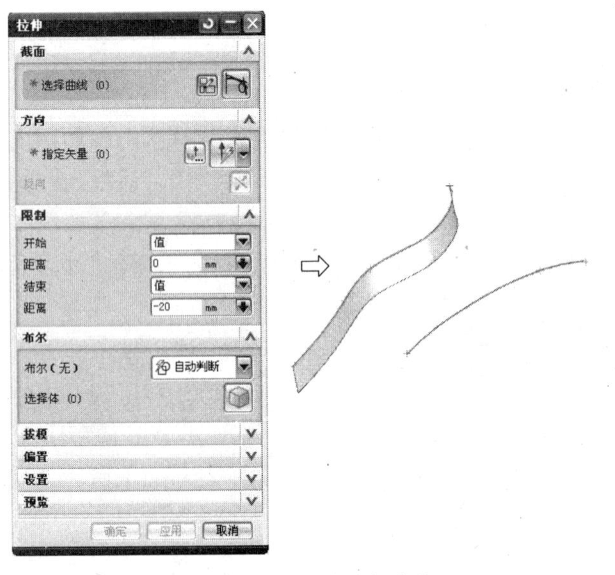

图 5-135 拉伸第一条曲线

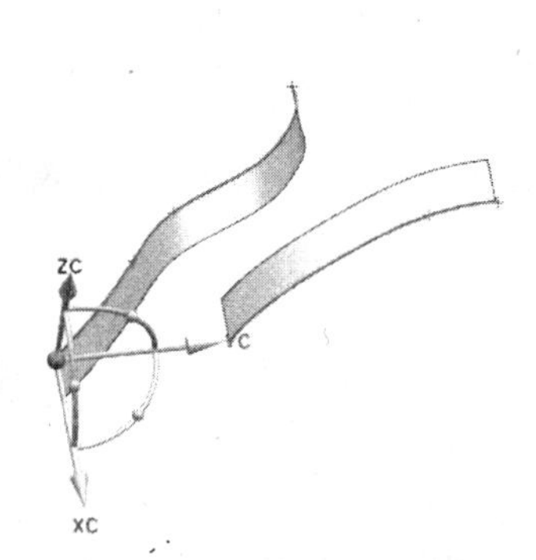

图 5-136 拉伸第二条曲线

4. 创建基准平面 1

选择“插入”→“基准/点”→“ 基准平面”命令，出现“基准平面”对话框，在“类型”栏中选择“XC-ZC 平面”，也就是平行于 XZ 平面，在“距离”中输入 185，创建的基准平面 1 如图 5-137 所示。

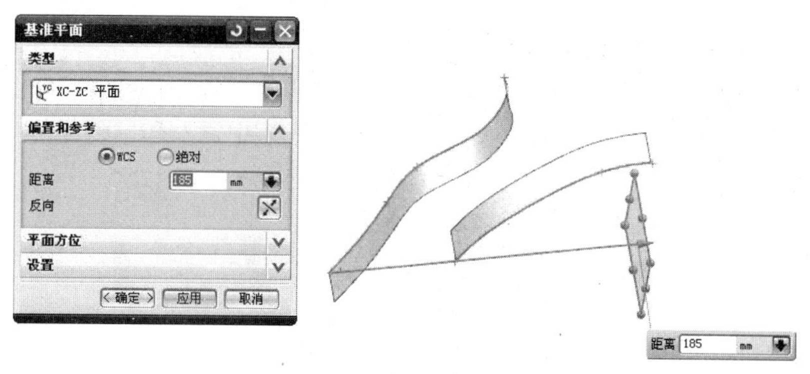

图 5-137　创建基准平面 1

5. 创建“艺术样条”曲线

在工具栏中单击“艺术样条”图标按钮，出现“艺术样条”对话框，设置“艺术样条”对话框后，创建的艺术样条曲线如图 5-138 所示。再在该平面内将创建的“艺术样条”曲线拉伸 20mm，如图 5-139 所示。

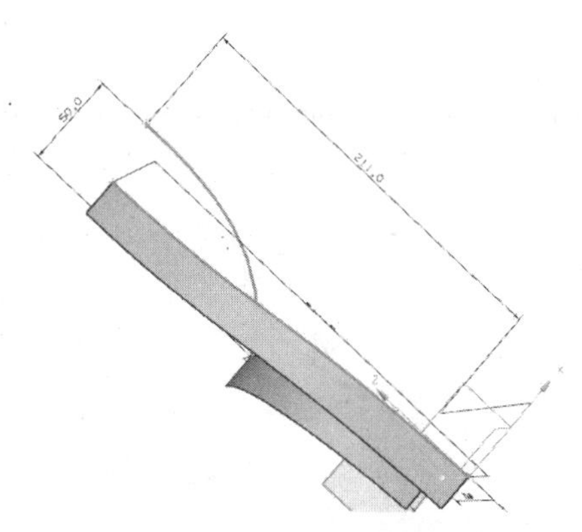

图 5-138　创建“艺术样条”曲线 1

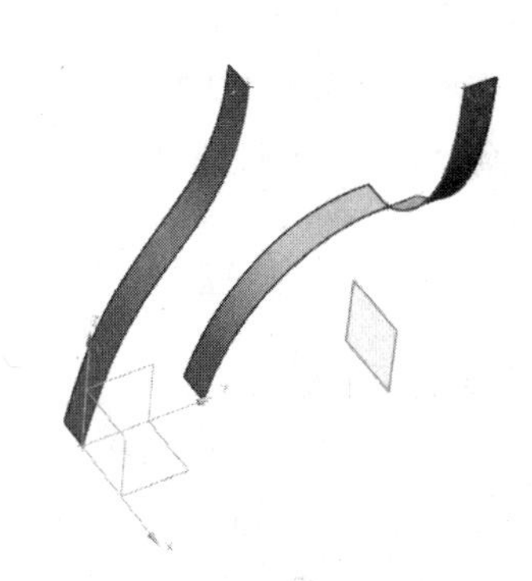

图 5-139　拉伸“艺术样条”曲线 1

6. 在 XOY 平面内创建“艺术样条”曲线

在菜单栏中选择“插入”→“曲线”→“艺术样条”命令，在 XOY 平面内创建如图 5-140 所示的“艺术样条”曲线，再拉伸 20mm，如图 5-141 所示。

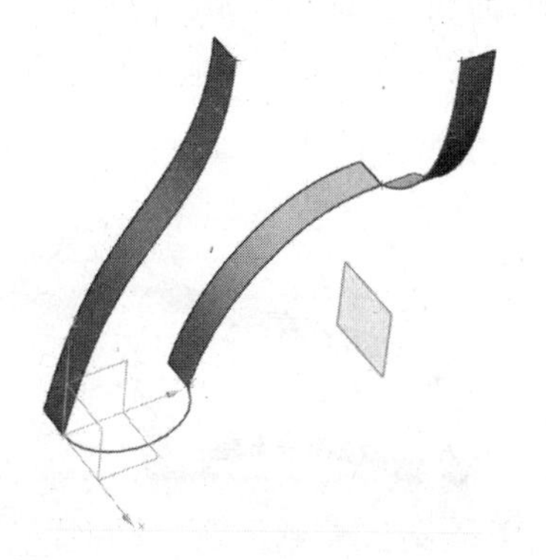

图 5-140　创建“艺术样条”曲线 2

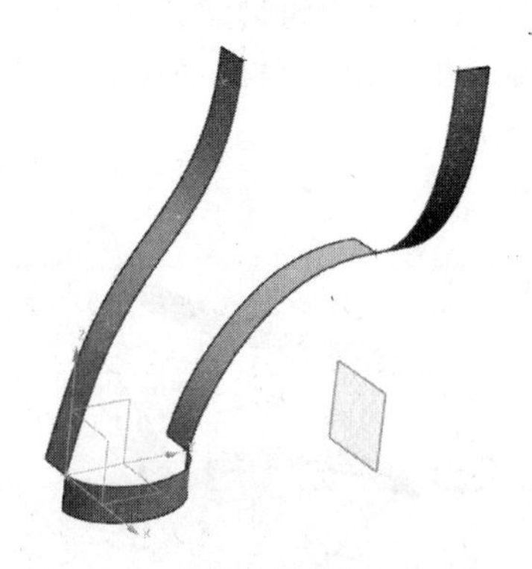

图 5-141　拉伸“艺术样条”曲线 2

7. 创建基准平面 2

选择“插入”→“基准/点”→“ 基准平面”命令，出现“基准平面”对话框，在“类型”栏中选择“按某一距离”，在“平面参考”栏中选择 XOY 平面，在“距离”中输入 211，创建的基准平面 2 如图 5-142 所示。

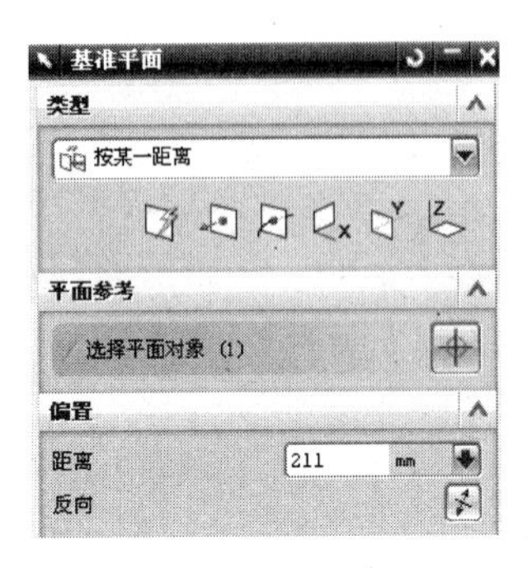

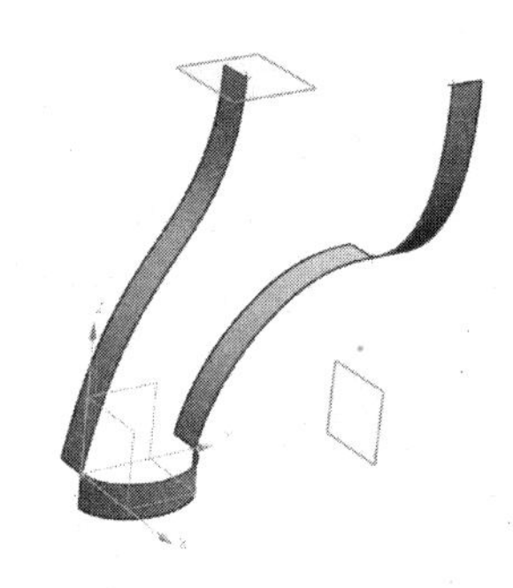

图 5-142 创建基准平面 2

说明：创建的平面能与 XOY 平面平行，而且能与其他曲线封闭。

8. 创建“艺术样条”曲线

在菜单栏中选择“插入”→“曲线”→“艺术样条”命令，在 XOY 平面内创建如图 5-143 所示的“艺术样条”曲线，再拉伸 20mm，如图 5-144 所示。

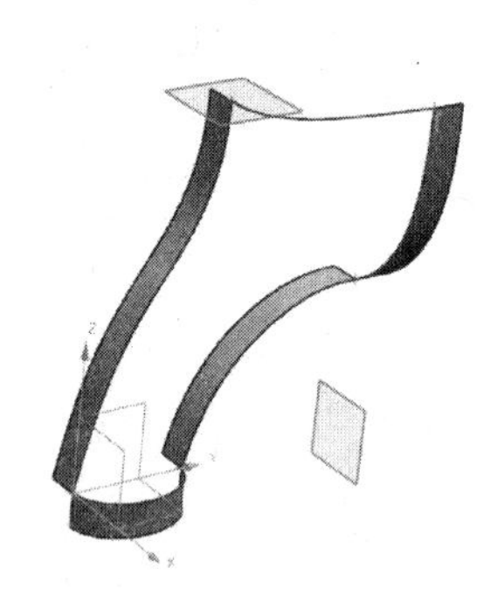

图 5-143 创建 “艺术样条”曲线 3

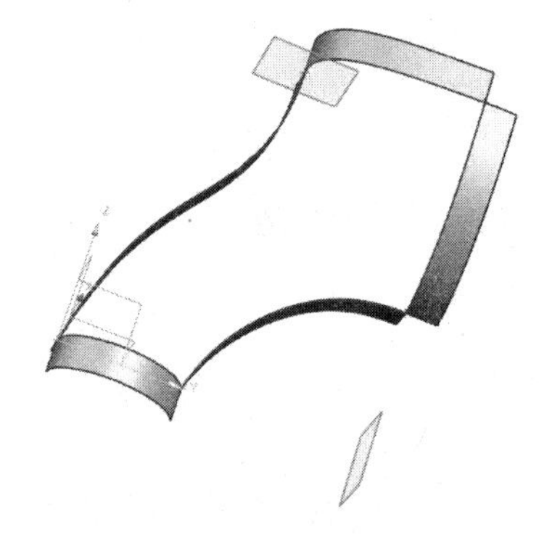

图 5-144 拉伸“艺术样条”曲线 3

在 XOY 平面内再创建如图 5-145 所示的“艺术样条”曲线，注意坐标系的方向。

在基准平面 1(XOZ)平面内再创建如图 5-146 所示的“艺术样条”曲线，注意坐标系的方向。

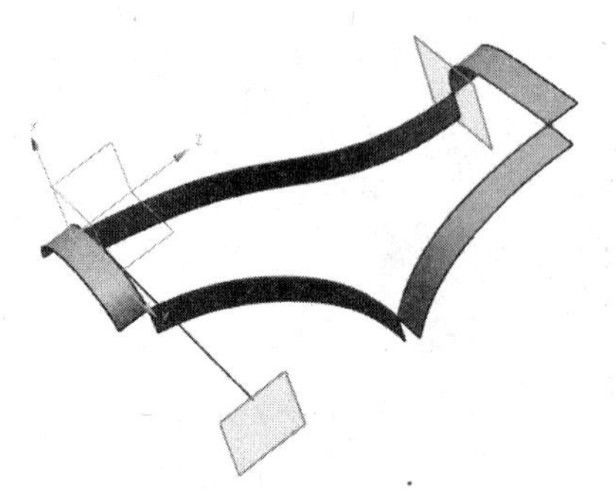

图 5-145 创建“艺术样条”曲线 4

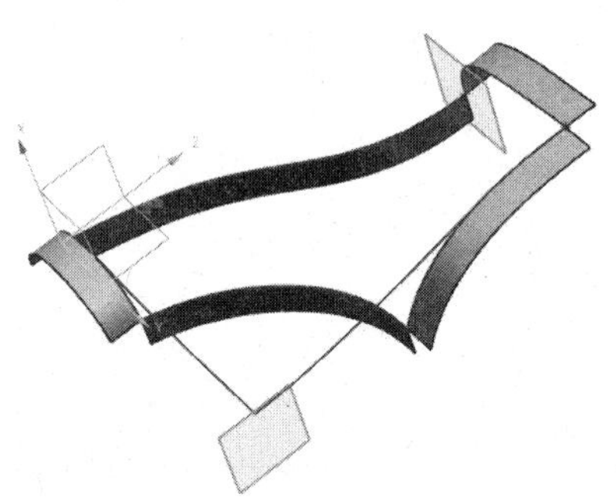

图 5-146 创建“艺术样条”曲线 5

9. 创建基准平面

选择"插入"→"基准/点"→"基准平面"命令，创建过样条曲线端点且平行于 XOY 平面的基准平面，如图 5-147 示。选择"插入"→"基准/点"→"基准平面"命令，创建过样条曲线端点且平行于 XOZ 平面的基准平面，如图 5-148 所示。

10. 拉伸

选择"插入"→"设计特征"→"拉伸"命令，在弹出的对话框中进行设置，把 XOZ 平面内创建的样条曲线进行拉伸，如图 5-149 所示。再选择"插入"→"设计特征"→"拉伸"命令，在弹出的对话框中进行设置，把 XOY 平面内创建的样条曲线进行拉伸，如图 5-150 所示。

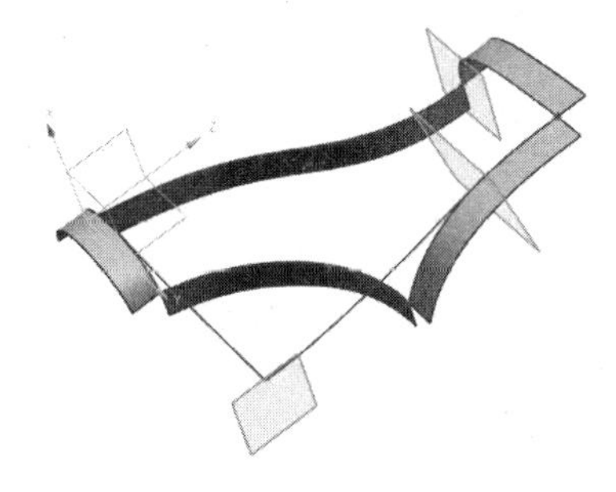

图 5-147 创建基准平面

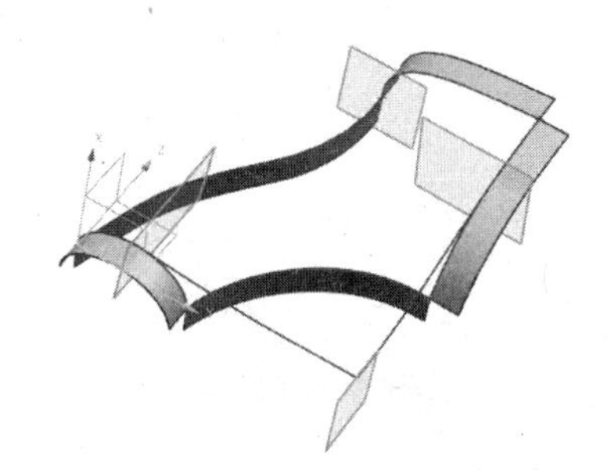

图 5-148 创建基准平面

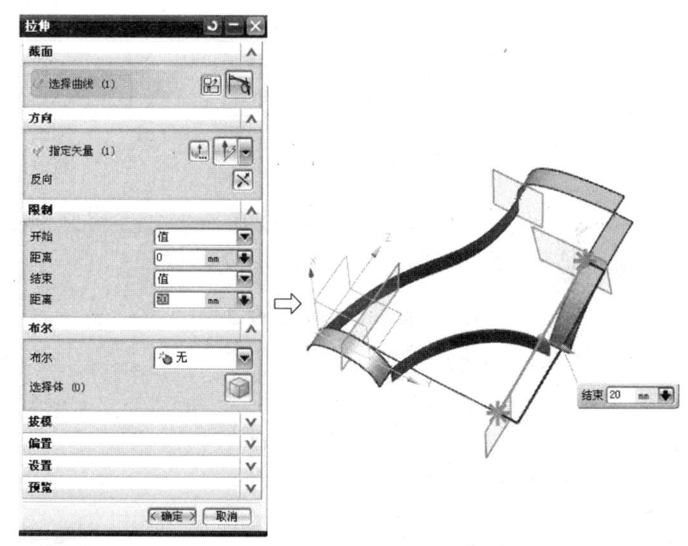

图 5-149 拉伸样条曲线 1

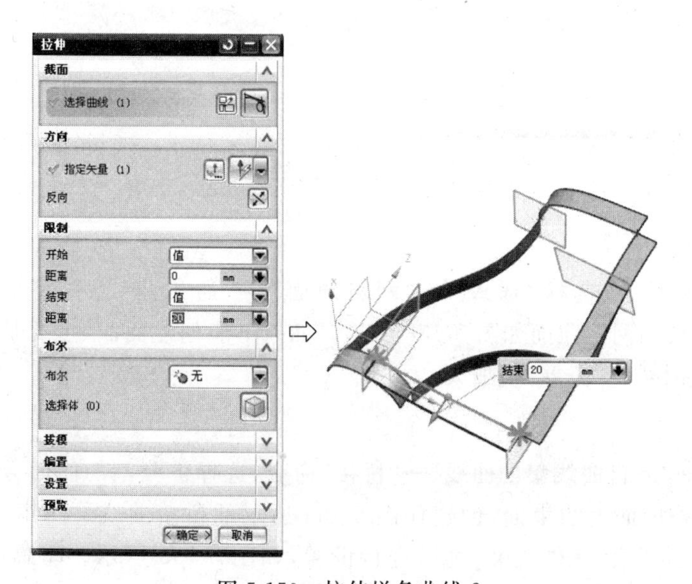

图 5-150 拉伸样条曲线 2

11. 修剪的片体

选择“插入”→“修剪”→“修剪的片体”命令，用所创建的XOZ基准平面将曲面进行修剪，设置对话框，修剪后的曲面如图5-151所示。

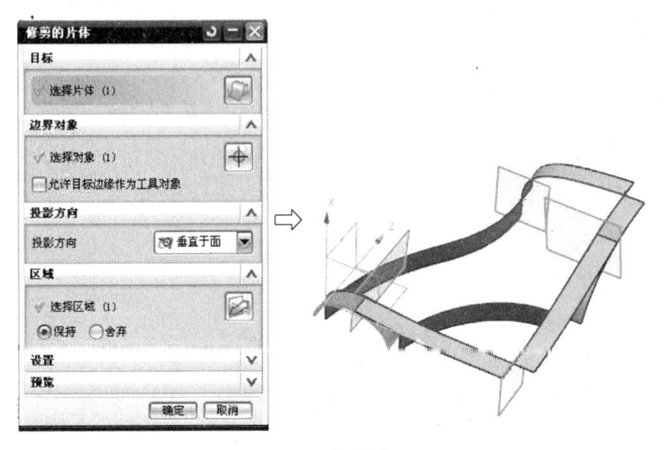

图5-151　修剪曲面1

再选择“插入”→“修剪”→“修剪的片体”命令，用所创建的XOY基准平面将曲面进行修剪，设置对话框，修剪后的曲面如图5-152所示。

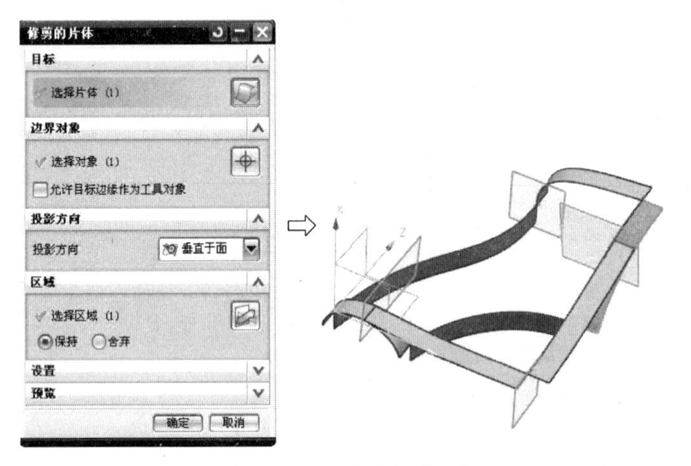

图5-152　修剪曲面2

12. 创建网格曲面

隐藏修剪的曲面后，选择“插入”→“网格曲面”→“通过曲线网格”命令，创建方法如图5-153所示，生成的网格曲面如图5-153所示。如果不能创建曲面，主要是在创建线的过程中与面不相切，此时可将“公差”值加大。

13. 桥接曲线

选择“插入”→“来自曲线集的曲线”→“桥接”命令，选择被分割的曲面分界线为边界和第16步所创建的网格曲面为约束面，创建如图5-154所示的桥接曲线。注意正确设置“桥接曲线属性”，要分别对“开始”和“结束”属性进行设置，如图5-155所示。注意：开始、结束的选择。如果不能创建可将“公差”加大。

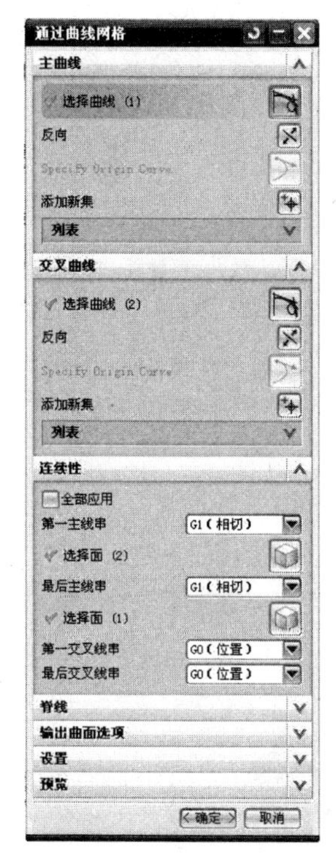

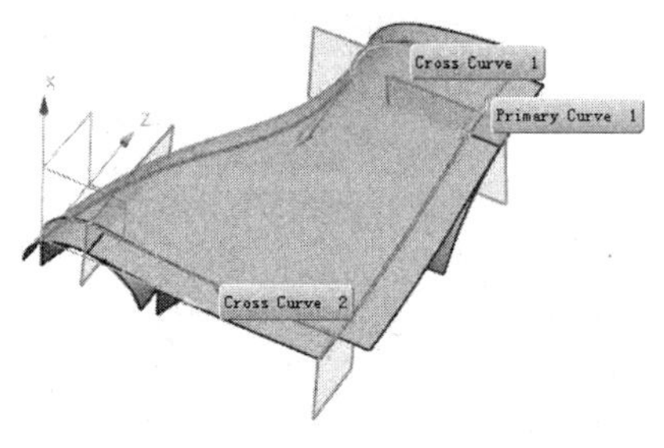

图 5-153　创建网格曲面

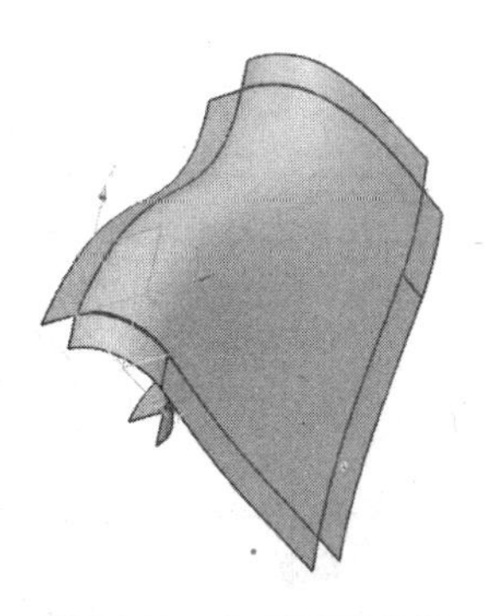

图 5-154　生成网格曲面

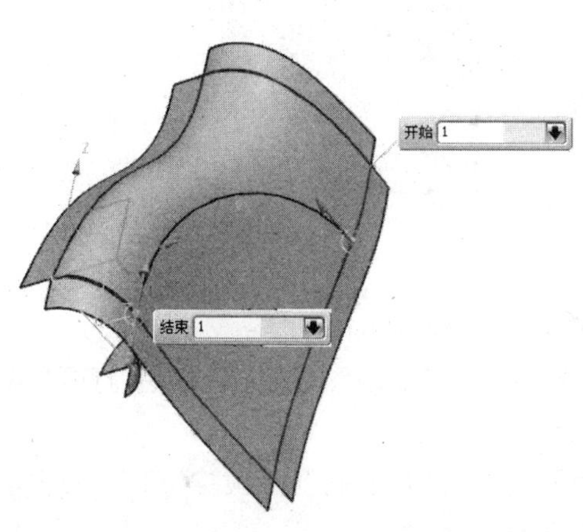

图 5-155　桥接曲线

14. 修剪的片体

选择"插入"→"修剪"→"修剪的片体"命令，选择如图 5-156 所示的曲线为边界，参数设置如对话框所示，修剪后的片体如图 5-156 所示。

15. 创建网格曲面

选择"插入"→"网格曲面"→"通过曲线网格"命令，创建的网格曲面如图 5-157 所示。

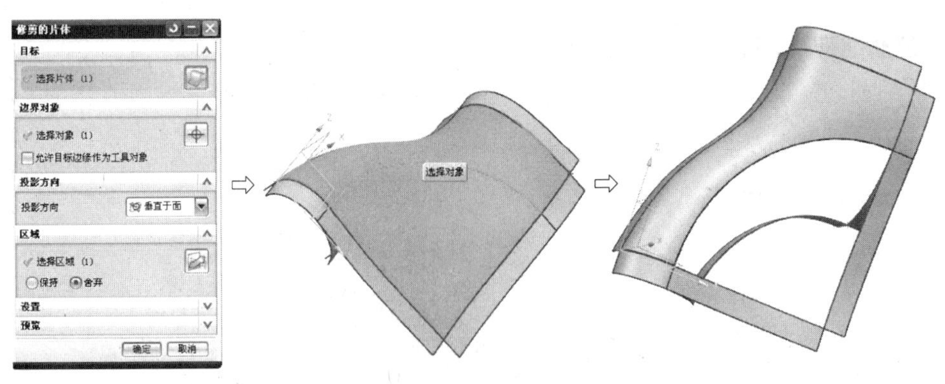

图 5-156 修剪的片体

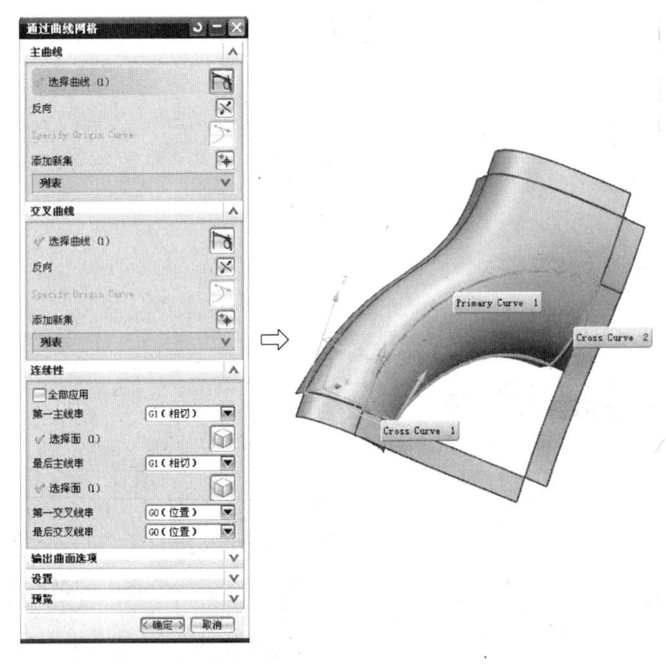

图 5-157 创建网格曲面

16. 镜像

选择“插入”→“关联复制”→“镜像”命令，打开“镜像”对话框，进行相关设置后，完成镜像如图 5-158 所示。

再选择“插入”→“关联复制”→“镜像”命令，打开“镜像”对话框，进行相关设置后，完成镜像如图 5-159 所示。

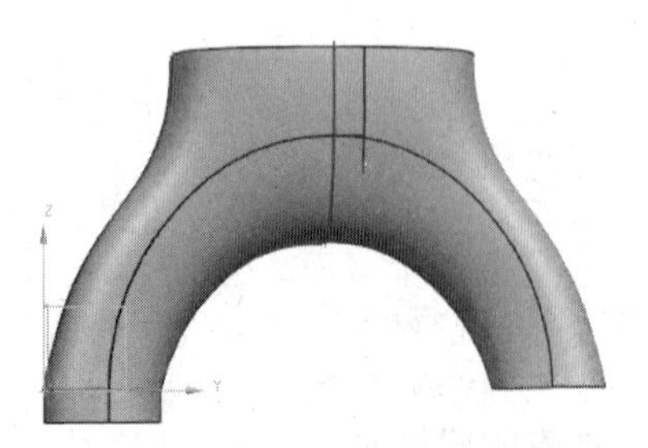

图 5-158 第 1 次镜像

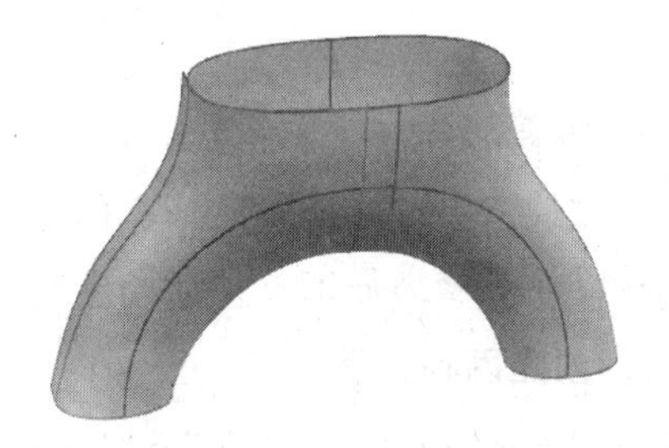

图 5-159 第 2 次镜像

17. 缝合曲面

选择“插入”→“组合”→“缝合”命令，打开“缝合”对话框，将各个曲面进行结合，如图 5-160 所示。

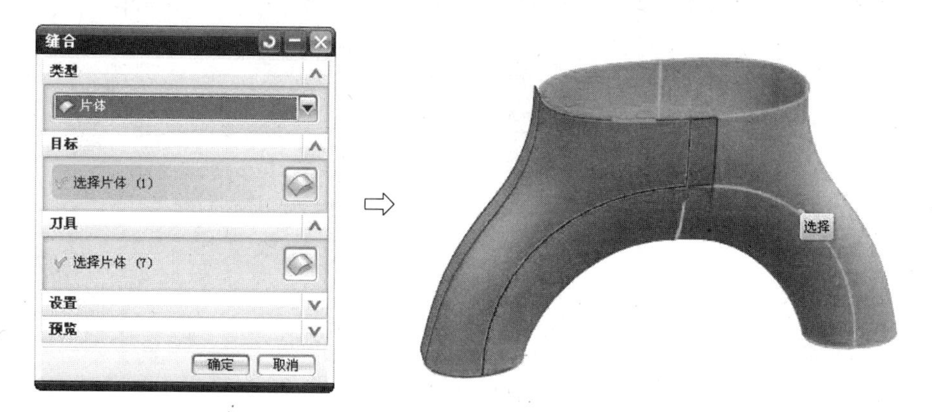

图 5-160 缝合曲面

18. 加厚曲面

选择“插入”→“组合”→“ 加厚”命令，打开“加厚”对话框，向内加厚 2mm，如图 5-161 所示。

19. 管道曲面

最后管道曲面效果如图 5-162 所示。

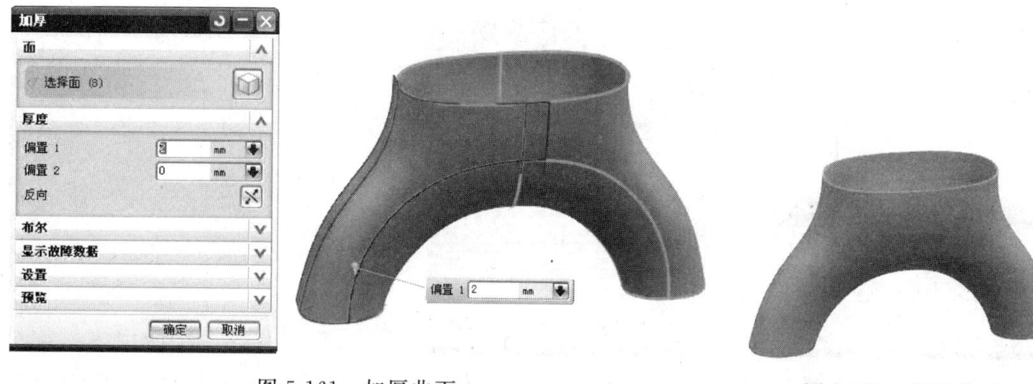

图 5-161 加厚曲面

图 5-162 管道曲面

5.2.7 座椅座垫设计实例

1. 启动 UG NX 7.5，新建一个文件

执行“文件”→“新建”命令，出现“新建”对话框如图 5-163 所示，在对话框中选择“模型”，选择文件“名称”为“_model5-9. prt”，单击“确定”按钮，选择建模模式。

2. 创建点

(1) 在 XY 平面内创建“艺术样条”曲线。进入草图模式，选择“XY 平面”为当前工作平面，再选择草图“绘点”命令，出现如图 5-164 所示的“草图点”对话框，选择“点对话框”图标，出现如图 5-165 所示的“点”对话框，在坐标栏中分别输入点坐标为(200,0,0)，(−200,0,0)，

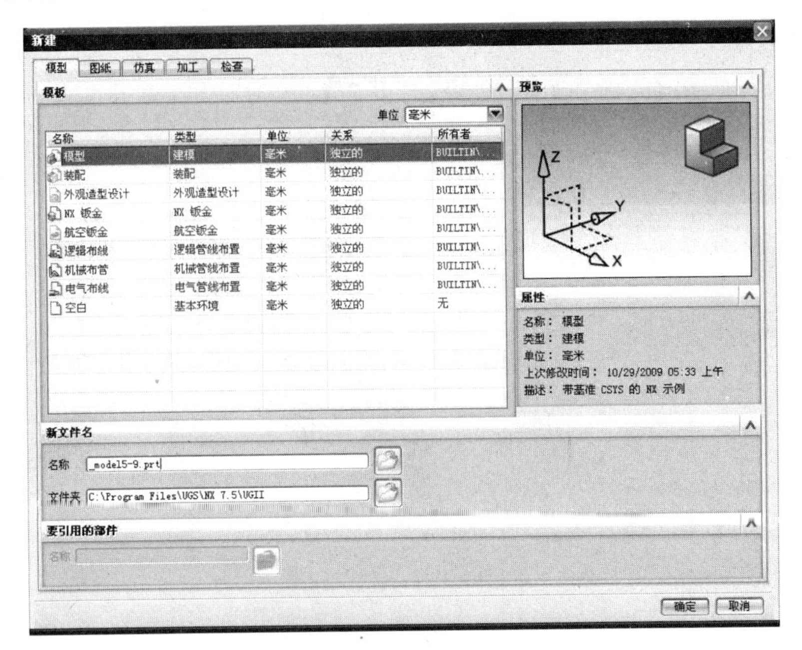

图 5-163 “新建”对话框

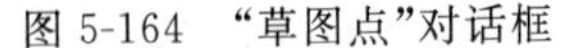

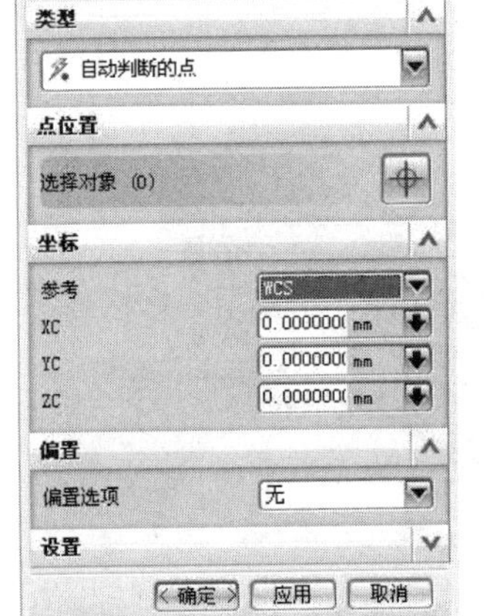

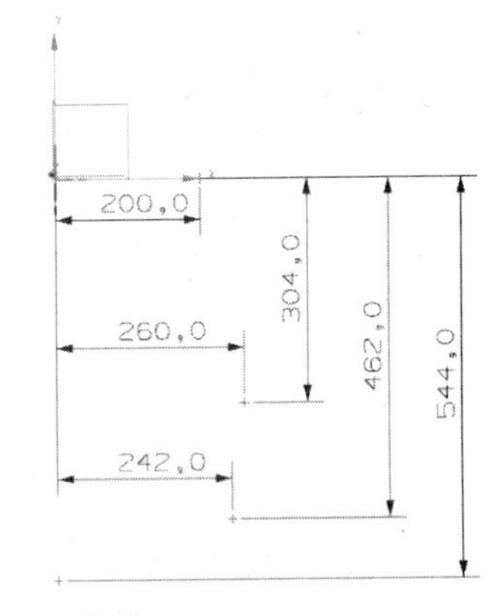

图 5-164 “草图点”对话框　　图 5-165 “点”对话框　　图 5-166 构建的 7 个点

(260,－304,0),(－260,－304,0),(242,－462,0),(－242,－462,0),(0,－544,0),构建的 7 个点如图 5-166 所示。

(2) 在 XY 平面内创建样条曲线。在工具栏中单击“艺术样条”图标按钮,出现如图 5-167 所示的“艺术样条”对话框,“阶次”设为 3,设置“方法”为“通过点”,“曲面约束方向”为“等参数”,在“匹配的结点位置”选项前打钩,再分别选择创建的 7 个点。创建的艺术样条曲线如图 5-168 所示,并退出草图。

(3) 在 YZ 平面内创建样条曲线 1。在 YZ 平面创建如图 5-169 所示的 4 个点,选择“插入”→“曲线”→“样条”命令,再创建图示的样条曲线,并退出草图。

(4) 在 XY 平面内创建样条曲线 2。采用同样的方法,在 XY 平面内创建如图 5-170 所示的7 个点,并绘制图示的样条曲线,并退出草图。

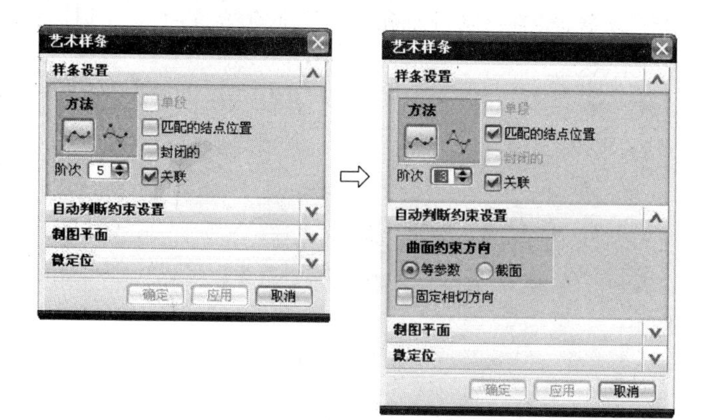

图 5-167 “艺术样条”对话框

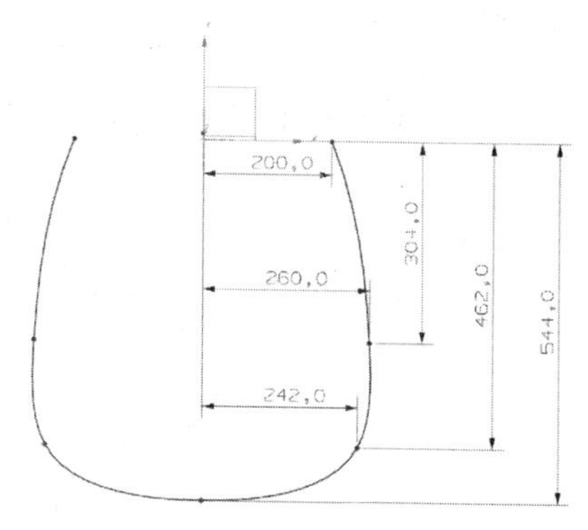

图 5-168 创建两条“艺术样条”曲线

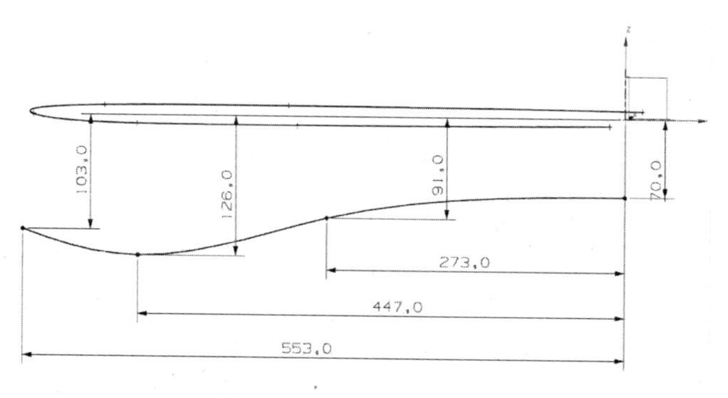

图 5-169 创建样条曲线 1

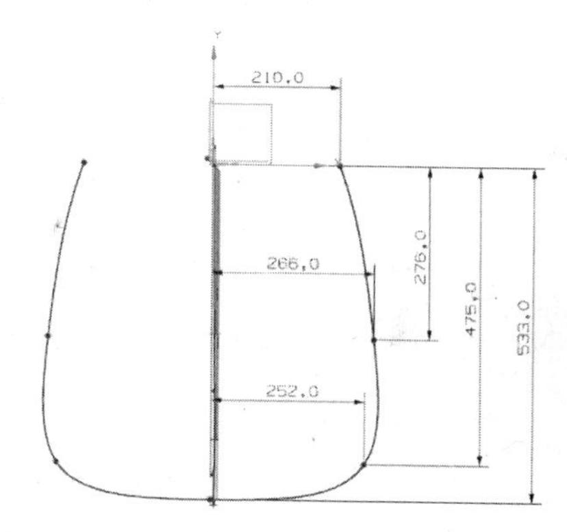

图 5-170 创建样条曲线 2

3. 拉伸样条曲线

选择“插入”→“设计特征”→“拉伸”命令，将在 XY 平面内所绘制的样条曲线分别向两侧拉伸 300mm，拉伸后的效果如图 5-171 所示。

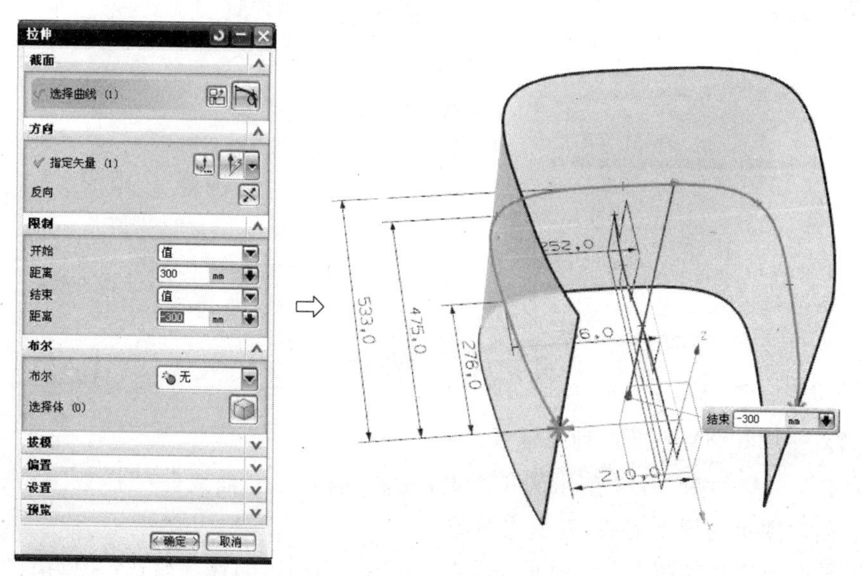

图 5-171 拉伸样条曲线 1

再选择“插入”→“设计特征”→“拉伸”命令，将在YZ平面内所绘制的样条曲线分别向两侧拉伸300mm，拉伸后的效果如图5-172所示。

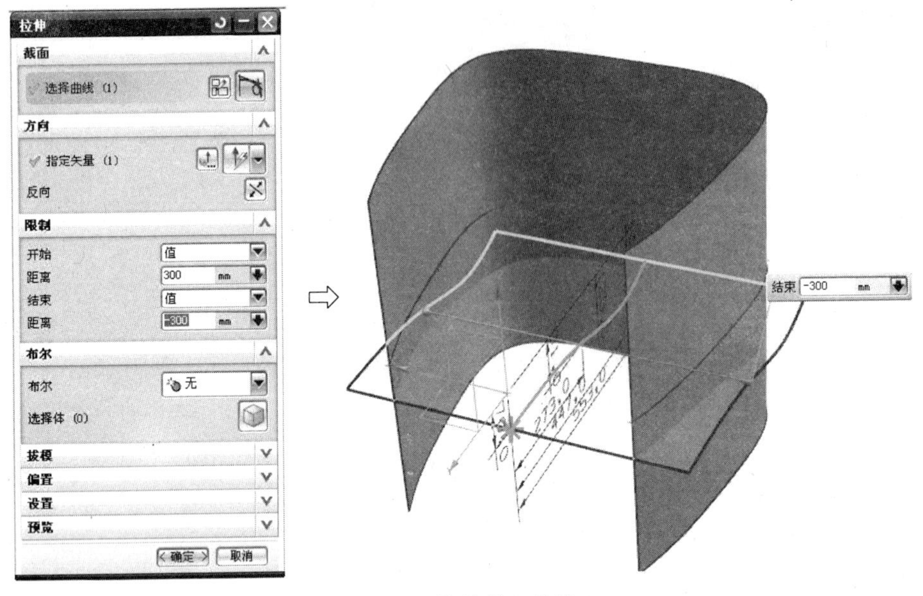

图5-172 拉伸样条曲线2

4. 创建相交曲线

单击“选择”工具栏中的“相交曲线”图标按钮，创建两曲面的相交曲线如图5-173所示。

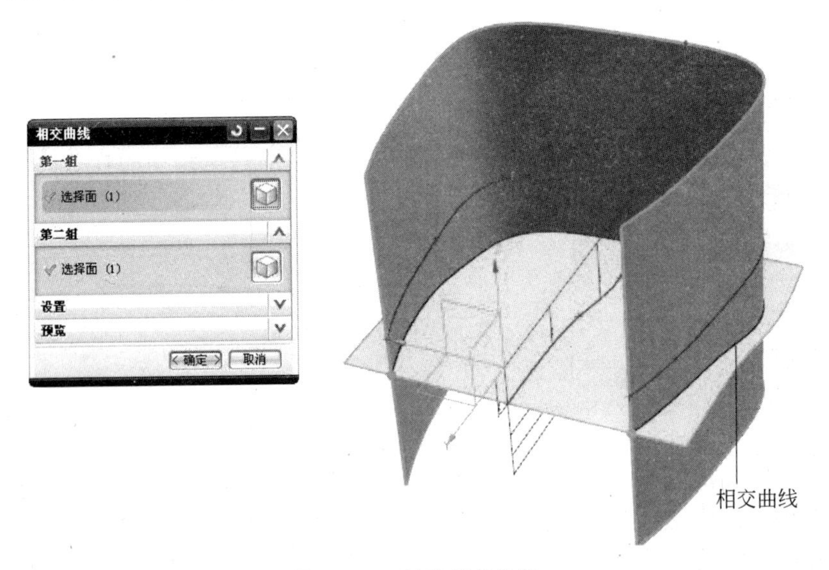

图5-173 创建相交曲线

5. 在YZ平面和XY平面内创建样条曲线

在YZ平面创建如图5-174所示的4个点，选择“插入”→“曲线”→“样条”命令，打开“样条”对话框，创建图示的样条曲线，并退出草图。

在XY平面内创建如图5-175所示的7个点，并绘制图示的样条曲线，并退出草图。

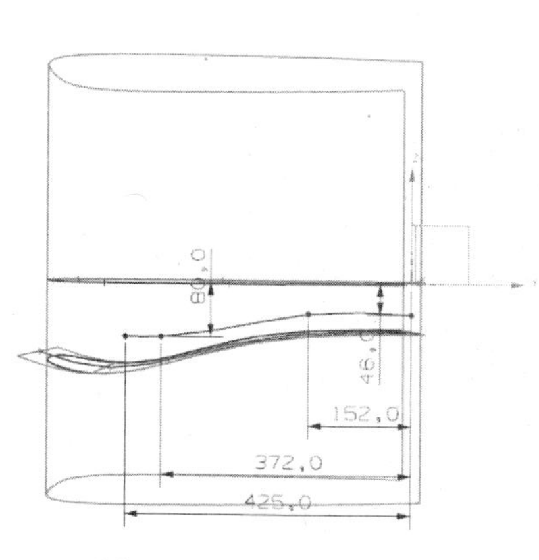

图 5-174 创建样条曲线 3

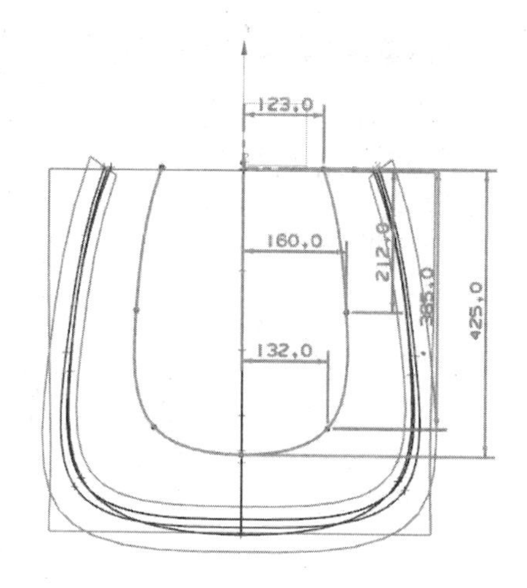

图 5-175 绘点与样条曲线

6. 拉伸曲线

(1) 拉伸第一条曲线。选择“插入”→“设计特征”→“拉伸”命令，打开“拉伸”对话框，将在YZ平面内创建的样条曲线分别向两侧拉伸300mm，如图 5-176 所示。

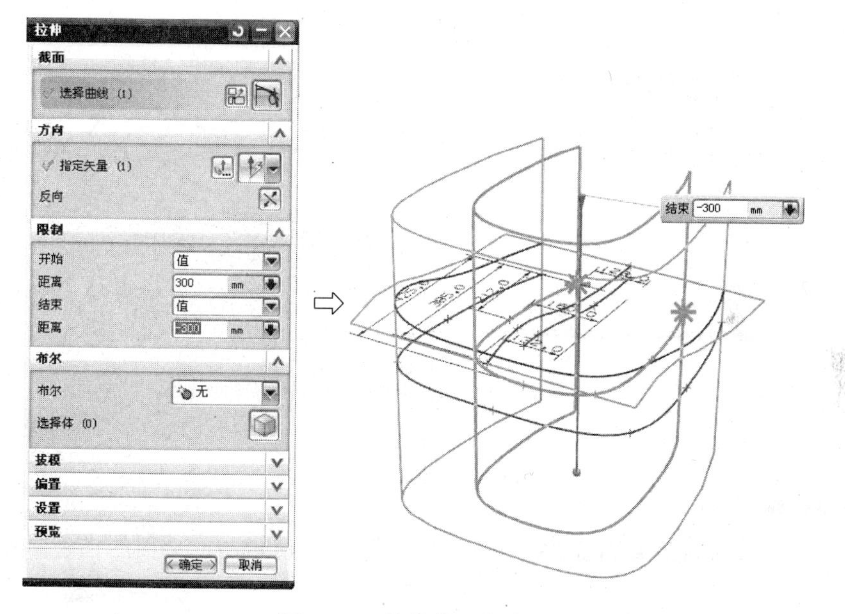

图 5-176 拉伸第一条曲线

(2) 拉伸第二条曲线。选择“插入”→“设计特征”→“拉伸”命令，打开“拉伸”对话框，将在XY平面内创建的样条曲线分别向两侧拉伸300mm，如图 5-177 所示。

7. 创建相交曲线

在工具栏中单击“相交曲线”图标按钮，创建两曲面的相交曲线，如图 5-178 所示。

8. 隐藏相关曲线和面

选择要隐藏相关曲线和面，再右击，在弹出的快捷菜单中选择“隐藏”命令，只显示如图 5-179 所示的曲线，注意坐标轴的方向。

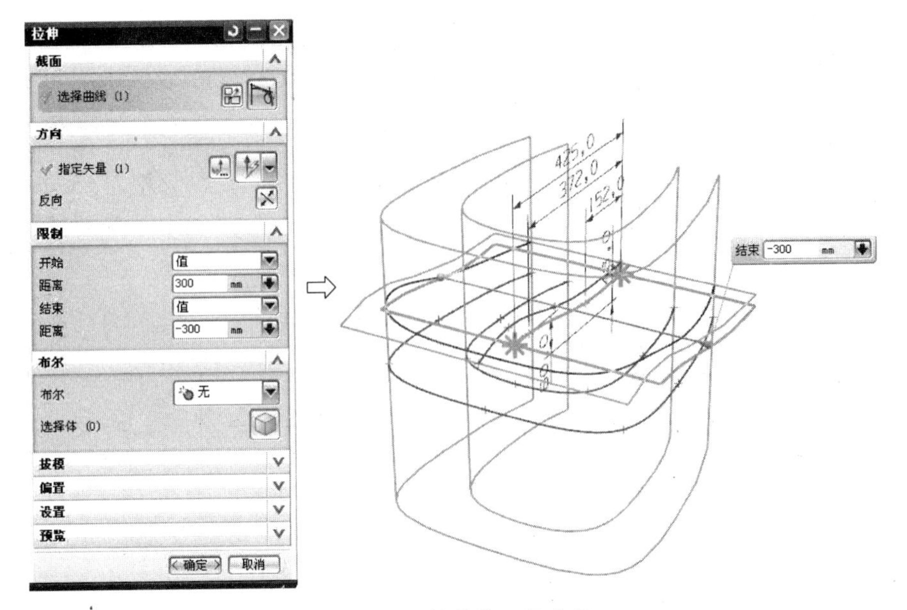

图 5-177　拉伸第二条曲线

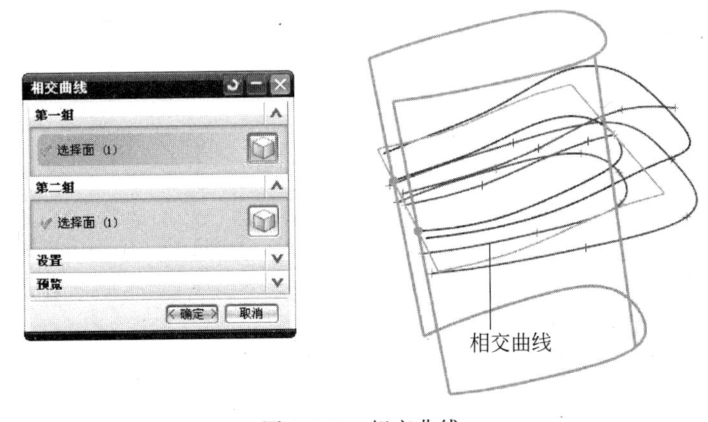

图 5-178　相交曲线

9. 创建样条曲线

选择"插入"→"曲线"→"样条"命令，创建如图 5-180 所示的两端面的样条曲线。

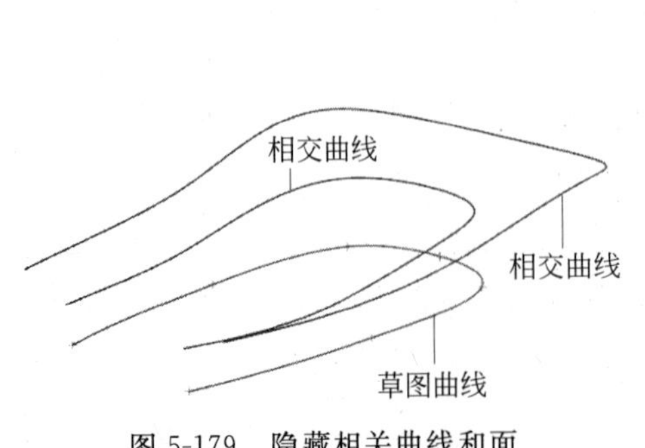

图 5-179　隐藏相关曲线和面

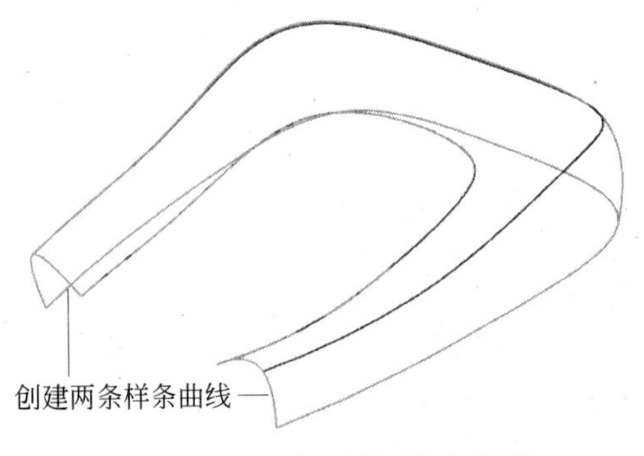

图 5-180　创建两端面样条曲线

10. 创建网格曲面

选择“插入”→“网格曲线”→“通过曲线网格”命令，出现“通过曲线网格”对话框，分别选择“主曲线”、“交叉曲线”栏中的按钮，再选择实体中的曲线，创建的网格曲面如图 5-181 所示。

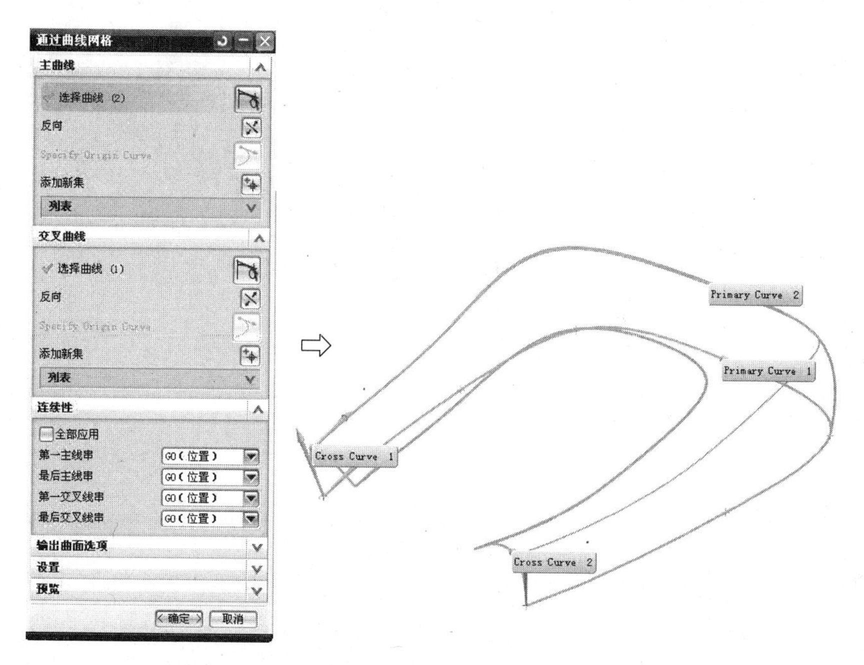

图 5-181 创建网格曲面

11. 封闭曲面

在“曲面”工具栏中单击“N 边曲面”图标按钮，将上下两平面进行封闭，如图 5-182 所示。

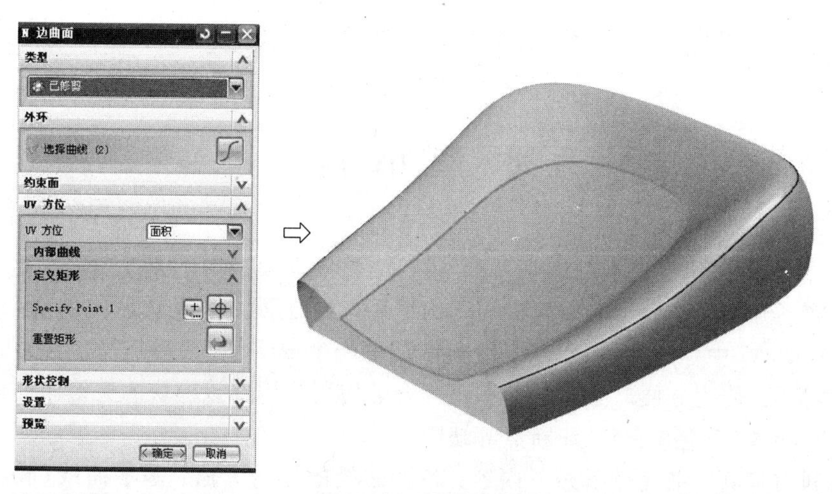

图 5-182 封闭曲面

12. 缝合曲面

选择“插入”→“组合”→“缝合”命令，打开“缝合”对话框，将 3 个曲面进行合并，创建的缝合曲面如图 5-183 所示。

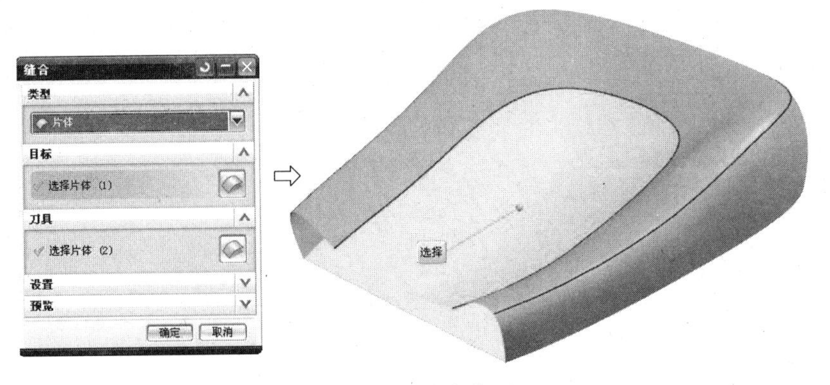

图 5-183 缝合曲面

13. 倒圆角

选择“插入”→“细节特征”→“边倒圆”命令，打开“边倒圆”对话框，对底面用“边倒圆”命令倒 R15 的圆角，如图 5-184 所示。

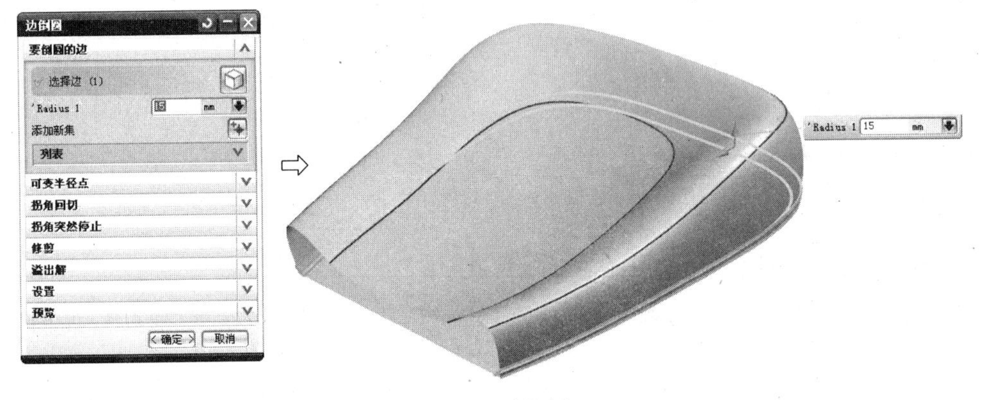

图 5-184 倒圆角

本章小结

UG NX 7.5 曲面建模技术是体现 CAD/CAM 软件建模能力的重要标志，大多数实际产品的设计都离不开曲面建模。曲面建模用于构造用标准建模方法无法创建的复杂形状，它既能生成曲面(在 UG 中称为片体，即零厚度实体)，也能生成实体。UG NX 7.5 曲面建模的方法繁多，功能强大，使用方便。全面掌握和正确合理使用是用好该模块的关键。曲面的基础是曲线，构造曲线要避免重叠、交叉和断点等缺陷。

本章将利用实例详细地介绍如下内容：各种曲线的绘制方法：基本曲线、椭圆、多边形、样条曲线、螺旋线等的绘制方法、曲线的编辑(修剪曲线、修剪拐角、分割曲线、编辑曲线长度、桥接曲线和投影曲线的编辑方法)。

习　　题

1. 创建直纹面与创建过曲线组曲面有何异同点？
2. 依据点建设曲面的方法主要有哪几种？它们分别具有怎样的应用特点？
3. 由曲线构造曲面的典型方法主要有哪些？
4. 在什么情况下可以使用“缝合”功能？
5. 曲线如图 5-185(a)所示，绘制如图 5-185(b)所示直纹曲面。

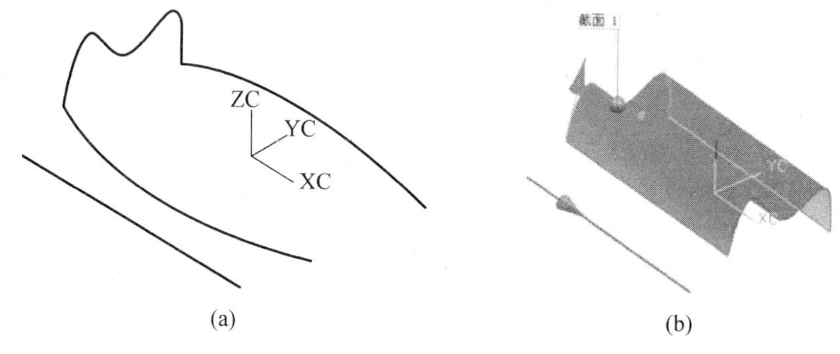

图 5-185　直纹曲面

6. 利用曲面功能创建如图 5-186 所示零件。

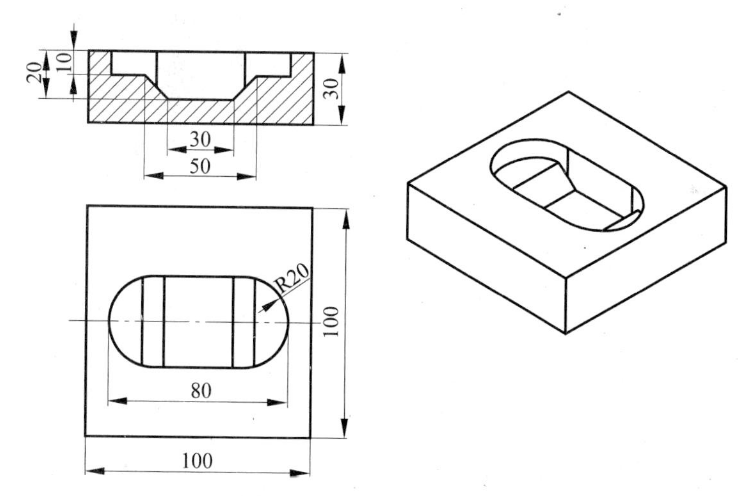

图 5-186　曲面建模练习 1

7. 利用曲面功能创建如图 5-187(a)所示零件，并利用曲面、抽壳等方法(壳厚为 2)完成吹风嘴实体的创建，如图 5-187(b)所示。

8. 创建如图 5-188(a)所示曲线，并利用曲面、镜像等方法完成橄榄球实体的创建，如图 5-188(b)所示。

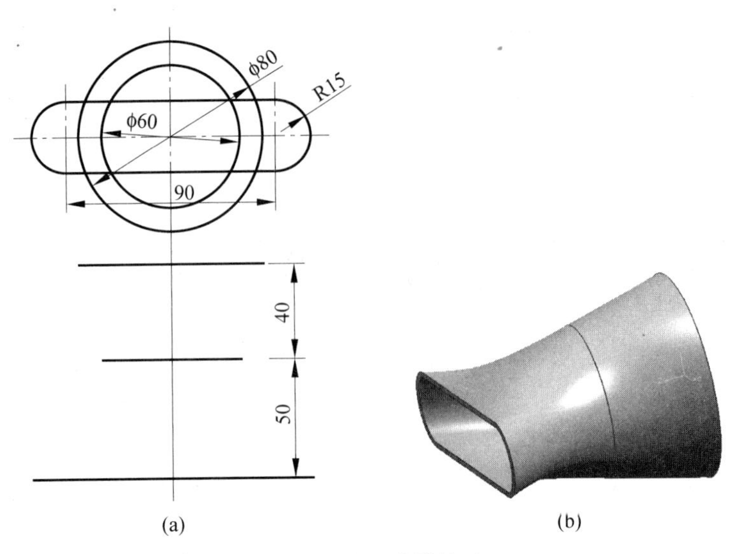

(a) (b)

图 5-187 曲面建模练习 2

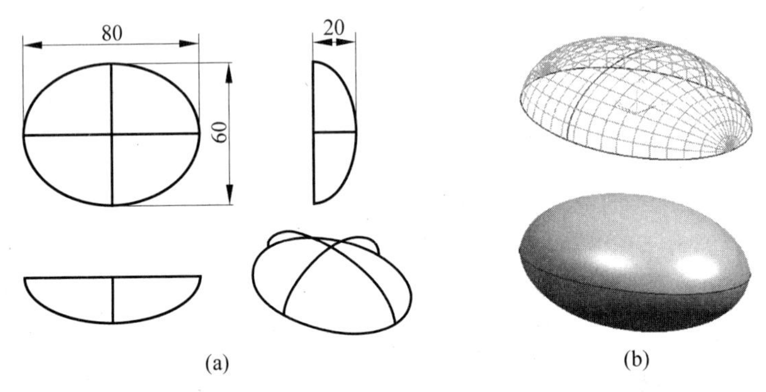

(a) (b)

图 5-188 曲面练习

UG NX 7.5装配功能

6.1 装配概述

NX UG 7.5装配过程是在装配中建立部件之间的链接关系。它是通过关联条件在部件间建立约束关系来确定部件在产品中的位置。在装配中，部件的几何体被装配引用，而不是复制到装配中。整个装配部件保持关联性，如果某部件修改，则引用它的装配部件自动更新，反映部件的最新变化。

6.1.1 装配菜单及工具栏

NX UG 7.5装配模块不仅能快速组合零部件成为产品，而且在装配中，可参照其他部件进行部件关联设计，并可对装配模型进行间隙分析、重量管理等操作。装配模型生成后，可建立爆炸视图，并可将其引入装配工程图中，同时，在装配工程图中可自动产生装配明细表，并能对轴测图进行局部挖切。

1. 装配菜单与工具栏

执行装配操作时，先在主菜单栏中选择"装配"菜单项，系统将会弹出下拉菜单，如图6-1所示，该菜单中的各项都有二级子菜单，通过选择二级子菜单，可进行相关装配操作，各菜单项的说明如下。

在工具栏中，单击"定制"图标按钮，再选择"装配"菜单项后，系统将会弹出"装配"工具栏，如图6-2所示。

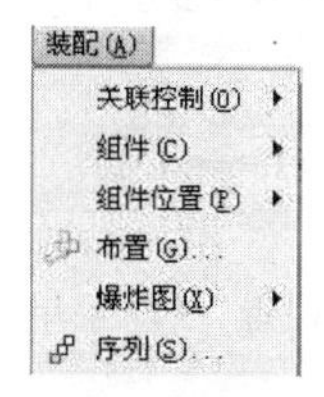

图6-1 "装配"下拉菜单

图6-2 "装配"工具栏

2. “爆炸图”工具栏

在“装配”工具栏中单击“爆炸图”图标按钮，系统打开如图 6-3 所示的“爆炸图”工具栏，此工具栏中提供了“新建爆炸图”、“编辑爆炸图”、“自动爆炸组件”、“取消爆炸组件”、“删除爆炸图”、“隐藏视图中的组件”和“追踪线”等工具命令。

图 6-3 “爆炸图”工具栏

3. “装配”二级菜单

用户也可以从系统提供的“装配”菜单中选择相关的命令来进行装配操作。菜单栏的“装配”菜单包含的主命令选项如图 6-1 所示。

（1）“关联控制”级联菜单：该级联菜单如图 6-4 所示，包括“查找组件”、“打开组件”、“按邻近度打开”、“显示产品轮廓”、“设置工作部件”等一些菜单命令。

（2）“组件”级联菜单：包括在装配体中创建和操作处理组件的命令选项，如图 6-5 所示。

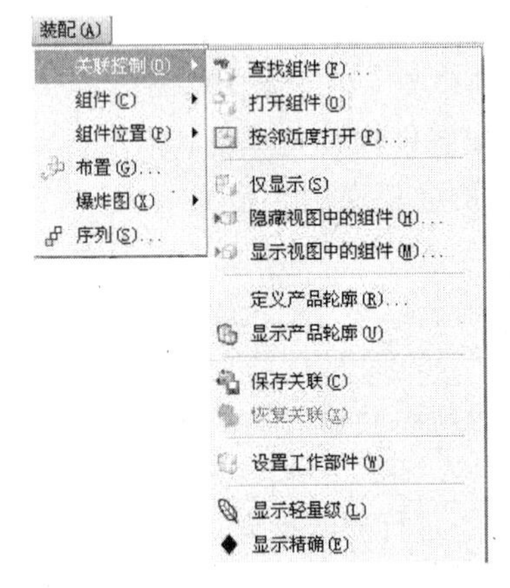

图 6-4 “关联控制”级联菜单

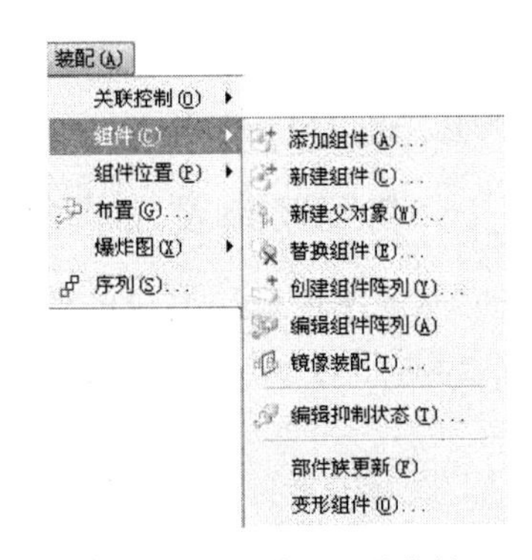

图 6-5 “组件”级联菜单

（3）“组件位置”级联菜单：该级联菜单包括的命令如图 6-6 所示，如“移动组件”、“装配约束”、“显示和隐藏约束”、“记住装配约束”、“显示自由度”和“转换配对条件”，该级联菜单中的命令应用会比较多。

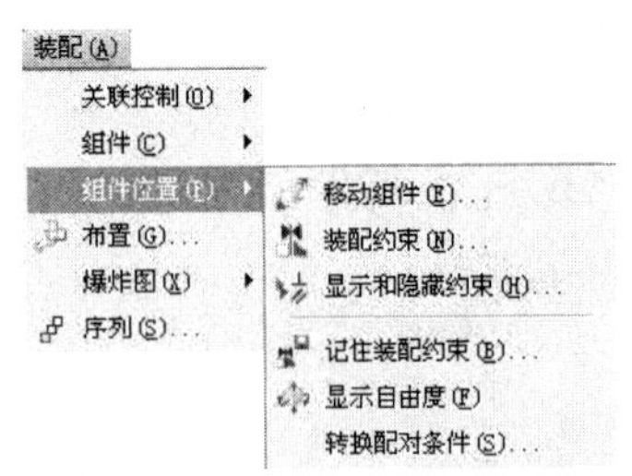

图 6-6 “组件位置”级联菜单

（4）“布置”命令：用于创建和编辑装配布置，它定义备选组件位置。

（5）“爆炸图”级联菜单：包括“新建爆炸图”、“编辑爆炸图”、“取消爆炸组件”、“删除爆炸图”、“隐藏爆炸图”、“显示爆炸图”、“追踪线”和“显示工具条”命令，如图 6-7 所示。

（6）“序列”命令：该命令用于打开“装配序列”任务环境以控制组件装配或拆卸的顺序，并仿真组件运动。

4. “分析”菜单

在装配设计中，“分析”菜单中的相关命令是很实用的，例如测量距离、测量角度、简单干涉和装配间隙等。“分析”菜单提供的命令选项如图 6-8 所示。

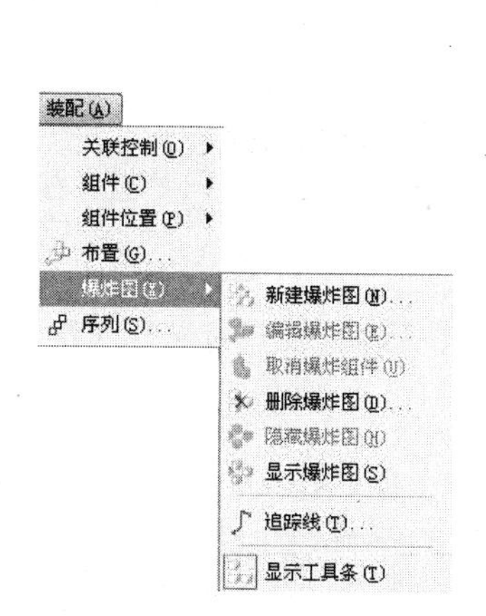

图 6-7 “爆炸图”级联菜单

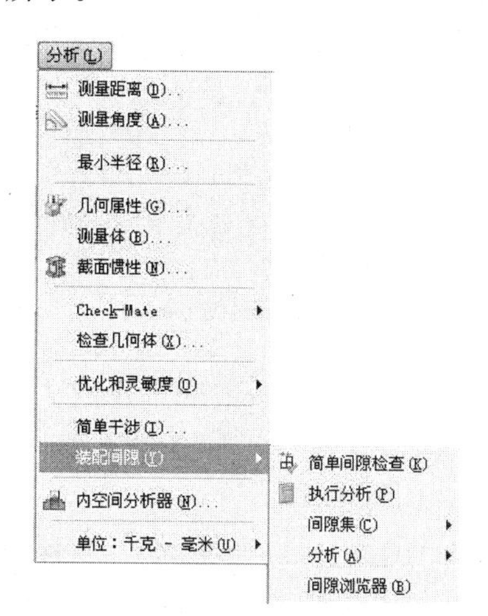

图 6-8 “分析”菜单

6.1.2 装配相关知识点

在装配中用到的知识点很多，下面介绍在装配过程中经常用到的一些知识点。

1. 装配部件

装配部件是指由零件和子装配构成的部件。在 UG 中可以向任何一个 prt 文件中添加部件构成装配，因此任何一个 prt 文件都可以作为装配部件。在 UG 装配学习中，零件和部件不必严格区分。需要注意的是，当存储一个装配时，各部件的实际几何数据并不存储在装配部件文件中，而存储在相应的部件或零件文件中。

2. 子装配

子装配是指在高一级装配中被用做组件的装配，子装配也拥有自己的组件。它是一个相对的概念，任何一个装配部件可在更高级装配中用做子装配。

3. 组件部件

组件部件是指装配中组件指向的部件文件或零件，即装配部件链接到部件主模型的指针实体。

4. 组件

组件是指按特定位置和方向使用在装配中的部件。组件可以是由其他较低级别的组件组成的子装配。装配中的每个组件仅包含一个指向其主几何体的指针。在修改组件的几何体时，会话中使用相同主几何体的所有其他组件将自动更新。

5. 主模型

主模型是指供 UG 模块共同引用的部件模型。同一主模型，可同时被工程图、装配、加工、机构分析和有限元分析等模块引用，当主模型修改时，相关应用自动更新。

6. 自顶向下装配

自顶向下装配是指在上下文中进行装配，即在装配部件的顶级向下产生子装配和零件的装配方法。先在装配结构树的顶部生成一个装配，然后下移一层，生成子装配和组件。

7. 自底向上装配

自底向上装配是指先创建部件几何模型，再组合成子装配，最后生成装配部件的装配方法。

8. 混合装配

混合装配是指将自顶向下装配和自底向上装配结合在一起的装配方法。

6.1.3 进入装配模式

在装配前先切换至装配模式，切换装配模式有两种方法。一种是直接新建装配；另一种是在打开的部件中新建装配，下面分别介绍。

1. 直接新建装配

双击 UG NX 7.5 图标，打开软件界面，选择“新建”命令，系统弹出如图 6-9 所示的“新建”对话框，选择“装配”选项，再单击“确定”按钮，即可进入装配模式。系统弹出“添加组件”对话框，如图 6-10 所示。

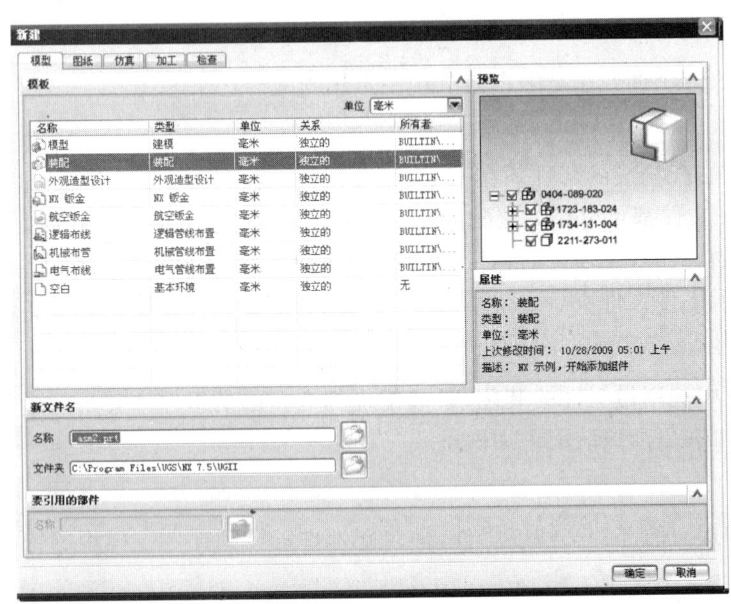
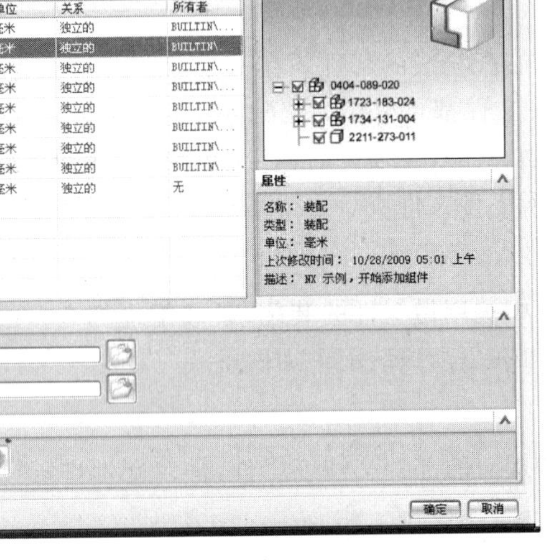

图 6-9　直接新建装配

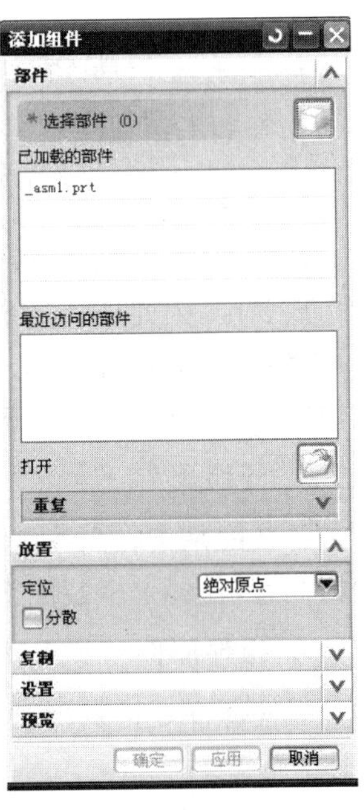

图 6-10　“添加组件”对话框

2. 在打开的部件中新建装配

在打开的模型文件环境即建模环境条件下，在工作窗口中的主菜单工具栏中单击图标，或在下拉菜单中选择“装配”命令，系统自动切换到装配模式，弹出如图 6-4 所示的菜单。

装配的步骤是首先将所有的组件都创建好；其次按照装配的前后顺序将各个组件添加并定位到装配环境中，即设置多个约束来限制组件在装配体中的自由度。其中约束方法包括配对、对齐、中心等 7 种，本节将介绍两种常用约束方法。

6.1.4 添加已存在的组件

在实际的装配过程中，通常是把现有零部件直接调入装配环境中，执行多个约束设置，从而准确定位各个组件在装配体的位置，即可完成整个装配工作。

要添加已存在的组件，可单击“装配”工具栏中的“添加组件”图标按钮，可以打开如图 6-11 所示的“添加组件”对话框。该对话框由多个面板组成，可执行添加现有文件、设置定位方式和多重添加方式等操作，下面分别作一下介绍。

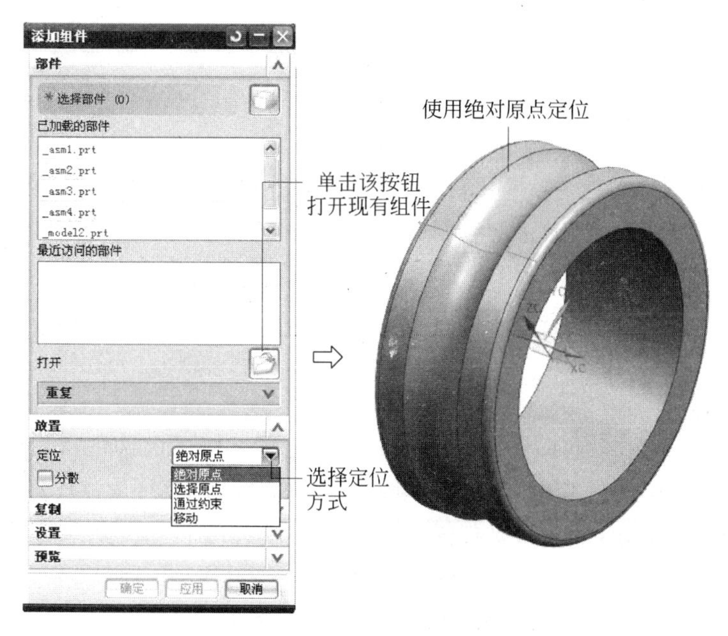

图 6-11　“添加组件”对话框

1. 指定现有组件

在“部件”栏中，可通过 4 种方式指定现有组件：单击“选择部件”按钮，直接在绘图区选取组件执行装配操作；选择“已加载的部件”列表框中的组件名称执行装配操作；选择“最近访问的部件”列表框的组件名称执行装配操作；单击“打开”按钮，打开“部件名”对话框并按指定路径选择部件。

2. 设置定位方式

在“放置”栏中，可指定组件在装配中的定位方式，在“定位”下拉列表框中包括如下 4 种方式。

(1) 绝对原点：按照绝对原点定位的方式确定组件在装配中的位置，执行定位的组件将与原坐标系位置保持一致。

(2) 选择原点：通过指定原点定位的方式确定组件在装配中的位置，这样该组件的坐标系原点将与选取的点重合，单击“确定”按钮，在打开的“点”对话框中指定点位置即可准确定位该组件，效果如图 6-12 所示。

(3) 通过约束：允许将一个组件与另一个组件设置配对条件，即通过对该组件设置一个或多个约束方式，从而确定组件在装配中的准确位置。约束方式包括接触对齐、同心、中心等 10 种，如图 6-12 所示。各种约束类型的设置将在后面详细说明。

(4) 移动：移动是指当添加到装配体的组件位置不便操作时，需要对其进行重新定位操作，包括平移、旋转组件，以及指定绕直线旋转、在轴之间旋转或在点之间旋转组件，从而将该组件准确定位在装配体中。

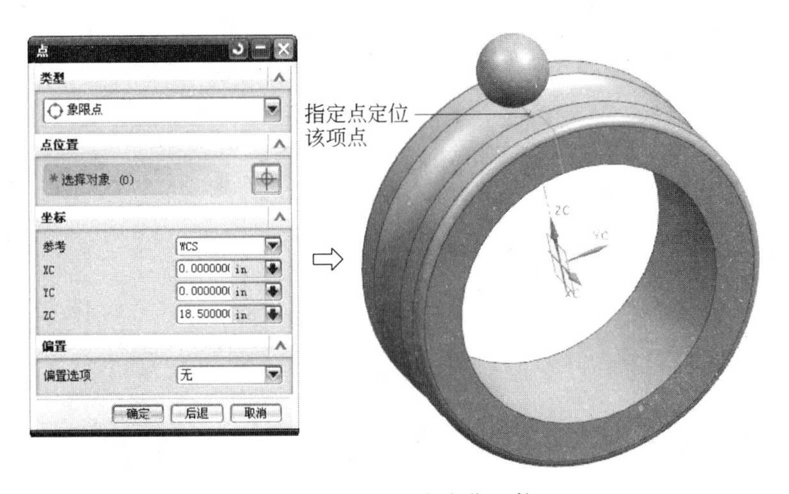

图 6-12 设置原点定位组件

3. 装配方法概述

(1) 自底向上装配。自底向上装配是指先设计好了装配中的部件,再将该部件的几何模型添加到装配中。所创建的装配体将按照组件、子装配体和总装配的顺序进行排列,并利用关联约束条件进行逐级装配,最后完成总装配模型。装配操作可以在"装配"→"组件"下拉菜单中选择,也可以通过单击"装配"工具栏图标按钮实现。

(2) 自顶向下装配。自顶向下装配建模是工作在装配上下文中,建立新组件的方法。上下文设计指在装配中参照其他零部件对当前工作部件进行设计。在进行上下文设计时,其显示部件为装配部件,工作部件为装配中的组件,所做的工作发生在工作部件上,而不是在装配部件上,利用链接关系建立其他部件到工作部件的关联。利用这些关联,可链接复制其他部件几何对象到当前部件中,从而生成几何体。

自顶向下装配有两种方法,下面分别说明。

方法 1:先在装配中建立几何模型(草图、曲线、实体等),然后建立新组件,并把几何模型加入新建组件中。

方法 2:先在装配中建立一个新组件,它不包含任何几何对象即"空"组件,然后使其成为工作部件,再在其中建立几何模型。

6.1.5 装配约束

在装配过程中,除了添加组件和确定组件间的相对位置关系中,还需要使用配对条件为组件之间施加约束,确定组件在装配体中的准确位置,"装配约束"对话框如图 6-13 所示。

1. "接触对齐"约束

展开"装配约束"对话框的"类型"选项组,从其下拉列表框中选择"接触对齐"约束选项,此时在"要约束的几何体"选项组的"\t 方位"下拉列表框中提供了"首选接触"、"接触"、"对齐"和"自动判断中心/轴"这些方位选项,如图 6-14 所示。

(1) "首选接触":选择该方位方式时,系统提供的方位方式首选为接触,此为默认选项。

(2) "接触":选择该方位方式时,指定的两个相配合对象接触(贴合)在一起。如果要配合的两个对象是平面,则两个平面贴合且默认法向相反,此时用户可以单击"返回上一个约束"

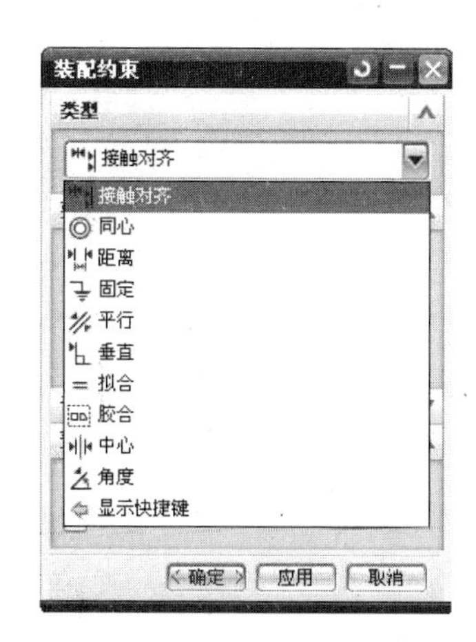

图 6-13　“装配约束”对话框

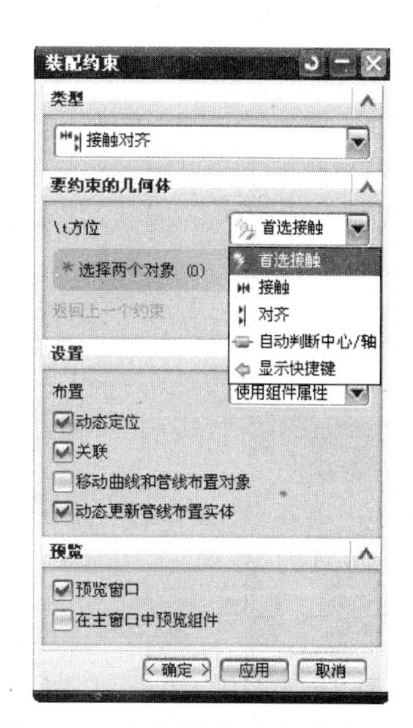

图 6-14　选择“接触对齐”约束选项

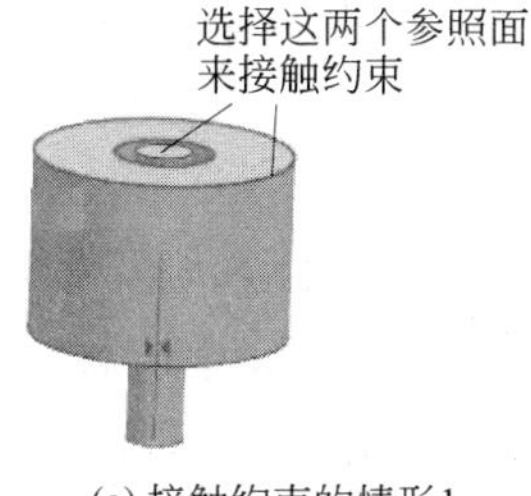

(a) 接触约束的情形1

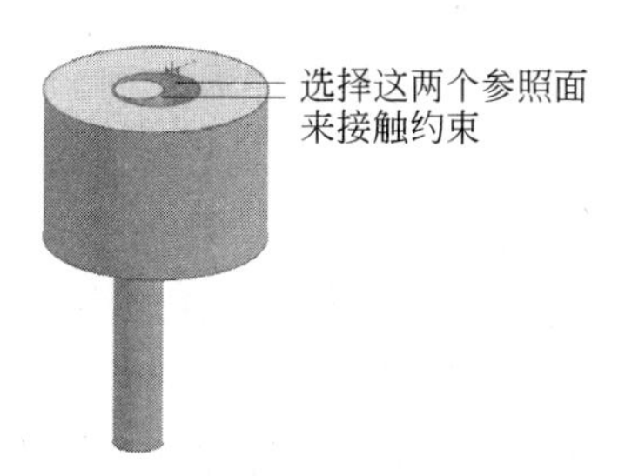

(b) 接触约束的情形2

图 6-15　“接触对齐”约束的接触示例

按钮来进行切换设置，约束效果如图 6-15(a)所示；如果要配合的两个对象是圆柱面，则两个圆柱面以相切形式接触，用户可以根据实际情况设置是外相切还是内相切，此情形的接触约束效果如图 6-15(b)所示。

(3) “对齐”：选择该方位方式时，将对齐选定的两个要配合的对象。对于平面对象而言，将默认选定的两个平面共面并且法向相同，同样可以进行反向切换设置。对于圆柱面，也可以实现面相切约束，还可以对齐中心线。用户可以总结或对比一下“接触”与“对齐”方位约束的异同之处。

(4) “自动判断中心/轴”：选择该方位方式时，可根据所选参照曲面来自动判断中心/轴，实现中心/轴的接触对齐，如图 6-16 所示。

2. “中心”约束

“中心”约束是配对约束组件中心对齐。如图 6-17 所示，从“类型”下拉列表框中选择“中心”选项时，该约束类型的子类型包括“1 对 2”、“2 对 1”和“2 对 2”。

(1) “1 对 2”：选择该子类型选项时，添加的组件一个对象中心与原有组件的两个对象中心对齐，即需要在添加的组件中选择一个对象中心以及在原有组件中选择两个对象中心。

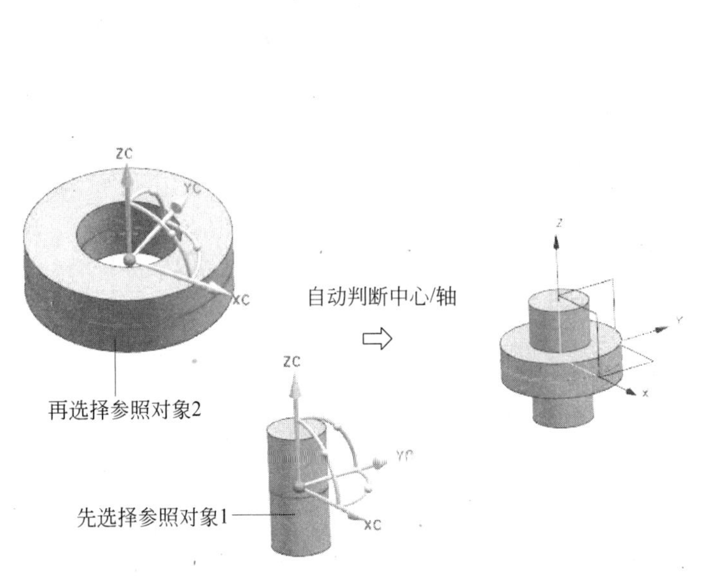

图 6-16 “接触对齐”的“自动判断中心/轴”方位约束示例

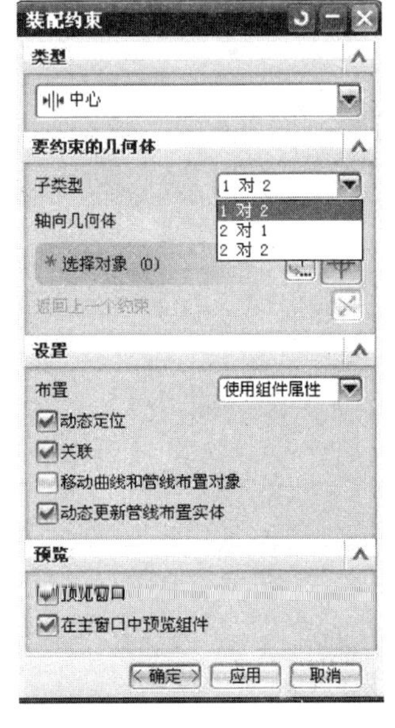

图 6-17 选择“中心”约束类型

(2)“2 对 1”：选择该子类型选项时，添加的组件两个对象中心与原有组件的一个对象中心对齐。需要在添加的组件上指定两个对象中心以及在原有组件中指定一个对象中心。

(3)“2 对 2”：选择该子类型选项时，添加的组件两个对象中心与原有组件的两个对象中心对齐，即需要在添加的组件和原有组件上各选择两个参照定义对象中心。

3. “胶合”约束

在“装配约束”对话框的“类型”下拉列表框中选择“胶合”约束选项，此时可以为“胶合”约束选择要约束的几何体或拖动几何体。使用“胶合”约束可以将添加进来的组件随意拖放到指定的位置，例如可以往任意方向平移，但不能旋转。

4. “角度”约束

“角度”约束定义配对约束组件之间的角度尺寸，该约束的子类型有“3D 角”和“方向角度”。当设置“角度”约束子类型为“3D 角”时，需要选择两个有效对象(在组件和装配体中各选择一个对象，如实体面)，并设置这两个对象之间的角度尺寸，如图 6-18 所示。

当设置“角度”约束子类型为“方向角度”时，需要选择 3 个对象，其中一个对象为轴或边。

5. “同心”约束

“同心”约束是使选定的两个对象同心。如图 6-19 所示为采用“同心”约束的示例，选择“同心”类型选项后，分别在装配体原有组件中选择一个端面圆(圆对象)和在添加的组件中选择一个端面圆(圆对象)。

6. “距离”约束

“距离”约束是约束组件对象之间的最小距离，选择该约束类型选项时，在选择要约束的两个对象参照后，需要输入这两个对象之间的最小距离，距离可以是正数，也可以是负数。采用

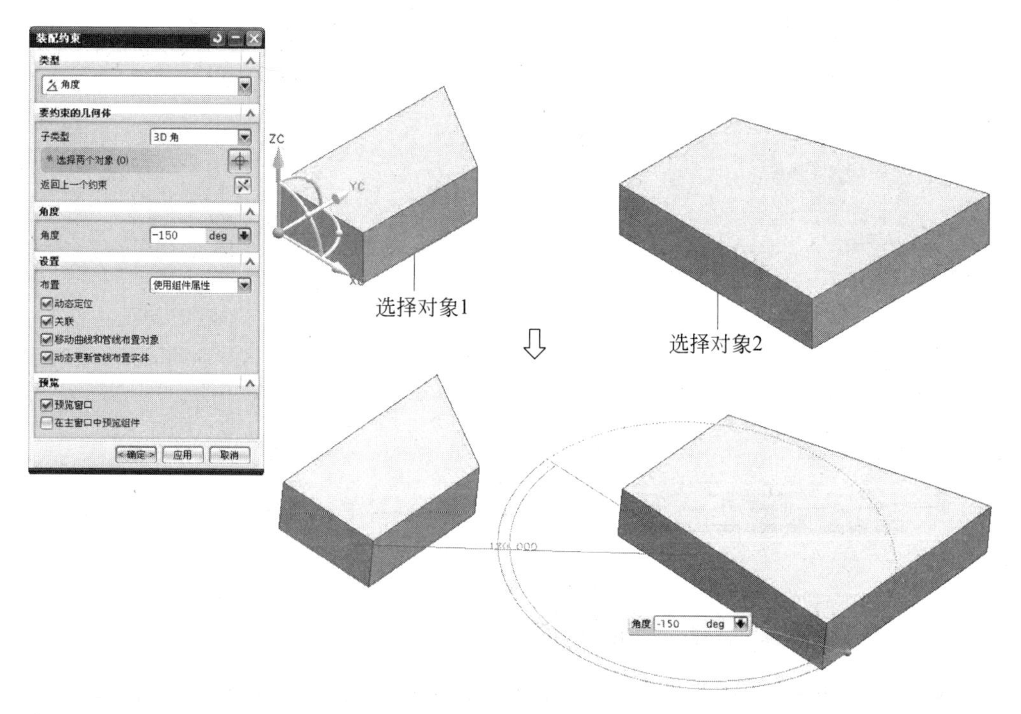

图 6-18 “角度”约束

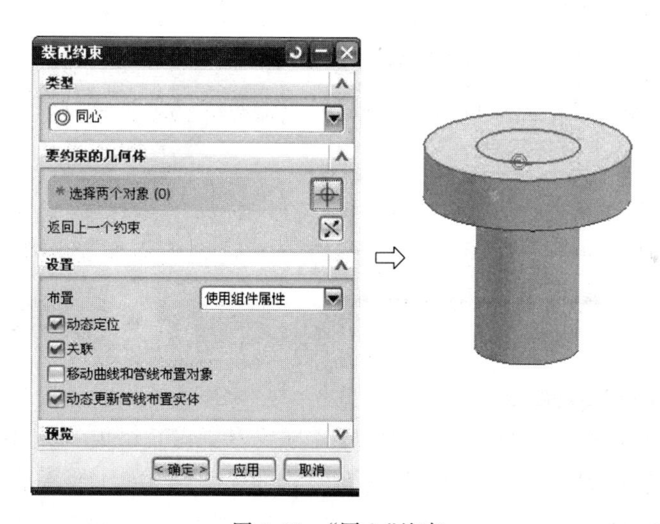

图 6-19 “同心”约束

“距离”约束的示例如图 6-20 所示。

7. “平行”约束

“平行”约束是指配对约束组件的方向矢量平行。如图 6-21 所示，该示例中选择两个实体面来定义方式矢量平行。

8. “垂直”约束

“垂直”约束是指配对约束组件的方向矢量垂直。该约束类型和“平行”约束类型类似，只是方向矢量不同而已。应用“垂直”约束的示例如图 6-22 所示。

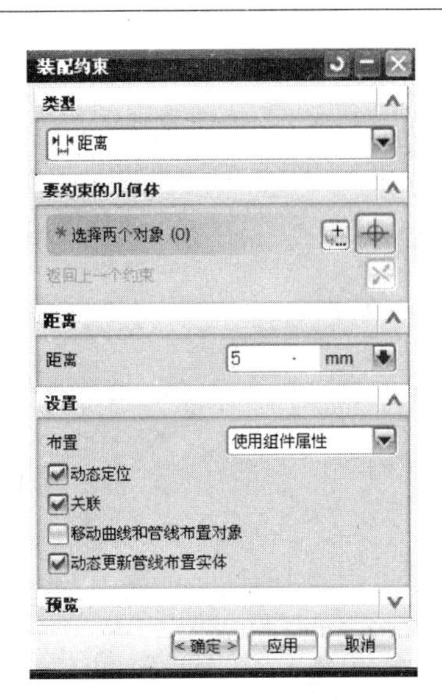

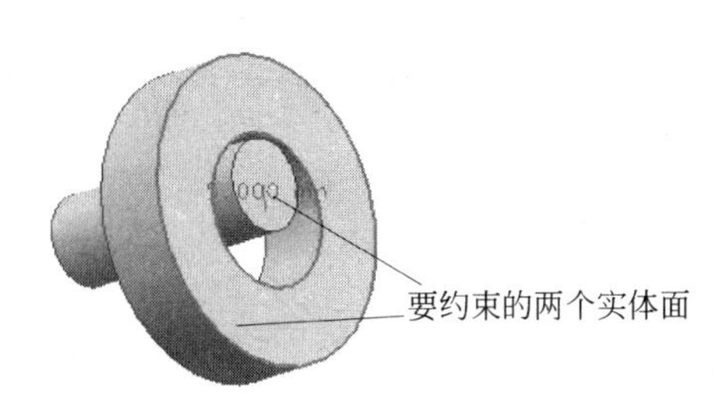

图 6-20 “距离”约束

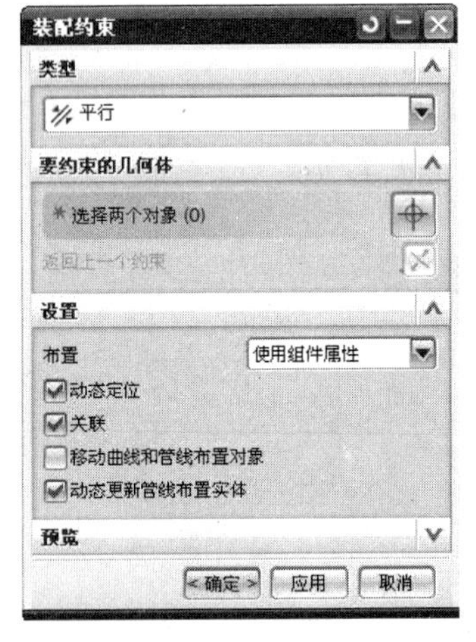

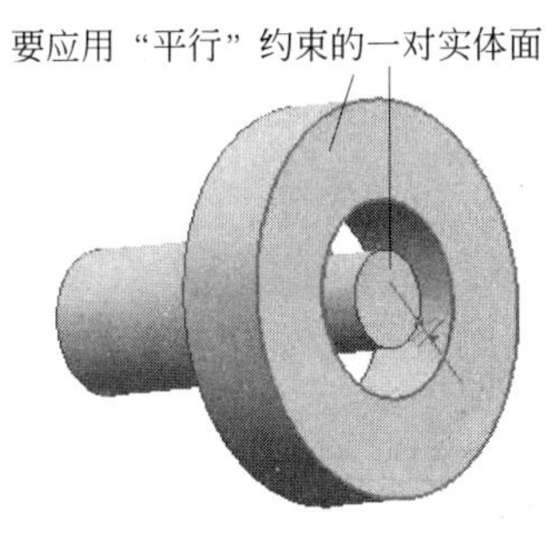

图 6-21 “平行”约束

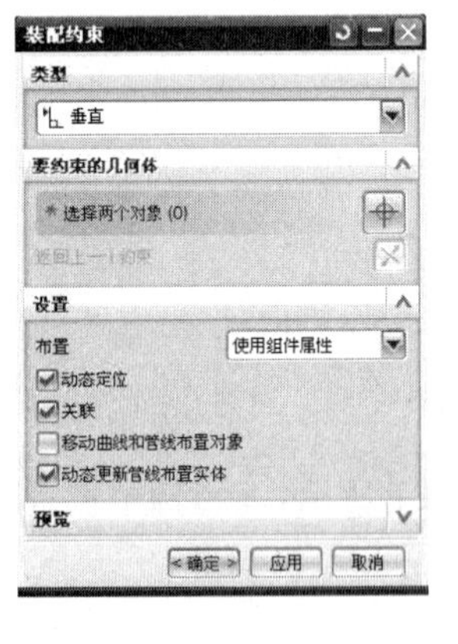

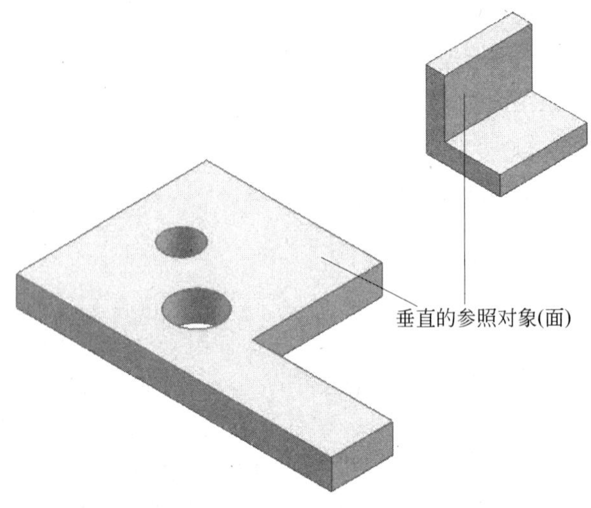

图 6-22 “垂直”约束

9. “固定”约束

“固定”约束用于将组件在装配体中的当前指定位置处固定。在“装配约束”对话框的“类型”下拉列表框中选择“固定”选项时，此时系统提示为“固定”选择对象或拖动几何体。用户可以使用鼠标将添加的组件按住拖到装配体中合适的位置处，然后分别选择对象在当前位置处固定它们，固定的几何体会显示固定符号，如图 6-23 所示。

10. “拟合”约束

在“装配约束”对话框的“类型”下拉列表框中选择“拟合”选项时，“要约束的几何体”栏中的“选择两个对象”栏处于被激活状态，如图 6-24 所示，由用户选择两个有效对象（要约束的几何体）。

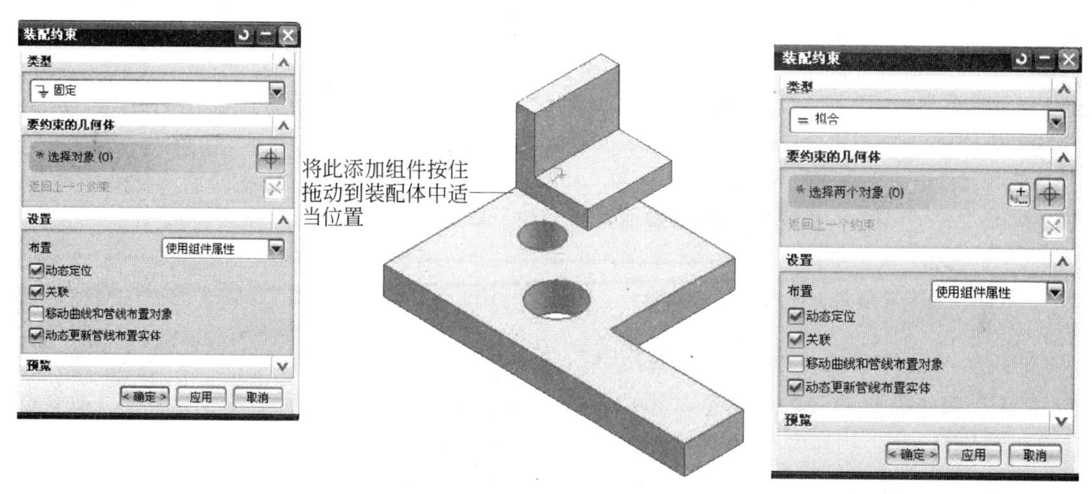

图 6-23 “固定”约束

图 6-24 “拟合”约束

6.2 装配导航器

装配导航器是将部件的装配结构用图形表示，类似于树形结构，在装配中每个组件在装配树上显示为一个节点，如图 6-25 所示。使用装配导航器能更清楚地表达装配关系，它提供了一种在装配中选择组件和操作组件的简单方法。可以用装配导航器选择组件“改变工作部件”、“改变显示部件”、“隐藏与显示组件”和“替换引用集”等。

1. 打开和设置装配导航器

用户在 SIEMENS NX 7.5 工作环境左侧的资源导航条中，单击“装配导航器”按钮，系统就会展开一个“装配导航器”窗口。如果用户在该按钮上右击，在弹出的快捷菜单中选择“取消隐藏”命令，系统会将“装配导航器”变为如图 6-26 所示的显示方式。

在装配导航器中，系统用图形方式显示各部件的装配结构，这是一种类似于树形的结构。在这种装配树形结构中，每一个组件显示为一个节点。在不同的装配操作功能中，用户可以通过选取装配导航器中的这些节点来选取对应组件。

在“装配导航器”窗口的标题栏处右击，在弹出的快捷菜单中选择“属性”命令，系统就会弹

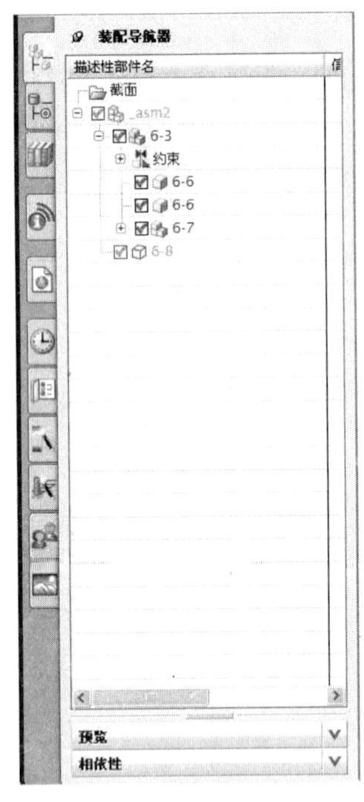

图 6-25 装配导航器 1

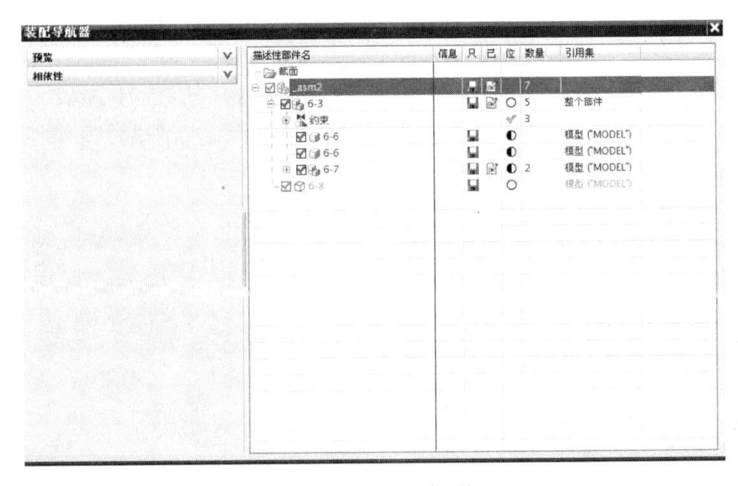

图 6-26 装配导航器 2

出如图 6-27 所示的“装配导航器属性”对话框，其中“列”选择卡主要用于设置在“装配导航器”窗口中显示那些需要的参数列信息。用户可以通过选取或取消列名前的复选标志来指定哪些列在“装配导航器”窗口中显示出来，哪些列进行隐藏。

2. 装配导航器的快捷菜单

将光标定位在“装配导航器”中装配树的选择节点上，右击系统会弹出如图 6-28 所示的快捷菜单。但是图 6-28 所示的快捷形式并不是一成不变的，它的菜单命令会随用户设置的过滤模式和选择组件多少等系统设置的不同而不同，同时菜单命令还与所选组件当前所处的状态有关。通过快捷菜单命令，用户可以对选择的组件进行各种操作。如果操作时某菜单命令为灰色，则表示对当前选择的组件不能进行这项操作。下面介绍其中一些常用菜单命令的用法。

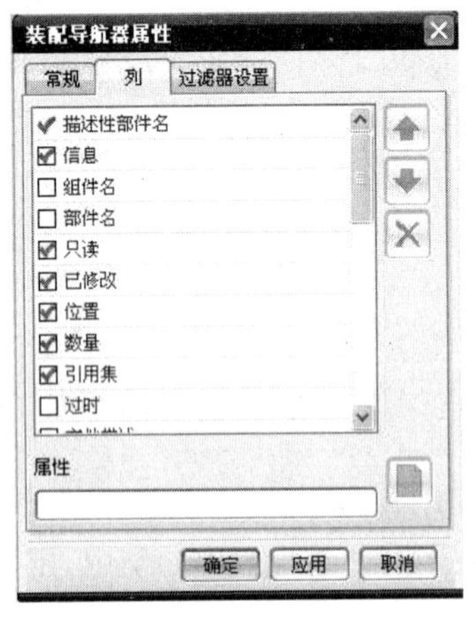

图 6-27 “装配导航器属性”对话框

图 6-28 装配导航器快捷菜单

3. 装配导航器工具栏

在 SIEMENS NX 6 工作环境中工具栏的任意位置右击，将会弹出工具选择菜单，选择“装配导航器”命令，系统将打开“装配导航器”工具栏，如图 6-29 所示。

图 6-29 “装配导航器”工具栏

“装配导航器”工具栏中各种按钮的功能主要是执行装配相关的操作，其中大多数的操作功能与装配导航器快捷菜单的功能相似，但操作起来更加方便。该工具栏中的多数功能也可以通过“工具”→“装配导航器”级联菜单中的相关菜单命令来实现。

6.3 组 件

1. 新建组件

创建组件的方式有两种：一种是先设计好了装配中部件的几何模型，再将该几何模型添加到装配中，该几何模型将会自动成为该装配的一个组件；另一种是先创建一个空的新组件，再在该组件中建立几何对象或是将原有的几何对象添加到新建的组件中，则该几何模型成为一个组件。“新建组件”对话框如图 6-30 所示。

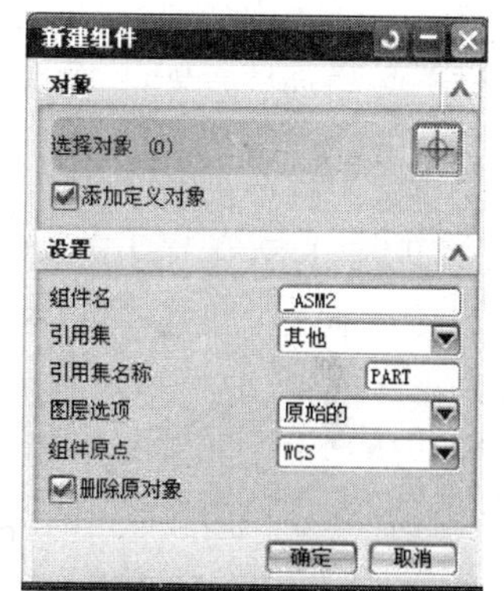

图 6-30 “新建组件”对话框

2. 组件阵列

组件阵列是一种在装配中用对应关联条件快速生成多个组件的方法。例如要在法兰上装配多个螺栓，可用关联条件先装配其中一个，其他螺栓的装配可采用组件阵列的方式，而不必为每一个螺栓定义关联条件。

阵列组件是模板组件的一个实例，所有实例都与模板组件关联。任何组件可以指定为模板组件，阵列后也可重新指定模板。如果重新指定模板组件，不会影响基于它的其他组件。

模板只对以后生成的组件有影响。如果移去组件中的模板，系统会自动指定一个新的模板。

选择菜单“装配”→“组件”→“创建阵列”命令，或在“装配”工具栏中单击“创建组件阵列”图标按钮，系统会先提示用户选取需要进行阵列操作的组件，随后将弹出如图 6-31 所示的“创建组件阵列”对话框。在该对话框中列出了“从实例特征”、“线性”和“圆形”三种组件阵列定义的类型，用户可以选择不同的阵列方式得到不同的组件阵列效果。

3. 镜像装配

在装配设计过程中，许多产品的结构是轴对称的，产品左右两侧的装配非常相近，此时可以采用“镜像装配”功能，如图 6-32 所示。“镜像装配”就是创建整个装配或选定组件的镜像版本。

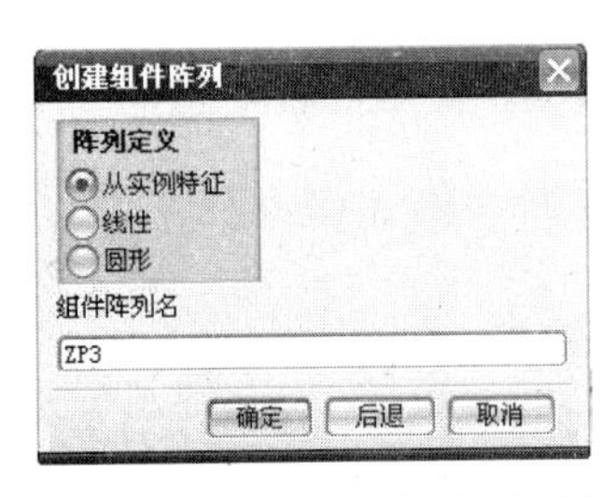

图 6-31　“创建组件阵列”对话框

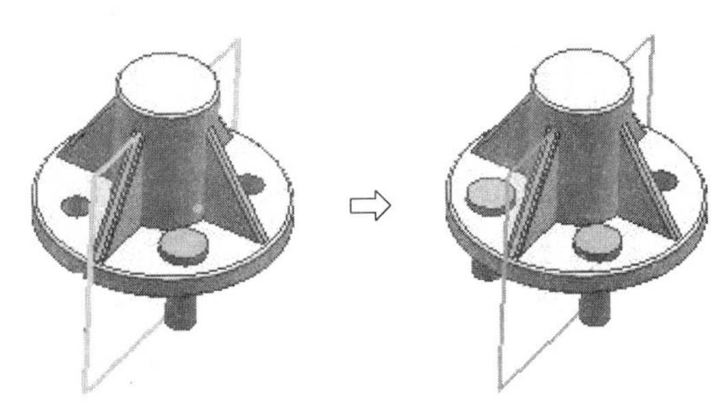

图 6-32　镜像装配

UG NX 7.5 版本的镜像装配采用镜像装配向导方式来引导用户创建镜像组件，并可以在镜像方位中定位新的部件实例，还可以新建包含链接镜像的几何体部件。

6.4　装配爆炸图

装配模块为用户提供了装配部件的一些工具，能够使用户快速地将一些部件装配在一起，组成一个组件或者部件集合。用户可以在一个组件中增加部件，从而使系统在部件和组件之间建立一种联系，这种联系能够使系统保持对组件的追踪。当部件更新后，系统将根据这种联系自动更新组件。此外，用户还可以生成组件的爆炸图。

装配爆炸是在装配模型中组件按照装配关系偏离一定距离来拆分指定组件的，如图 6-33 所示是装配爆炸的效果，装配爆炸图的创建可以方便查看装配中的零件及其相互之间的装配关系。爆炸图在本质上也是一个视图，与其他用户定义的视图一样，一旦定义和命名就可以被添加到其他图形中。爆炸图与显示部件关联，并存储在显示部件中。用户可以在任何视图中显示爆炸图形，并对该图形进行任何操作，该操作也将同时影响到非爆炸图中的组件。装配爆炸图一般是为了表现各个零件的装配过程以及整个部件或是机器的工作原理。

选择菜单“装配”→“爆炸图”命令，弹出如图 6-34 所示的“爆炸图”子菜单。

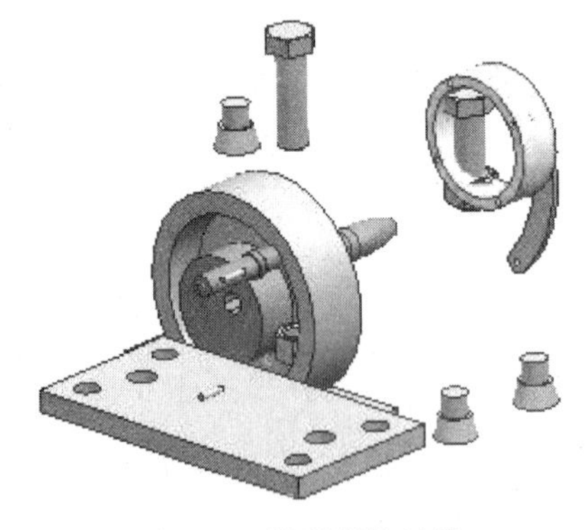

图 6-33　装配爆炸效果

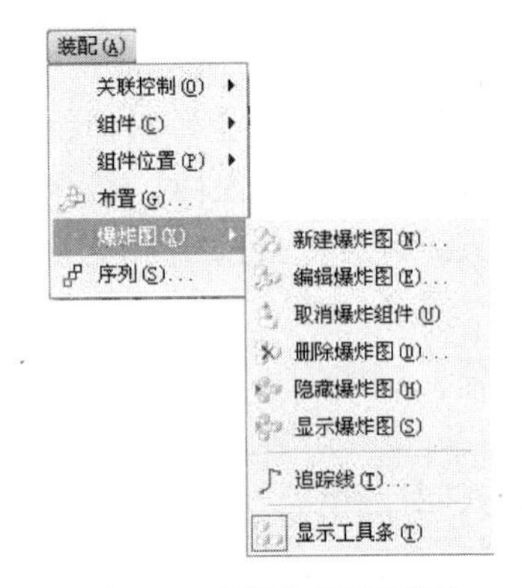

图 6-34　“爆炸图”子菜单

1. 创建爆炸图

完成部件装配后，可建立爆炸图来表达装配部件内部各组件间的相互关系。“创建爆炸图”用于在工作视图中新建爆炸图，可在其中重定位组件以生成爆炸图。

选择菜单“装配”→“爆炸视图”→“创建爆炸”命令，或在“爆炸图”工具栏中单击“新建爆炸图”图标按钮，系统弹出“新建爆炸图”对话框，如图 6-35 所示，在对话框中输入爆炸图的名称，随后系统即可创建一个新的爆炸图，并激活爆炸图操作的相关功能。

在新创建了一个爆炸图后，视图并没有发生什么变化，要生成真正的爆炸图需要对爆炸图进行编辑。在 SIEMENS NX 7.5 中组件爆炸的方式为自动爆炸，即基于组件关联条件，沿表面的正交方向自动爆炸组件。

2. 编辑爆炸图

采用自动爆炸组件，一般不能得到理想的爆炸效果，通常还需要对爆炸图进行调整。

编辑爆炸图是重定位当前爆炸图中选定的组件。编辑爆炸图是对所选取的部件输入分离参数，或对已存在的爆炸视图中的部件修改分离参数。如果选取的部件是子装配，则系统默认设置它的所有子节点均被选中，如果想取消某个子节点，用户需要自己进行设置，“编辑爆炸图”对话框如图 6-36 所示。

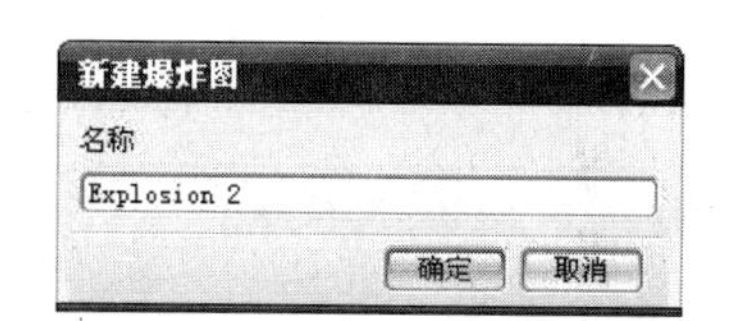

图 6-35 “新建爆炸图”对话框

图 6-36 “编辑爆炸图”对话框

3. 装配爆炸图的操作

在用户创建了装配结构的爆炸图后，还可以利用系统提供的爆炸图操作功能，对其进行一些常规的修改操作。

选择菜单“装配”→“爆炸视图”→“取消爆炸组件”命令，或在“爆炸图”工具栏中单击“取消爆炸组件”图标按钮时，系统会提示用户选取要进行复位操作的组件，随后系统即可使已爆炸的组件回到其原来的位置，如图 6-37 所示。

4. 删除爆炸图

该选项用于删除爆炸视图。当不需要显示装配体的爆炸效果时，可执行“删除爆炸图”操作将其删除。通常删除爆炸图的方式是：单击“爆炸图”工具栏中“删除爆炸图”图标按钮，或者执行“装配”→“爆炸图”→“删除爆炸图”命令，进入“爆炸图”对话框，如图 6-38 所示。系统在该对话框列出了所有爆炸图的名称，用户只需选择需要删除的爆炸图名称，单击“确定”按钮即可将选中的爆炸图删除。

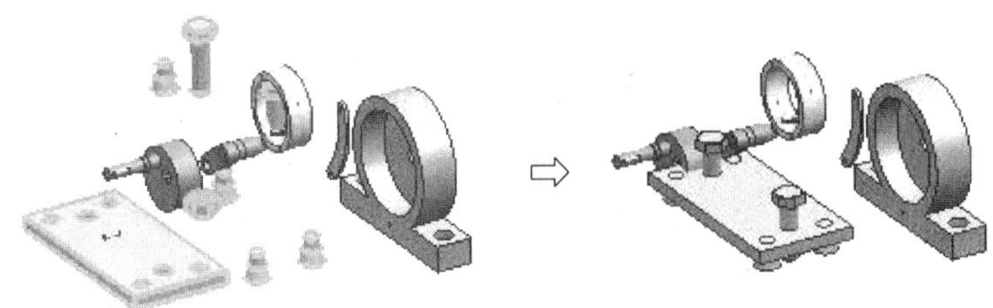

图 6-37　装配爆炸图的操作　　图 6-38　“爆炸图”对话框

6.5　装配应用实例——机床台钳的装配

机床台钳的装配效果如图 6-39 所示。

这里以机床台钳的装配结构为例，讲解装配的相关知识，本例的最终效果如图 6-39 所示。具体的操作步骤如下。

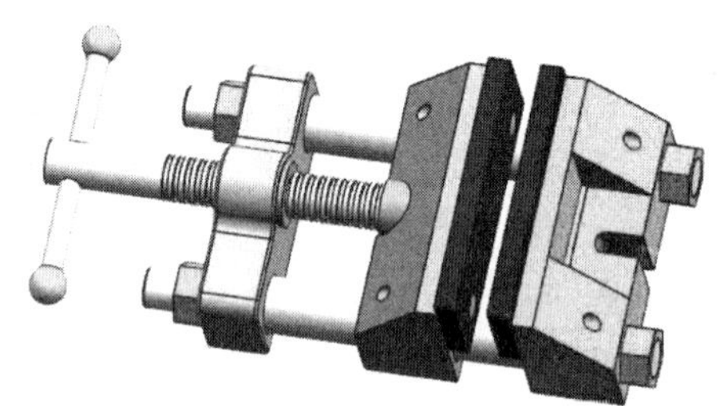

图 6-39　机床台钳的装配

1. 新建文件

选择菜单栏中的“文件”→“新建”命令，在弹出的“新建”对话框中单击“模型”标签，在“模板”列表框中选择“装配”选项，设置“单位”为“毫米”，在“新文件名”卷展栏中的“名称”文本框中输入文件名“6-1. prt”，单击“确定”按钮，创建新文件，如图 6-40 所示。

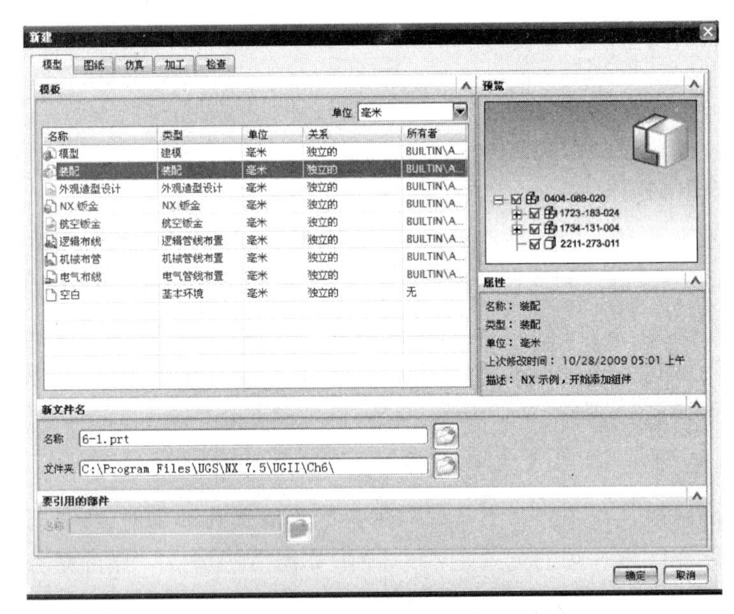

图 6-40　“新建”对话框

2. 调用“装配”工具栏

选择菜单栏“工具”→“定制”命令，在弹出的对话框中勾选“装配”复选框，弹出“装配”工具栏，如图 6-41 所示，单击“关闭”按钮。

图 6-41　“装配”工具栏

3. 打开部件

系统弹出的“添加组件”对话框如图 6-42 所示，在对话框中单击“打开”按钮，弹出“部件名”对话框，选择 D1 文件，单击 OK 按钮，如图 6-43 所示。弹出“组件预览”窗口，如图 6-44 所示。

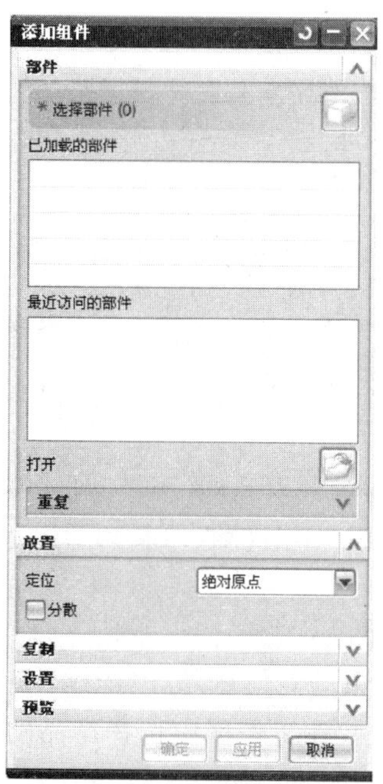

图 6-42　“添加组件”对话框

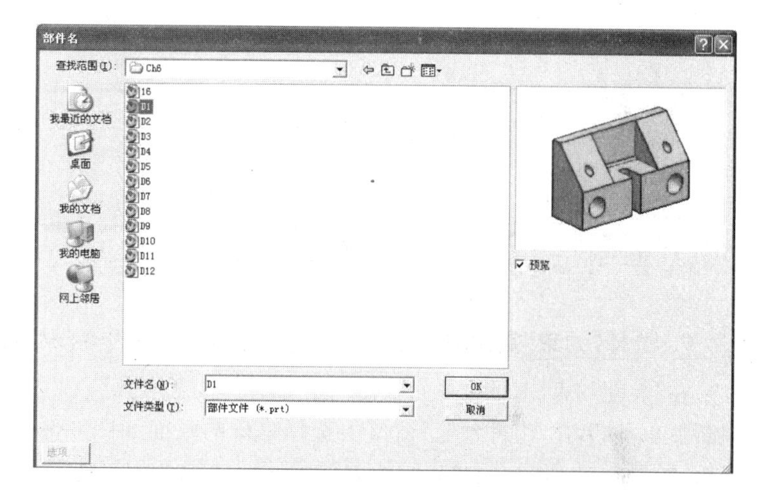

图 6-43　“部件名”对话框

4. 选择定位方式

在“添加组件”对话框的“放置”栏中设置“定位”为“绝对原点”，如图 6-45 所示，在“添加组件”对话框中单击“确定”按钮，文件被载入工作区中，如图 6-46 所示。

图 6-44　“组件预览”窗口 1

图 6-45　设置定位方式 1

图 6-46　文件被载入

5. 添加“D3”组件

单击“装配”工具栏中的“添加组件”图标按钮，弹出“添加组件”对话框，在对话框中单击“打开”按钮，弹出“部件名”对话框，选择 D3 文件，单击 OK 按钮，弹出“组件预览”窗口，如图 6-47 所示。

6. 选择定位方式

在“添加组件”对话框的“放置”栏中设置“定位”为“通过约束”，如图 6-48 所示，单击“应用”按钮，弹出“装配约束”对话框，如图 6-49 所示。

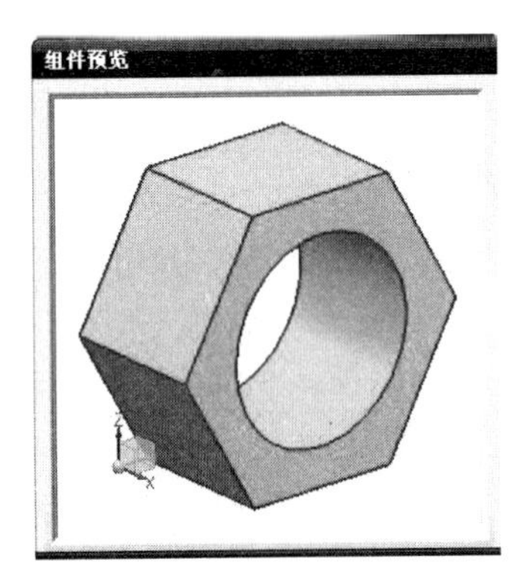

图 6-47 “组件预览”窗口 2

图 6-48 设置定位方式 2

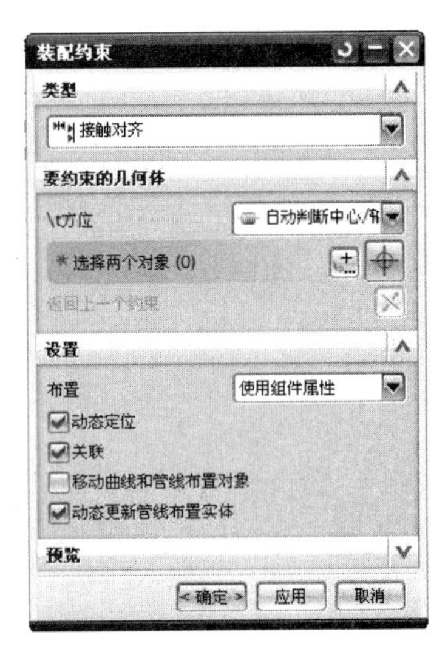

图 6-49 “装配约束”对话框 1

7. 选择“约束”定位方式

在“装配约束”对话框中，“类型”栏内选择“接触对齐”，在“要约束的几何体”栏中选择 “自动判断中心/轴”，在“组件预览”窗口中选择螺母的端面如图 6-50 所示，在工作区中选择产品的上端面，如图 6-51 所示。在“装配约束”对话框中单击“确定”按钮，装配的效果如图 6-52 所示。

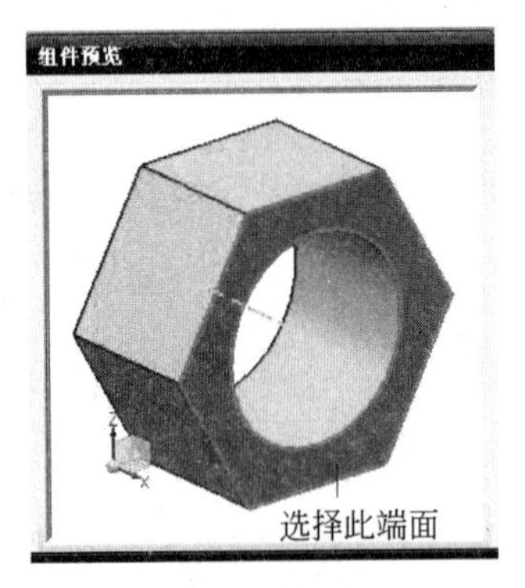

图 6-50 选择螺母端面

图 6-51 选择产品端面

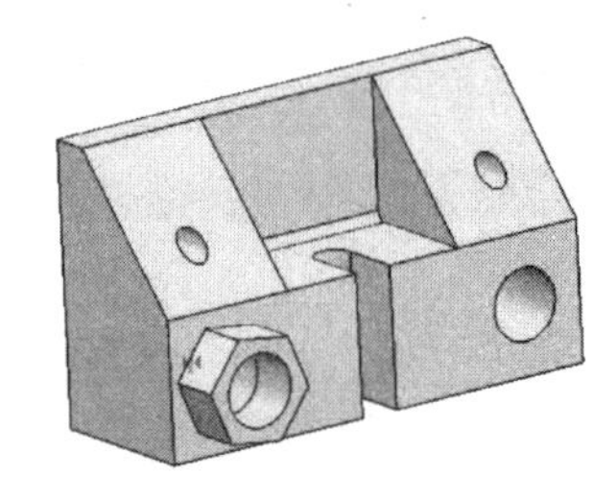

图 6-52 装配效果 1

8. 镜像“D3”组件

在菜单栏中选择“装配”→“组件”→“镜像装配”命令，系统出现“镜像装配向导”对话框 1，如图 6-53 所示，单击“下一步”按钮，系统弹出“镜像装配向导”对话框 2，如图 6-54 所示。单击

“选定的组件”按钮，再到图形中选择“要镜像的组件”(D3)，如图 6-55 所示。再单击“下一步”按钮，出现“镜像装配向导”对话框 3，如图 6-56 所示。系统要求选择“基准平面”，单击“基准平面”按钮，出现如图 6-57 所示的“基准平面”对话框，在“基准平面”对话框中单击“XC-ZC 平面”按钮作为“基准平面”，单击“确定”按钮，单击“下一步”按钮，再单击“下一步”按钮，单击“镜像平面”对话框“完成”按钮。效果如图 6-58 所示。

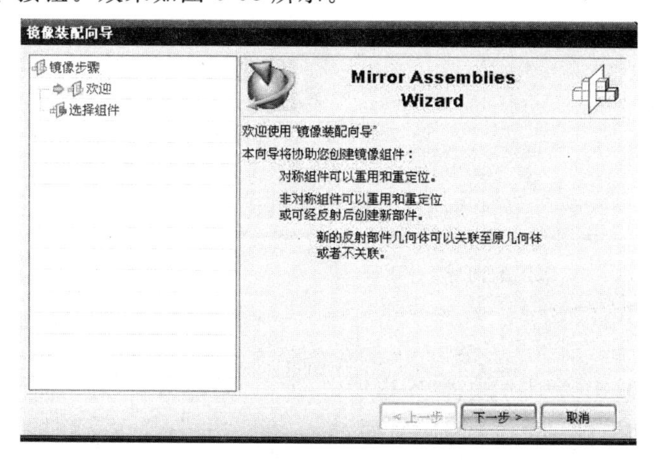

图 6-53 “镜像装配向导”对话框 1

图 6-54 “镜像装配向导”对话框 2

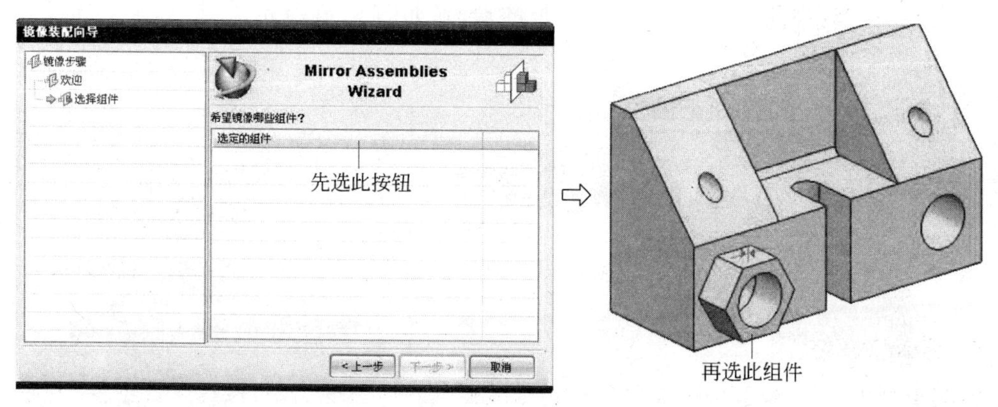

图 6-55 选择 D3 选项

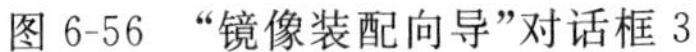
图 6-56 “镜像装配向导”对话框 3

图 6-57 “基准平面”对话框 1

9. 添加“D4”组件

单击“装配”工具栏中的“添加组件”图标按钮，弹出“添加组件”对话框，在对话框中单击“打开”按钮，弹出“部件名”对话框，选择 D4 文件，单击 OK 按钮，弹出“组件预览”窗口，如图 6-59 所示。

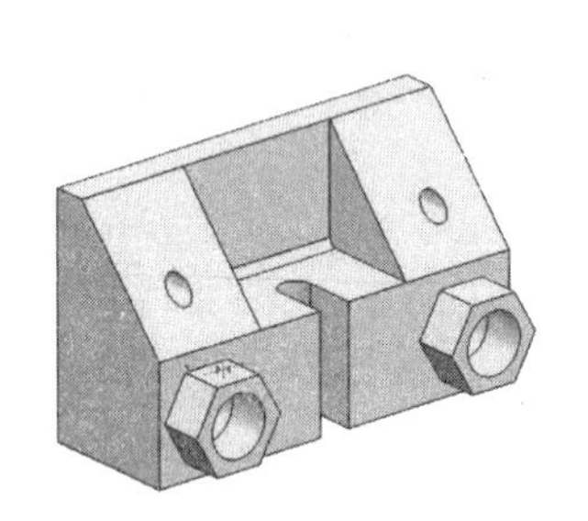
图 6-58 镜像装配 D3 组件效果

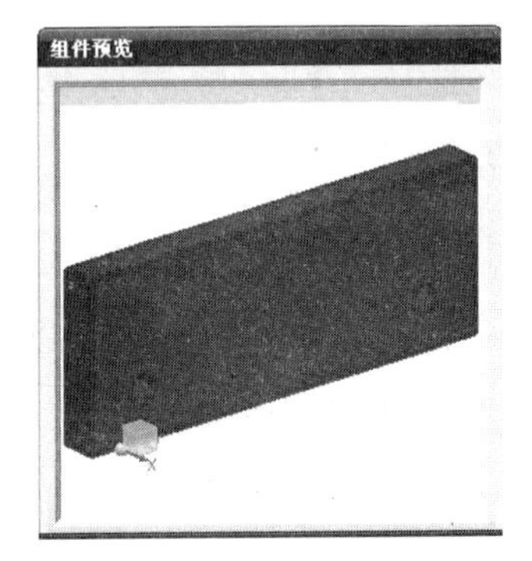

图 6-59 “组件预览”窗口 3

10. 选择“约束”定位方式

在“添加组件”对话框中单击“应用”按钮，弹出“约束条件”对话框，在对话框中单击“接触对齐”按钮出，在“组件预览”窗口中选择夹板的端面，如图 6-60 所示，在工作区中选择产品的端面，如图 6-61 所示。

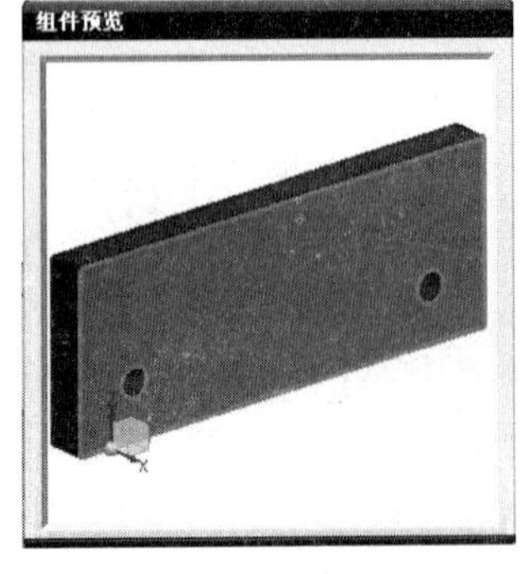

图 6-60 选择夹板端面

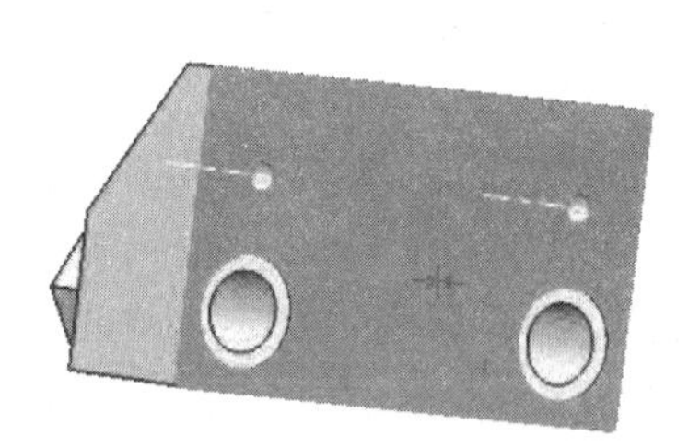
图 6-61 选择产品端面

11. 选择"约束"定位方式

在"装配约束"对话框中，单击"确定"按钮，再单击"添加组件"中的"取消"按钮，装配效果如图 6-62 所示。

12. 添加"D5"组件

单击"装配"工具栏中的"添加组件"图标按钮，弹出"添加组件"对话框，在对话框中单击"打开"按钮，弹出"部件名"对话框，选择 D5 文件，单击 OK 按钮，弹出"组件预览"窗口，如图 6-63 所示。

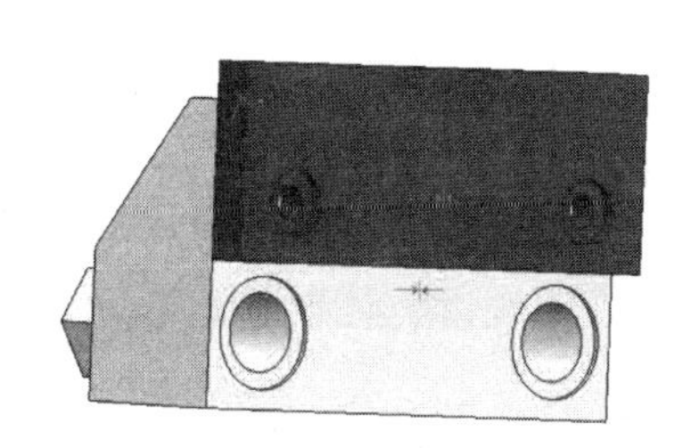

图 6-62 装配效果 2

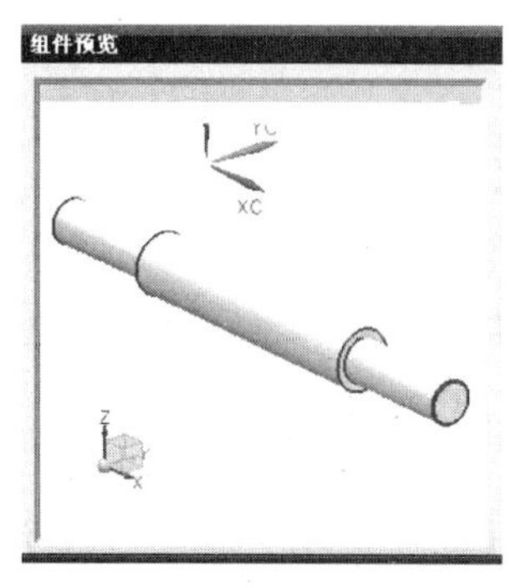

图 6-63 "组件预览"窗口 4

13. 选择"约束"定位方式

在"添加组件"对话框中单击"应用"按钮，在弹出的"装配约束"对话框中，单击"接触对齐"按钮，在"组件预览"窗口中选择轴的外端面，如图 6-64 所示，在工作区中选择产品孔的内端面，如图 6-65 所示。

再在"装配约束"对话框中单击"接触"按钮，单击"确定"按钮，装配效果如图 6-66 所示。

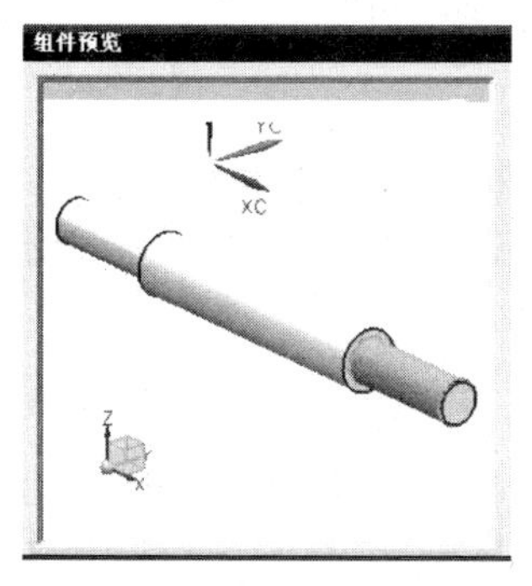

图 6-64 选择轴的外端面

图 6-65 选择孔的内端面

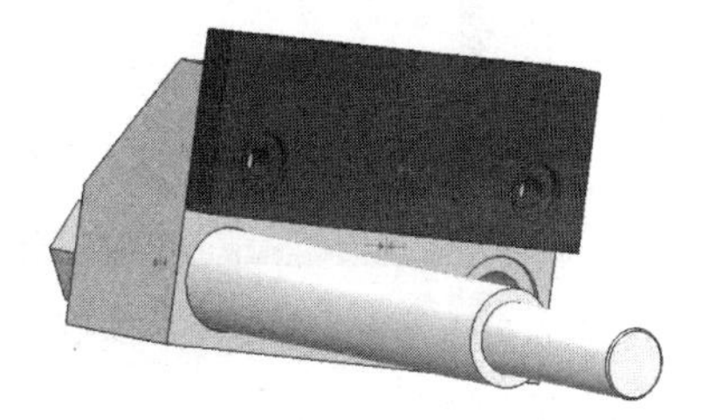

图 6-66 装配效果 3

14. 镜像"D5"组件

在菜单栏中选择"装配"→"组件"→"镜像装配"命令，系统出现"镜像装配向导"对话框 1，如图 6-52 所示，选择"下一步"按钮，系统弹出"镜像装配向导"对话框 2，如图 6-67 所示。选择"选定的组件"按钮，再到图形中选择"要镜像的组件"(D5)，如图 6-67 所示。再单击"镜像装配向导"对话框 2 中的"下一步"按钮，出现"镜像装配向导"对话框 3，系统要求选择"基准平面"，单击"基准平面"按钮，出现"基准平面"对话框，在"基准平面"对话框中单击"XC-ZC 平面"按钮作为"基准平面"，单击"确定"按钮，单击"下一步"按钮，再单击"下一步"按钮，单击"基准平面"对话框"完成"按钮。效果如图 6-68 所示。

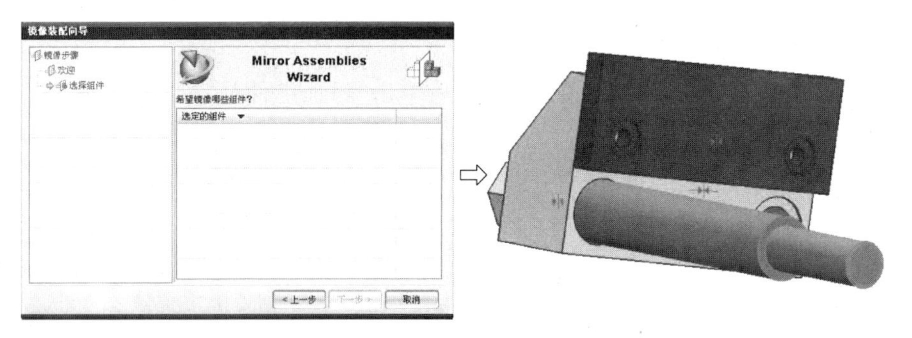

图 6-67　选择 D5 选项

15. 添加“D6”组件

单击“装配”工具栏中的“添加组件”图标按钮，弹出“添加组件”对话框，在对话框中单击“打开”按钮，弹出“部件名”对话框，选择 D6 文件，单击 OK 按钮，弹出“组件预览”窗口，如图 6-69 所示。

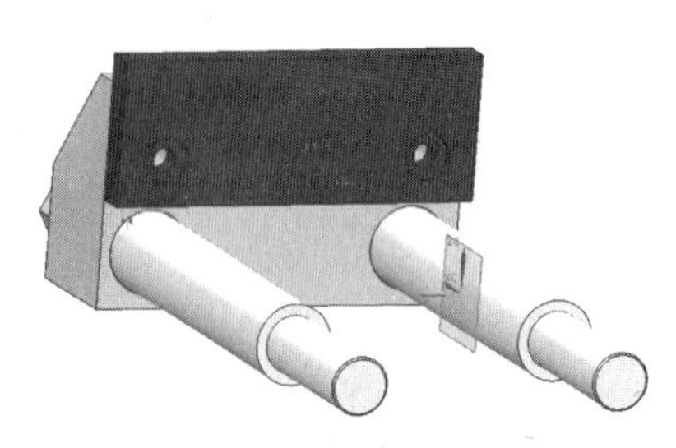

图 6-68　镜像装配 D5 组件效果

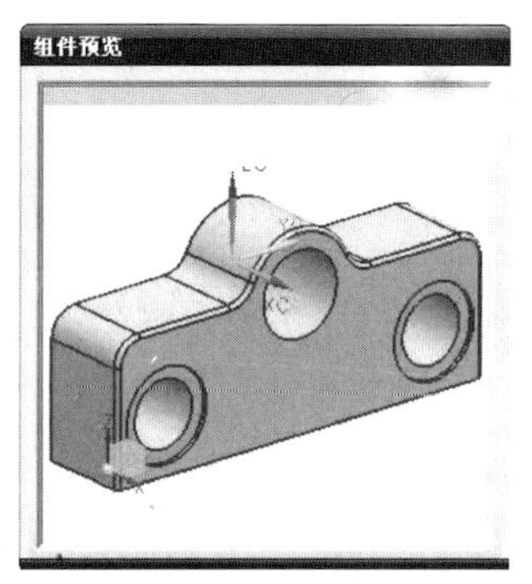

图 6-69　“组件预览”窗口 5

16. 选择“约束”定位方式

在“添加组件”对话框中单击“应用”按钮，弹出“装配约束”对话框，如图 6-70 所示，在对话框中单击“接触对齐”按钮，在“组件预览”窗口中选择右边孔的凹台面，如图 6-71 所示，在工作区中选择轴的凹台面，如图 6-72 所示。

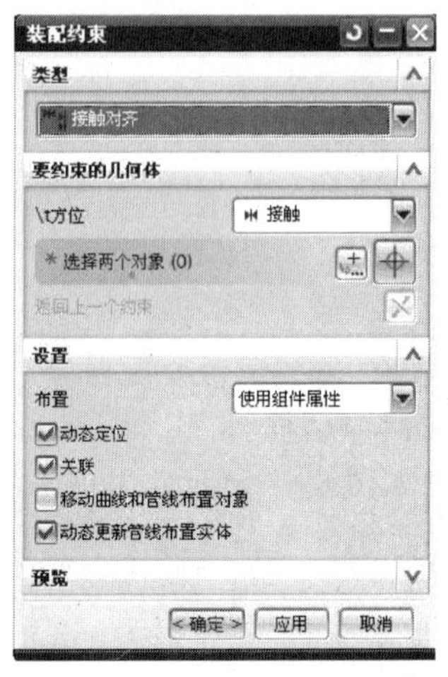

图 6-70　“装配约束”对话框 2

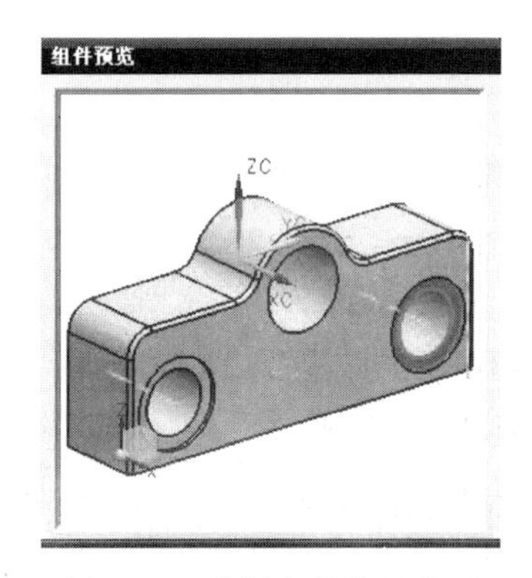

图 6-71　选择产品的凹台面

单击“装配约束”对话框中的“应用”按钮，再单击“确定”按钮结束操作，装配后的效果如图 6-73 所示。

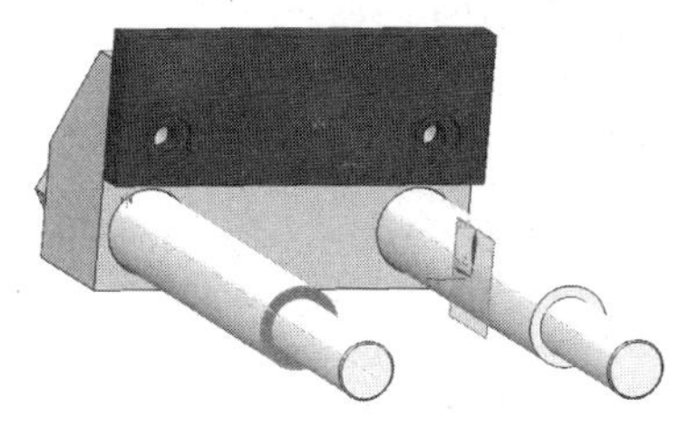

图 6-72 选择轴的凹台面

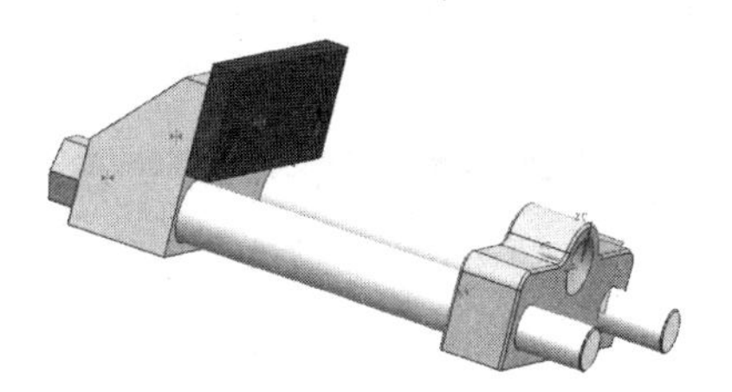

图 6-73 装配效果 4

17. 添加“D3”组件

单击“装配”工具栏中的“添加组件”图标按钮，弹出“添加组件”对话框，在“部件”栏的“已加载的部件”列表框中选择 D3 选项，弹出“组件预览”窗口，如图 6-74 所示，单击“应用”按钮，弹出“装配约束”对话框。

18. 选择“约束”定位方式

在弹出的“装配约束”对话框中单击“接触对齐”按钮，在“组件预览”窗口中选择螺母的外端面，如图 6-75 所示，在工作区中选择放置面，如图 6-76 所示。

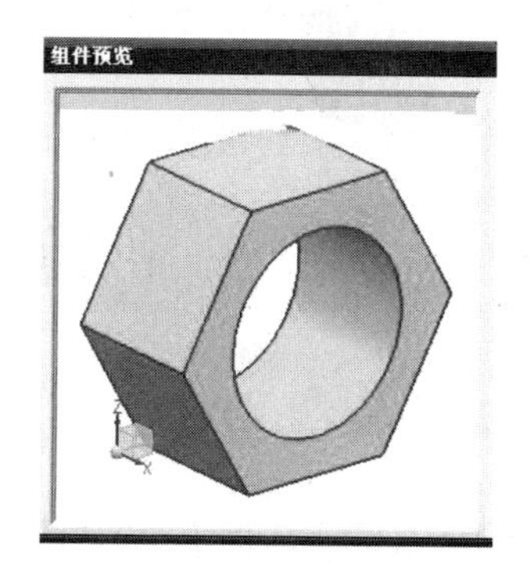

图 6-74 “组件预览”窗口 6

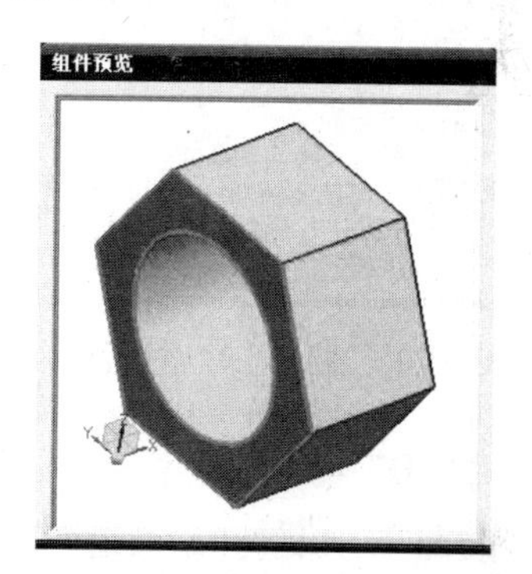

图 6-75 选择螺母外端面

单击“装配约束”对话框中的“应用”按钮，再单击“确定”按钮，结束操作，装配后的效果如图 6-77 所示。

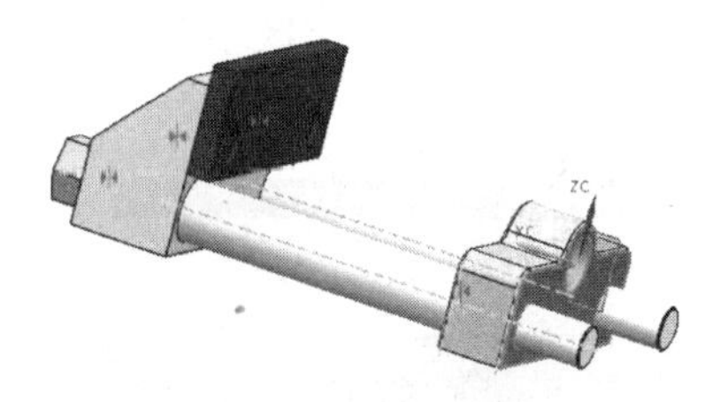

图 6-76 选择放置面

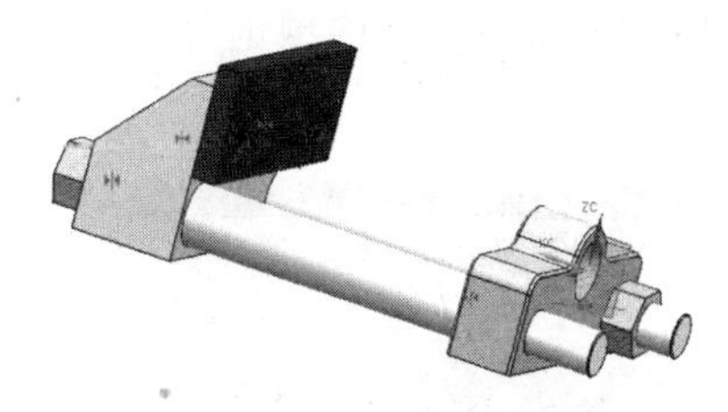

图 6-77 装配效果 5

19. 镜像“D3”组件

在菜单栏中选择“装配”→“组件”→“镜像装配”命令，系统出现“镜像装配向导”对话框 1，单击“下一步”按钮，系统弹出“镜像装配向导”对话框 2，单击“选定的组件”按钮，再到图形中选择“要镜像的组件”(D3)，如图 6-78 所示。再单击“下一步”按钮，出现“镜像装配向导”对话框3。系统要求选择"基准平面",单击"基准平面"按钮,出现如图6-79所示的"基准平面"对话框,在"基准平面"对话框中单击"XC-ZC平面"按钮作为"基准平面",单击"确定"按钮,单击"下一步"按钮,再单击"下一步"按钮,单击"基准平面"对话框"完成"按钮。

镜像装配后的效果如图6-80所示。

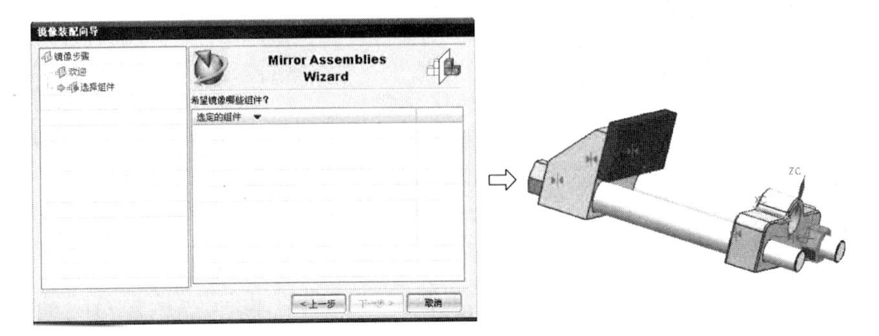

图6-78 选择D3选项

图6-79 "基准平面"对话框2

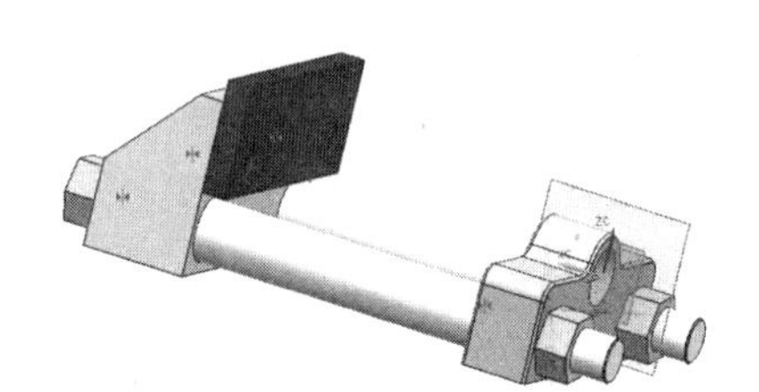

图6-80 装配效果6

20. 添加"D7"组件

单击"装配"工具栏的"添加组件"图标按钮,在弹出的"添加组件"对话框中单击"打开"按钮,弹出"部件名"对话框,选择D7文件,单击OK按钮,弹出"组件预览"窗口,如图6-81所示。

21. 选择"约束"定位方式

在"添加组件"对话框中单击"应用"按钮,弹出"装配约束"对话框,在弹出的对话框中单击"接触对齐"按钮,在"组件预览"窗口中选择约束面如图6-82所示,在工作区中选择约束面如图6-83所示。

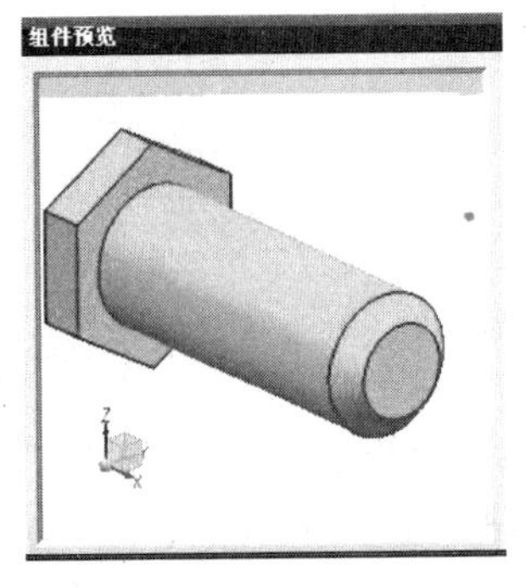

图6-81 "组件预览"窗口6

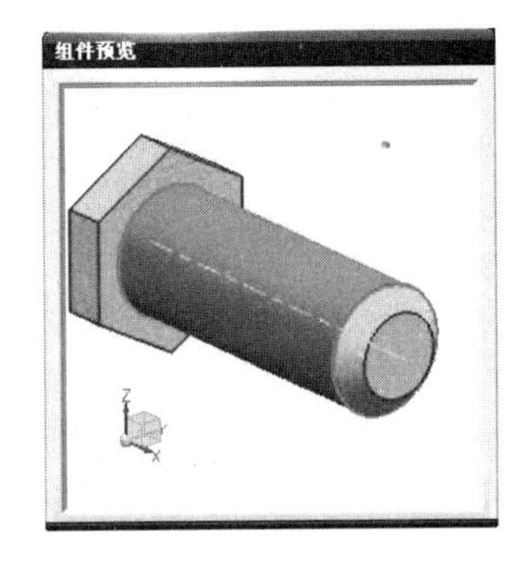

图6-82 选择约束面1

单击“装配约束”对话框中的“应用”按钮，再单击“确定”按钮，结束操作，装配后的效果如图 6-84 所示。

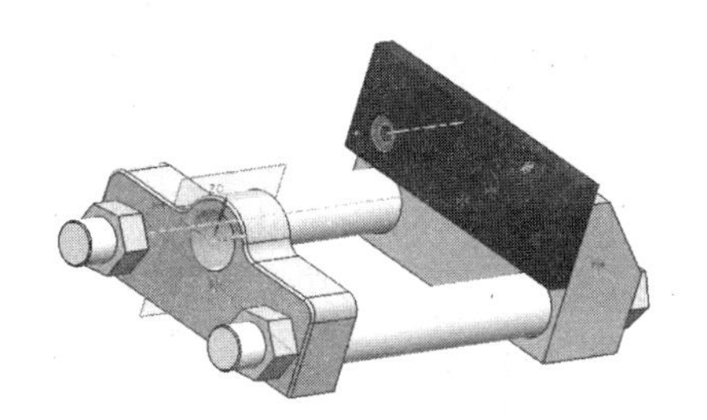

图 6-83 选择约束面 2

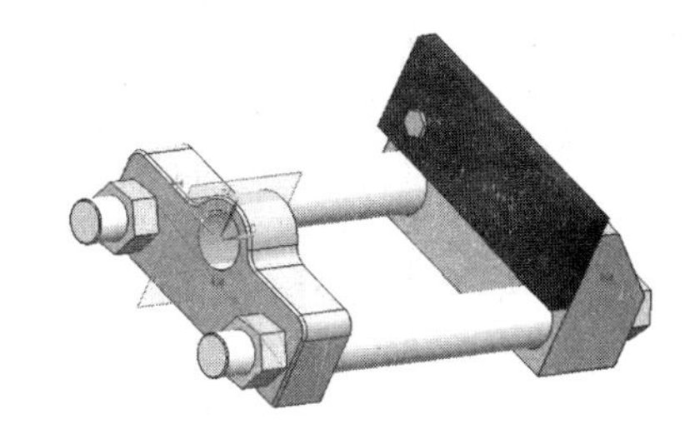

图 6-84 装配效果 7

22. 镜像“D7”组件

在菜单栏中选择“装配”→“组件”→“镜像装配”命令，系统出现“镜像装配向导”对话框 1，单击“下一步”按钮，系统弹出“镜像装配向导”对话框 2，单击“选定的组件”按钮，再到图形中选择“要镜像的组件”(D7)，如图 6-85 所示。再单击“镜像装配向导”对话框 2 中的“下一步”按钮，出现“镜像装配向导”对话框 3，系统要求选择“基准平面”，单击“基准平面”按钮，出现如图 6-86 所示的“基准平面”对话框，在“基准平面”对话框中单击“XC-ZC 平面”按钮作为“基准平面”，单击“确定”按钮，单击“下一步”按钮，再单击“下一步”按钮，单击“镜像”对话框“完成”按钮。

镜像装配后的效果如图 6-87 所示。

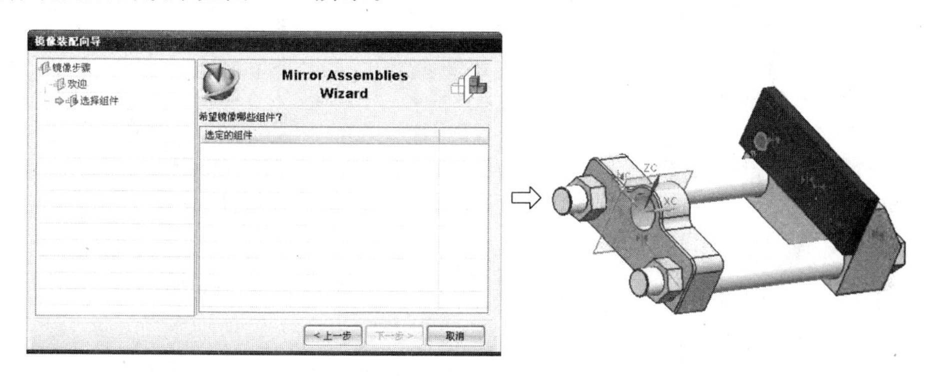

图 6-85 选择 D7 选项

图 6-86 “基准平面”对话框 3

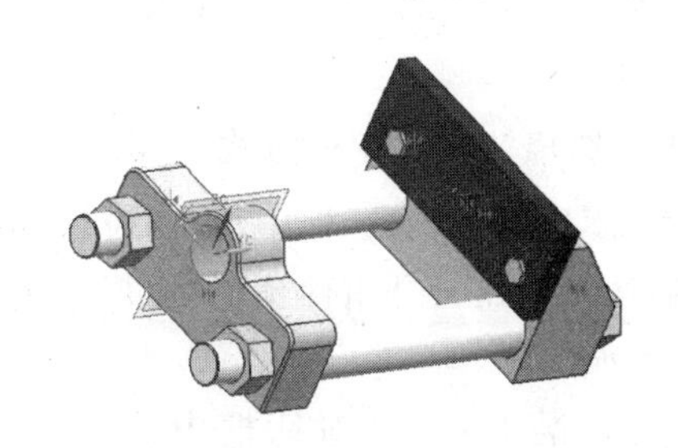

图 6-87 装配效果 7

23. 添加“D8”组件

单击“装配”工具栏中的“添加组件”图标按钮，在弹出的“添加组件”对话框中单击“打开”按钮，弹出“部件名”对话框，选择 D8 文件，单击 OK 按钮，弹出“组件预览”窗口，如图 6-88 所示。

24. 选择“约束”定位方式

在“添加组件”对话框中单击“应用”按钮，弹出“装配约束”对话框，在弹出的对话框中单击“接触对齐”按钮，在“组件预览”窗口中选择约束面如图 6-89 所示，在工作区中选择约束面如图 6-90 所示。

图 6-88 “组件预览”窗口 7

图 6-89 选择约束面 3

单击“装配约束”对话框中的“应用”按钮，再单击“确定”按钮结束操作，装配效果如图 6-91 所示。

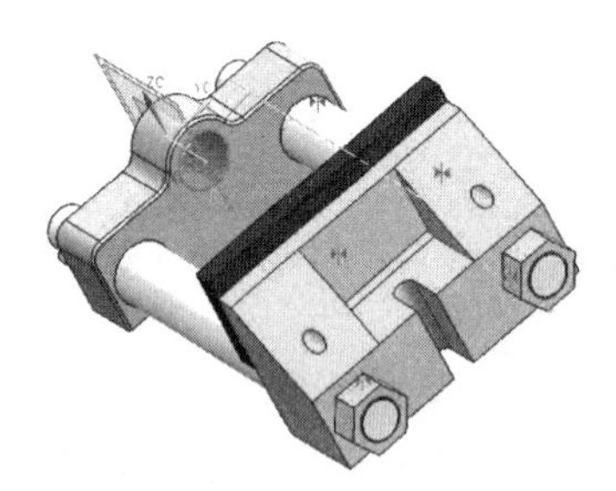

图 6-90 选择约束面 4

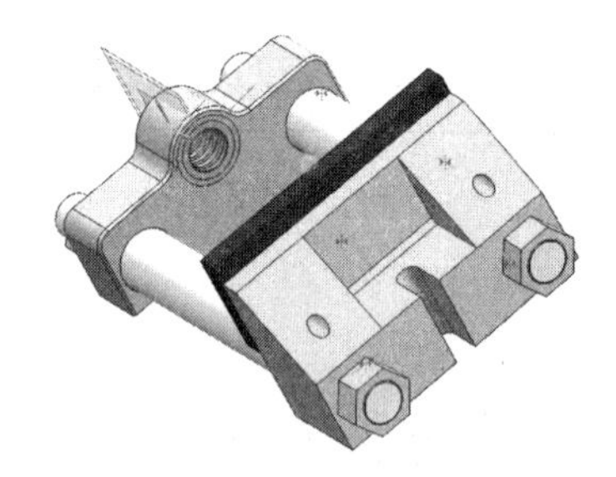

图 6-91 装配效果 8

25. 添加“D6”组件

单击“装配”工具栏中的“添加组件”图标按钮，在弹出的“添加组件”对话框中单击“打开”按钮，弹出“部件名”对话框，选择 D6 文件，单击 OK 按钮，弹出“组件预览”窗口，如图 6-92 所示。

26. 选择“约束”定位方式

在“添加组件”对话框中单击“应用”按钮，弹出“装配约束”对话框，在弹出的对话框中单击“接触对齐”按钮，在“组件预览”窗口中选择约束面如图 6-93 所示，在工作区中选择约束面如图 6-94 所示。

单击“装配约束”对话框中的“应用”按钮，再单击“确定”按钮结束操作，装配效果如图 6-95 所示。

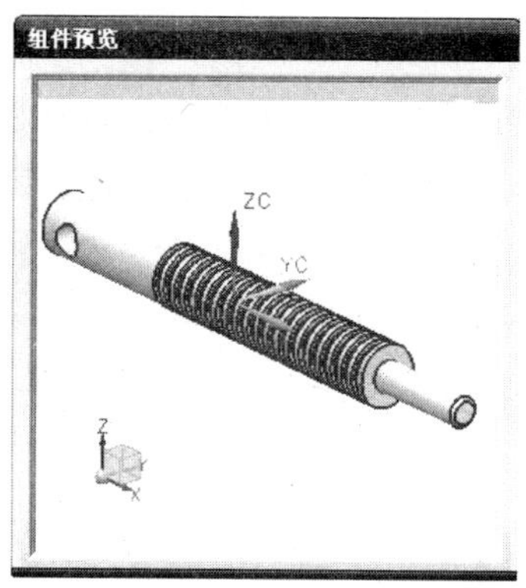

图 6-92 “组件预览”窗口 8

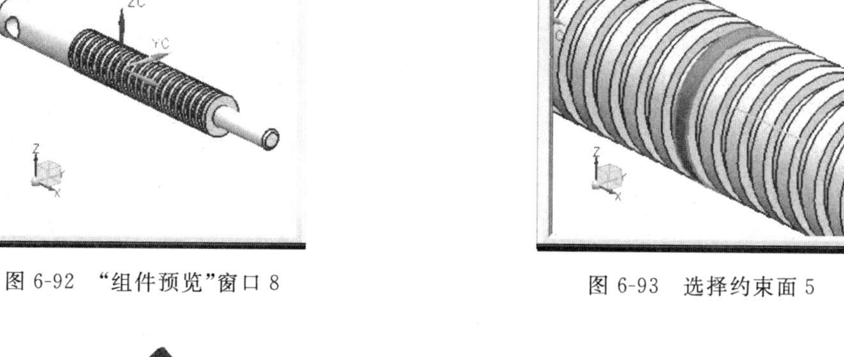

图 6-93 选择约束面 5

图 6-94 选择约束面 6

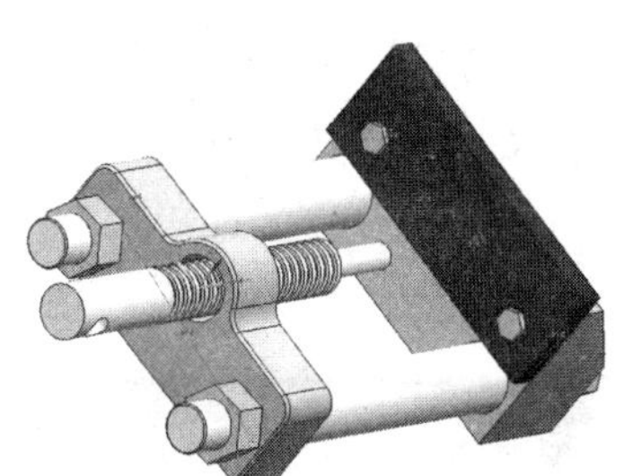

图 6-95 装配效果 9

27. 添加“D2”组件

单击“装配”工具栏中的“添加组件”图标按钮，在弹出的“添加组件”对话框中单击“打开”按钮，弹出“部件名”对话框，选择 D2 文件，单击 OK 按钮，弹出“组件预览”窗口，如图 6-96 所示。在“添加组件”对话框中单击“应用”按钮，弹出“装配约束”对话框。选择“约束”定位方式。在弹出的“装配约束”对话框中单击“约束”按钮，在“组件预览”窗口中选择约束面如图 6-97 所示，在工作区中选择螺杆的凸台，如图 6-98 所示。

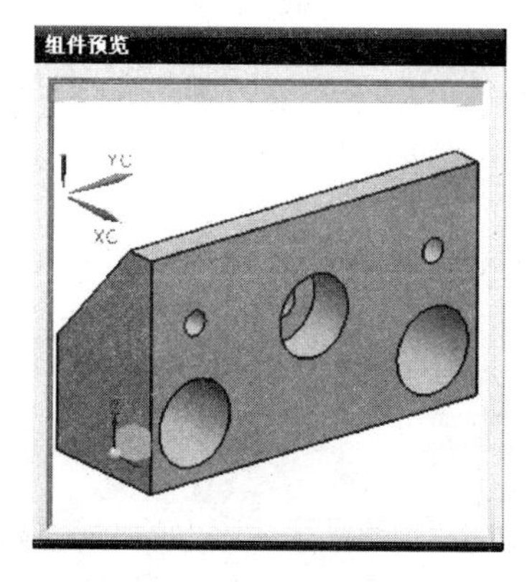

图 6-96 “组件预览”窗口 9

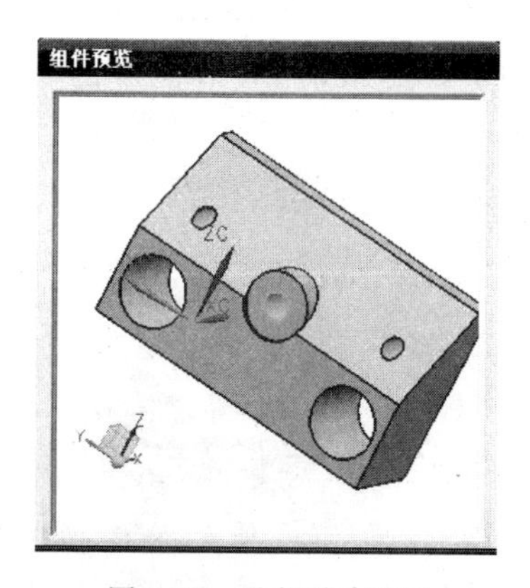

图 6-97 选择约束面 7

单击“装配约束”对话框中的“应用”按钮，再单击“确定”按钮结束操作，装配后的效果如图 6-99 所示。在键盘上按下 Ctrl+B 组合键，隐藏前夹板的所有组件。

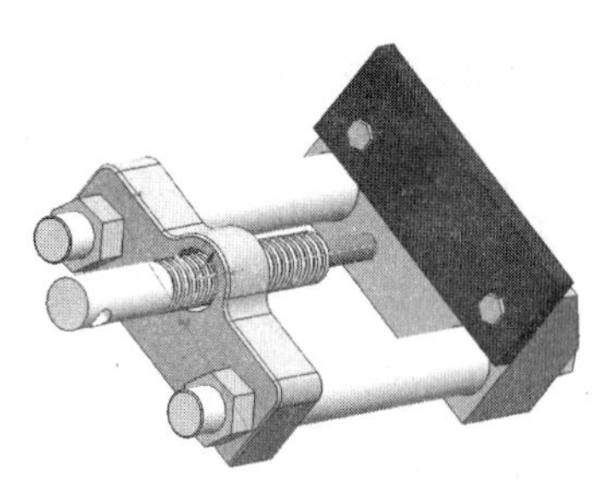

图 6-98　选择螺杆的凸台面

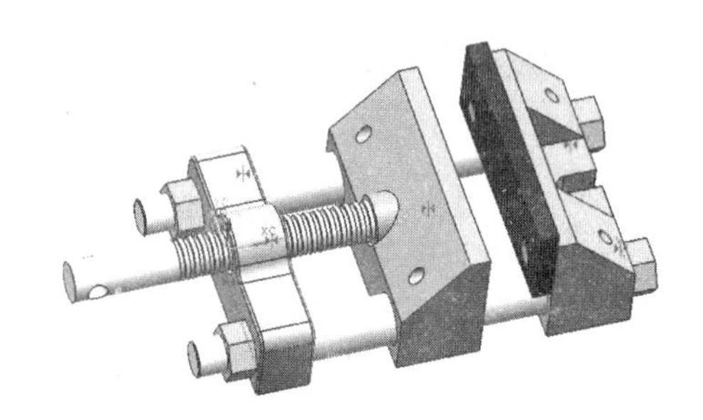

图 6-99　装配效果 10

28. 添加“D12”组件

单击“装配”工具栏中的“添加组件”图标按钮，在弹出的“添加组件”对话框中单击“打开”按钮，弹出“部件名”对话框，选择 D12 文件，单击 OK 按钮，弹出“组件预览”窗口，如图 6-100 所示。单击“应用”按钮，弹出“装配约束”对话框。

29. 选择“约束”定位方式

在弹出的“装配约束”对话框中单击“接触对齐”按钮，在“组件预览”窗口中选择螺母的侧面，如图 6-101 所示，在工作区中选择约束面，如图 6-102 所示。

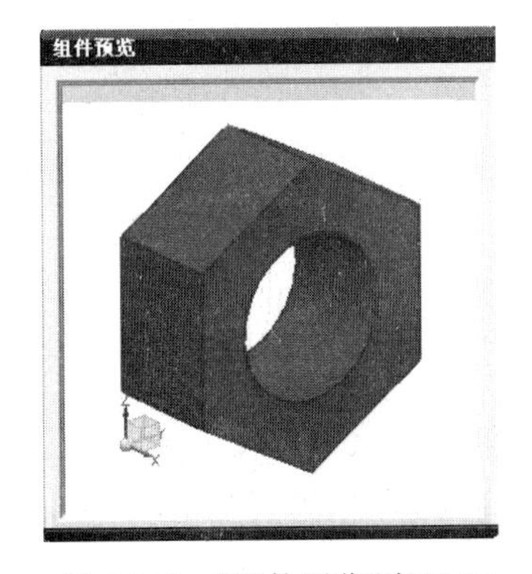

图 6-100　“组件预览”窗口 10

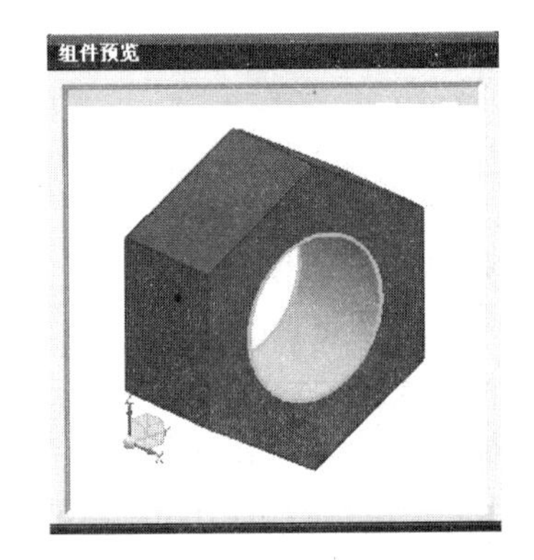

图 6-101　选择螺母侧面

单击“装配约束”对话框中的“应用”按钮，再单击“确定”按钮结束操作，装配效果如图 6-103 所示。

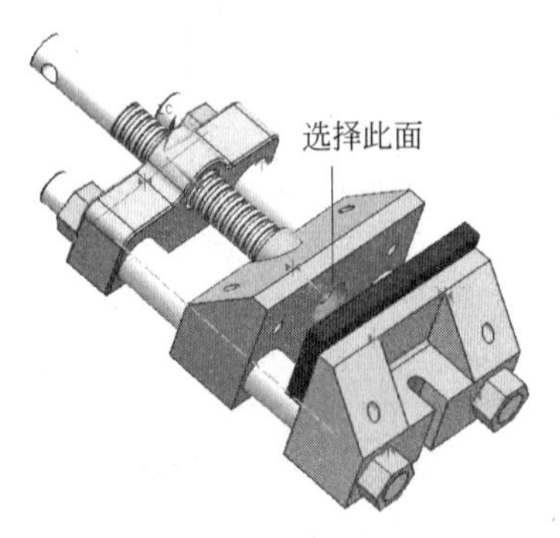

图 6-102　选择约束面 8

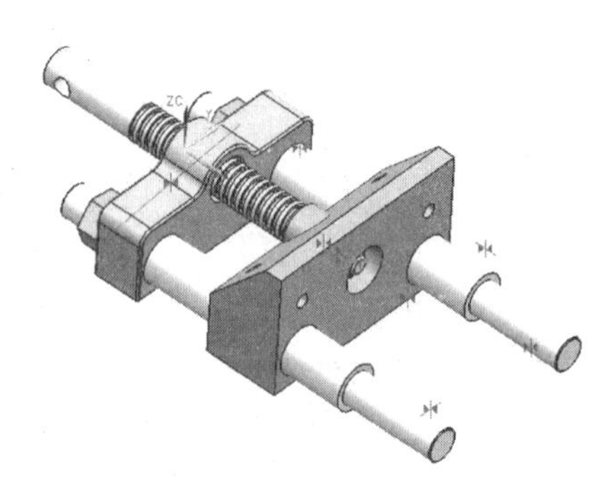

图 6-103　装配效果 11

30. 添加“D4”组件

单击“装配”工具栏中的“添加组件”图标按钮，在弹出的“添加组件”对话框中单击“打开”按钮，弹出“部件名”对话框，选择 D4 文件，单击 OK 按钮，弹出“组件预览”窗口，如图 6-104所示。单击“应用”按钮，弹出“装配约束”对话框。

31. 选择“约束”定位方式

在弹出的“装配约束”对话框中单击“接触对齐”按钮，在“组件预览”窗口中选择夹板侧面，如图 6-105 所示，在工作区中选择约束面，如图 6-106 所示。

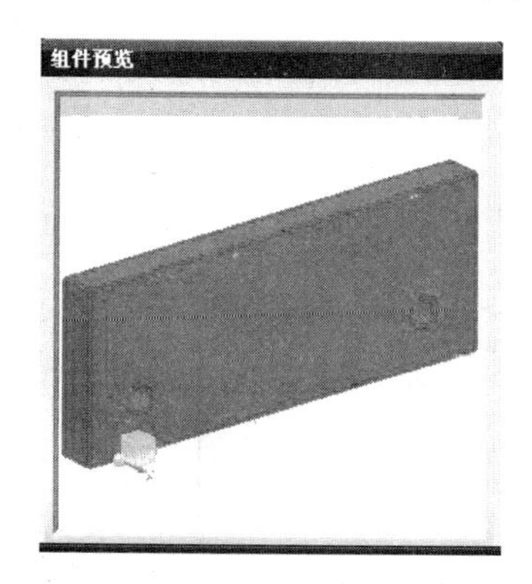

图 6-104 “组件预览”窗口 11

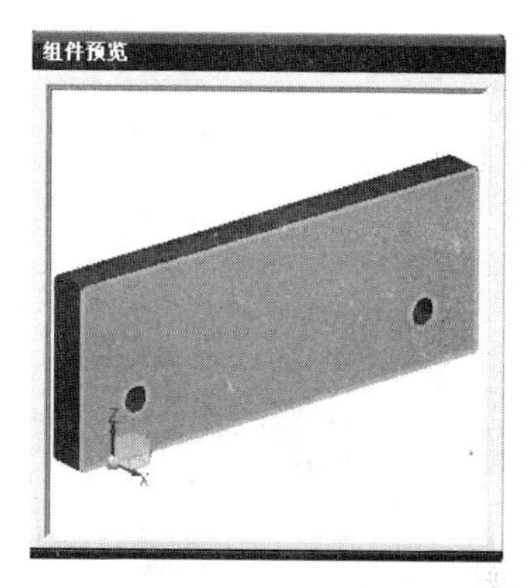

图 6-105 选择夹板侧面

单击“装配约束”对话框中的“应用”按钮，再单击“确定”按钮结束操作，装配效果如图 6-107 所示。

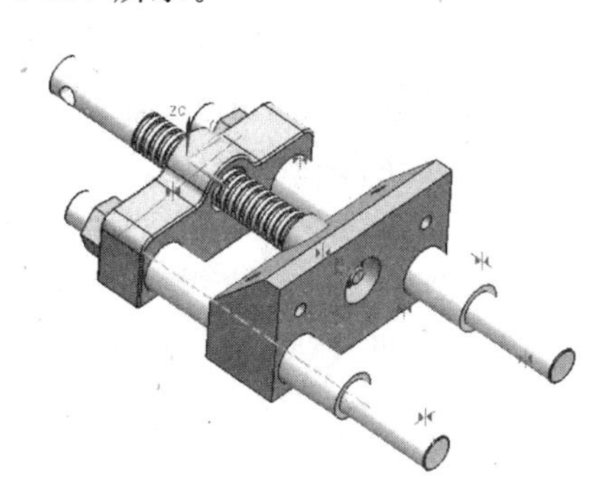

图 6-106 选择约束面 9

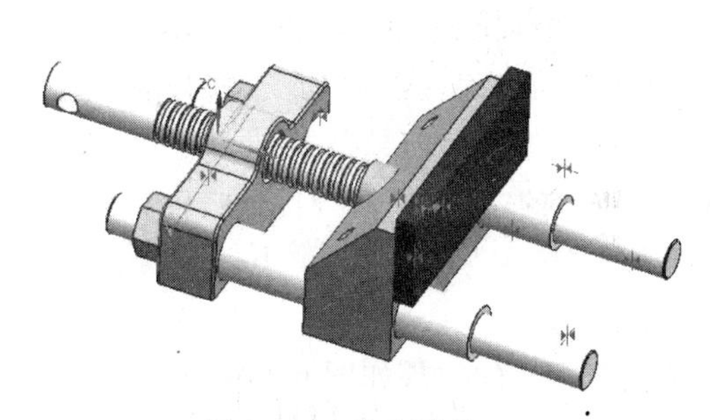

图 6-107 装配效果 12

32. 添加“D7”组件

单击“装配”工具栏中的“添加组件”图标按钮，在弹出的“添加组件”对话框中单击“打开”按钮，弹出“部件名”对话框，选择 D7 文件，单击 OK 按钮，弹出“组件预览”窗口，如图 6-108 所示。单击“应用”按钮，弹出“装配约束”对话框。

33. 选择“约束”定位方式

在弹出的“装配约束”对话框中单击“接触对齐”按钮，在“组件预览”窗口中选择螺母的内端面，如图 6-109 所示，在工作区中选择夹板孔的凹台面，如图 6-110 所示。

单击“装配约束”对话框中的“应用”按钮，再单击“确定”按钮结束操作，装配效果如图 6-111 所示。

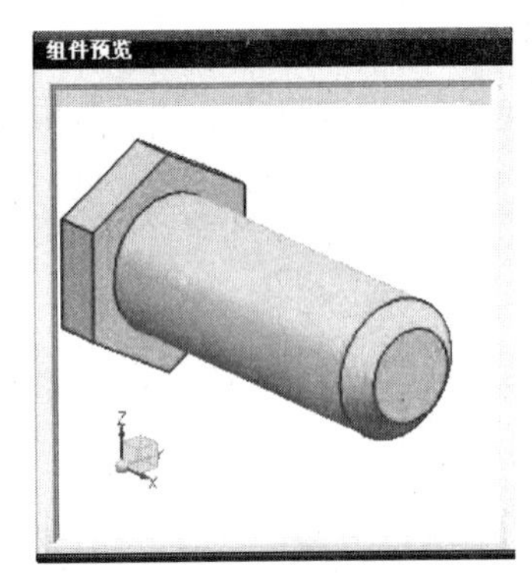

图 6-108 “组件预览”窗口 12

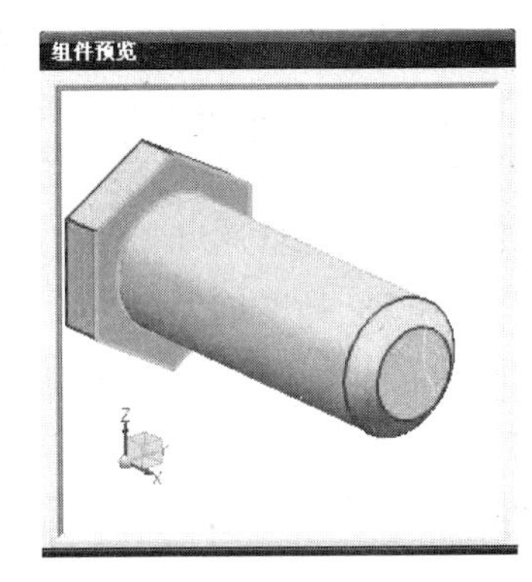

图 6-109 选择螺母内端面

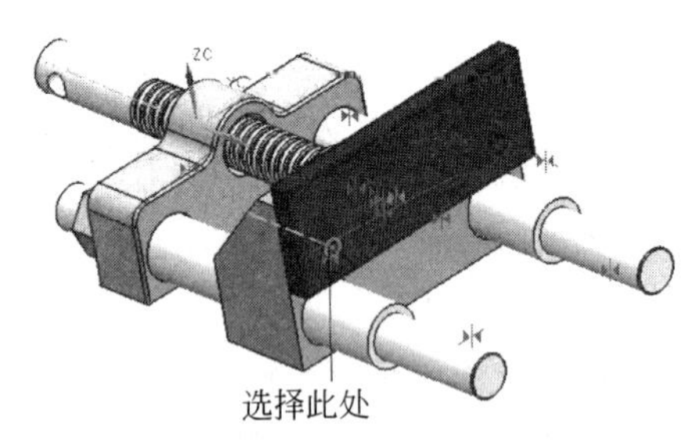

图 6-110 选择凹台面

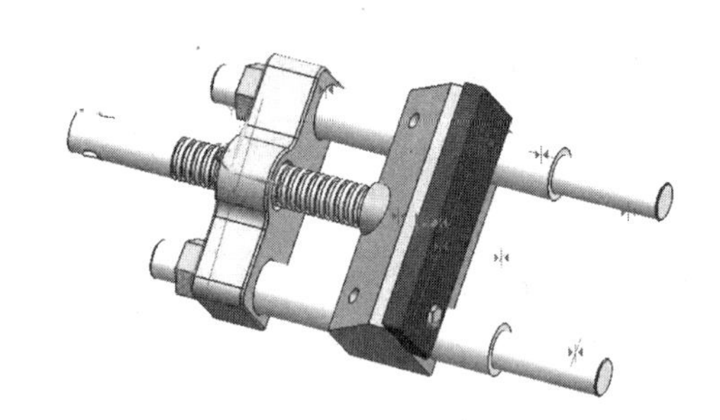

图 6-111 装配效果 13

34. 镜像“D7”组件

在菜单栏中选择“装配”→“组件”→“镜像装配”命令，系统出现“镜像装配向导”对话框 1，单击“下一步”按钮，系统弹出“镜像装配向导”对话框 2，单击“选定的组件”按钮，再到图形中选择“要镜像的组件”(D7)，如图 6-112 所示。再单击“镜像装配向导”对话框 2 中的“下一步”按钮，出现“镜像装配向导”对话框 3，系统要求选择“基准平面”，单击“基准平面”按钮，出现如图 6-113 所示的“基准平面”对话框，在“基准平面”对话框中单击“XC-ZC 平面”按钮作为“基准平面”，单击“确定”按钮，单击“下一步”按钮，再单击“下一步”按钮，单击“基准平面”对话框“完成”按钮。

镜像装配后的效果如图 6-114 所示。

图 6-112 选择 D7 选项

图 6-113 “基准平面”对话框 4

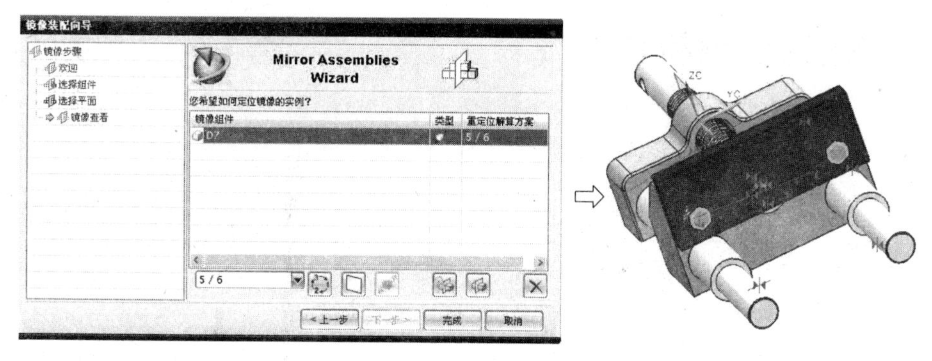

图 6-114　装配效果 14

35. 打开"D9"组件

单击"装配"工具栏中的"添加组件"图标按钮，在弹出的"添加组件"对话框中单击"打开"按钮，弹出"部件名"对话框，选择 D9 文件，单击 OK 按钮，弹出"组件预览"窗口，如图 6-115 所示。

36. 测量"D9"距离

选择"分析"菜单栏中的"测量距离"命令，弹出"测量距离"对话框，如图 6-116 所示。在"测量距离"对话框的"类型"栏中选择"距离"选项，在"起点"栏中单击"点构造器"按钮，弹出"点"对话框，如图 6-117 所示。

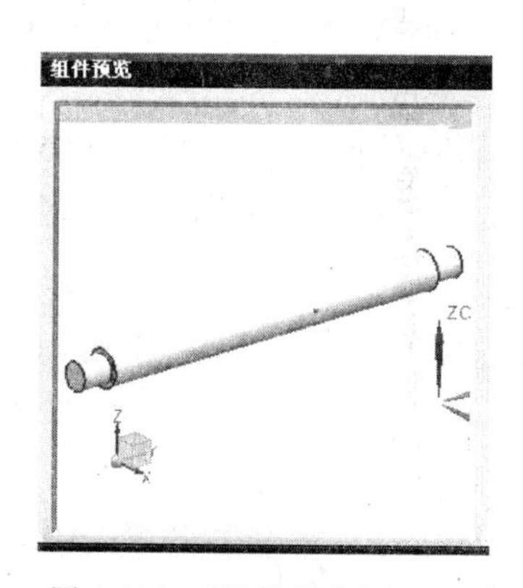

图 6-115　"组件预览"窗口 13

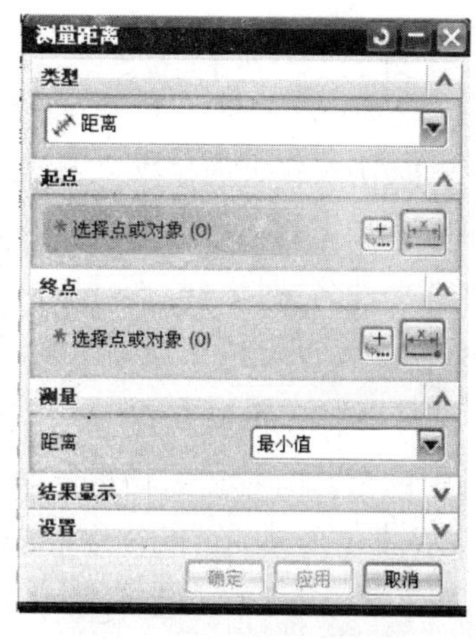

图 6-116　"测量距离"对话框

37. 选择测量起点

单击"点"对话框中的按钮，在"组件预览"窗口中选择圆柱的端侧面作为测量起点，如图 6-118 所示，在"点"对话框中单击"确定"按钮，回到"测量距离"对话框。

38. 选择测量终点

在"测量距离"对话框的"终点"栏中单击"点构造器"按钮，弹出"点"对话框，单击图中的按钮，在"组件预览"窗口中选择圆柱的另端侧面作为测量终点，如图 6-119 所示，在"测量距离"对话框中单击"确定"按钮，弹出测量数据，如图 6-120 所示。

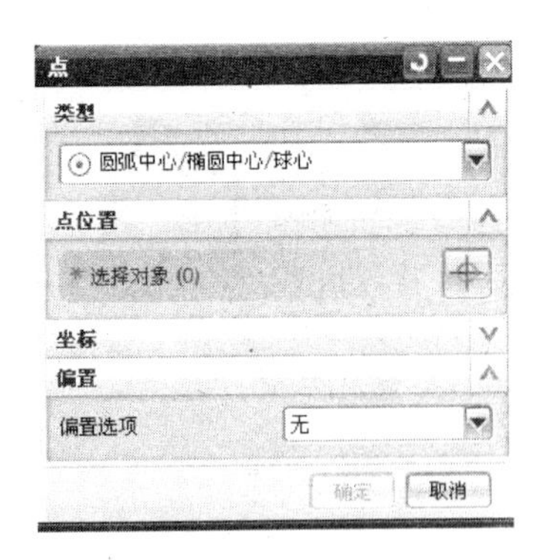

图 6-117 “点”对话框

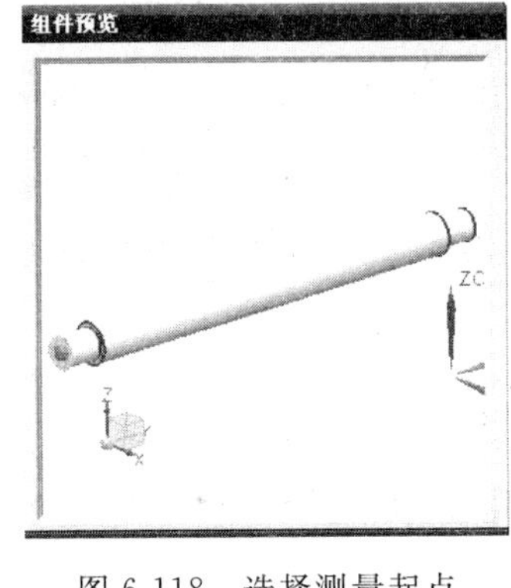

图 6-118 选择测量起点

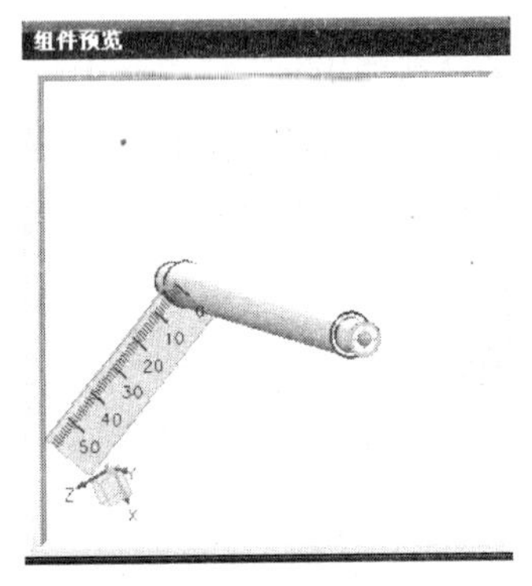

图 6-119 选择测量终点

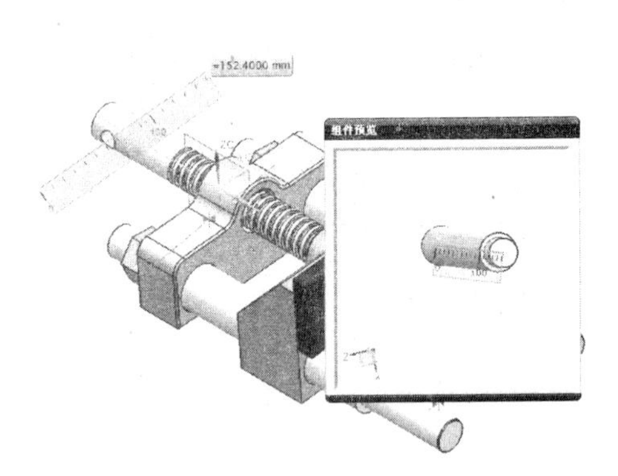

图 6-120 显示测量数据

39. 添加“D9”组件

单击“装配”工具栏中的“添加组件”图标按钮，在弹出的“添加组件”对话框中单击“打开”按钮，弹出“部件名”对话框，选择 D9 文件，单击 OK 按钮，弹出“组件预览”窗口。在“添加组件”对话框中单击“应用”按钮，弹出“装配约束”对话框。

40. 选择“约束”定位方式

在弹出的“装配约束”对话框中单击“接触对齐”按钮，在“组件预览”窗口中选择圆柱的外端面，如图 6-121 所示，在工作区中选择螺杆孔内壁，如图 6-122 所示。

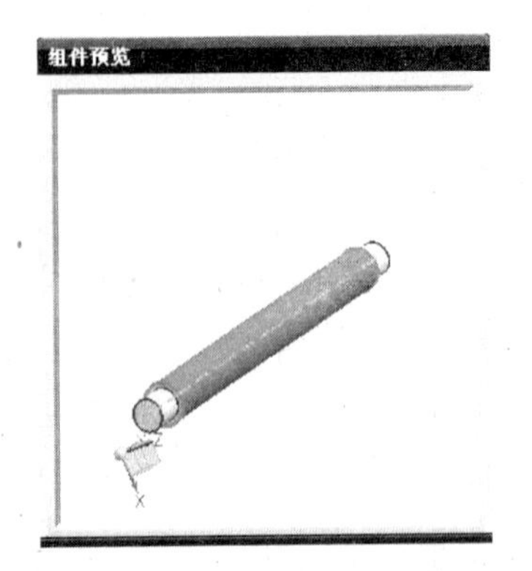

图 6-121 选择圆柱外端面

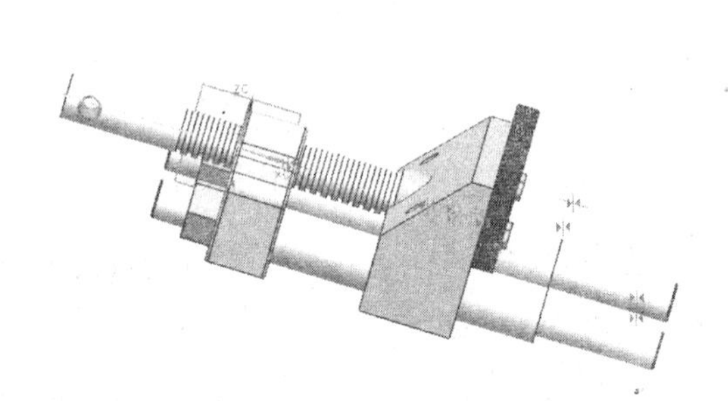

图 6-122 选择螺杆孔内壁

41. 选择“距离”定位方式

这时在“装配约束”对话框中输入距离“76.2”，如图 6-123 所示，然后单击“应用”按钮，再单击“确定”按钮结束操作，装配效果如图 6-124 所示。

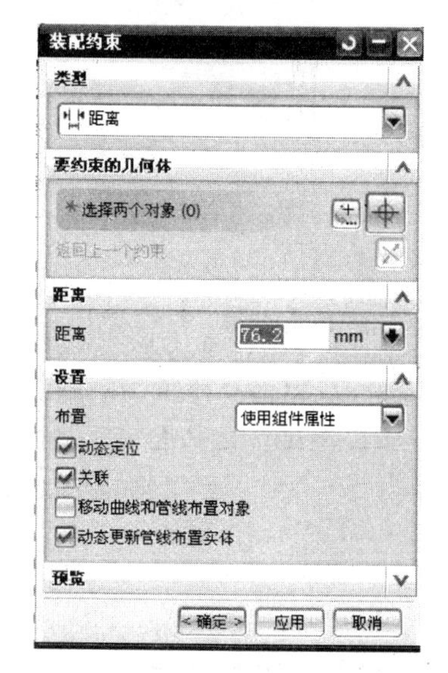

图 6-123 输入距离

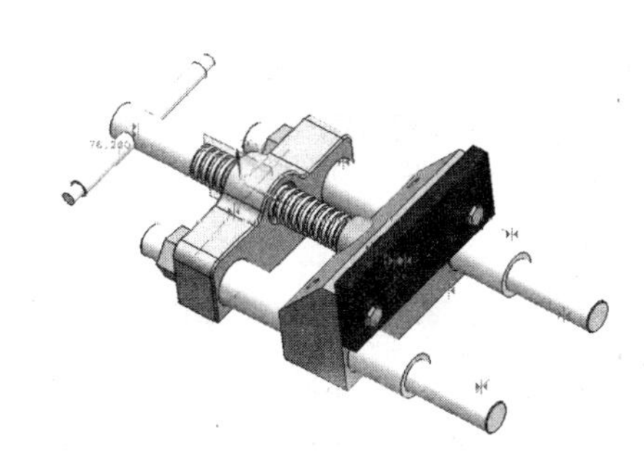

图 6-124 距离装配效果

42. 添加“D10”组件

单击“装配”工具栏中的“添加组件”图标按钮，在弹出的“添加组件”对话框中单击“打开”按钮，弹出“部件名”对话框，选择 D10 文件，单击 OK 按钮，弹出“组件预览”窗口，如图 6-125 所示。在“添加组件”对话框中单击“应用”按钮，弹出“装配约束”对话框。选择“接触对齐”定位方式。在弹出的“装配约束”对话框中单击“约束”按钮，在“组件预览”窗口中选择产品的端面，如图 6-126 所示，在工作区中选择圆柱的凸台面，如图 6-127 所示。

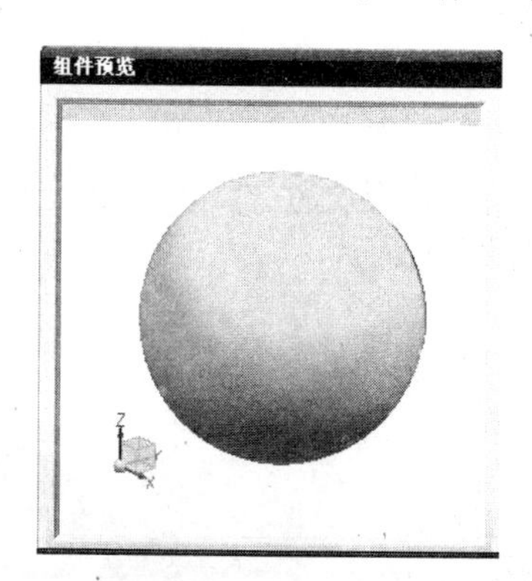

图 6-125 “组件预览”窗口 14

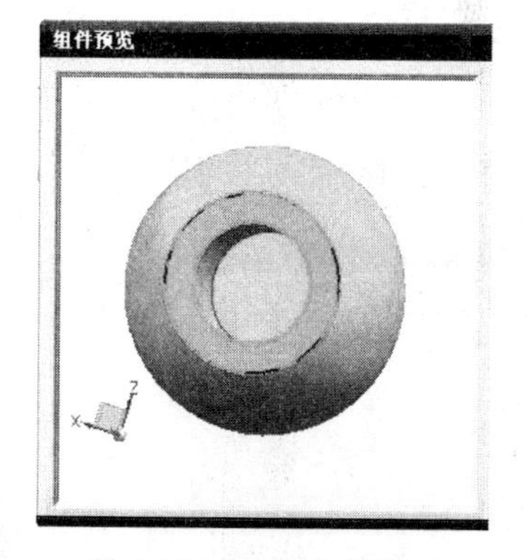

图 6-126 选择产品端面

在“装配约束”对话框中单击“应用”按钮，再单击“确定”按钮，装配效果如图 6-128 所示。

43. 镜像“D10”组件

在菜单栏选择“装配”→“组件”→“镜像装配”命令，系统出现“镜像装配向导”对话框 1，单击“下一步”按钮，系统弹出“镜像装配向导”对话框 2，单击“选定的组件”按钮，再到图形中选

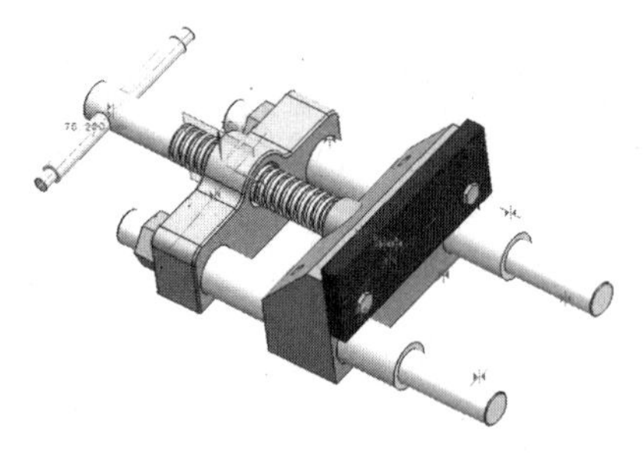

图 6-127　选择圆柱凸台面

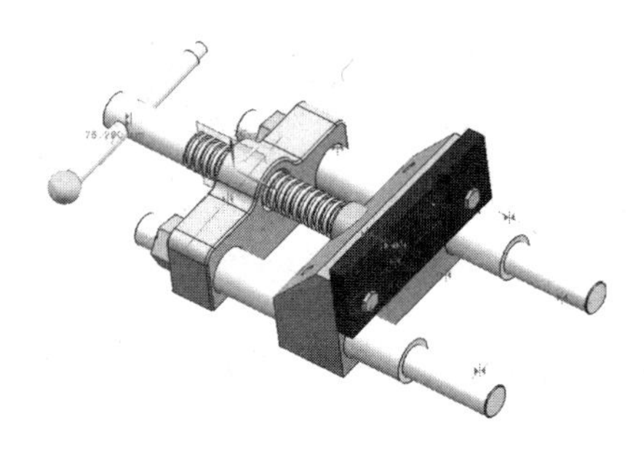

图 6-128　约束装配效果

择“要镜像的组件”(D10)，如图 6-129 所示。再单击“镜像装配向导”对话框 2 中的“下一步”按钮，出现“镜像装配向导”对话框 3，系统要求选择“基准平面”，单击“基准平面”按钮，出现如图 6-130 所示的“基准平面”对话框，在“基准平面”对话框中单击“XC-ZC 平面”按钮作为“基准平面”，单击“确定”按钮，单击“下一步”按钮，再单击“下一步”按钮，单击“基准平面”对话框“完成”按钮。

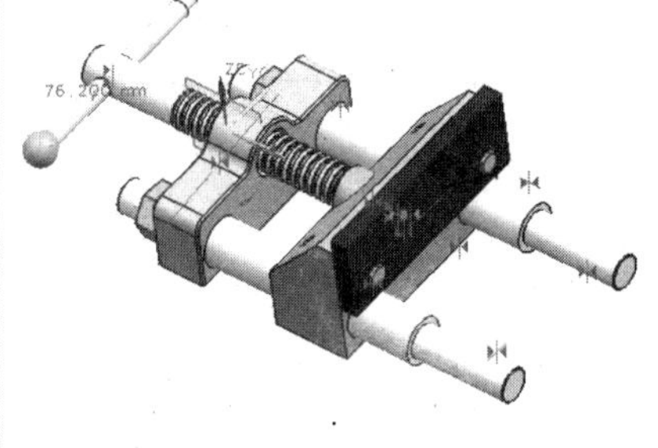

图 6-129　选择 D10 选项

镜像装配后的效果如图 6-131 所示。

44. 保存文件

在键盘上按下 Ctrl+Shift+U 组合键，显示所有装配效果，如图 6-132 所示。单击“标准”工具栏中的“保存”图标按钮，或是选择“文件”→“保存”命令，保存文件。

图 6-130　“基准平面”对话框 5

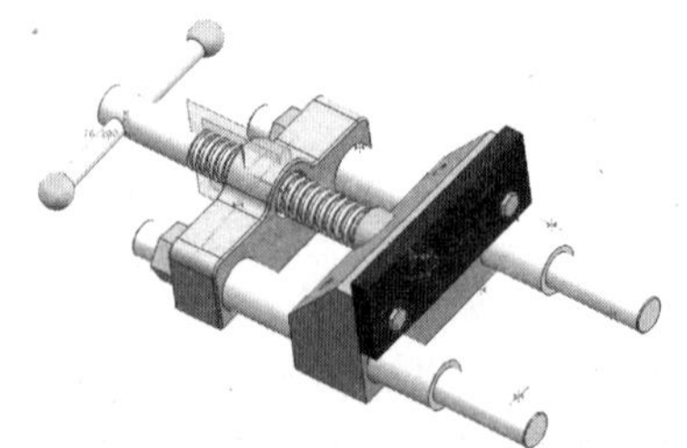

图 6-131　镜像装配效果

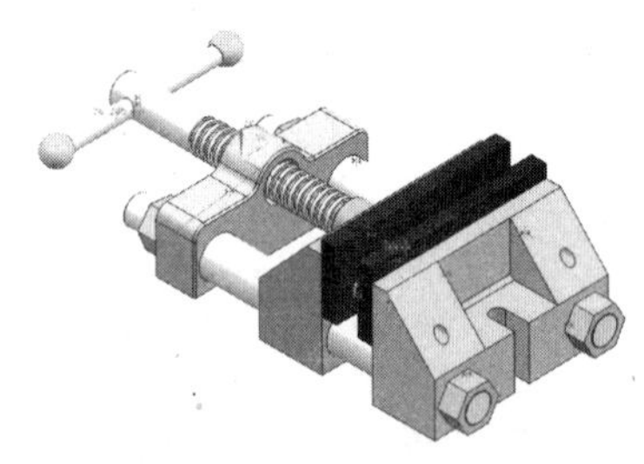

图 6-132　装配效果 15

本章小结

UG NX 7.5 装配模块不仅能快速地将零部件组合成产品，而且在装配中，可参考其他部件进行部件关联设计，并可对装配模型进行间隙分析和重量管理等操作。装配模型产生后，可建立爆炸视图，并可将其引入装配工程图中。同时，在装配工程图中可自动产生装配明细表，并能对轴测图进行局部挖切。

习　　题

1. “自底向上装配”和“自顶向下装配”均应用在何种具体情况下？
2. 组件定位有几种方式？它们均如何操作？
3. 什么是装配爆炸图？如何创建装配爆炸？
4. 典型的装配方法包括哪些？
5. 在 UG NX 7.5 中，装配约束主要有哪几种类型？
6. 建立如图 6-133～图 6-137 所示的 5 个零件，将其组合成如图 6-138 所示的装配体，并设置爆炸图显示，如图 6-139 所示。

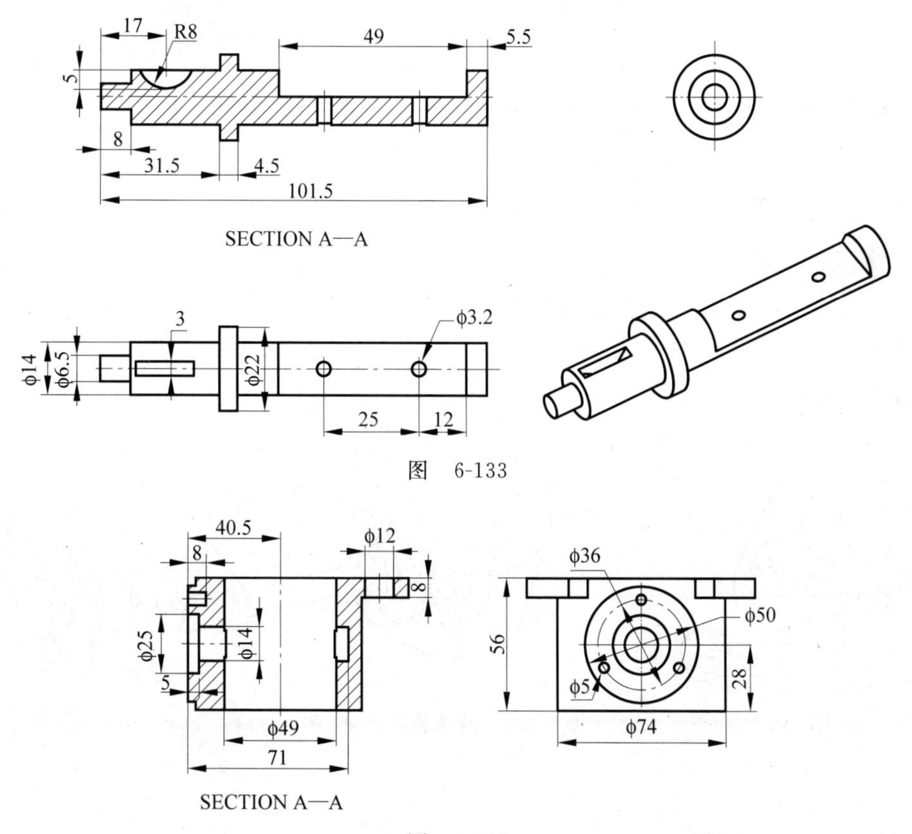

图　6-133

图　6-134

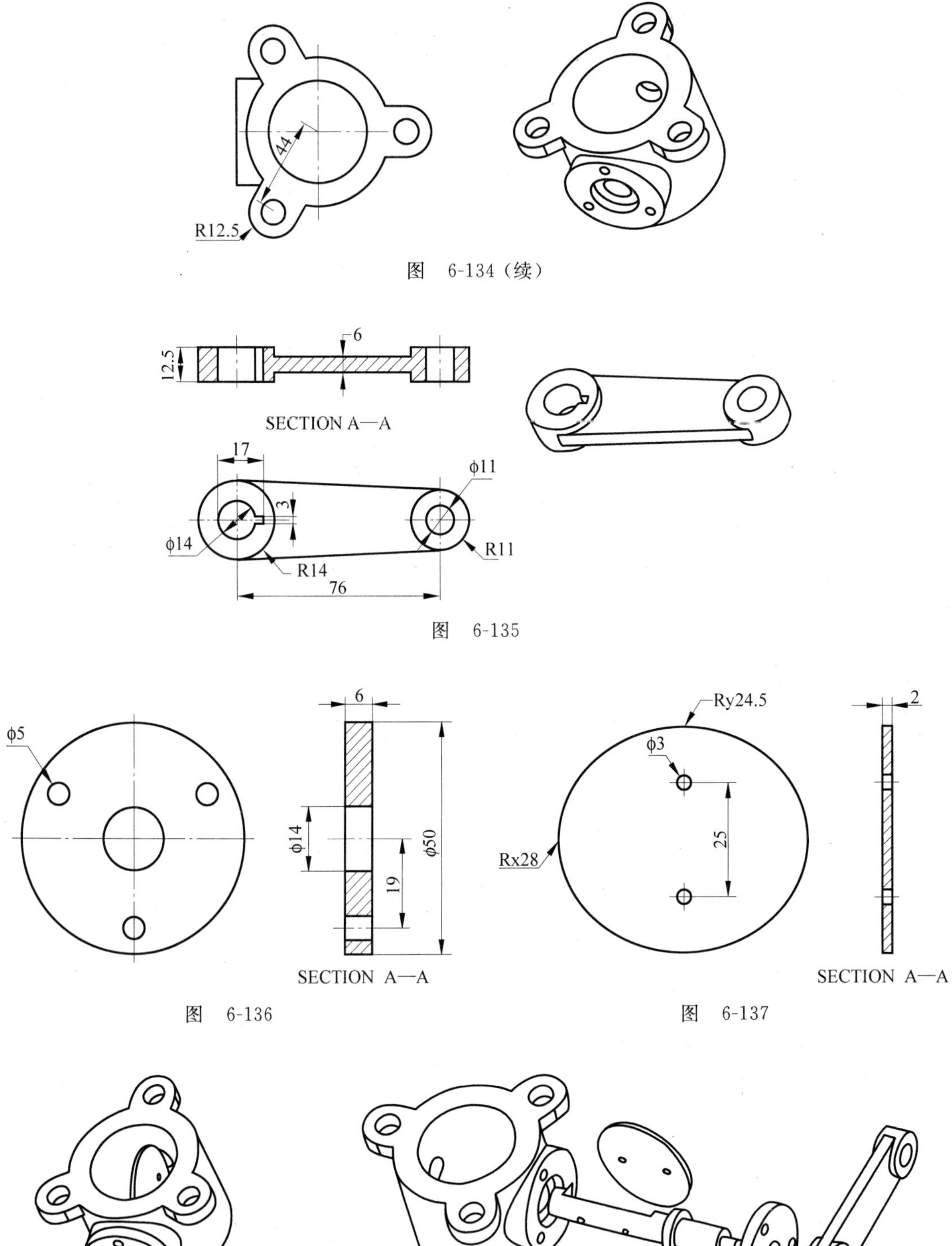

图 6-134（续）

图 6-135

图 6-136

图 6-137

图 6-138

图 6-139

CHAPTER 7

UG NX 7.5工程图

7.1 UG工程制图基础

环境设定是工程图管理首先面临的问题。在工程图管理中，要清楚地知道选用或制作何种图框以及所创建工程图的图幅、比例、单位、投影分角，以及工程图中的尺寸和注释的文本高度、文本方向、几何公差的标准、字体属性以及箭头的长度。

7.1.1 UG工程图的特征

启动UG NX 7.5软件，进入UG NX 7.5的基本操作界面后，选择“开始”→“制图”命令，如图7-1所示，即可快速进入“制图”功能模块。

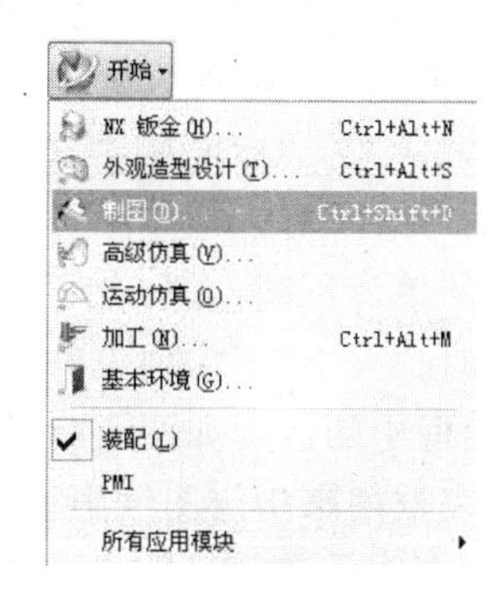

图7-1 进入“制图”功能模块

二维工程图与三维视图模型完全关联，实体模型的尺寸、形状、位置的任何改变都会引起二维工程图作相应的变化。制图模块提供了绘制工程图、管理工程图以及与加工技术相关的技术图的整个过程的方法和相关工具，因为从UG的主界面进入制图模块的过程是基于已创建的三维实体模型的。

在UG的制图模块里，可以对图幅、视图、尺寸、注释等进行创建和修改，并且还能够很好地支持GB、ISO、ANSI标准。

7.1.2 在工程制图中应用主模型的方法

在UG工程制图中，可以保证并行工程的顺利实行，这样就有利于应用主模型的方法来解决问题。下面具体介绍在工程制图中应用主模型的方法。

1. 并行工程

在讲解主模型方法前应先了解什么是并行工程，这样才能更好地了解工程图的制作。所谓并行工程，就是设计人员、工艺人员、工程分析人员、市场部门以及所有其他参与产品开发的人员同步进行各项开发工作，从而缩短了产品的开发周期。而UG就是进行并行工程最有力的保证。

2. 主模型概念

UG的产品数据是以单一数据文件进行存储管理的，每个文件在特定时刻只允许单一用户有写的权限。如果所有开发者都基于同一文件进行工作，最后将导致部分人员的数据不能保存。

UG主模型利用UG装配机制建立一个工程环境，使得所有工程参与者能共享三维设计模型，并以此为基础进行后续开发工作。主模型方法可以减少每个UG文件的数据量，更方便数据的有序管理。

应用主模型方法能够保护设计者的意图，易于建立主从关系，使其他使用者对模型只有读的权限，而且此方法可以使相互关联的不同设计过程能够同时访问同一个几何主体，使多个部门同时工作。当主模型做了适当的更改后，与其相关的部件将会自动更新其引用了主模型的那部分数据。

7.1.3 UG新建工程图的方式

在UG中，设计师可以随时创建需要的工程图，因此可以大大地提高设计效率和设计精度。用户可以选择间接的三维模型文件来创建工程图。

在“图纸”工具栏中单击“新建图纸页”图标按钮，打开如图7-2所示的“片体”对话框，系统提示用户输入新图纸的名称。

“片体”对话框中的各选项的说明如下。

1. 大小

大小是指用户新建图纸的大小和比例。

在设置图纸大小的方法中有三种模式可供选择，分别是使用模板、标准尺寸和定制尺寸。一般来说，通常会使用标准尺寸的方式创建图纸，因此，这里介绍设置的方法时也主要以这种方式的参数进行讲解。选择“标准尺寸”单选按钮后的“片体”对话框如图7-2所示，选择“定制尺寸”单选按钮后的“片体”对话框如图7-3所示。

根据用户选择的单位不同，在“大小”下拉列表框中的选项也不相同。当用户在“单位”中选择“毫米”为单位时，“大小”下拉列表框中的选项如图7-4(a)所示；当用户选择“英寸”为单位时，“大小”下拉列表框中的选项如图7-4(b)所示。

“比例”下拉列表框用来指定图纸中视图的比例值，系统默认的比例值为1∶1。

2. 名称

“图纸中的图纸页”文本框用来显示所有相关的图纸名称。

“图纸页名称”文本框用来输入新建图纸的名称。用户直接在文本框中输入图纸的名称即可。如果不输入图纸名称，系统将自动为新建的图纸指定一个名称。

3. 设置

(1) 单位：主要用来设置图纸的尺寸单位，包括两个选项，分别为“毫米”和“英寸”，系统默认的选项是“毫米”。

(2) 投影：投影方式包括“第一象限角投影”和“第三象限角投影”两种。系统默认的投影方式为“第三象限角投影”。

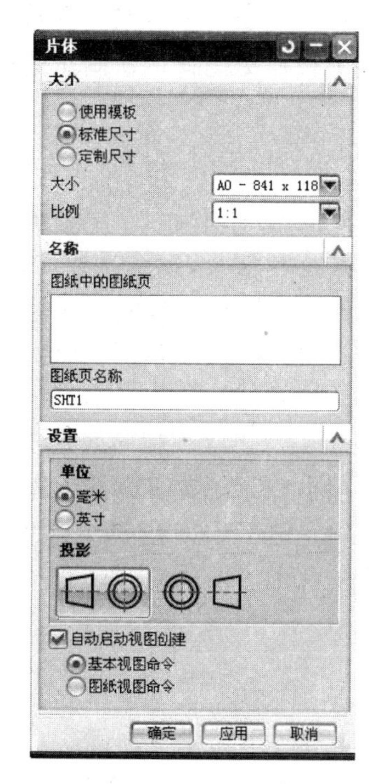

图 7-2 “片体”对话框

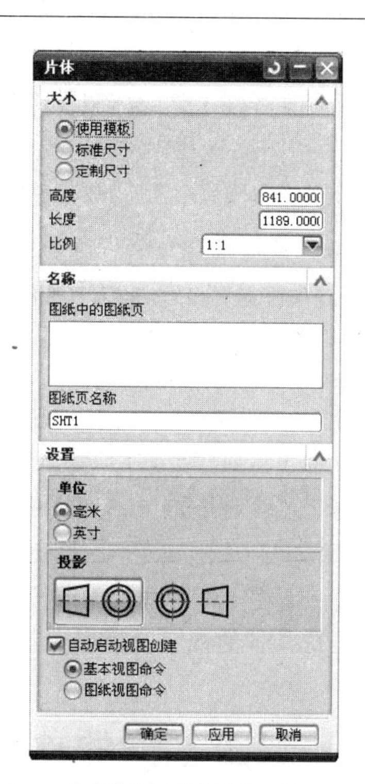

图 7-3 选择“使用模板”单选按钮和“定制尺寸”单选按钮时的片体

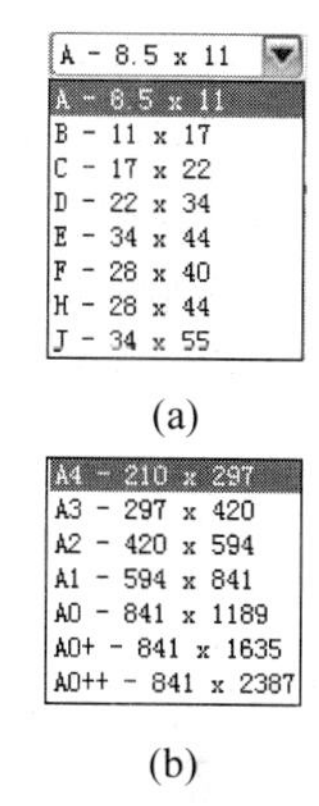

图 7-4 图纸规格

7.1.4 UG 工程图类型

三维模型的结构是多种多样的，有些部件仅仅通过三维视图是不能完全表达清楚的，尤其对于内部结构复杂的零部件来说更是如此，为了更好地表达零部件的结构，国家标准规定了详细的表达方式，包括视图、剖视图、局部放大视图、剖面图和一些简化画法。UG 工程图类型可以用不同方式进行分类。

1. 以视图方向来分类

(1) 基本视图。国际标准规定正六面体的 6 个面为基本投影，按照第一象限角投影法，将零部件放置在投影区域中，并分别向 6 个投影面投影所获得的视图称为基本视图，分别为主视图、俯视图、左视图、右视图、仰视图和后视图。

(2) 局部视图。当某个零部件的局部结构需要进行表达，并且没有必要画出其完整基本视图时，将该视图局部向基本投影面投影所得到的视图即为局部视图，它可以把零部件的某个细节部分做出详细的表达。

(3) 斜视图。将零部件向不平行于基本投影面的平面投影所获得的视图即为斜视图，其适合于那些局部不能从单一方向表达清楚的零部件。

(4) 旋转视图。如果零部件某个部分的结构倾斜于基本投影面且具有旋转轴时，该部分沿着旋转轴旋转到平行于基本投影面后投影所获得的视图即为旋转视图。

2. 以视图表达方式分类

按照视图表达方式来分类，包括以下三种。

(1) 剖面图。剖面图是指利用剖切面将零部件的某处切断，然后画出它的断面形状和剖面符号。

(2) 局部放大图。局部放大图是指将零部件的部分结构采用大于原图的比例所画出的图形,而局部放大图可以画成基本视图、剖视图或剖面图。

(3) 简化画法。在国家标准里,对轮辐、肋部和薄壁等专门规定了一些简化画法。

3. 以剖视图来分类

在视图中,所有的不可见结构都是用虚线来表达的。零件的结构越复杂,虚线就越多,同时也难以分辨清楚,此时就需要采用剖视图进行表达。如果用一个平面去剖切零部件,其通过该零件的对称面被称为剖切面,移开剖切面,把剩下的部分向正面投影面投影所获得的图形,称为剖视图。剖视图主要包括以下几种。

(1) 全剖视图。利用剖切面完全剖开零部件所得到的剖视图。

(2) 半剖视图。如果零部件具有对称平面,在垂直于对称平面上的投影面上投影所得到的图形,以对称中心线为界线,一半画成剖视图、一半画成基本视图。

(3) 局部剖视图。利用剖切面将零部件局部剖开所得到的剖视图。

其他的剖视图均可看做是这几种剖视图的变形或者特殊情况。

7.2 制图整体的首选项设置

在添加视图前,需要预先设置工程图的相关参数,这些参数大部分在制图过程中不需要改动,以下就这些设置分节进行讲述。

7.2.1 制图界面的首选项设置

制图界面的首选项设置,主要包括工作界面的颜色设置显示/隐藏栅格线。

1. 工作界面的颜色设置

在制图模式下,选择“首选项”→“可视化”命令,打开“可视化首选项”对话框,然后单击“颜色”选项卡,切换到“颜色”选项卡,如图 7-5 所示。

在“图纸部件设置”栏中,可以设置“预选”、“选择”、“前景”和“背景”的颜色。

(1) “预选”:当移动鼠标指向某制图对象时,可修改被选择对象显示的颜色。

(2) “选择”:单击,修改被选择对象显示的颜色。

(3) “前景”:用来设置制图对象的颜色。

(4) “背景”:用来设置图纸的颜色,即工作界面的颜色。

在“图纸部件设置”选项组中单击某一色块,会弹出“颜色”对话框,如图 7-6 所示,从中可以选择要设置的颜色。

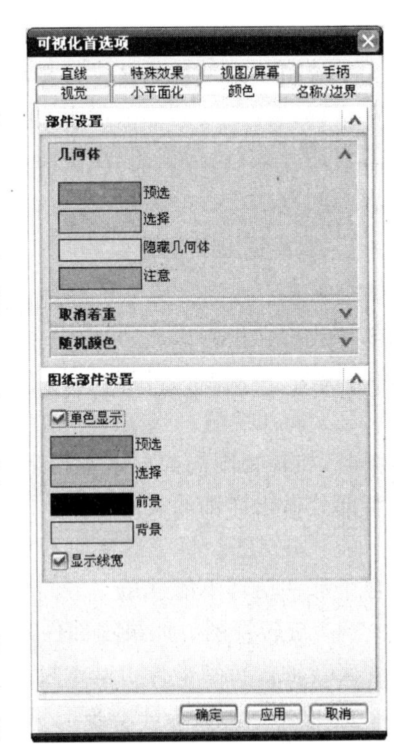

图 7-5 “可视化首选项”对话框中的“颜色”选项卡

2. 显示/隐藏栅格线

在制图模式下，选择“首选项”→“栅格和工作平面”命令，会弹出“栅格和工作平面”对话框，如图 7-7 所示，在其中可以设置图形窗口栅格的颜色、主栅格间距、主线间的辅线数和其他特性。

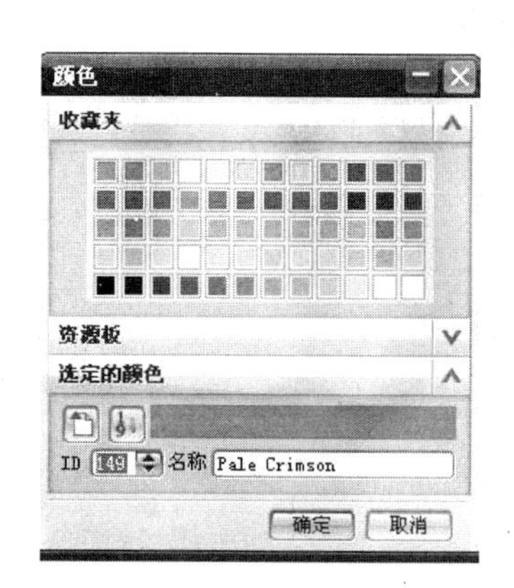

图 7-6 “颜色”对话框

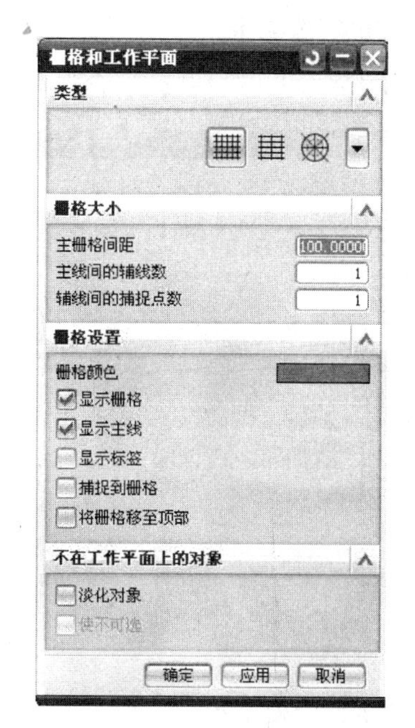

图 7-7 “栅格和工作平面”对话框

7.2.2 制图首选项设置

在制图模式下，选择“首选项”→“制图”命令，会弹出如图 7-8 所示的“制图首选项”对话框，此对话框包括“常规”、“预览”、“视图”和“注释”4 个选项卡，下面将常用的选项说明如下。

1. “预览”选项卡

“预览”选项卡的首选项设置包括两种，一种是与视图显示有关的首选项设置；另一种是与标注有关的首选项设置。

“视图样式”：设置添加视图时预览的样式，包括“边界”、“线框”、“隐藏线框”和“着色”4 种，默认为“着色”。在添加视图时可右击，在弹出的快捷菜单中选择“样式”命令进行设置。

“光标跟踪”：选中该复选框，在添加视图时，会显示 XC、YC 坐标字段，动态跟踪光标位置。用户可输入 XC、YC 坐标值确定视图的准确位置。

“注释”：设置添加注释时注释预览的样式。

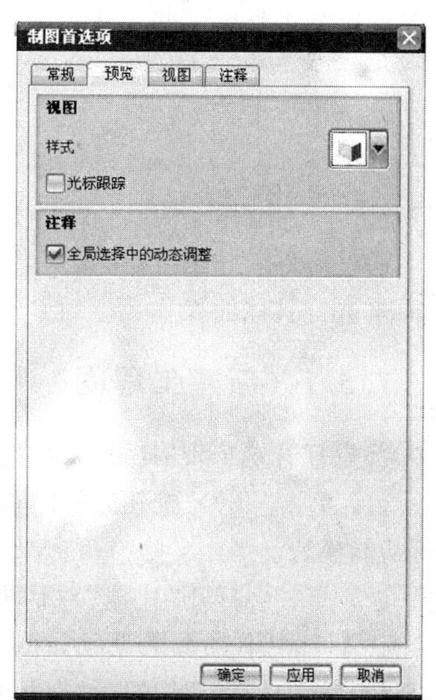

图 7-8 “制图首选项”对话框

2. “视图”选项卡

“视图”选项卡包含“更新”、“边界”、“显示已抽取边的面”、“加载组件”和“视觉”5 个选项组，如图 7-9 所示。由于参数比较多，这里主要介绍常用的两个参数选项。

“延迟视图更新”：用来设置当系统初始化图纸更新时，视图是否自动更新。

“显示边界”：设置是否显示自动矩形和手动矩形所定义的视图边界。

3. “注释”选项卡

“注释”选项卡用于设置是否保留注释，如图 7-10 所示。

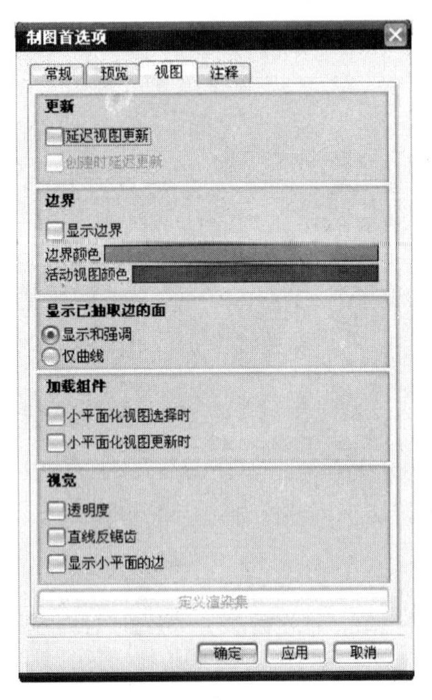

图 7-9 “制图首选项”对话框中的“视图”选项卡

图 7-10 “制图首选项”对话框中的“注释”选项卡

“保留注释”：由于设计模型的修改，可能会导致一些制图标注对象的基准被删除，该选项用来设置是否保留这些标注对象。

7.3 工程图实例

通过零件新建工程图，讲解新建工程图的方法和制图的首选项设置，零件如图 7-11 所示，下面来进行具体的操作。

7.3.1 新建工程图

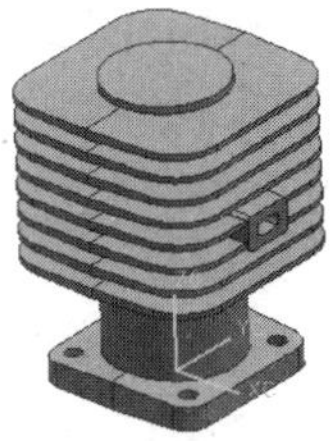

首先打开这个现有零件，接着进行工程图操作，具体操作步骤如下。

(1) 单击“开始”按钮，在下拉菜单中选择“制图”命令，即可进入“制图”功能模块。

图 7-11 使用的零件效果

(2) 此时会打开“片体”对话框，在其中输入新图纸的名称，选择“大小”为“A1”，其各项参数设置如图 7-12 所示。

(3) 单击“确定”按钮后，在视图中单击放置基本视图，然后在其右侧单击，放置投影视图，效果如图 7-13 所示。这样就新建了一个工程图。

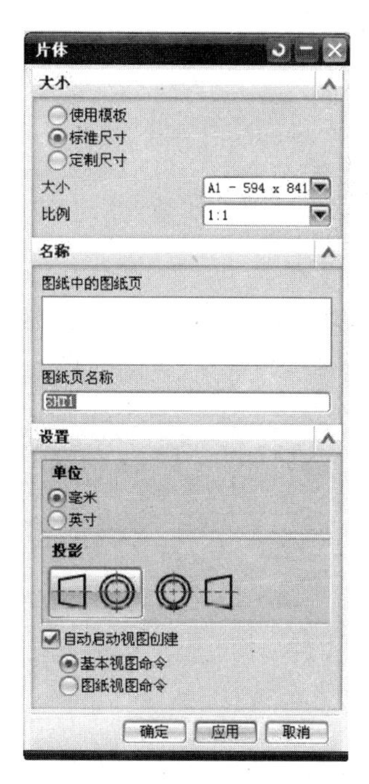

图 7-12 “片体”对话框

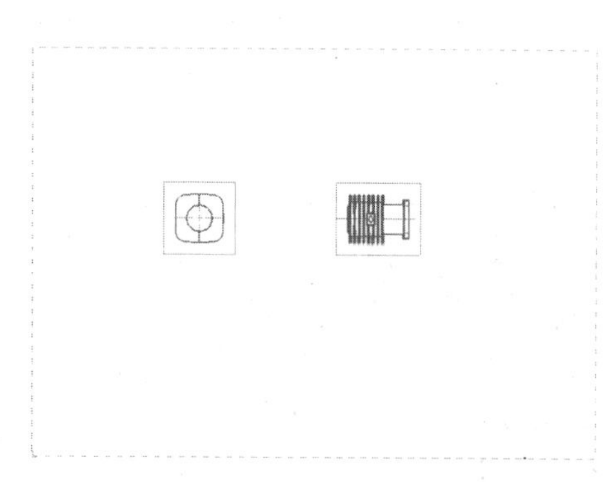

图 7-13 新建的工程图效果

7.3.2 首选项设置

(1) 选择“首选项”→“制图”命令，打开“制图首选项”对话框，切换到“常规”选项卡进行设置，如图 7-14 所示。

(2) 切换到“视图”选项卡进行设置，如图 7-15 所示。设置完成后，单击“确定”按钮，就完成了制图的首选项设置。

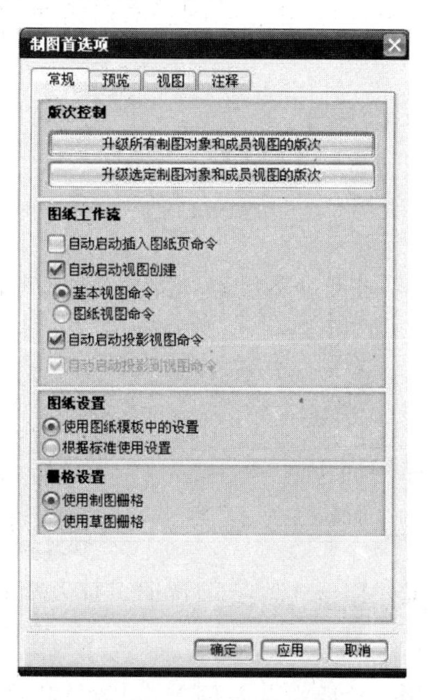

图 7-14 “常规”选项卡

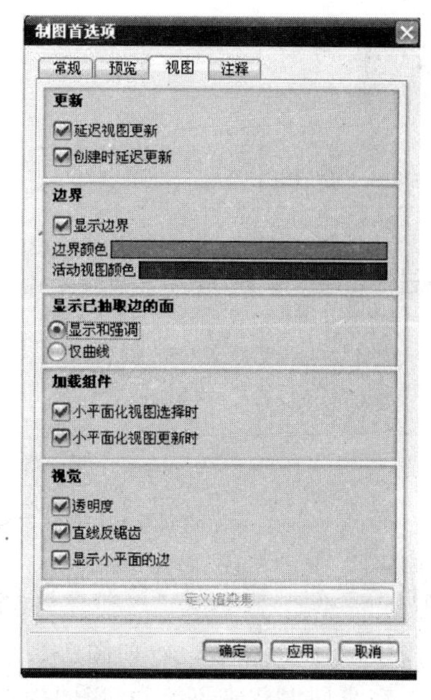

图 7-15 “视图”选项卡

(3) 选择“文件”→“另存为”命令，打开“另存为”对话框，将其保存为“7-1d. prt”文件，这样，这个范例的制作就完成了。

7.4 视图操作介绍

用户新建一个图纸页后，最关心的是如何在图纸页上生成各种类型的视图，如生成基本视图、剖面图或者其他视图等，这就是本节要讲解的视图操作。

1. 图纸空间与模型空间

在向图纸中添加视图之前，先来学习基本概念。

(1) 图纸空间：显示图纸、放置视图的工作界面。

(2) 模型空间：显示三维模型的工作界面。选择“视图”→“显示图纸页”命令，或单击“图纸”工具栏中的“显示图纸页”图标按钮，可在图纸/模型空间之间进行切换，如图 7-16 所示。

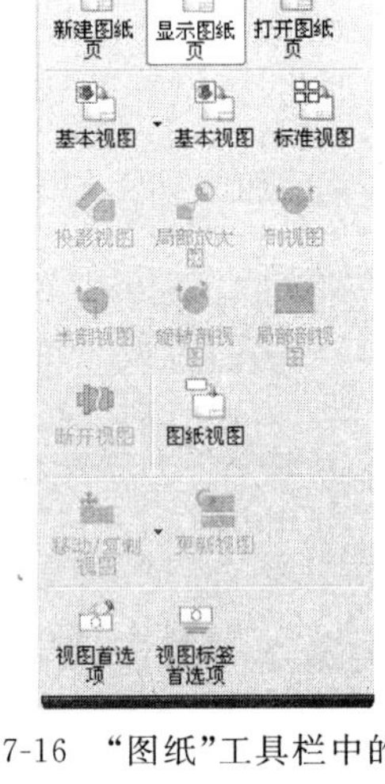

图 7-16 “图纸”工具栏中的“显示图纸页”图标按钮

2. 视图操作

在 UG 制图环境中，右击非绘图区，从弹出的快捷菜单中选择“图纸”命令，添加“图纸”工具栏到制图环境用户界面。在“图纸”工具栏中添加所有的工具按钮，“图纸”工具栏显示如图 7-17 所示。

3. “基本视图”右键快捷菜单

在添加基本视图之前，右击会弹出右键快捷菜单，“基本视图”对话框上所有的选项在快捷菜单上都可以找到，如图 7-18 所示。

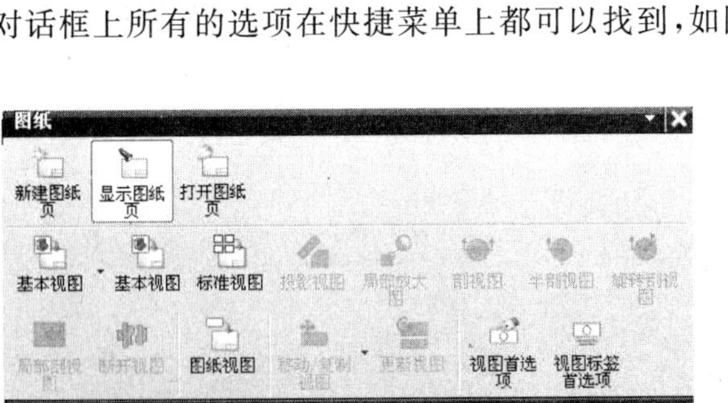

图 7-17 “图纸”工具栏

图 7-18 “基本视图”右键快捷菜单

7.5 设计范例

零件效果和制作出的视图效果如图 7-19 所示，其中介绍一个零件的视图设计方法。

1. 打开文件

(1) 在桌面上双击 NX 7.5 图标，启动 NX 7.5 程序。

(2) 单击“打开”按钮，在“打开”对话框中选择范例零件文件，单击 OK 按钮。

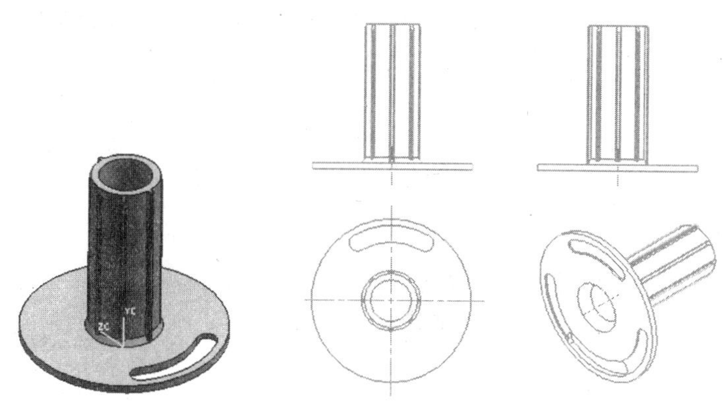

图 7-19　范例的零件图和工程视图效果

(3) 添加的部件如图 7-20 所示。

2. 进入工程图创建环境

(1) 单击“标准”工具栏中的“开始”图标按钮，在如图 7-21 所示的菜单中选择“制图”命令。

(2) 在弹出的“片体”对话框中，选择“标准尺寸”单选按钮，大小选择“A2-420×594”，刻度尺选择 1∶1，输入图纸名称为“Sheet 1”，单位选择“毫米”，投影选择“第一象限角投影”。取消选中“自动启动基本视图命令”复选框，单击“确定”按钮，如图 7-22 所示。

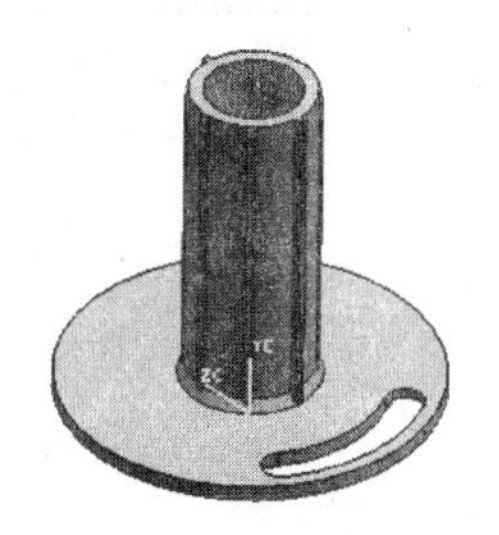

图 7-20　添加的部件

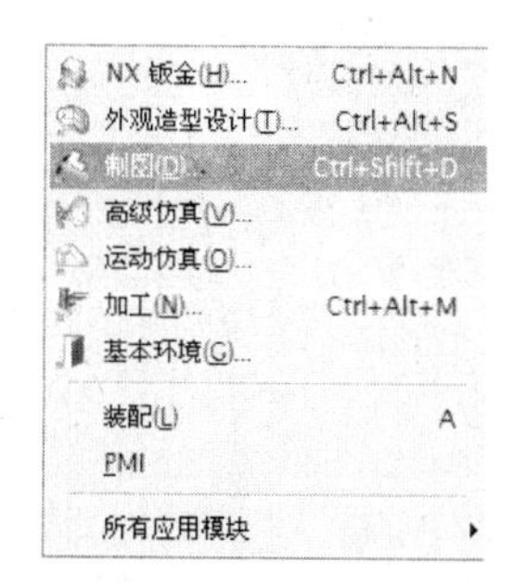

图 7-21　弹出的菜单栏

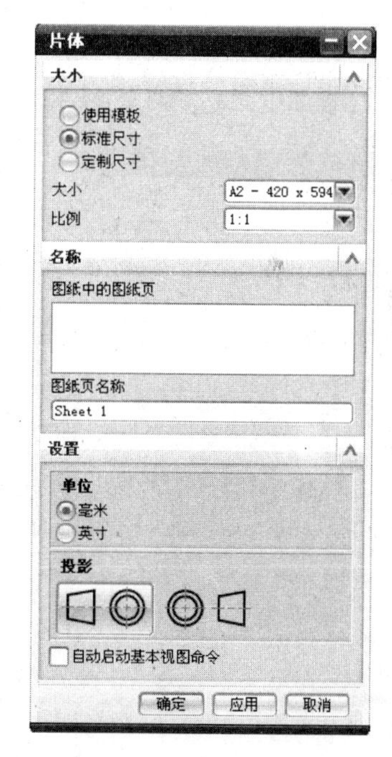

图 7-22　“片体”对话框

(3) 选择“首选项”→“背景”命令，打开“颜色”对话框，如图 7-23 所示。选择白色，单击“确定”按钮。

(4) 选择“首选项”→“栅格和工作平面”命令，打开“栅格和工作平面”对话框，如图 7-24 所示。在“栅格设置”选项组中取消选中“显示”复选框，单击“确定”按钮。

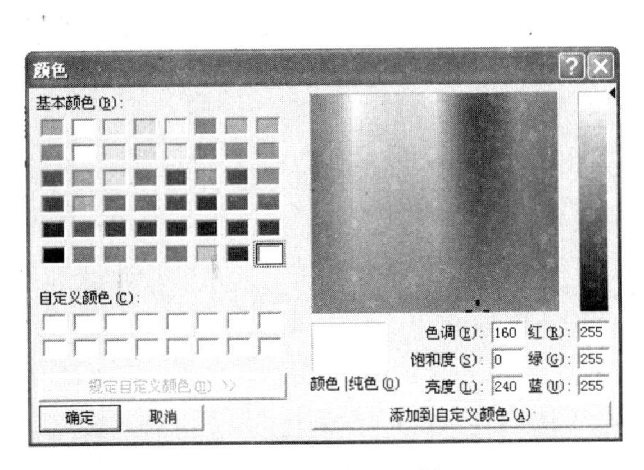

图 7-23 “颜色”对话框

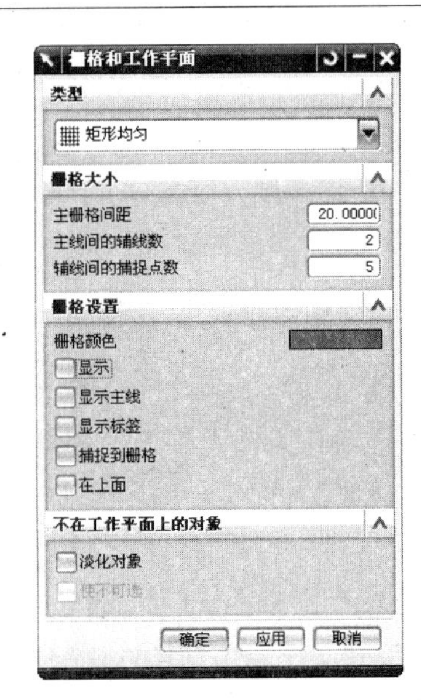

图 7-24 “栅格和工作平面”对话框

3. 创建基本视图

(1) 选择“首选项”→“制图”命令，打开“制图首选项”对话框。切换到“视图”选项卡，在“边界”选项组中取消选中“显示边界”复选框。单击“确定”按钮，如图 7-25 所示。

(2) 选择“插入”→“视图”→“基本视图”命令或单击“图纸”工具栏中的“基本视图”图标按钮，打开“基本视图”对话框，如图 7-26 所示。在“放置”栏“方法”中选择“自动判断”，“模型视图”栏选择 TOP，刻度尺选择 1∶1，在工作区将视图放置到合适位置，俯视图如图 7-27 所示。

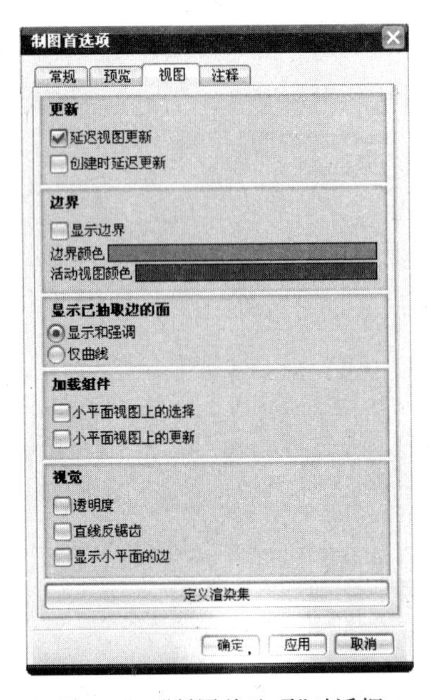

图 7-25 “制图首选项”对话框

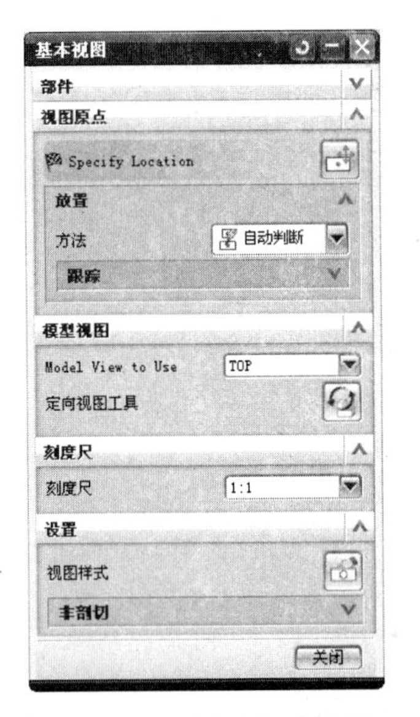

图 7-26 “基本视图”对话框 1

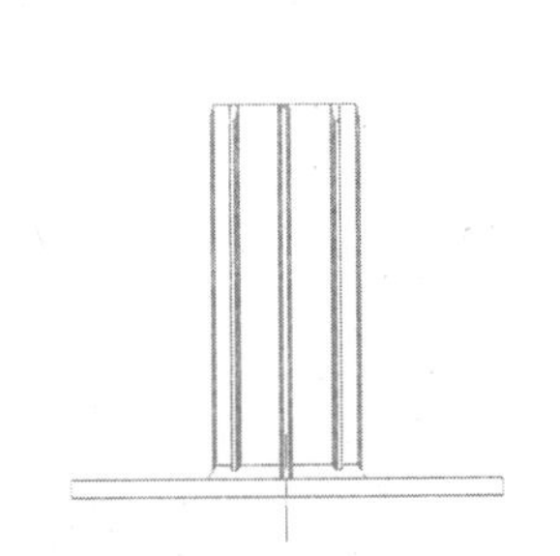

图 7-27 生成的俯视图

(3) 生成俯视图后，系统自动激活“投影视图”对话框，如图 7-28 所示。图中以箭头的形式显示了视图的投影方向及其投影后的视图，即右视图，如图 7-29 所示。

(4) 生成右视图后，移动鼠标指针到俯视图下面，生成前视图。其方法和生成俯视图相同。

(5) 按下 Esc 键，结束投影视图的操作。

这样就生成了 3 个基本视图：俯视图、右视图和前视图，如图 7-30 所示。

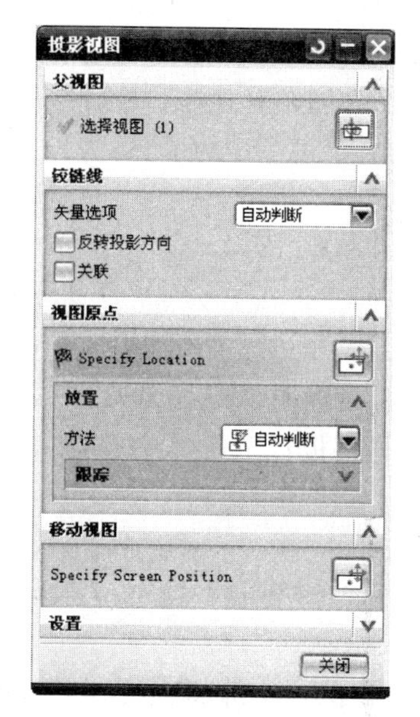

图 7-28 “投影视图”对话框

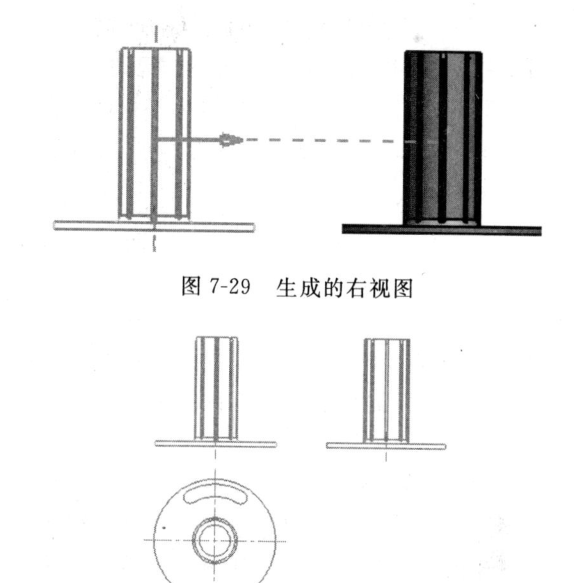

图 7-29 生成的右视图

图 7-30 创建的 3 个基本视图

(6) 单击“图纸”工具栏中的“基本视图”图标按钮，打开“基本视图”对话框，如图 7-31 所示。放置方法选择“自动判断”，模型视图选择 TFR-ISO，刻度尺选择 1∶1，在工作区合适位置放置视图。生成的轴测视图如图 7-32 所示。

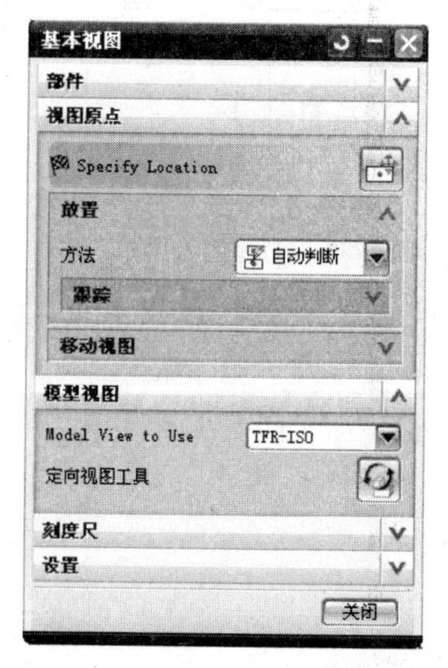

图 7-31 “基本视图”对话框 2

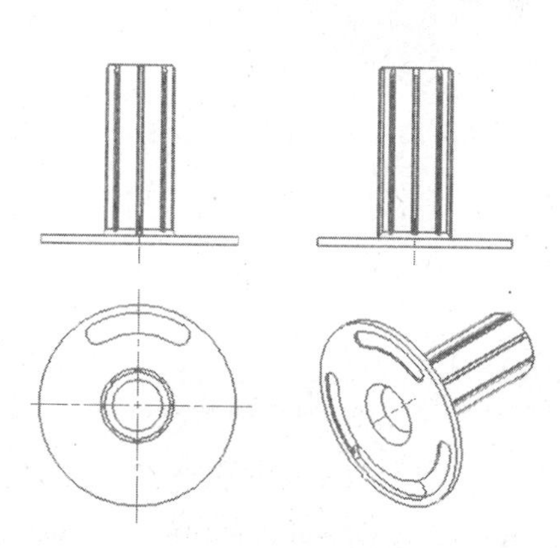

图 7-32 生成的轴测视图

本章小结

UG NX 7.5 工程制图模块主要是为了满足二维制图功能需要，是 UG 系统的重要应用之一。通过特征建模块创建的实体可以快速地引入工程制图模块中，从而快速生成二维图。本章主要介绍了工程图的基础知识，包括工程图参数设置、工程图和图幅管理等。最后举例介绍图样图框的创建步骤。通过对本章的学习，使初学者对工程图有了进一步的了解。

习　　题

1. 如何根据自身需求进行工程图参数预设置？
2. 如何创建根据自身需求工程图模板？如何绘制 A4 图样模板？
3. 如何在建模模块和工程图模块之间切换？
4. 如何插入基本视图和投影视图？
5. 如何创建局部剖视图？举例说明并上机练习。
6. 尺寸标注都包括哪几个部分？具体如何操作？
7. 已知模轴测图模型文件，如图 7-33 所示，创建工程图，如图 7-34 所示。

图 7-33　模型文件

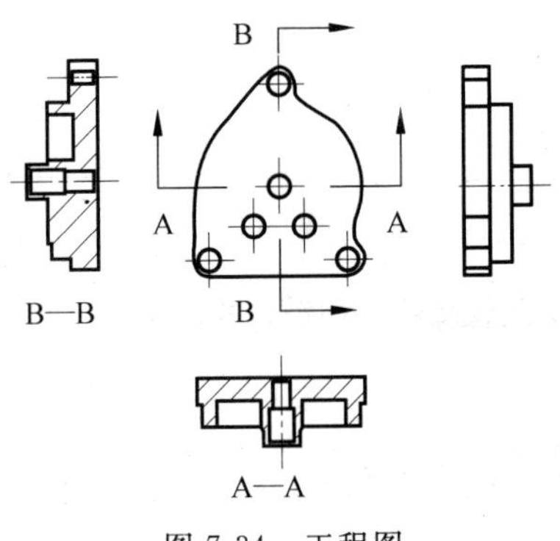

图 7-34　工程图

UG NX 7.5数控加工技术

UG NX 7.5 数控加工(UG 加工基础)也称 UG CAM,UG CAM 和 UG CAD之间紧密地集成,所以 UG CAM 可以直接利用 UG CAD 创建的模型进行加工编程。UG CAM 生成的 CAM 数据与模型有关,如果模型被修改,CAM 数据会自动更新,以适应模型的变化,免去了重新编程的工作,从而大大提高了工作效率。

UG CAM 系统可以提供全面的、易于使用的功能,以解决数控刀轨的生成、加工仿真和加工验证等问题。

UG 加工基础模块提供如下功能:在图形方式下观测刀具沿轨迹运动的情况;进行图形化修改,如对刀具轨迹进行延伸、缩短或修改等;点位加工编程功能,用于钻孔、攻丝和镗孔等;按用户需求进行灵活的用户化修改和剪裁、定义标准化刀具库、加工工艺参数样板库使初加工、半精加工、精加工等操作常用参数标准化,以减少使用培训时间并优化加工工艺。

8.1 加工模块的工作环境及相关设置

加工模块的工作环境是 UG 系统面向加工人员的平台,也可以说是人机交流的平台。显然,熟悉 UG 系统的加工界面环境是很有必要的。同时,由于系统的环境设置考虑了加工编程人员的方便性,因此,通过了解加工模块的工作环境,可以使加工编程更有条理。

1. 加工模块的工作环境

当所使用的模块不同时,工作环境就会切换到不同的界面。单击“开始”菜单,然后选择其中的“加工”选项,可以进入 UG 的加工模块的工作环境,如图 8-1 所示,它可以提供交互式编程和后处理,也可提供铣削加工、车削加工、钻削加工和线切割加工等功能。

单击下拉菜单,便显示出与该菜单功能有关的指令选项。如果选项的右面不是三角字符,而是省略号,那么,单击该选项就会弹出相应的功能对话框。

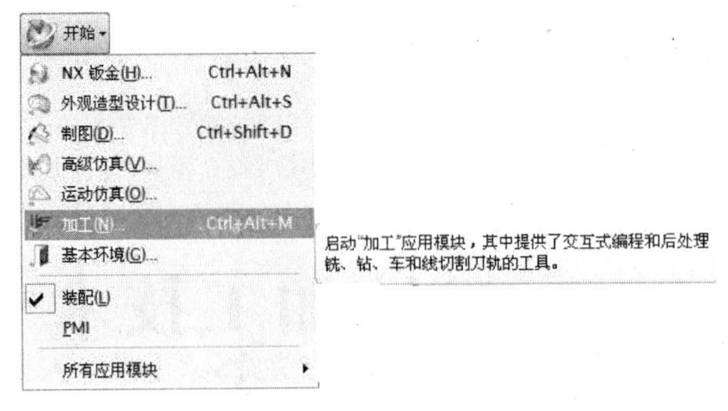

图 8-1 加工模块的工作环境

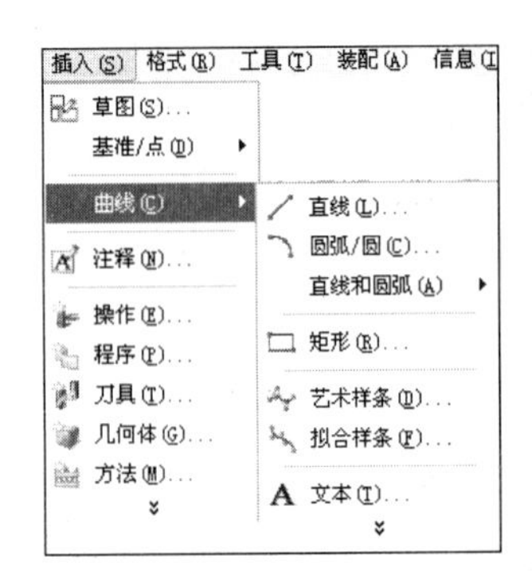

图 8-2 下拉菜单

图 8-3 “创建刀具”对话框

例如，如图 8-2 所示，单击刀具选项，便会弹出如图 8-3 所示的“创建刀具”对话框。

2. 环境的设置

在 UG 系统安装完毕后，同时也完成了系统默认的环境参数设置。虽然这样，但是仍不能和实际的运用相对应，为此很有必要对 UG 系统的环境变量参数进行重新设置。

(1) 设置环境变量。在此，以 Windows XP 为例说明如何设置系统的环境变量。XP 系统的注册表和环境变量根据 UG 系统的实际情况，会自动生成相关的工作路径。其中会自动生成一些和系统有关的环境变量，如“UGII_LICENSE_FILE”、“UGII_ROOT_DIR”、“UGII_BASE_DIR”等。根据实际需要，使用者可以增加相应的环境变量。用户可以按照以下操作来完成这一设置。

单击“开始”菜单，将鼠标移至“我的计算机”图标，然后右击，便弹出我的计算机的快捷菜单。选择其中的“属性”选项，便可打开系统属性的对话框。在其中选择“高级”选项，对话框便切换到高级设置的界面，单击其中的“环境变量”按钮，便弹出如图 8-4 所示的“环

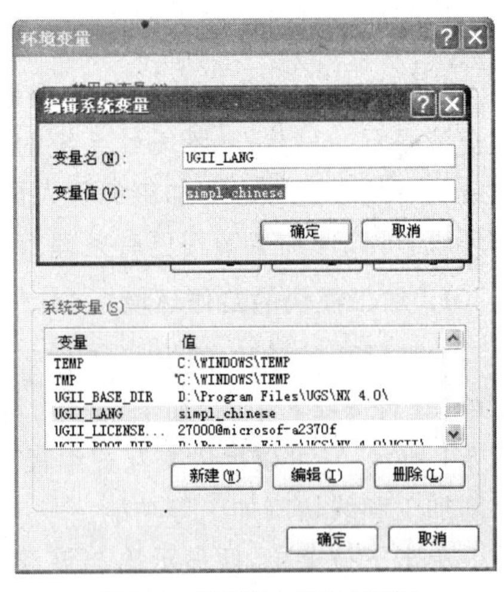

图 8-4 “环境变量”对话框

境变量”对话框。

对于 UG 7.5 系统本身来说，它自带环境变量的设置文件“ugii_env. dat”。该文件用于运行系统的相关参数，例如，规定用户的工具菜单、加工数据的存放路径、默认参数文件、默认字、文件路径等。想要修改这些参数，方法是用记事本打开文件“ugii_env. dat”，然后就相应的参数进行修改。例如，想将默认文件参数修改为“ug_metric. def”。为此，可以打开“ugii_env. dat”文件，在其中找到“UGII_DEFAULTS_FILE”的位置。找到以后按照规定的格式进行修改，即 UGII_DEFAULTS_FILE= ${UGII_BASE_DIR}\ugii\ug_ metric. def。

(2) 设置默认参数。在 UG 系统中存在着默认参数文件，在其中可以修改部分参数，如尺寸的单位、标注方式、字体格式、模型的颜色等。对于这些默认参数的调用始于 UG 系统的启动。而在这里谈到默认参数的修改，是因为这些参数是根据美国的标准和使用习惯来规定的。为此有必要将此修改成我们所熟悉的参数模式。

加工模块的默认参数存放于文件“ug_cam. def”中。除此之外，对于其他参数，则由“ug_English. def”、“ug_metric. def”等文件所规定。这些文件的使用则由环境变量设置文件“ugii. env. dat”的“UGII_DEFAULTS_FILE”变量来控制。

如前所述，想修改某个文件参数，就用记事本打开该文件。例如，要修改默认文件“ug_metric. def”中的单位，将公制默认参数修改成米制，则打开该文件后，找到需要修改的地方进行修改即可。

8.2 UG CAM 加工类型

UG CAM 加工编程可分成数控孔加工、数控车加工、数控铣削加工、数控线切割加工等。

1. 数控孔加工

数控孔加工可分为点位加工和基于特征的孔加工两种。点位加工用来创建钻孔、扩孔、镗孔和攻螺纹等刀具路径。基于特征的孔加工通过自动判断孔的设计特征信息，自动地对孔进行选取和加工，这就大大缩短了刀轨的生成时间，并使孔加工的流程标准化。

2. 数控车加工

车削加工可以面向二维部件轮廓或者完整的三维实体模型编程，它用来加工轴类和回转体零件，包括粗车、多步骤精车、预钻孔、攻螺纹和镗孔等程序，程序员可以规定诸如进给速度、主轴转速和部件间隙等参数。车削可以由 A、B 轴控制，UG 有很大的机动性，允许在 XY 或者 ZX 的环境中进行卧式、立式或者倒立方向的编程。

3. 数控铣削加工

在铣削加工中，有多种铣削分类方法。根据加工表面形状可分成平面铣和轮廓铣；根据加工过程中机床主轴轴线方向相对于工件是否可以改变，分为固定轴铣和变轴铣。固定轴铣又分成平面铣、型腔铣和固定轮廓铣；变轴铣可分成可变轮廓铣和顺序铣。

(1) 平面铣。平面铣用于平面轮廓或平面区域的粗精加工。刀具平行于工件底面进行多层切削，分层面与刀轴垂直，被加工部件的侧壁与分层面垂直。平面铣加工区域根据边界定义，切除各边界投影到底面之间的材料，但不能加工底面以及侧壁上不垂直的部位。

(2) 型腔铣。型腔铣用于粗加工型腔轮廓或区域。根据型腔形状，将准备的切除部位在深度方向上分成多个切削层进行切削，每层切削深度可以不相同。切削时刀轴与切削层平面垂直。型腔铣可用边界、平面、曲线和实体定义要切除的材料(底面可以是曲面)，也可以加工侧壁以及底面上与刀轴不垂直的部位。

(3) 固定轮廓铣。固定轮廓铣用于曲面的半精加工和精加工。该方法将空间上的几何轮廓投影到零件表面上，驱动刀具以固定轴形式加工曲面轮廓，具有多种切削形式和进刀、退刀控制，可作螺旋线切削、射线切削和清根切削。

(4) 可变轮廓铣。可变轮廓铣与固定轮廓铣方法基本相同，只是加工过程中刀轴可以摆动，可满足特殊部位的加工需要。

(5) 顺序铣。顺序铣用于连续加工一系列相接表面，并对面与面之间的交线进行清根加工，一般用于零件的精加工，可保证相接表面光顺过渡，是一种空间曲线加工方法。

4. 数控线切割加工

线切割加工编程从接线框或者实体模型中产生，实现了两轴和四轴模式下的线切割。这种加工可以实现范围广泛的线操作，包括多次走外形、钼丝反向和区域切除。线切割广泛支持AGIE、Charmilles及其他加工设备。

8.3 UG数控加工术语及定义

下面介绍加工中要用到的主要术语及其定义。

1. 模板文件

模板文件是指包含刀具、加工方法和操作信息，并能复制到其他零件中的通用文件。引用模板文件，可节省操作时间，提高工作效率。

2. 操作

UG CAM中的操作是指定义刀具路径中包含的所有信息过程，包括几何体的创建，刀具、加工余量、进给量、切削深度和进刀、退刀方式选择等，创建一个操作相当于产生一个加工工步。

3. 刀具路径

刀具路径是由操作生成的刀具运动轨迹，包括加工选定的几何体的刀具位置、进给量、切削速度和后置处理命令等信息，一个刀具路径源文件可以包含一个或多个刀具路径。

4. 后置处理

后置处理是将UG CAM生成的刀具路径，转化成指定的数控系统可以识别的数据格式的过程，处理结果就是可用于数控机床加工的NC程序。

5. 加工坐标系

加工坐标系是所有刀具路径输出点的基准位置，刀具路径中的所有数据都相对于该坐标系。加工坐标系是所有加工模板文件中的默认对象之一，系统默认的加工坐标系与绝对坐标系相同。加工一个零件，用户可以创建多个加工坐标系，但一次走刀只能使用一个坐标系。

6. 参考坐标系

参考坐标系可以确定所有非模型数据的基准位置，如刀轴方向、安全退刀面等，系统默认的参考坐标系为绝对坐标系。

7. 横向进给量

横向进给量也称跨距，是指两相邻刀具路径之间的距离。车削加工指径向切削的切削深度，铣削加工指铣削宽度。

8. 材料边

材料边是指保留材料不被切除的那一侧边界。

9. 边界

边界是限制刀具运动范围的直线或曲线，用于定义切削区域。边界可以封闭，也可以不封闭。

10. 零件几何

零件几何是加工中需要保留的那部分材料，即加工后的零件或半成品。

11. 毛坯几何

毛坯几何是用于加工零件的原材料，即毛坯。

12. 检查几何

检查几何是加工过程中需要避开与刀具或刀柄碰撞的对象。检查几何可以是零件的某个部位，也可以是夹具中的某个零件。

13. 工件

工件是包含零件信息和毛坯信息的几何体。

8.4 UG CAM的其他功能

UG CAM还有一些其他功能，具体叙述如下。

1. 仿真功能

对于已经生成的CAM数据，在UG CAM的环境中，利用验证刀轨可以在计算机上仿真切削过程，同时检验工件、刀具、刀柄之间的碰撞；在UG CAM的环境中还可以针对特定的机床及其控制器将机床、工件、刀具、刀柄、夹具在内的整个加工环境的实际环境考虑进去模拟整个加工过程，预见和避免刀具、刀柄、工件、夹具、机床的相互碰撞，防止过切削、欠切削问题的发生。如图8-5所示为车削模拟的仿真功能。

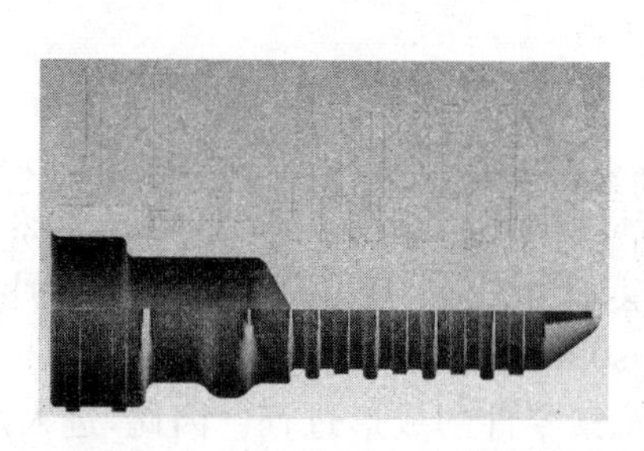

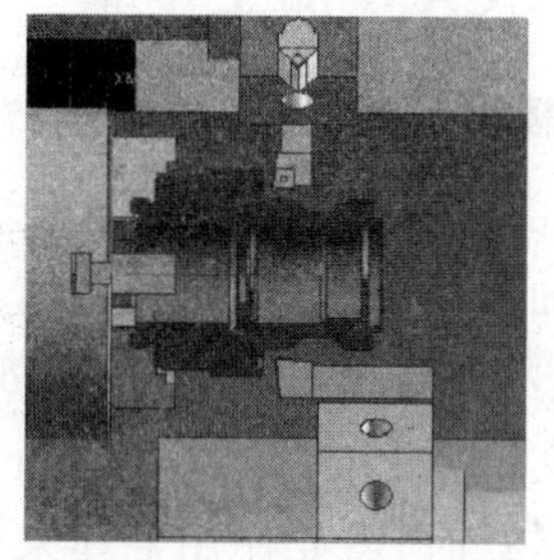

图8-5 车削模拟的仿真功能

2. 定制编程环境

UG CAM 的编程环境在一定程度上可以由用户自行定制。用户可以根据自己的工作需要定制编程环境，排除与自己工作不相关的功能。简化编程环境，使编程环境符合自己的需要，有利于提高工作效率。

3. 提供工艺文件

在编程完成后，利用 UG CAM 可以自动生成提供给生产现场的工艺文件，使编程者和现场之间的沟通变得很简便。

8.5 UG CAM 加工基本流程

UG CAM 加工的基本流程，这里以铣削加工编程为例讲解其基本过程，主要加工流程图如图 8-6 所示，具体说明如下。

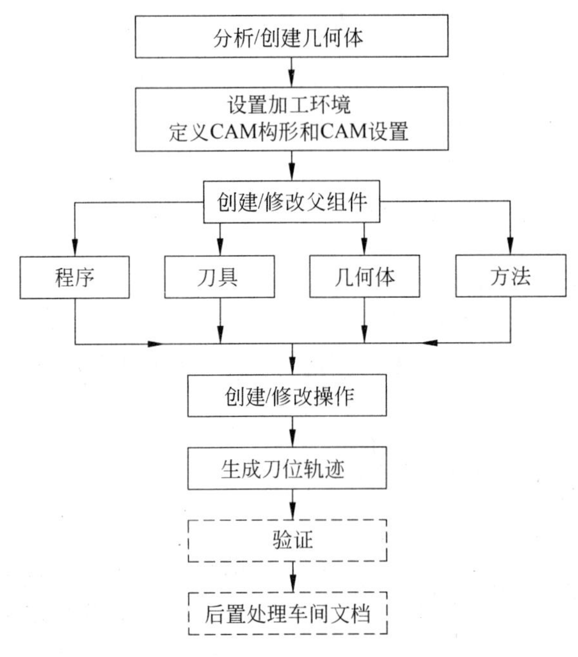

图 8-6 UG CAM 加工基本流程

8.5.1 UG CAM 加工步骤

1. 创建部件模型

UG NX 7.5 部件模型有零件、毛坯和装配三种形式。零件模型是进行数控编程的基础，用户必须在进入加工模块之前，先在建模环境中完成零件的三维模型。当然，也可以引入由其他 CAD 软件创建的三维模型，如 SolidEdge、Pro/ENGINEER 和 SolidWorks 等，还可以引用多种格式的数据文件，如 IGES、DXF、Parasolid 等。

在模拟刀具路径时，需要使用毛坯来观察零件的成形过程。因此，进入加工模块前，应在建模环境中建立用于成形零件的毛坯。毛坯可以是圆柱体、块体等材料，也可以通过拉伸或偏置零件的线与面来创建。

为了提高数据的独立性、安全性及相关操作速度，最好建立一个引用零件实体的装配部件作为加工基础。装配部件可以在建模环境中创建，也可以在加工环境中创建。

2. 根据部件模型制定加工工艺规程

根据部件模型，事先完成加工工艺规程的制定，完成切削用量、加工方式等工艺参数的设置是保证数控加工顺利完成的前提。数控加工工艺规程与常规加工工艺规程的制定过程大致相同，请参考《机械加工工艺师手册》。

3. 设置加工环境

加工环境设置包括CAM进程配置和CAM设置，选择合适的刀具库、材料库、切削用量库可以加快编程速度。

4. 创建程序组

程序组用于组织各加工操作和排列各操作在程序中的次序。合理地将各操作组成一个程序组，可在一次后置处理中按选择程序组的顺序输出多个操作。

5. 创建刀具组

创建刀具组为铣削、车削和点位加工操作创建刀具或从刀具库中选取刀具。

6. 创建几何体

创建几何体可以在零件上定义要加工的几何对象和指定零件在机床上的加工方位，包括定义加工坐标系、工件、边界和切削区域等。

7. 创建方法

创建方法可以为粗加工、半精加工和精加工指定统一的加工公差、加工余量、进给量等参数。

8. 创建操作

创建操作是指在指定程序组下用合适的刀具对已建立的几何对象用合适的加工方法建立操作。

9. 生成刀位轨迹

刀位轨迹是指一个或多个操作，或者包含操作的程序组，通过生成刀具路径工具可以产生加工过程中刀具的运动轨迹。

10. 验证刀位轨迹，生成车间文件

通过模拟、动态显示切削过程，验证刀具运动轨迹的合理性，生成包含零件材料、加工参数、控制参数、加工顺序、机床控制事件、后置处理命令、刀具参数和刀具路径等信息的车间工艺文件。

11. 后置处理车间文档

后置处理是根据机床参数格式化刀具位置源文件，并生成特定机床可以识别的NC程序的过程。后置处理过程最终生成车间文档，可控制数控机床运动的文本文件。

8.5.2 加工环境初始化

在UG NX 7.5中打开一个待加工零件，单击“开始”按钮，在其下拉菜单中选择“加工”命令，系统将弹出如图 8-7 所示的“加工环境”对话框，在此可以为加工对象选择不同的进程配置和指定相应的模板零件。

图 8-7 “加工环境”对话框

UG NX 7.5 中的 CAM 进程配置文件是一个文本文件，包含定制加工环境所需的模板集、文档模板、后置处理模板、用户定义事件、刀具库、切削用量库、材料库等相关参数。UG NX 7.5 提供的配置文件位于安装目录下的\Mach\Resource\Configuration 文件夹中，用户可以通过修改这些文件来定义新的进程配置。

模板零件是指包含多个可供用户选择的操作和组（程序组、刀具组、方法组和几何组）、已预定义参数以及定制对话框的零件文件。

“加工环境”对话框的列表框中显示了要创建的 CAM 设置，不同的 CAM 进程配置，其加工设置也不相同。在通用进程配置中，相应的 CAM 设置为平面铣(mill_planar)、平面轮廓铣削(mill_contour)、多轴铣削(mill_multi_axis)、钻削(drill)、孔加工(hole_making)、车削(turning)和线切割(wire_edm)等。

选择进程配置和模板零件后，单击“确定”按钮，系统可以调用指定的进程配置、相应的模板和相关的数据库，进行加工环境的初始化。

8.5.3 UG CAM 加工的工作界面

初始化后，工作界面上就增加了一个“操作导航器”和“插入”、“几何体”、“工件”等工具栏，如图 8-8 所示。“操作导航器”是各加工模块的入口位置，是用户进行交互编程操作的图形界面。“插入”工具栏包括“创建操作”、“创建程序”、“创建刀具”、“创建几何体”和“创建方法”按钮，是进行 CAM 编程的基础。

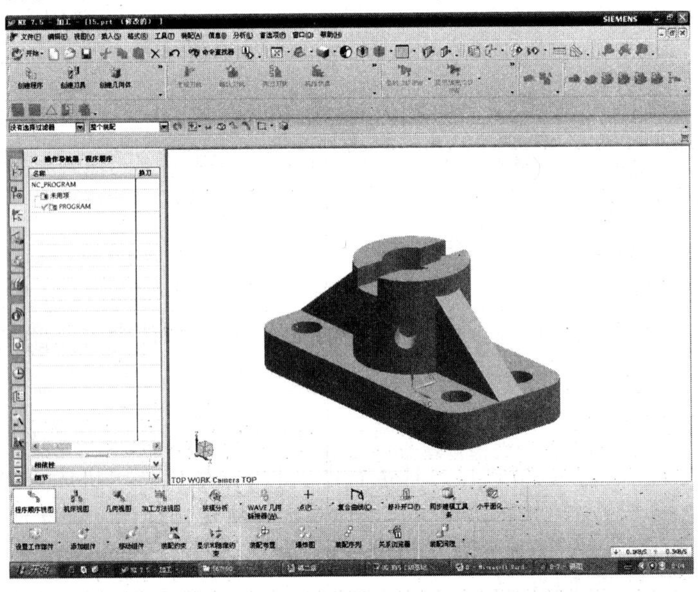

图 8-8 CAM 工作界面

1. 菜单

菜单包括“插入”、“信息”、“工具”等，主要是用来创建操作、程序、刀具等的菜单命令，另外还有操作导航工具等，这些菜单如图 8-9 所示，菜单中主要命令的功能介绍如表 8-1 所示。

(a)“插入”菜单　(b)“信息”菜单　(c)“工具”菜单

图 8-9 主要的菜单

表 8-1 数控加工菜单中主要命令及功能

菜　单	主 要 命 令	功 能 简 述
“插入”菜单	操作	创建操作
	程序	创建加工程序节点
	刀具	创建刀具节点
	几何体	创建加工几何节点
	方法	创建加工方法节点
“工具”菜单	操作导航器	针对操作导航工具的各种动作
	加工特征导航器	针对加工特征导航工具的各种动作
	部件材料	为部件指定材料
	CLSF(刀位源文件管理器)	打开“指定 CLSF”对话框
	边界	打开“边界管理器”对话框
	批处理	用批处理的方式进行后处理
“信息”菜单	车间文档	打开“车间文档”对话框

2. 工具栏

工具栏主要包括“导航器”工具栏、“插入”工具栏、“操作”工具栏和加工“操作”工具栏。其中“导航器”工具栏主要包含用于决定操作导航工具显示内容的按钮，如图 8-10 所示。

“插入”工具栏主要包含用于创建操作和 4 种加工节点的按钮，如图 8-11 所示。

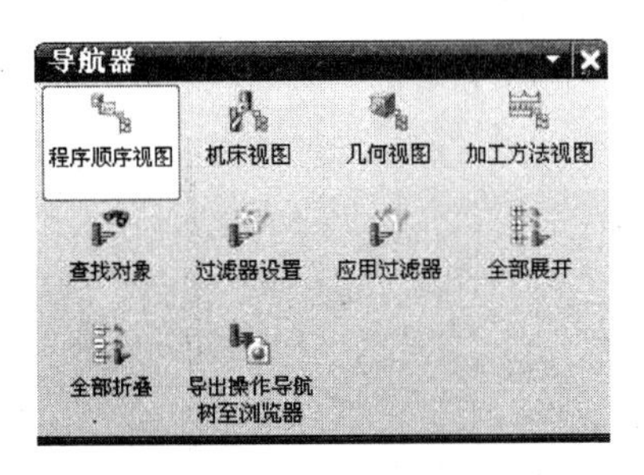

图 8-10 “导航器”工具栏

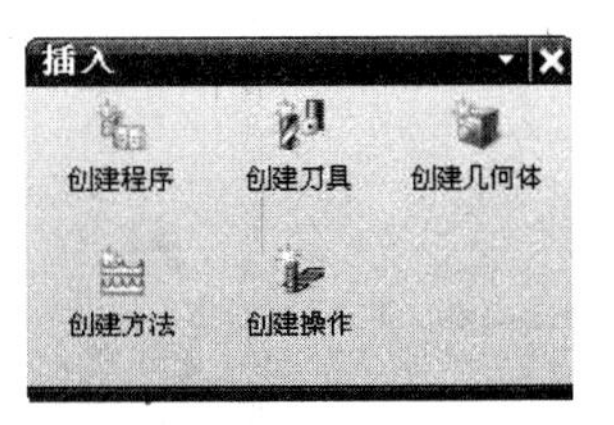

图 8-11 “插入”工具栏

“操作”工具栏中的按钮都是针对操作导航工具中的各种对象实施某些动作的按钮，如图 8-12 所示。

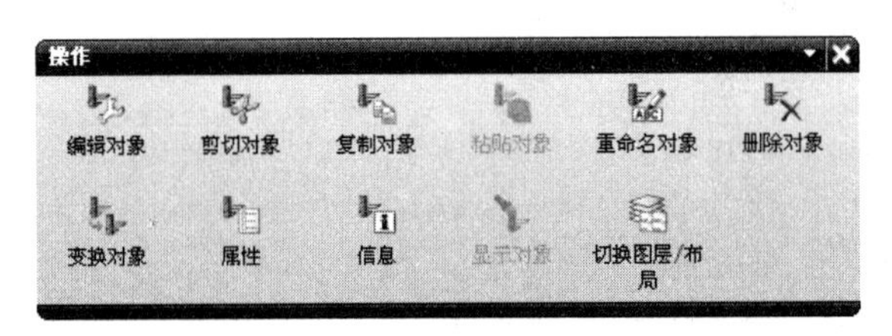

图 8-12 “操作”工具栏

加工“操作”工具栏中包含针对刀轨的路径管理工具，改变操作进给的工具，创建准备几何的工具，输出刀位源文件、后处理和车间文档的工具，如图 8-13 所示。

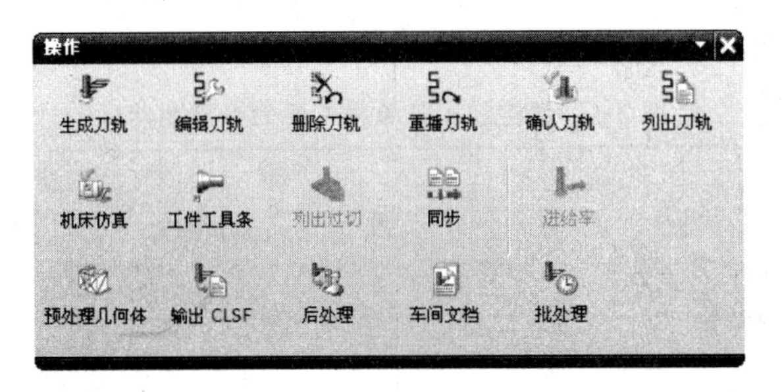

图 8-13 加工“操作”工具栏

3. 操作导航器

“导航器”工具栏包括“程序顺序视图”、“机床视图”、“几何视图”和“加工方法视图”等图标按钮。在“导航器”工具栏中单击“程序顺序视图”图标按钮，再单击“操作导航器”图标按钮，可以打开如图 8-14 所示的程序顺序视图。

该视图用于显示每个操作所属的程序组和每个操作在机床上的执行次序。“换刀”列显示该项操作相对于前一操作是否更换刀具，如换刀则显示刀具。“路径”列显示该项操作的刀具路径是否生成，如生成则显示对钩。“刀具”、“刀具号”、“时间”、“几何体”和“方法”列分别显示该项操作所使用的刀具、刀具号、时间、几何体、方法名称等。

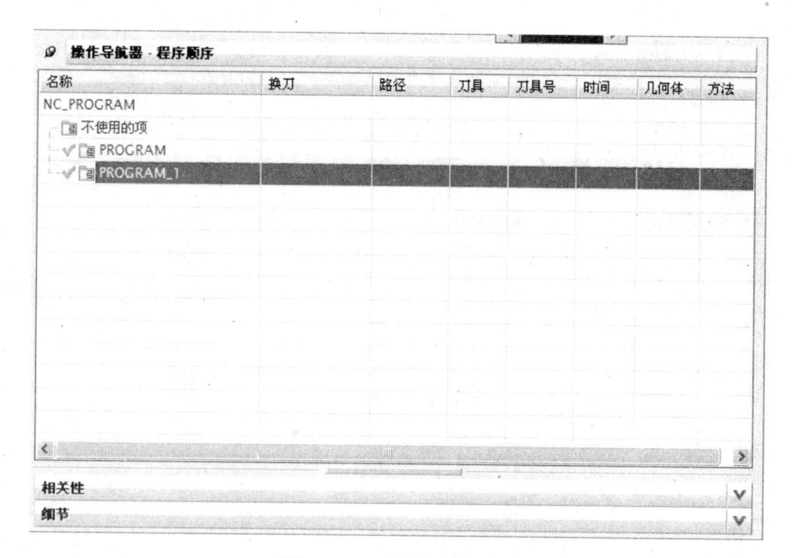

图 8-14　程序顺序视图

单击“机床视图”图标按钮，再单击“操作导航器”按钮，则弹出如图 8-15 所示的机床视图。

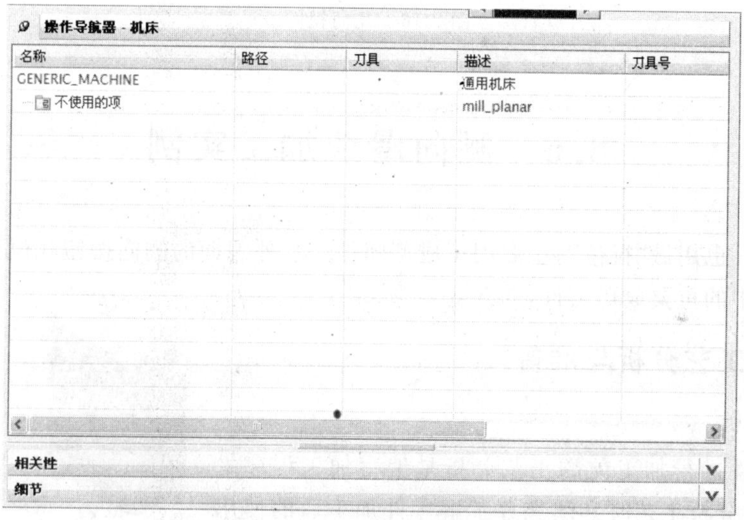

图 8-15　机床视图

该视图用于显示当前零件中存在的各种刀具以及使用这些刀具的操作名称。“描述”列用于显示当前刀具和操作的相关描述信息。

单击“几何视图”图标按钮，再单击“操作导航器”按钮，则弹出如图 8-16 所示的几何视图。该视图显示当前零件中存在的几何组和坐标系，以及使用这些几何组和坐标系的操作名称。

在操作导航器中的任一对象上右击，均可弹出快捷菜单。通过快捷菜单可以实现编辑所选对象的参数；剪切或复制所选对象到剪贴板，以及从剪贴板复制到指定位置；删除所选对象；生成或重显菜单项，移动、复制和阵列刀具路径等操作。

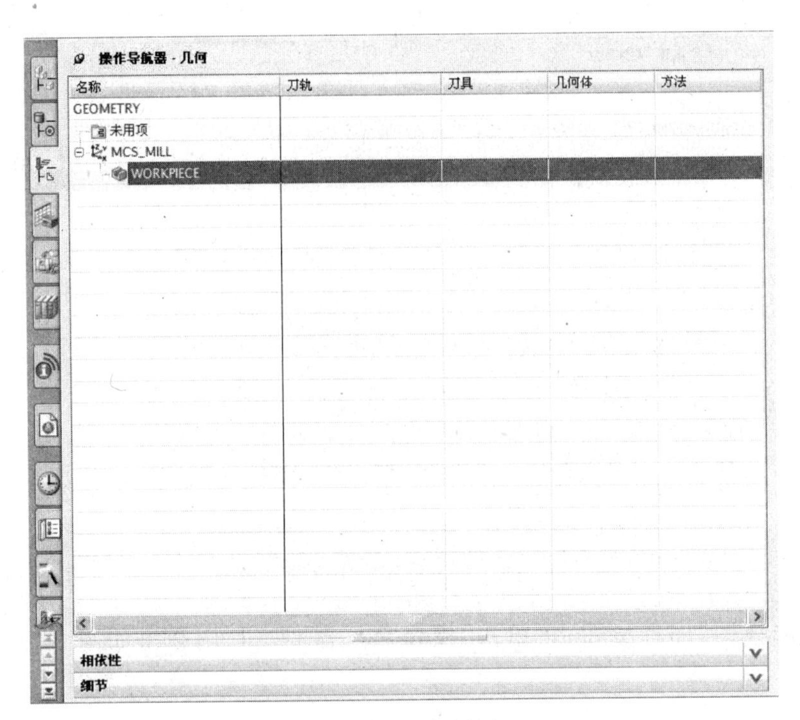

图 8-16 几何视图

8.6 侧向滑块加工实例

滑块在工厂也用做“行位”，主要用于成型塑件产品外表面的侧向按钮孔位和凹槽，是模具侧向抽芯机构中的重要成形部件，如图 8-17 所示。

8.6.1 工艺分析与准备

1. 工艺分析

对加工零件进行加工前的工艺分析是编写加工程序之前的必备工作，分析工艺时必须充分了解零件加工后的使用要求和工艺特点，合理编写加工程序，以制造出优质的零件。滑块零件工艺分析以及程序的编制流程如下：型腔铣加工→轮廓粗加工→深度加工轮廓加工→平面铣加工。

图 8-17 模具滑块

2. 编程加工准备

进行程序编制前需要对加工零件进行一些必要的准备工作，如设置加工坐标系，设置毛坯和加工零件，建立加工刀具等。具体操作步骤如下。

(1) 选择“开始”→“程序”→UGS NX 7.5→NX 7.5 命令，弹出 UG NX 7.5 初始界面，如图 8-18 所示。

(2) 在“标准”工具栏中单击“打开”图标按钮，弹出“打开”对话框，选择 hk. prt 文件，单击 OK 按钮打开文件，如图 8-19 所示。

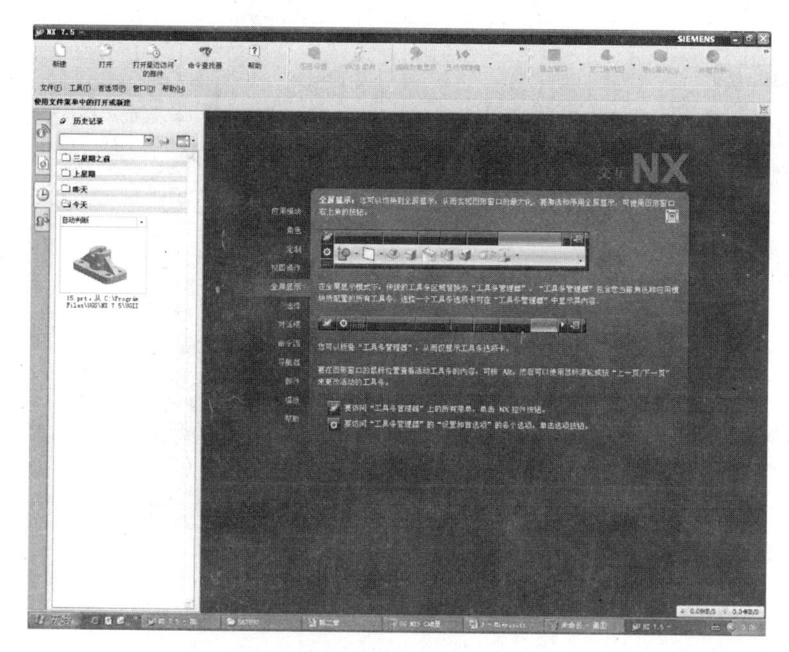

图 8-18 UG NX 7.5 初始界面

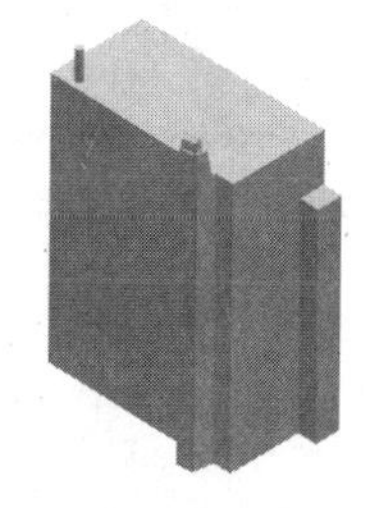

图 8-19 hk. prt 文件

(3) 在“应用”工具栏中单击“加工”图标按钮，弹出“加工环境”对话框，选择合适的加工配置模板，单击“确定”按钮，如图 8-20 所示。

(4) 在“导航器”工具栏中单击“几何视图”图标按钮，将操作导航器设置为几何视图，在 MCS_MILL 中双击，弹出 Mill Orient 对话框，如图 8-21 所示。

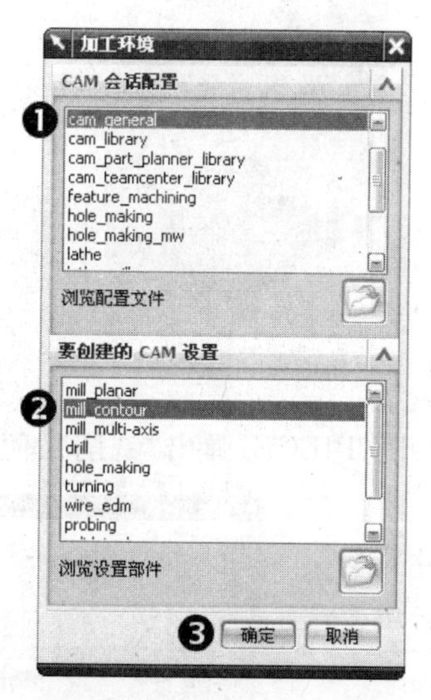

图 8-20 “加工环境”对话框

图 8-21 Mill Orient 对话框

(5) 在 Mill Orient 对话框中单击“CSYS 对话框”按钮，弹出 CSYS 对话框，将“类型”设置为“动态”，捕捉边界的中点，然后单击“确定”按钮退出对话框，如图 8-22 所示。

(6) 在 Mill Orient 对话框中将“安全设置选项”设置为“平面”，单击“指定安全平面”按钮，弹出“平面构造器”对话框。选择滑块的基准平面，在“偏置”文本框中输入“15”，然后单击“确定”按钮退出对话框，如图 8-23 所示。

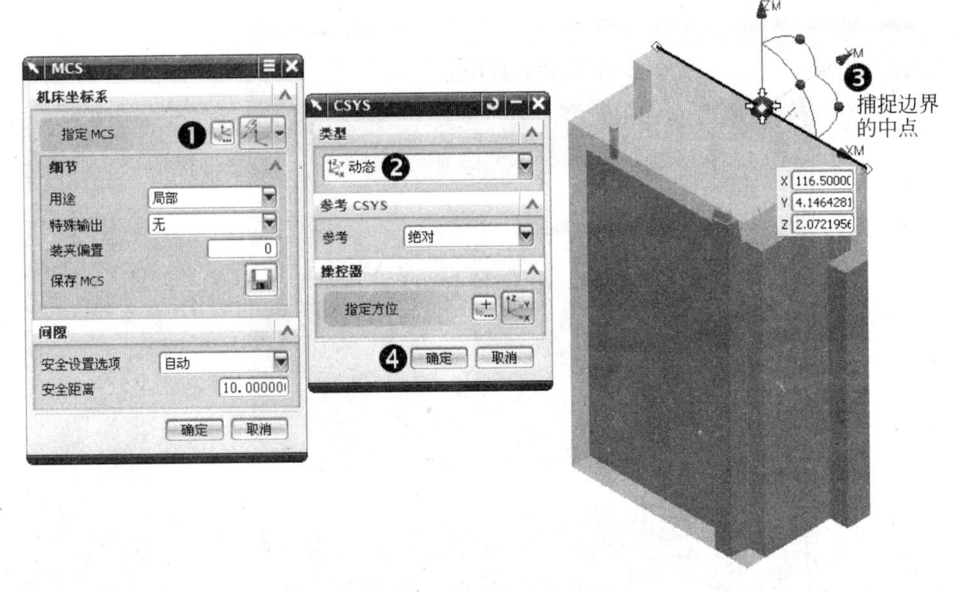

图 8-22 设置加工坐标系

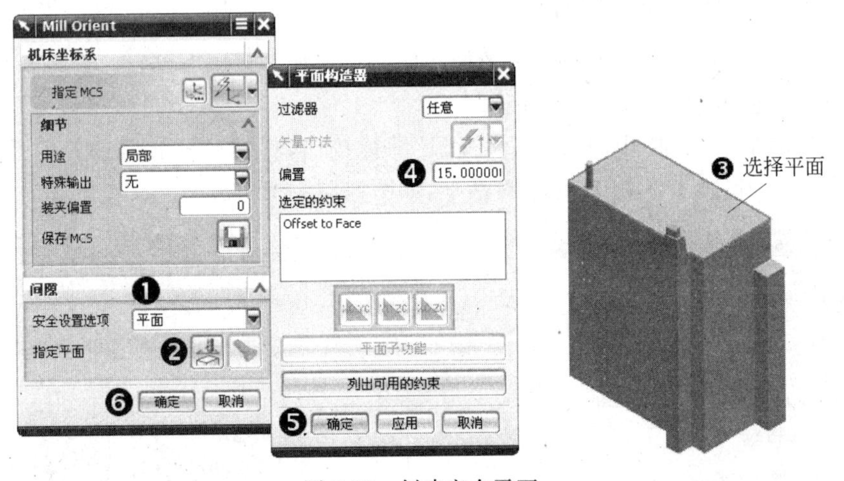

图 8-23 创建安全平面

(7) 在图 8-16 所示的“操作导航器-几何”中双击 WORKPIECE，弹出“铣削几何体”对话框，如图 8-24 所示。

(8) 在“铣削几何体”对话框中单击“选择或编辑部件几何体”按钮，弹出“部件几何体”对话框，选择滑块实体，然后单击“确定”按钮退出对话框，如图 8-25 所示。

(9) 在“铣削几何体”对话框中单击“选择或编辑毛坯几何体”按钮，弹出“毛坯几何体”对话框，选择长方体，然后单击“确定”按钮退出对话框，如图 8-26 所示。

(10) 在“插入”工具栏中单击“创建刀具”图标按钮，弹出“创建刀具”对话框。设置刀具的创建类型和名称，单击“确定”按钮，弹出“铣刀-5 参数”对话框，从中设置刀具几何参数，然后

图 8-24 “铣削几何体”对话框

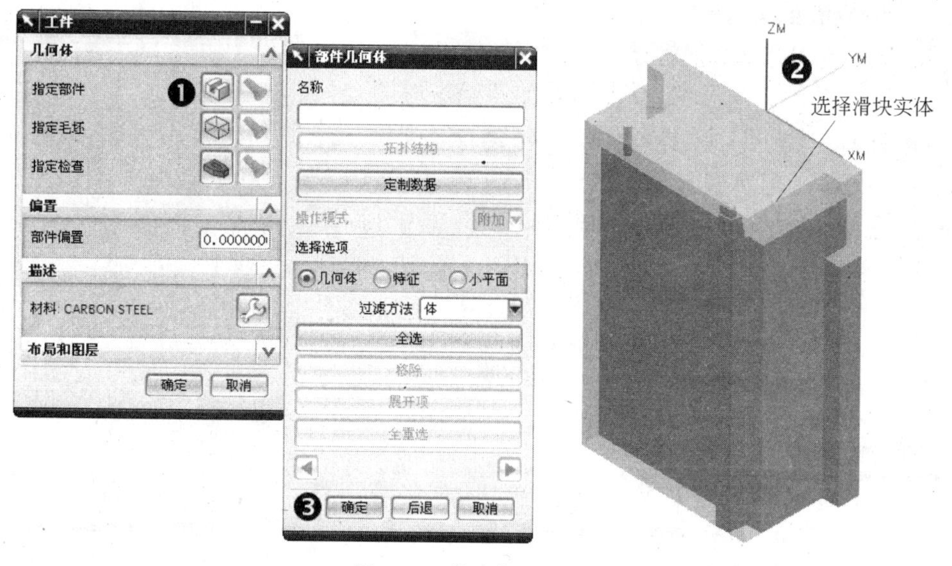

图 8-25 设置加工部件

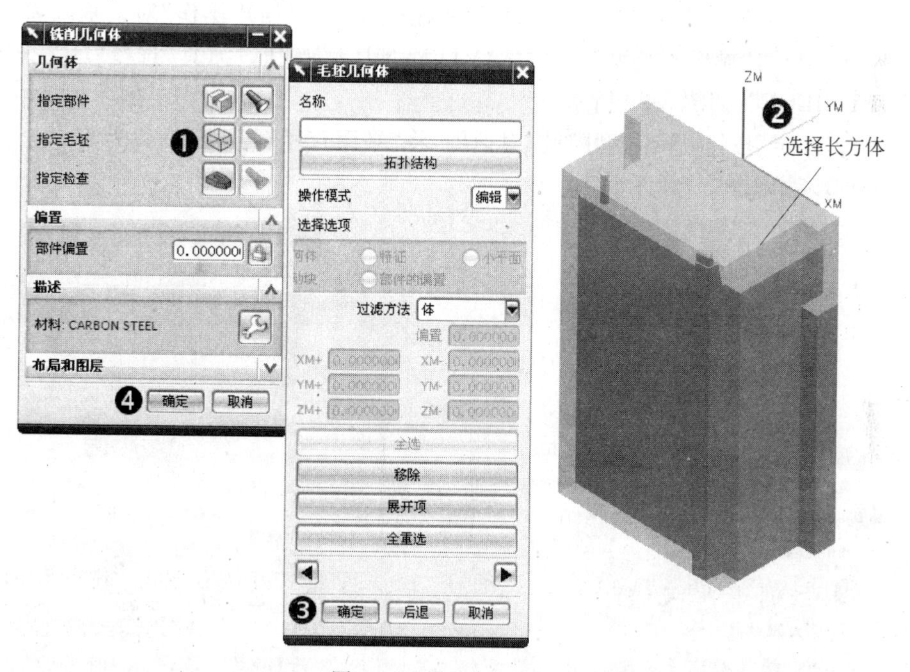

图 8-26 设置加工毛坯

单击“确定”按钮退出对话框,如图 8-27 所示。

(11) 参考上一步的操作再创建 D6 刀具,刀具几何参数如图 8-28 所示。

8.6.2 编写加工程序

1. 编写型腔铣程序

型腔铣程序作为粗加工程序可快速去除零件的毛坯余量,为零件的后续加工做准备。具体操作步骤如下。

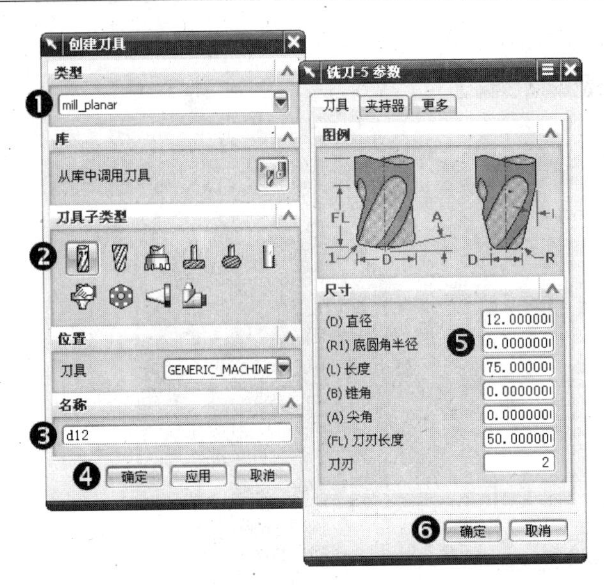

图 8-27　创建加工刀具 1

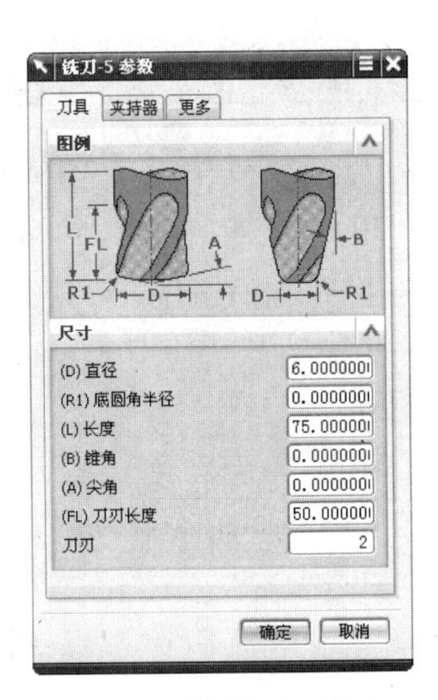

图 8-28　创建加工刀具 2

(1) 在“插入”工具栏中单击“创建操作”图标按钮，弹出“创建操作”对话框。将“类型”设置为“mill_contour”，“操作子类型”选择“CAVITY_MILL”按钮，“刀具”选择“D12”，“几何体”选择“WORKPIECE”，如图 8-29 所示。

(2) 单击“确定”按钮，弹出“型腔铣”对话框，将“平面直径百分比”设置为 58，“全局每刀深度”设置为 0.35，如图 8-30 所示。

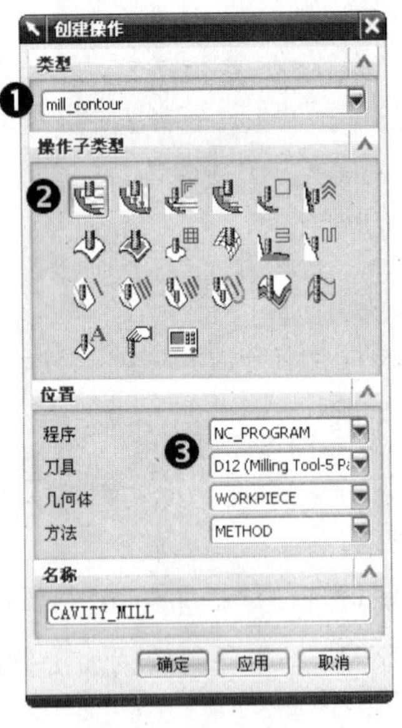

图 8-29　创建操作

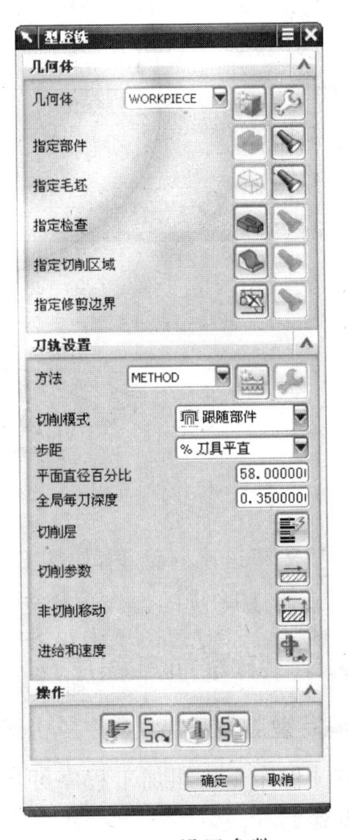

图 8-30　设置参数

(3) 在“型腔铣”对话框中单击“切削层”图标按钮，弹出“切削层”对话框，如图 8-31 所示，设置切削层深度，然后单击“确定”按钮退出对话框。

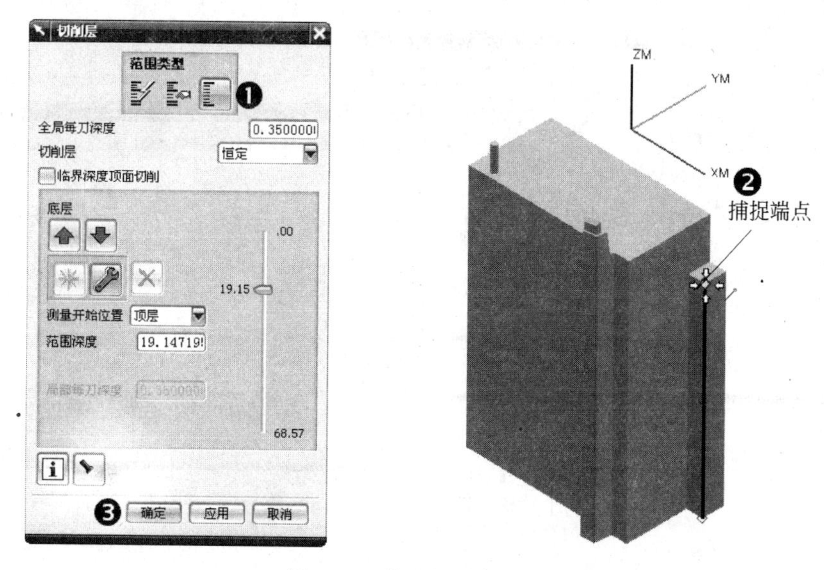

图 8-31　设置切削层深度

(4) 在“型腔铣”对话框中单击“切削参数”图标按钮，弹出“切削参数”对话框，在其中设置参数，然后单击“确定”按钮退出对话框，如图 8-32 所示。

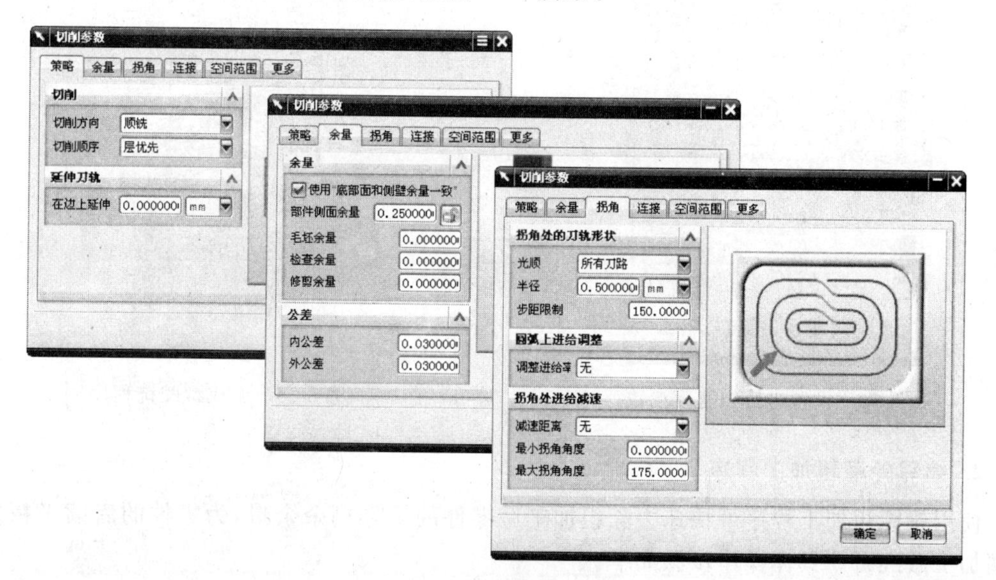

图 8-32　设置切削参数

(5) 在“型腔铣”对话框中单击“非切削移动”图标按钮，弹出“非切削移动”对话框，在其中设置参数，然后单击“确定”按钮退出对话框，如图 8-33 所示。

(6) 在“型腔铣”对话框中单击“进给和速度”图标按钮，弹出“进给和速度”对话框，在其中设置参数，然后单击“确定”按钮退出对话框，如图 8-34 所示。

(7) 在“型腔铣”对话框中单击“生成”按钮，生成刀具路径，如图 8-35 所示。

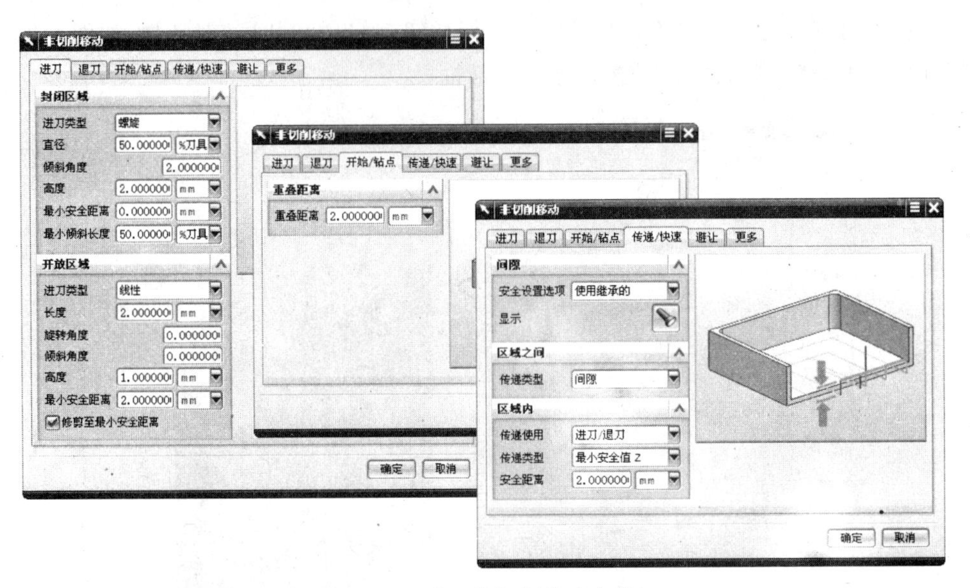

图 8-33　设置非切削移动参数

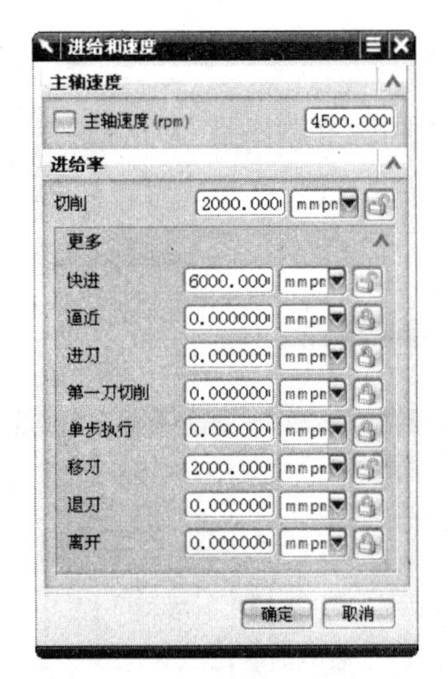

图 8-34　设置进给和速度参数

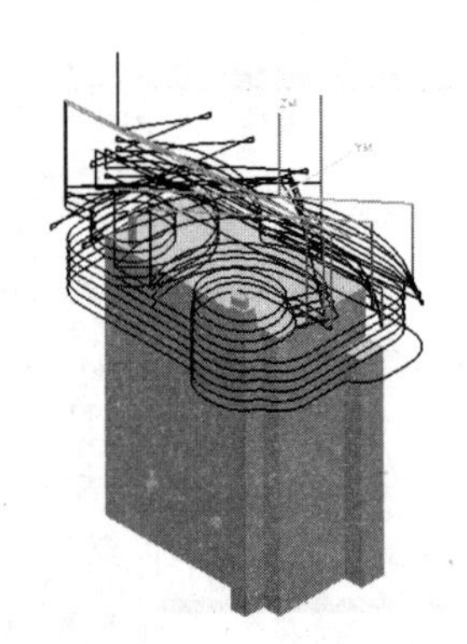

图 8-35　生成型腔铣程序

2. 编写轮廓粗加工程序

使用轮廓粗加工程序可快速去除粗加工后零件的毛坯剩余余量，为零件的后续半精加工或精加工做准备。具体操作步骤如下。

(1) 在“插入”工具栏中单击“创建操作”图标按钮，弹出“创建操作”对话框，将“类型”设置为“mill_contour”，“操作子类型”选择“CORNER_ROUGH”按钮，“刀具”选择“D6”，“几何体”选择“WORKPIECE”，如图 8-36 所示。

(2) 单击“确定”按钮，弹出“轮廓粗加工”对话框，设置“参考刀具”为“D12”，“切削模式”为“配置文件”，“平面直径百分比”为 20，“全局每刀深度”为 0.2，如图 8-37 所示。

(3) 在“轮廓粗加工”对话框中单击“切削层”图标按钮，弹出“切削层”对话框，设置切削层深度，然后单击“确定”按钮退出对话框，如图 8-38 所示。

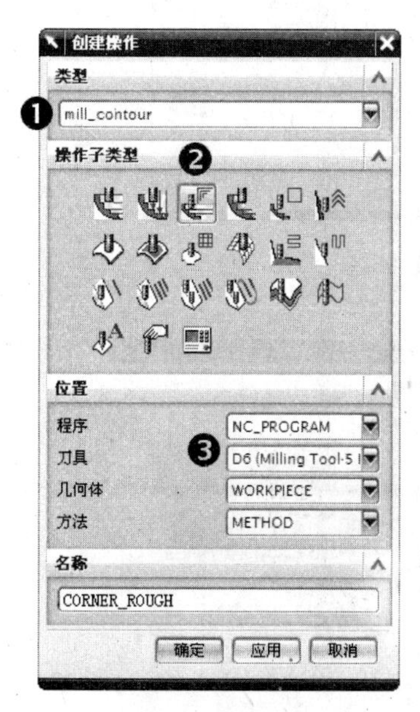

图 8-36　创建操作

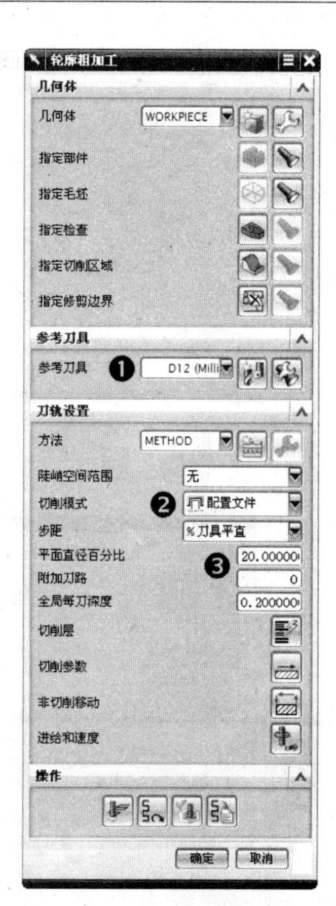

图 8-37　设置参数

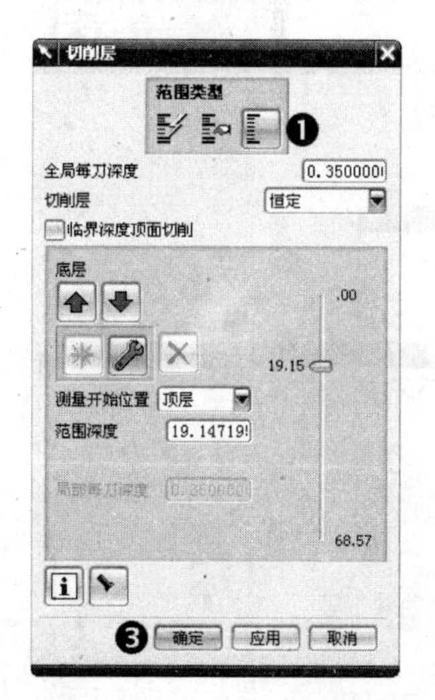

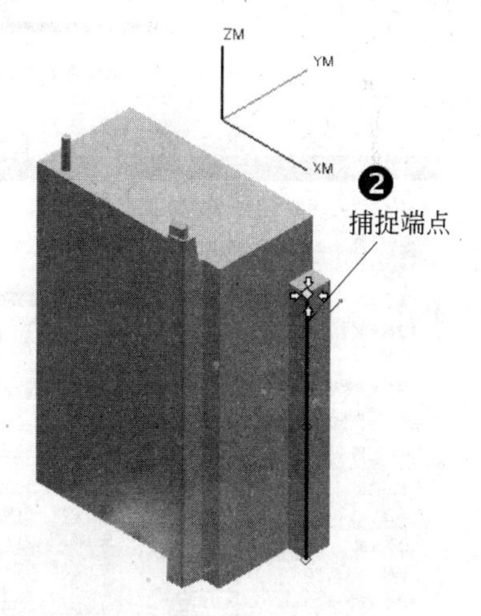

图 8-38　设置切削层深度

(4) 在"轮廓粗加工"对话框中单击"切削参数"图标按钮,弹出"切削参数"对话框,在其中设置参数,然后单击"确定"按钮退出对话框,如图 8-39 所示。

(5) 在"轮廓粗加工"对话框中单击"非切削移动"图标按钮,弹出"非切削移动"对话框,在其中设置参数,然后单击"确定"按钮退出对话框,如图 8-40 所示。

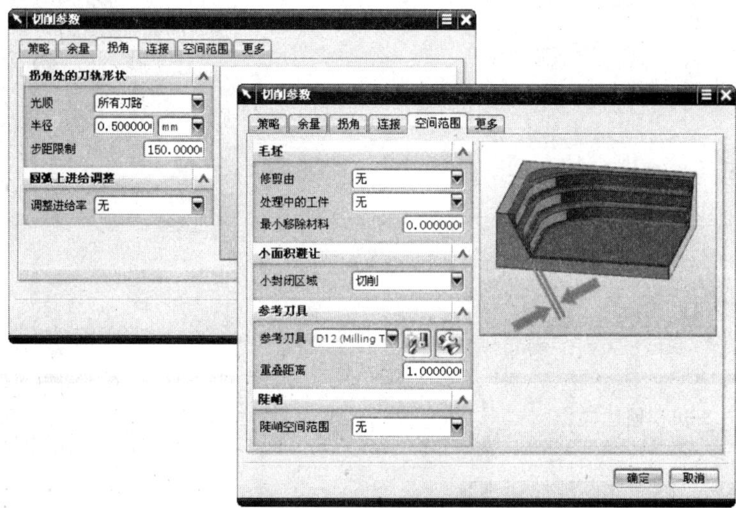

图 8-39 设置切削参数

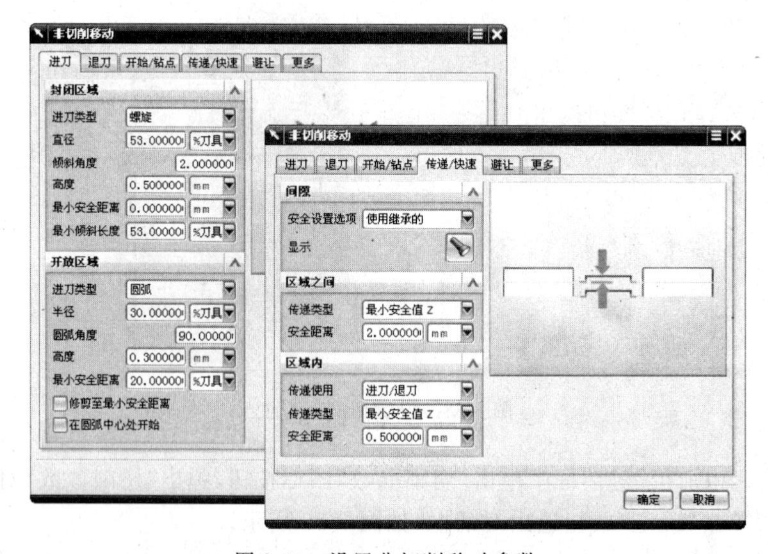

图 8-40 设置非切削移动参数

(6) 在“轮廓粗加工”对话框中单击“进给和速度”图标按钮，弹出“进给和速度”对话框，在其中设置参数，然后单击“确定”按钮退出对话框，如图 8-41 所示。

(7) 在“轮廓粗加工”对话框中单击“生成”图标按钮，生成刀具路径，如图 8-42 所示。

图 8-41　设置进给和速度参数

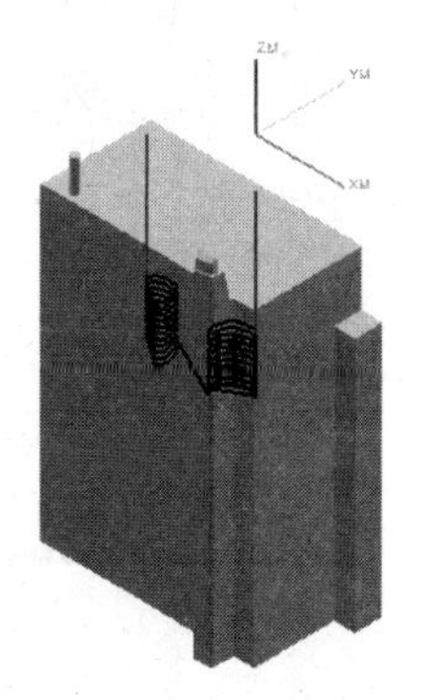

图 8-42　生成轮廓粗加工程序

3. 编写深度加工轮廓程序

深度加工轮廓程序适用于陡峭曲面的半精加工或精加工。具体操作步骤如下。

(1) 在“插入”工具栏中单击“创建操作”图标按钮，弹出“创建操作”对话框，将“类型”设置为“mill_contour”，“操作子类型”选择“ZLEVEL_PROFILE”按钮，“刀具”选择“D6”，“几何体”选择“WORKPIECE”，如图 8-43 所示。

图 8-43　创建操作

(2) 单击“确定”按钮，弹出“深度加工轮廓”对话框，将“合并距离”设置为 3，“全局每刀深度”设置为 0.2。单击“选择或编辑切削区域几何体”图标按钮，弹出“切削区域”对话框，选择切削区域，单击“确定”按钮退出对话框，如图 8-44 所示。

(3) 在“深度加工轮廓”对话框中单击“切削参数”图标按钮，弹出“切削参数”对话框，在其中设置参数，然后单击“确定”按钮退出对话框，如图 8-45 所示。

(4) 在“深度加工轮廓”对话框中单击“非切削移动”图标按钮，弹出“非切削移动”对话框，在其中设置参数，然后单击“确定”按钮退出对话框，如图 8-46 所示。

(5) 在“深度加工轮廓”对话框中单击“进给和速度”图标按钮，弹出“进给和速度”对话框，在其中设置参数，然后单击“确定”按钮退出对话框，如图 8-47 所示。

(6) 在“深度加工轮廓”对话框中单击“生成”图标按钮，生成刀具路径，如图 8-48 所示。

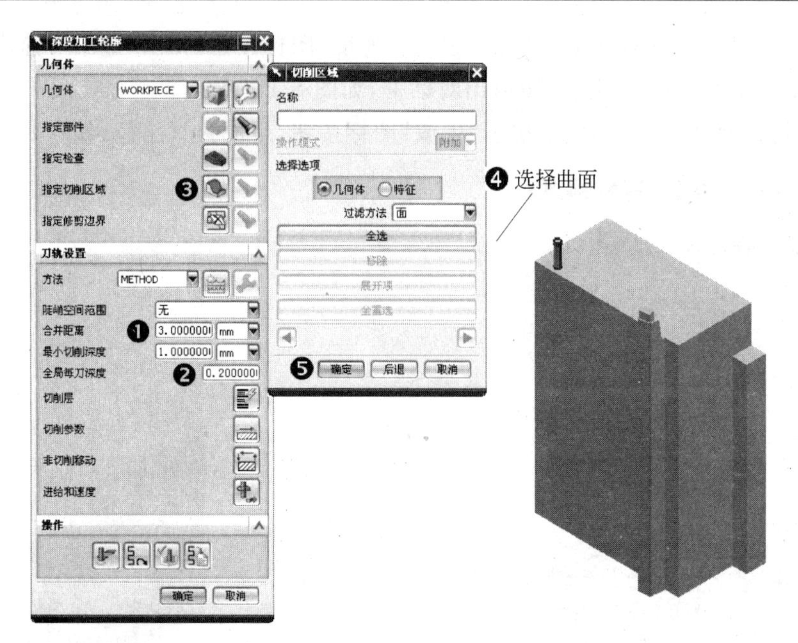

图 8-44　设置参数和切削区域

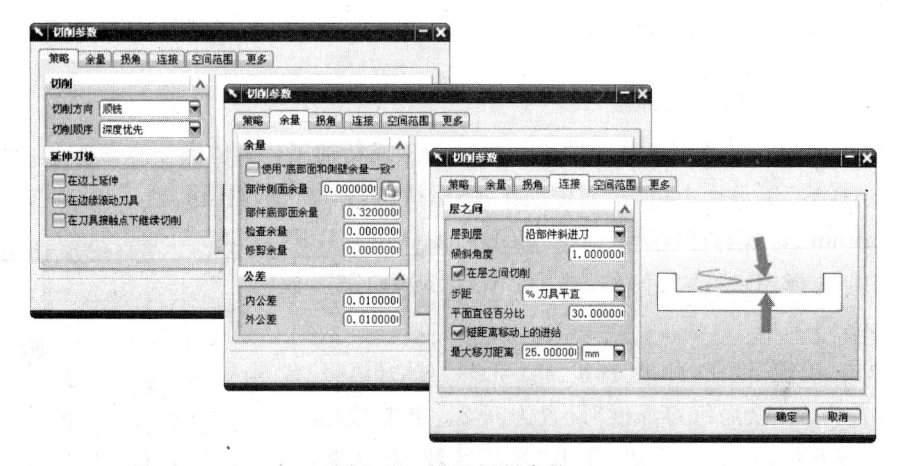

图 8-45　设置切削参数

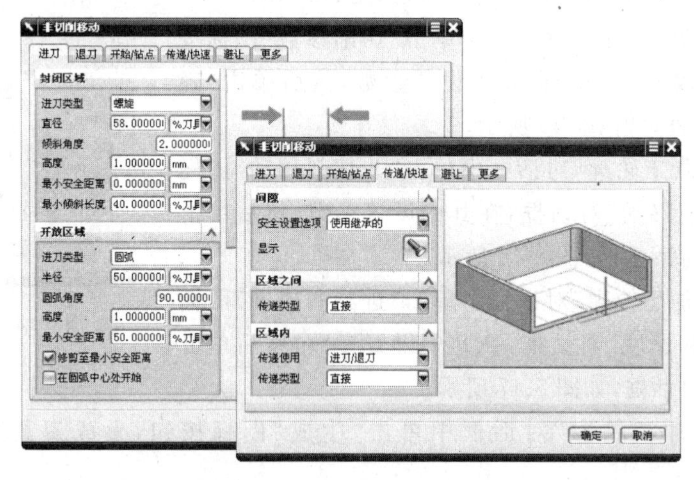

图 8-46　设置非切削移动参数

图 8-47　设置进给和速度参数

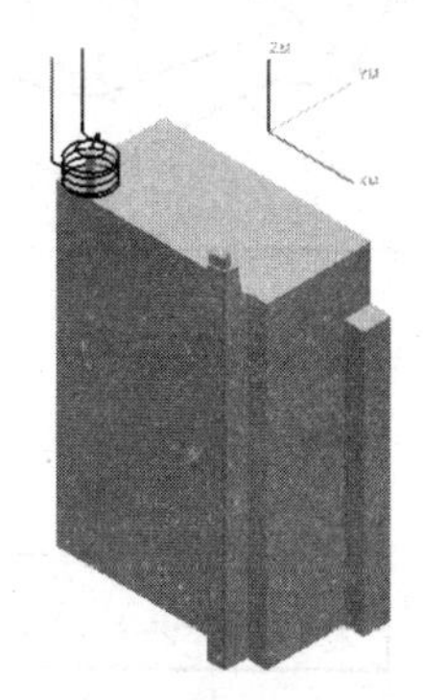

图 8-48　生成深度加工轮廓程序

本章小结

UG NX 7.5 软件不仅提供了强大的实体建模和造型功能，更主要的是其 CAM 模块涵盖了完整的 NC 编程和后处理、切削仿真和机床运动模拟功能，可以根据建立的三维模型直接生成数控代码，为机床编程提供了一套完整的解决方案。

本章主要介绍了 UG NX 7.5 软件数控加工操作的一般步骤和方法，其主要内容有操作导航器的应用、创建刀具、创建几何体、刀具路径验证和后处理等，最后通过侧向滑块加工实例加工介绍 UG NX 7.5 数控加工技术应用。

习　　题

1. 请简要说明 CAM 编程的一般步骤。
2. 数控编程获得 CAD 模型的方法有哪几种？
3. 常用的刀轨形式有哪几种？各有什么特点？适用于何种零件加工？
4. 如何确定主轴转速与切削进给？
5. 利用平面铣加工如图 8-49 所示的弯头零件。
6. 利用平面铣加工如图 8-50 所示的零件。

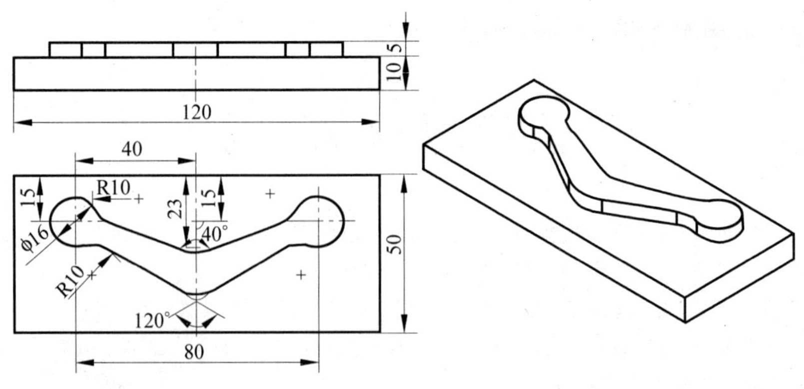

图 8-49　弯头零件

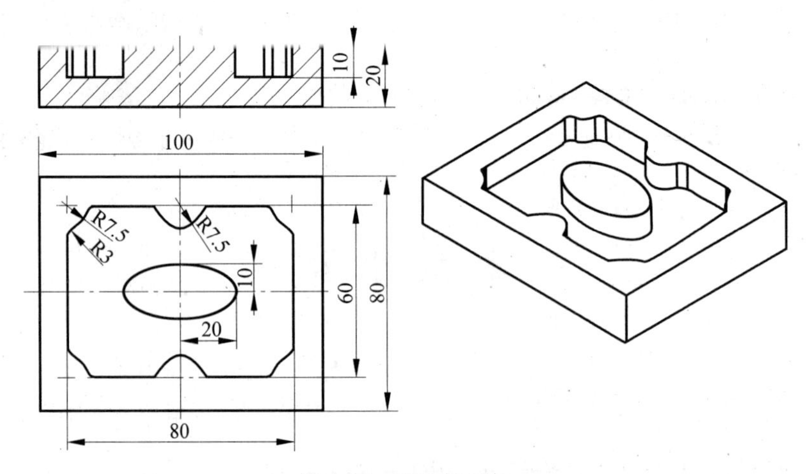

图 8-50　平面铣零件

参考文献

[1] 麓山文化,雷松丽. UG NX 7.0 机械与产品造型设计实例精讲[M]. 北京：机械工业出版社,2010.
[2] 黄宜松,谢龙汉,王磊. UG NX 5.0 数控加工入门与实例进阶[M]. 北京：清华大学出版社,2008.
[3] 云杰漫步多媒体科技 CAX 教研室. UG NX 6.0 中文版基础教程[M]. 北京：清华大学出版社,2009.
[4] 云杰漫步教程研室等. UG NX 7.0 中文版模具设计与数控加工教程[M]. 北京：清华大学出版社,2011.
[5] 宋志国. NX4.0 基础范例与项目应用[M]. 北京：人民邮电出版社,2008.
[6] 刘冬花. UG NX 6.0 基础培训标准教程[M]. 北京：北京航空航天大学出版社,2010.
[7] 胡仁喜,康士廷,刘昌丽. UG NX 6.0 中文版从入门到精通[M]. 北京：机械工业出版社,2009.
[8] 钟日铭. UG NX 6.0 基础入门与范例[M]. 北京：清华大学出版社,2010.
[9] 詹才浩. UG NX 产品设计范例[M]. 北京：清华大学出版社,2009.
[10] 腾龙工作室,叶国林,谢龙汉. UG NX 6.0 三维造型实例图解[M]. 北京：清华大学出版社,2009.
[11] 钟日铭. UG NX 7.5 完全自学手册[M]. 北京：机械工业出版社,2011.
[12] 韩凤起. UG NX 3.0 机械设计范例解析[M]. 北京：机械工业出版社,2006.
[13] 王泽鹏,薛凤先,何燕. UG NX 6.0 中文版数控加工从入门到精通[M]. 北京：机械工业出版社,2009.
[14] 张云静,张云杰. UG NX 5.0 中文版装配与产品设计[M]. 北京：清华大学出版社,2009.
[15] 张云杰等. UG NX 6.0 中文版工程图设计[M]. 北京：清华大学出版社,2010.
[16] 王树勋,魏峥,刘朝福. UG NX 注塑模具设计[M]. 北京：清华大学出版社,2009.
[17] 云杰漫步多媒体科技 CAX 教研室. UG NX 6.0 中文版曲面造型设计[M]. 北京：清华大学出版社,2009.
[18] 李志国等编著. UG NX 6.0 基础教程[M]. 北京：清华大学出版社,2009.
[19] 姜永武. UG 典型案例造型设计[M]. 北京：电子工业出版社,2009.
[20] 李丽华,郑少梅,李伟. UG NX 6.0 模具设计基础与进阶[M]. 北京：机械工业出版社,2009.
[21] 康显丽,张瑞萍,孙江宏,秦长海. UG NX 5.0 中文版机械设计案例教程[M]. 北京：清华大学出版社,2008.
[22] 史鹏涛,袁越锦,舒蕾. UG NX 6.0 建模基础与实例[M]. 北京：化学工业出版社,2009.
[23] 青华工程师培训. UG NX 6.0 官方中文培训教程[M]. 广州：UG 网,2008.